GRUNDRISS EINER
METEOROBIOLOGIE
DES MENSCHEN

WETTER- UND JAHRESZEITENEINFLÜSSE

VON

PROFESSOR DR. B. DE RUDDER
DIREKTOR DER UNIV.-KINDERKLINIK FRANKFURT A. M.

DRITTE NEUBEARBEITETE AUFLAGE

MIT 56 ABBILDUNGEN

Springer-Verlag Berlin Heidelberg GmbH

ISBN 978-3-642-92581-8 ISBN 978-3-642-92580-1 (eBook)
DOI 10.1007/978-3-642-92580-1

Ursprünglich erschienen bei Springer-Verlag OHG., Berlin · Göttingen · Heidelberg 1952.

W. HELLPACH

DEM ERGRÜNDER UND BELAUSCHER DER GEOPSYCHE

DANKBAR FÜR SO OFT BEZEUGTE FREUNDSCHAFT

ZUM 75. GEBURTSTAGE

GEWIDMET

Vorwort zur dritten Auflage.

Zu der vorliegenden Neubearbeitung konnte Verfasser sich erst nach Überwindung mancher Hemmungen entschließen. Diese lagen einmal in dem außerordentlichen Anschwellen einzubeziehender Literatur, die bei den gegenwärtigen deutschen Bibliotheksverhältnissen bestimmt nicht vollständig erreichbar sein würde (während die eigene Bibliothek einschließlich Sonderdrucksammlung dem Krieg zum Opfer fiel); sie lagen andererseits in dem Umstand, daß die Meteorobiologie sehr stark durch methodisch unzulängliche Arbeiten belastet wurde, deren Nichtberücksichtigung oder deren Anführung mit dann nötiger Kritik den Anschein erwecken konnte, als wolle Verfasser Ansichten anderer nicht gelten lassen.

Erst die immer wieder erfolgenden Nachfragen nach dem Buche und die vielen Bitten um methodischen Rat haben die Hemmungen langsam hinwegräumen müssen.

Waren auch viele Abschnitte völlig neu zu bearbeiten, so blieben insgesamt die schon für die beiden vorangegangenen Auflagen von 1931 und 1938 auferlegten Beschränkungen auf mitteleuropäische Verhältnisse oder doch auf die gemäßigten Zonen, auf die Verhältnisse beim Menschen und hier wieder vorwiegend auf körperliche Vorgänge beibehalten. Über „die Menschenseele unter dem Einfluß von Wetter und Klima, Boden und Landschaft“ ist in *Hellpachs* seit 1911 nunmehr 6. Auflage der „Geopsyche“ (1950) ein vorzüglicher Führer von ganz einmaliger Prägung vorhanden. Ihr Autor hatte die große Freundlichkeit, die Auflage dem Verfasser zu widmen, der mit dem vorliegenden Band durch seine Widmung von einer großen Dankesschuld ein wenig abtragen möchte.

Möge im übrigen die neue Auflage eine so wohlwollende Aufnahme wie die früheren finden.

Frankfurt am Main, 1952.

B. de Rudder.

Inhaltsverzeichnis.

Einleitung.

Alles Leben spielt sich ab in einer zeitlich veränderlichen Umgebung. Jenen Ausschnitt der Umgebung, der unmittelbar oder auch mittelbar auf ein Lebewesen wirkt oder der im ausdrücklichen, sozusagen im funktionalen Nullwertsinne nicht wirkt, bezeichnen wir als die „Umwelt" eines Lebewesens. Sie prägt die idiotypisch gegebenen Reaktionsmöglichkeiten eines Organismus zum Phänotypus.

Einen nicht unwesentlichen Teil dieser – worauf wir uns hier beschränken – menschlichen Umwelt bildet die Atmosphäre, all das, was wir als Klima, Jahreszeit und Wetter zu bezeichnen gewohnt sind. Es ist nicht uninteressant, daß der Begriff Klima – die Entstehung des Wortes ist ungeklärt – bereits von ALEXANDER VON HUMBOLDT[1] ausdrücklich im Wirkweltsinne definiert wird:

„Der Ausdruck *Klima* bezeichnet in seinem allgemeinsten Sinne alle Veränderungen in der Atmosphäre, die unsre Organe merklich affizieren."

So wurde HUMBOLDT zum Begründer jener noch heute als *Klimatologie* bezeichneten Wissenschaft, welche seitdem sich bestrebt, eben diese Veränderungen der Atmosphäre messend zu verfolgen und die gewonnenen Meßergebnisse zu verarbeiten. Die damit übernommenen Aufgaben wuchsen als solche mit dem Messen und Verarbeiten, dem GOETHEschen „im Endlichen nach allen Seiten Gehen".

Die Seite des „merklichen Affizierens unsrer Organe" trat mehr und mehr zurück hinter den aus der Erforschung der Atmosphäre unmittelbar erwachsenen Aufgaben, der Name Klimatologie verblieb. Ja als Klima verstand man mehr und mehr das Bleibende im Wechsel der Atmosphäre, das Statische, das aus der Gesamtheit atmosphärischer Änderungen sozusagen als Mittelwert und bezogen auf einen bestimmten Ort der Erdoberfläche sich Herausschälende. Nur so ist es verständlich, daß unser Jahrhundert den in den beiden letztvergangenen Jahrzehnten bereits ganz geläufig gewordenen Begriff der *Bioklimatologie* oder *Bioklimatik* als einen neuen Wissenszweig schaffen mußte, eine Tautologie also eigentlich, nämlich wieder die Wissenschaft von den Einflüssen der Atmosphäre auf das Leben.

Die Begrenzung des Klimabegriffes auf das *Statische*, Bleibende einer atmosphärischen Umwelt brachte es mit sich, daß man heute den Einfluß dieser Seite der Atmosphäre zumeist dann als *Klimatobiologie* be-

[1] v. HUMBOLDT, ALEXANDER: Kosmos **1**, 340 (1845).

zeichnet – man denke an die Klimatobiologie der Tropen, einer Inselwelt, eines Küstenstreifens und dergleichen. Diesem Klima steht dann eine Vielzahl von *Vorgängen* in der Atmosphäre gegenüber, welche durch den ihr innewohnenden Faktor der Änderung sich als *dynamisch* kennzeichnen; von diesen bzw. ihrer Äußerung am Menschen soll im nachstehenden ausschließlich die Rede sein. Merkwürdigerweise fehlt aber eine Wortprägung für die *Gesamtheit dieser Vorgänge* in der Atmosphäre, also für all jenes, was wir nicht erschöpfend als Wetter und Jahreszeit bezeichnen zusammen mit all jenen Änderungen, welche nur noch das messende Instrument empfindet und welche daher in der Alltagssprache überhaupt keinen Niederschlag gefunden haben. Da sich mit all diesen Vorgängen die „*Meteorologie im engeren Sinne*" beschäftigt, das heißt, soweit sie eben nicht Klimatologie ist – eine Unterscheidung, die heute schon ziemlich gebräuchlich geworden ist –, habe ich diese *Vorgänge* unter der Bezeichnung **„Meteorismen"** zusammenzufassen versucht. Jener Forschungszweig, welcher die *Einwirkung aller Meteorismen, aller atmosphärischen Änderungen auf die Lebenswelt* untersucht, wäre dann **die Meteorobiologie.**

Der Begriff hat den Vorteil, daß man ihn sinngemäß in *Meteorophysiologie* und *Meteoropathologie* aufteilen kann und daß diese Bezeichnungen ohne weiteres als Adjektiva gebraucht werden können, was für rasche und klare Verständigung mit „Kennworten" immer angenehm ist. So hat der Begriff denn auch allgemeine Anwendung gefunden.

Die bekanntesten atmosphärischen Vorgänge „Wetter" und „Jahreszeiten" heben sich in bioklimatischen Fragestellungen durch einen in erkenntniskritischer Hinsicht wesentlichen Umstand heraus: Die *Frage nach solchen Einflüssen wurde durch unmittelbare Beobachtungen am Menschen und seinem Erkranken aufgeworfen und drängte zur Stellungnahme* bzw. Beantwortung.

Im übrigen sollte man sich sprachlich daran gewöhnen, daß Ereignisse, Vorgänge, Zustände in der Atmosphäre nur als *meteorisch* bezeichnet werden können; meteoro*logisch* können nur Messungen, Meinungen, Erkenntnisse, Theorien sein.

Auf einer sozusagen anderen Ebene der Wahrnehmung stehen dann *weitere Fragestellungen*, welche *auf umgekehrtem, mehr theoretischem Wege* zustande kommen. Nachdem nämlich die Tatsache eines Einflusses von Wetter oder Jahreszeit auf den Menschen feststand, konnte man weiter fragen, ob noch andere möglicherweise über die Atmosphäre zur Auswirkung auf den Menschen kommende Einflüsse vorhanden sind. Diese werden dann nicht durch unmittelbare Beobachtung des Arztes aufgedrängt, sie entziehen sich geradezu dieser unmittelbaren Wahrnehmbarkeit überhaupt, und ihre Existenz kann erst als erwiesen gelten, wenn sie mittels sorgfältigster und kritischer naturwissenschaftlicher Methode belegbar sind. Dieser grundlegende Unterschied ist methodologisch sehr zu beachten.

I. Deduktive und induktive Meteorobiologie.

In dem ganzen Fragenkomplex der Einwirkung meteorischer Vorgänge auf den Menschen scheint vor allem manche begriffliche Klärung sehr notwendig. In diesem Sinne seien einige *allgemeine Erörterungen* vorausgeschickt.

Für die zu studierenden meteorischen Einflüsse ist zunächst grundsätzlich zu trennen zwischen

1. *unmittelbaren Beeinflussungen*, nämlich direkt auf den menschlichen Organismus erfolgenden Wirkungen, und

2. *mittelbaren Beeinflussungen*, das heißt solchen, die sich entweder auf menschliche Lebensverhältnisse und -gewohnheiten oder auf andere Organismen erstrecken, wobei diese letzteren dann erst Krankheitsvorgänge am Menschen verursachen.

Für diese mittelbaren, hier erst in zweiter Linie interessierenden Einwirkungen, welche unter Umständen einen meteorischen Einfluß auf den Menschen vortäuschen können und von denen später verschiedentlich zu sprechen sein wird, lassen sich zahlreiche Beispiele anführen:

Wenn etwa eine Krankheit durch einen *tierischen Zwischenwirt* auf den Menschen übertragen wird, so hängt ihr Vorkommen ab von der Existenz dieses Zwischenwirtes. Wenn dabei letzterer in seinem Vorkommen von klimatischen Bedingungen beeinflußt wird, so muß sich das indirekt auf das menschliche Erkranken auswirken. Eine nahezu unerschöpfliche Fülle solcher Zusammenhänge bietet die Lehre von *tropischen Infektionskrankheiten.* Interessenten finden viele lehrreiche Beispiele dieser Art in der ausgezeichneten Schrift Martinis „Wege der Seuchen", auf die ich noch wiederholt zurückkommen werde. Der Begriff der *„miasmatischen" Krankheiten*, den die Medizin des vorigen Jahrhunderts als für *damals* ausgezeichnete Arbeitshypothese entwickelt hat, steht in engster Beziehung zu dieser Frage, wie wir später noch sehen werden (vgl. S. 147). Wenn endlich die Existenz solcher belebter Krankheitsüberträger im Einzelfalle noch unbekannt ist, können unmittelbare Beeinflussungen des Menschen eben sehr leicht vorgetäuscht werden. Wie lange etwa hat die Aufklärung des „Sumpffiebers" als Infektionskrankheit gebraucht und welche Mühe war für diese Erkenntnis aufzuwenden gewesen.

Uns interessieren vorerst die unmittelbaren Beziehungen von atmosphärischem Geschehen und Mensch.

Zunächst wird für diese unmittelbaren Einflüsse meteorischer Vorgänge auf den Menschen ganz allgemein die Frage interessieren, *wie wir zu Erkenntnissen dieser Beziehungen kommen*, welche methodischen Schwierigkeiten sich der Untersuchung in den Weg stellen und welcher Wahrheitsgehalt so gewonnenen Feststellungen zukommt bzw. von ihnen zu erwarten ist.

Ganz allgemein handelt es sich darum, die Abhängigkeiten eines komplexen Systems, eines lebenden Organismus (Mensch) von einem zweiten komplexen System, dem atmosphärischen Geschehen zu studieren, oder mit anderen Worten Korrelationen zwischen Vorgängen in zwei verschiedenen Systemen zu ermitteln.

Solches kann theoretisch auf induktivem Wege sowohl wie auf deduktivem geschehen, es kann eine gesetzmäßige Abhängigkeit entweder analytisch oder synthetisch ermittelt werden.

Sowohl die Medizin (oder ganz allgemein die Biologie) als auch die Meteorologie ist den Weg von der Analyse zur Synthese gegangen und mußte ihn gehen. Wir sollen nie vergessen, daß die Unsumme von Teilerfahrungen, welche uns die Naturwissenschaft des vorigen und der etwa ersten zwei Dezennien dieses Jahrhunderts lieferte, notwendig war, um uns heute manche wissenschaftliche Synthese zu gestatten; ganz so, wie der Chemiker nie zur Synthese einer bestimmten Verbindung gelangen kann, ohne sie vorher zerlegt und ihre Teile studiert zu haben.

Die Meteorologie als eine messende Wissenschaft vom atmosphärischen Geschehen hat seit langem versucht, das Geschehen in der Atmosphäre durch eine zunehmend größere Zahl „*meteorologischer Elemente*" möglichst vollständig zu erfassen und zu beschreiben. So wurde etwa laufend gemessen Luftdruck und Temperaturgang, Feuchtigkeitsgehalt und Sättigungsdefizit der Luft, Windstärke und Windrichtung, Niederschlagsmengen, Himmelsbedeckung und Sonnenscheindauer, Typen der Bewölkung und vieles andere. In neuerer Zeit kommen mehr und mehr weitere Messungen dazu – um nur einige zu nennen: die Sonneneinstrahlungsintensität, Strahlenabsorption und Trübungsfaktor der Atmosphäre, Gehalt an „Kernen" für Kondensationsvorgänge, Luftionisierung, elektrische Eigenschaften der Hochatmosphäre usw.

Man hat außerdem besonders für bioklimatische Zwecke *spezielle Messungen* eingeführt – ich nenne als Beispiel nur die bekannte „*Abkühlungsgröße*" –, welche von einer Mehrzahl solcher meteorologischer Elemente funktionell in bestimmter Weise *abhängen*, im Grunde aber eben auch wieder eine ganz bestimmt definierte Teileigenschaft der Atmosphäre zahlenmäßig angeben lassen.

Ganz analog hat man das System „*lebender Organismus*" als *Summe* einzelner meßbarer Lebensvorgänge, sozusagen als Summe „*biologischer Elemente*" bzw. „Elementarvorgänge" aufzufassen versucht. Das ist auch dann noch berechtigt, wenn wir heute die *Ganzheit der Lebenserscheinungen* in den Vordergrund stellen. Eine solche Aufteilung kann für manche Zwecke der Medizin trotzdem auch heute noch nicht nur wertvoll, sondern sogar notwendig sein.

Andererseits ist gerade auch die „synoptische" Meteorologie der letzten Jahrzehnte zu ausgesprochenen Ganzheitsbetrachtungen auf dem

Wege der Synthese aus Teilen übergegangen, von denen wir wesentliches noch kennenlernen werden.

Mit dieser Aufteilung in zahlreiche den Gesamtvorgang zusammensetzende Elementarvorgänge sind *insgesamt vier Untersuchungswege zur Bearbeitung des Problems „Atmosphäre und Mensch" prinzipiell möglich:*

1. Man kann fragen nach der *Korrelation eines bestimmten Lebensvorganges* (Elementarvorganges) *mit Größe und Änderung eines bestimmten meteorologischen Elementes.* Man kann also untersuchen: wie verhält sich eine bestimmte Funktion des lebenden Körpers gegenüber Änderungen eines meteorologischen Elementes.

Beispiele: Hautdurchblutung bei verschiedenen Außentemperaturen, Feuchtigkeitsabgabe des Körpers bei verschiedener Luftfeuchtigkeit oder verschiedener Außentemperatur, Minutenvolumen des Herzens bei verschiedenen Außentemperaturen oder Feuchtigkeitsgraden.

2. Man kann fragen nach der *Korrelation eines bestimmten Lebensvorganges mit einem* gewissen meteorologischen *Zustande oder Ereignis* oder bestimmten Änderungen dieses Zustandes – dieser Zustand oder dieses Ereignis *als eine Ganzheit* betrachtet, die durch die Elemente nur zergliedert, wohl aber nie ganz erfaßt wird.

Beispiele: Verhalten des Blutdrucks bei Föhn. – Änderungen der Blutzusammensetzung im Laufe der Jahreszeiten.

3. Man kann das *Verhalten des Menschen als Gesamtorganismus* studieren *bei verschiedenen Größen und Änderungen eines bestimmten meteorologischen Elementes.*

Beispiele: Welche Erscheinungen treten bei zunehmender Hitzeeinwirkung auf? – Wie verhält sich der Organismus bei zunehmend stärkerer Wasserdampfsättigung der Umgebungsluft oder bei zunehmend geringerem Atmosphärendruck, welch letztere Frage als „Luftfahrtmedizin" z. B. eine Fülle von Detailproblemen aufrollte.

Innerhalb welcher Temperatur- und Feuchtigkeitsgrenzen liegt das „Wohlbefinden", die „Behaglichkeit" des Menschen oder seine „optimale Arbeitsleistung"?

4. Man kann endlich das *Verhalten des Menschen* insgesamt oder das Auftreten von Krankheiten studieren *bei einem gewissen atmosphärischen Zustand oder dessen Änderungen bzw. Ereignissen* (Klima und Klimaschwankungen, Wechsel der Jahreszeiten, Wettervorgänge).

Beispiele: Sind gewisse Krankheiten an gewisse Klimate gebunden? Erfolgt mit dem Wechsel der Jahreszeit eine verschiedene Häufigkeit von Krankheiten?

Wie ersichtlich, gibt jeder Weg Möglichkeiten zu bestimmten Erkenntnissen.

Sowohl die induktive wie die deduktive Forschungsrichtung kann sich dann dieser sämtlicher Methoden nach Bedarf bedienen. Aber *jede dieser Bearbeitungsmöglichkeiten hat* Vorteile, Nachteile, verschiedene erkenntnistheoretische *Gefahrenquoten für Fehlschlüsse.* Der Untersucher muß sich über diese klarwerden und sie werten; es steht im einzelnen

Falle nicht in seinem Belieben, sich des einen oder anderen Untersuchungsweges zu bedienen. Im nachfolgenden soll das an Hand einiger Beispiele zur Sprache kommen.

1. Deduktive Forschungswege.

Eine deduktive Forschung würde ausgehen von den an Hand des Studiums einzelner Lebensvorgänge ermittelten Eigenschaften des Organismus, und sie würde versuchen, durch fortgesetzte Synthese das gestellte Problem zu lösen. Sie würde also ausgehen von der Methode 1 einer Korrelationsermittlung zwischen möglichst vielen Lebensvorgängen mit möglichst vielen meteorologischen Elementen. Solche Untersuchungen sind selbstverständlich durchführbar, sie bieten zunächst den Vorteil, daß beide Vorgänge meßbar, also zahlenmäßig darstellbar sind. Rein theoretisch gesehen würde dieser Weg der Untersuchung vielleicht sogar als der nächstliegende erscheinen. Zu gesicherten Ergebnissen führen solche *Untersuchungen* ganz allgemein indes *nur für meteorologische Elemente, deren jedes für sich allein im Versuch besonders variierbar ist, ohne daß dabei ein anderes Element sich mitändert.*

Am zahlreichsten sind wohl die Untersuchungen über die Einwirkung verschiedener *Temperaturen* auf gewisse Lebensvorgänge.

Wenn wir ganz absehen von Versuchen an niederen Tieren und Pflanzen zur Klarstellung rein biologischer Fragen, so war es vor allem die Frage nach dem Angriffspunkt des als „Erkältung" seit jeher bezeichneten Vorganges, der hier viele Untersuchungen anregte. Die direkte Zellschädigung durch Kälte, die Entstehung und Wirkung der auf Kältereiz auftretenden reflektorischen Anämie eines Gewebes nach der anfänglichen Hyperämie, die Tiefenwirkung der Kälte waren Gegenstand zahlreicher Versuche. Vielfach wurden aus solchen Untersuchungen dann Theorien der Erkältung aufgestellt und wieder verworfen. Gerade das Erkältungsproblem erfuhr bis zum heutigen Tage im Für und Wider der Meinungen eine selten umfangreiche Bearbeitung.

In diesem Zusammenhange sei ausdrücklich auf besonders anregende Gedankengänge von A. WEBER[1] hingewiesen, welche das Erkältungsproblem unter Gesichtspunkten der modernen Kreislaufphysiologie betrachten.

Da das Erkältungsproblem nur mittelbar mit dem Wetter zu tun hat, nämlich soweit *dieses* eben zu einer „Abkühlung" Anlaß gibt – einer Abkühlung, die ebensogut auf nichtmeteorischem Wege erfolgen kann –, soll hier nicht weiter darauf eingegangen werden, zu streifen werden diese Fragen da und dort noch sein. Im übrigen sei dazu nicht zuletzt auf die auch heute noch zum mindesten anregende Monographie STICKERS verwiesen.

Änderungen des *Feuchtigkeitsgehaltes* der Umgebungsluft wurden aus theoretischen Gründen in ihrer Wirkung auf die Perspiratio insensibilis

---

[1] WEBER, A.: Z. Kreislaufforschg. **28**, 190 (1936).

untersucht und die Frage sehr verschieden beantwortet. Meist war daran ungenügende Methodik bzw. Unkenntnis von Fehlerquellen schuld.

Als bioklimatisch richtungweisend muß hier auf die kreislaufphysiologischen Klimakammeruntersuchungen WEZLERS und seiner Schule hingewiesen werden, welche gerade zum Thema der Temperatur- und Feuchteabhängigkeit des Menschen grundlegend neue Erkenntnisse brachten.

Bei Untersuchung von *Luftdruckwirkungen* werden die Verhältnisse noch schwieriger. Klare Erkenntnisse sind hier nur seit Einführung der Unter- und Überdruckkammern möglich geworden. Vieles von dem, was man ursprünglich einer Verringerung des Luftdruckes zugeschrieben hatte, mußte man bald als Wirkung von Sauerstoffmangel infolge Luftverdünnung erkennen.

Eine ganz besondere praktische Bedeutung hat ein Studium der Wirkung von Luftverdünnung auf Teilfunktionen des Menschen in der modernen *Luftfahrtmedizin* gewonnen, wie oben schon erwähnt. Hierher gehören weiterhin die bekannten Beziehungen zwischen Blutbildung und Höhenklima.

Auf der Erdoberfläche vorkommende natürliche Luftdruckschwankungen nennenswerten Ausmaßes sind aber *völlig untauglich für ein Studium der Luftdruckwirkung. Es fehlt ihnen bereits die Voraussetzung, daß sie als einziges sich änderndes Element vorkommen.* Sie sind ja nur Symptome für atmosphärische Vorgänge sehr komplizierter Art (vgl. später). Das haben manche Untersucher erkannt, die mit dem Studium von Luftdruckwirkungen sich befaßten. So konnte PLUNGIAN auf Veranlassung STAEHELINS zeigen, daß der menschliche Blutdruck gleichsinnige Schwankungen bei plötzlichen Änderungen des Barometerstandes zeigt. Aber bereits STAEHELIN betont, daß diese Wirkungen wohl nicht als rein mechanische Luftdruckwirkungen zu deuten sein werden.

So interessant manche derartige Untersuchungsergebnisse namentlich für spezielle Fragestellungen auch sind, so haben sie für das Problem „Wetter und Krankheit“ doch nur selten wesentliches beitragen können; sie stellen mehr eine Kontrolle bzw. eine Klarlegung einzelner Vorstellungen dar, welche auf induktivem Wege sich ergeben hatten. Ihrer rein synthetischen Aneinanderreihung zur Aufklärung krankhaften Geschehens stellen sich zu viele Möglichkeiten des Irrtums entgegen. Wo der Versuch unternommen wurde, aus meteorischen Wirkungen auf Einzelvorgänge (unter Umständen gar noch unter Heranziehung von Modellversuchen) auf krankhaftes Geschehen zu schließen, mußte man sich recht oft auf das Gebiet theoretischer Spekulation begeben; das Ergebnis war vielfach absurd, mit Widersprüchen gegen die tägliche Erfahrung oder gegen andere Erkenntnisse.

Hierfür nur einige Beispiele, die noch vor nicht allzu langer Zeit in der Literatur zu finden waren. Die bekannten *Wetterschmerzen* in krankhaft veränderten Gelenken (s. S. 43) erklärte man sich – sofern man sie überhaupt anerkannte – als *Luftdruckwirkung*, indem die Gelenkteile stärker aufeinandergepreßt bzw. plötzlich entlastet würden. Und zwar, ohne vorerst zu untersuchen, ob die Schmerzen überhaupt Luftdruckschwankungen nennenswerten Grades zur Voraussetzung haben, oder ob sie auch auftreten, wenn der Patient etwa in einer pneumatischen Kammer solchen in Stunden oder Tagen sich vollziehenden Schwankungen geringen Gesamtausmaßes ausgesetzt wird; auch an Bergbahnen hätte man das Nichteintreten dieser Schmerzen bei Luftdruckänderung beobachten können. Eine einfache Untersuchung – ganz abgesehen von genauer Krankenbeobachtung – hätte also die Unhaltbarkeit dieser Theorie dartun können. Die Wetterschmerzen an Narben sollten hinwiederum durch Anstieg der *Luftfeuchtigkeit* entstehen, indem das erkrankte Gewebe etwa wie eine Gelatineplatte Quellungserscheinungen zeige. Daß solche Schmerzen weder beim Eintauchen in Wasser noch bei feuchtwarmen Packungen noch überhaupt eben generell bei Änderungen der Luftfeuchtigkeit auftreten, störte nicht. – Ähnliche absurde Vorstellungen hat man für das Auftreten der Hämoptoe entwickelt (s. S. 70), und derartige Beispiele ließen sich vervielfachen.

Der Hauptgrund, warum die deduktive Methode so leicht auf Irrwege führt, liegt wohl darin, daß wir heute noch weit davon entfernt sind, Leben und Krankheit als einfache Summe von normalen oder gestörten Vorgängen zu erklären. Die Vorstellung scheinbarer Einfachheit biologischer Vorgänge ist heute längst immer wiederholten Hinweisen auf ihre Kompliziertheit gewichen.

Hier spielt sogar noch eine Weltanschauungsfrage herein bzw. eine erkenntnistheoretische Frage. Ist es überhaupt möglich, das gesamte Geschehen kausal als Summe von Einzelvorgängen zu erfassen? Ließe sich, wenn für einen Zeitpunkt die Differentialgleichungen sämtlicher Einzelvorgänge bekannt wären, der weitere Ablauf eines Geschehens tatsächlich berechnen? Die Wissenschaft hat diesen Satz jahrzehntelang entschieden bejaht, ja als Ziel aller Wissenschaft proklamiert. Bis – gerade in neuester Zeit und gerade aus der exaktesten Wissenschaft, der theoretischen Physik heraus – schwere Bedenken und Angriffe gegen die Richtigkeit des Satzes auftauchten.

Jedenfalls bestehen bis heute größte Bedenken, das Problem Atmosphäre und Krankheit auf deduktivem Wege anzugehen.

2. Induktive Forschungswege.

Ungleich zuverlässiger für die Klarstellung eines Zusammenhanges krankhaften Geschehens mit meteorischen Vorgängen erscheint die induktive Methode. Sie sucht als *erstes und wichtigstes Tatsachen eines solchen Zusammenhangs festzustellen.* Erst dann wird versucht, durch feinere Analyse dieses Zusammenhanges, evtl. unter Heranziehung von Feststellungen anderer Forschungszweige die kausalen Verhältnisse aufzuklären.

Die Ausgangstatsachen werden in der Regel ermittelt nach Weg 4 (vgl. S. 5), das heißt durch Vergleich der Häufigkeit bestimmter Krankheiten als Äußerung des Gesamtorganismus oder durch Verfolgen eines Lebensvorganges mit dem Vorkommen gewisser definierter meteorischer Gesamtkonstellationen. Auf diese Weise werden einer analytischen Bearbeitung nicht von vornherein Grenzen gesetzt, es werden nicht unbedacht Möglichkeiten ausgeschlossen, deren Nichtberücksichtigung sich später erst als Irrtum erweisen könnte.

Für das Weitere wollen wir an das erinnern, was in der Einleitung schon betont wurde, daß es nämlich eine Anzahl ärztlicher Beobachtungen am Krankenbette gibt, von welchen die entscheidende Anregung zu diesen Fragen überhaupt ausging. Es sind das Beobachtungen über zeitlich wechselnde Krankheitshäufigkeit, welche seit je zu der Frage drängten, ob es bestimmte „*Wetterlagen*" gäbe, welche die Krankheitshäufigkeit beeinflussen und wie sich die bei manchen Krankheiten so eklatante *jahreszeitliche* Bevorzugung erklären lasse. Die nachfolgenden Erörterungen gliedern sich damit zunächst in *Untersuchungen* über **„Wettereinflüsse"** und solche über **„Jahreszeiteinflüsse"**.

Es kann nicht genug davor gewarnt werden, diese beiden Einflüsse zu verwechseln oder zunächst nicht scharf zu trennen. Gewiß muß man für meteorobiologische Untersuchungen beide gegenwärtig haben und oft bei der gleichen Krankheit mit beiden arbeiten. Aber durch die Literatur zieht sich eine derartige Fülle von Irrtümern, Mißdeutung von Befunden, es sind so viele Untersucher in oft mühevollen Arbeiten an der Verwechslung oder Vermengung beider Einflüsse gescheitert oder zu sofort durchsichtigen Fehlschlüssen gelangt, daß mir diese Warnung schon hier unerläßlich erscheint.

II. Wettervorgänge und Mensch (Meteorotrope Krankheiten[1]).

1. Die „Gruppenbildung".

Es gibt eine ganze Anzahl von Krankheiten, welche rein klinisch für den ganz unvoreingenommenen Arzt immer wieder den Eindruck erwecken, daß sie durch Wettervorgänge ausgelöst werden. *Besonders verdächtig auf einen derartigen „Meteorotropismus" ist ganz allgemein die* **zeitliche Gruppenbildung** *der Krankheitsfälle*, das heißt die innerhalb ganz weniger Tage erfolgende Häufung von Fällen einer und derselben Krankheit. (Bei Infektionskrankheiten ist natürlich die Möglichkeit einer gemeinsamen Ansteckungsquelle auszuschließen, was aber meist leicht gelingt.) Diese Gruppenbildung ist, um das gleich hier zu erwähnen, bei manchen Krankheiten derartig eindrucksvoll, daß die Annahme eines Einflusses von Witterungsfaktoren sich geradezu aufdrängt und sich den Ärzten oft seit vielen Generationen auch aufgedrängt hat. Von dieser

[1] Der Ausdruck „*Meteorotrope Krankheiten*" soll diese prinzipiell von den „*Saisonkrankheiten*" abtrennen. Für erstere mag auch der Name „Wetterkrankheiten" gebraucht sein. An dieser Trennung ändert die Sachlage nichts, daß viele Krankheiten *beide* Beeinflussungen zeigen.

Beobachtung ging die ganze Frage nach der Existenz „meteorotroper" Krankheiten aus.

Diesbezügliche, ganz klare Hinweise finden sich da und dort in der Literatur.

So schreibt TH. FORSTER um 1820 (zit. nach B. DÜLL): „Es ist seit undenklichen Zeiten eine Volksmeinung gewesen, daß der Witterungswechsel einen Einfluß auf den Gesundheitszustand des Menschen habe; und so eine Meinung scheint in der Vernunft begründet zu sein, denn da zahlreiche Menschen von verschiedenem Alter, von ungleichen Konstitutionen und Gewohnheiten, und an verschiedenen Orten lebend, oft zu ein und derselben Zeit erkrankten, so ist es vernünftig, ihre Krankheit irgendeiner allgemeinen, zur Zeit vorwaltenden Ursache zuzuschreiben."

Und in einer 1854 erschienenen Schrift des Landschaftsarztes auf Sylt, HARALD ACKERMANN, mit dem Titel „Das Wetter und die Krankheiten" findet sich der Satz: „Es kommen stets 2–3 Kranke gleichzeitig in Behandlung, und diese zeigen immer eine auffallende Übereinstimmung der Symptome."

Verfasser hat in der letzten Auflage mehrere ihm eindrucksvoll erscheinende *Beispiele solcher Gruppenbildung* gebracht, etwa von gleichzeitigem oder doch auf wenige Tage sich zusammendrängendem Erkranken an akutem Glaukom in Wien, von Kehlkopfcroup in Würzburg und von Zusammentreffen der Erkrankungstermine an Kehlkopfcroupfällen Würzburgs oder Eklampsiefällen Münchens und Innsbrucks. Es kann bei der Einfachheit der zugrunde liegenden Beobachtung heute wohl auf solche Belege verzichtet werden, zumal es sich bei dieser Beobachtung doch nur um eine Anregung zur Fragestellung, nicht aber um einen Beweis für die Existenz eines Wetterkrankheitszusammenhanges handelt.

Man muß – wie ebenfalls schon seinerzeit betont – gegen diese Beobachtungen unter allen Umständen den Einwand machen, daß sie einer unbewußten Auswahl entspringen könnten in dem bekannten Sinne, daß als ungewöhnlich imponierende Häufungen sich leichter dem Gedächtnis einprägen als die vielen dann nicht weiter registrierten „Einzelfälle".

Für diese ganze Fragestellung und manche ärztliche Beobachtung überhaupt ist es sehr lehrreich, einmal sozusagen experimentell das *Walten des Zufalles* zu prüfen. Wir verdanken solche in ganz anderem Zusammenhange mitgeteilte, höchst eindrucksvolle Versuche und Hinweise dem Göttinger Geophysiker BARTELS.

Verfasser möchte einige dieser Versuche „ins Medizinische" übertragen.

Von einem nicht gerade alltäglichen und daher sich etwas dem Gedächtnis einprägenden Krankheitsbild mögen im Jahr (also in 365 Tagen) jeweils etwa 75 Fälle zur Beobachtung kommen. Die Wahrscheinlichkeit, daß ein solches Krankheitsbild beobachtet wird, ist dann bei rein zufälligem Auftreten für jeden Tag ein Fünftel = 20%. Es ist zu untersuchen, wie sich Ereignisse mit 20% Wahrscheinlichkeit „rein zufällig" über eine Zeitspanne verteilen (Abb. 1a).

Zu diesem Zweck fertigt man sich eine große (wenigstens Hunderte umfassende) Zufallsreihe der Ziffern 0, 1, 2, . . . bis 9 an. Das ist technisch fehlerfrei nicht ganz leicht durchzuführen. BARTELS hat daher solche Tabellen für Zufallsexperimente veröffentlicht, die er nach einer wohlbedachten Methode gewann. Es wurden dazu nämlich aus den in den 90er Jahren erfolgten Veröffentlichungen der Preuß. Landesvermessung, die nach Grad, Minuten und Sekunden ungezählte Ortstriangulierungen enthalten, fortlaufend die – bestimmt zufällig schwankenden – ersten Ziffern der Bogensekunden aufgeschrieben; diese Zahlenreihen wurden dann noch rechnerisch nach verschiedenster Richtung auf ihren Zufallscharakter geprüft und bestätigt. In solcher Reihe haben etwa die Ziffern 0 und 1 zusammen (da ein Fünftel der 10 Ziffern bildend) die Wahrscheinlichkeit 20%. Man könnte selbstverständlich ebensogut ein beliebiges anderes Ziffernpaar wählen. Notiert man also die Reihenfolge, in denen diese beiden Ziffern in der Zufallsreihe auftreten, so erhält man höchst eindrucksvolle Häufungen und Verarmungen, wie sie Abb. 1a wiedergibt (wobei einfachheitshalber durch die Anlage des Experimentes ein Zusammentreffen zweier Ereignisse auf den gleichen Tag noch ausgeschlossen ist, aber natürlich durch geeignete Wahl der Bedingungen ebenfalls nachgeahmt werden könnte).

In Abb. 1b ist das Ergebnis für eine Eintagswahrscheinlichkeit von 10% (das heißt etwa 35 gleichartige Krankheitsfälle pro Jahr) und in Abb. 1c für eine Eintagswahrscheinlichkeit von nur 1% (das heißt 3 bis

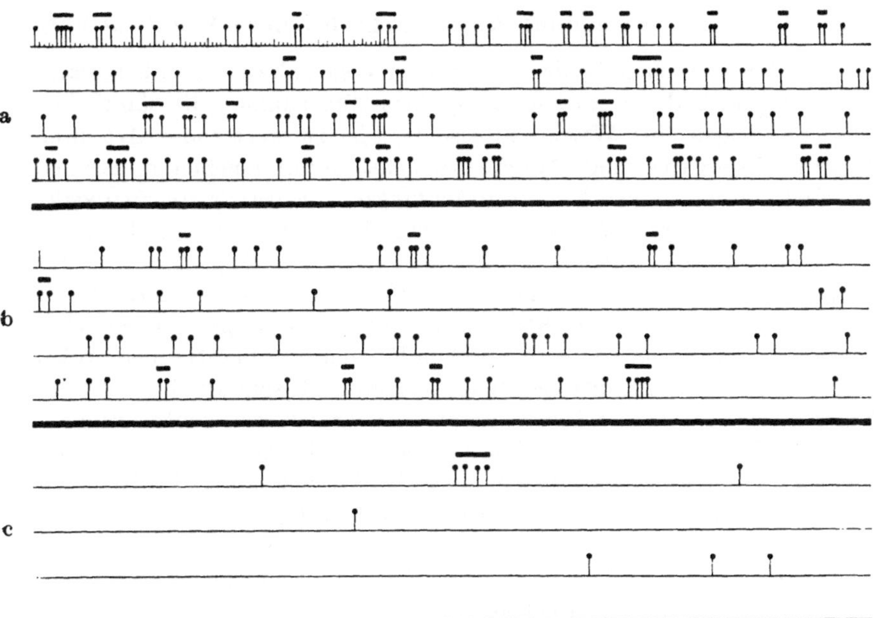

Abb. 1
Auftreten rein zufälliger zeitlicher Häufungen und Verarmungen von Krankheitsfällen unter der Annahme, daß a) 75, b) 35, c) 3–4 gleichartige Krankheitsfälle pro Jahr nach den Gesetzen des Zufalls sich ereignen, also während der Beobachtungszeit für jeden Tag eine Zufallswahrscheinlichkeit von $^1/_5$, $^1/_{10}$, $^1/_{100}$ herrscht (nach den von BARTELS mitgeteilten Zufallsexperimenten).
Dargestellt ist jeweils ein Zeitraum von etwa 25 Monaten (4mal 190 Tagen). Die kleine Teilung zu Beginn der obersten Zeile veranschaulicht Einzeltage, auf die dann laufend Krankheitsfälle (Striche mit Kopf) treffen. Die als Gruppen imponierenden Fälle sind durch Querbalken gekennzeichnet.

4 Fälle pro Jahr) dargestellt, wobei selbst dann noch sehr eindrucksvolle Gruppen auftreten können.

Ein durch bloße Krankheitshäufung im Sinne von Gruppenbildung vermuteter Meteorotropismus würde somit als bloße Fragestellung nur zuzulassen sein, wenn die *Überzufälligkeit der Gruppenbildung* statistisch einwandfrei belegt wäre. Da hierzu, abgesehen von etwas umständlichen Überlegungen und Rechnungen aus dem Bereich der Kombinatorik, sehr genaue Definitionen der erlaubten „Gruppen" nach Umfang und Zeitbegrenzung unerläßlich sein würden, verzichtet man zumeist auf solche Belege; man ersetzt sie vielmehr durch die später zusammenhängend zu besprechenden Methoden, welche gleich auf den Nachweis überzufälligen Zusammentreffens von Krankheitsfällen überhaupt mit bestimmten Wetterereignissen abzielen.

Die rein zufällige Entstehungsmöglichkeit solcher Gruppen, wie sie Abb. 1 veranschaulicht, ist aber immerhin von Interesse, nicht zuletzt auch im Hinblick auf die so beliebte „*Duplizität*" und „*Triplizität*" von Fällen und darüber erfolgende Erörterungen.

2. Die primäre Fragestellung und Irrwege bei ihrer Beantwortung.

Von der ärztlichen Beobachtung einer *eindrucksgemäß* „überzufälligen" Gruppenbildung gewisser Krankheitsfälle nahmen die sämtlichen Untersuchungen über Wettereinflüsse der hier zu erörternden Art ihren Ausgang. Es ergab sich als Aufgabe zunächst zu untersuchen, ob *zur Zeit des Vorkommens solcher Krankheitshäufungen sich jeweils ein bestimmtes meteorisches Ereignis oder ganz bestimmte Typen meteorischer Vorgänge abspielen oder umgekehrt, ob in der Zeit bestimmter Typen meteorischer Vorgänge bestimmte Krankheitsbilder häufiger vorkommen, als es bloßem zufälligen Zusammentreffen entsprechen würde.* Diese Typen meteorischer Vorgänge sind aus den meteorologischen Elementen zu bestimmen, wobei naturgemäß nicht mit Mittelwerten zu arbeiten ist, sondern die Zeit *jeder Krankheitsgruppe meteorologisch zu analysieren ist,* was heute *nur noch durch den Fachmeteorologen geschehen kann.* Diese Fragestellung ist an sich keineswegs neu, ja aufgedrängt hat sich das Problem guten Beobachtern eigentlich zu allen Zeiten – sie berührt sich mit der Frage nach dem „genius inflammatorius epidemicus" der älteren Klinik. Es gab nur Zeiten, wo man die Frage als selbstverständlich aussprach, und andere Zeiten, wo sie als undiskutierbar abgelehnt wurde.

Es ist auch nicht uninteressant zu lesen, wie klar bereits LOESCHNER, der Begründer der Kinderklinik der Deutschen Universität Prag, das ganze ärztliche Problem gesehen hat, wenn er 1856 schreibt: „Ja noch nicht einmal zu dem Abschlusse ist man gelangt, daß unter diesen oder jenen Luft- und Witterungsverhältnissen diese oder jene Krankheitsform vorherrschend auftreten müsse. Soll in der Forschung und Erkenntnis der meteorischen Verhältnisse auf die Entstehung der

Krankheiten eine feste Basis gefunden werden, so müssen sich vor allem die Vorsteher großer Kranken- und anderer Humanitätsanstalten, welche eine bedeutendere Menge verschiedener Individualitäten beherbergen und versorgen, die Aufgabe stellen, sich mit der Meteorologie vollkommen vertraut zu machen und die Beobachtungen der atmosphärischen Verhältnisse, ihrer Veränderungen und Schwankungen mit der Entstehung und Verschlimmerung von Krankheiten in den Instituten in Einklang zu bringen, um aus diesen jahrelang fortgesetzten Forschungen Vergleiche und endliche Resultate ziehen zu können."

Untersuchungen, den „korrelierenden" Wettervorgang klarzustellen, ziehen sich denn auch in der Tat für viele Krankheiten über fast ein Jahrhundert hin, ohne daß es bis vor etwa 20 Jahren gelang, der Frage näherzukommen. Es scheint von einigem Interesse, den *Gründen für dieses vergebliche Bemühen* nachzugehen, um so mehr, als auch heute noch diese und ähnliche Irrwege gelegentlich noch begangen werden.

An diesen Mißerfolgen waren meines Erachtens eine Reihe von Umständen schuld, die sich aus der ganzen Entwicklung unserer Anschauungen erklären:

1. Zunächst kennzeichnet der *Laie* das „Wetter" durch eine Anzahl *mehr oder weniger unpräziser Ausdrücke* (kalt, warm, schwül, feucht, trüb usw.), die an sich schon für eine genauere Untersuchung unbrauchbar sind, da sie sich nicht scharf fassen lassen bzw. mit ihnen nicht zuverlässig zu arbeiten ist. Um so weniger dürfen wir jemals glauben, daß wir *bei gehäuftem Vorkommen von Krankheitsfällen stets ein bestimmtes „Wetter" im Laiensinne fordern* müssen, um einen meteorischen Einfluß anzuerkennen.

2. Mit der allgemeinen Einführung der *meteorologischen Elemente* (Barometerstand, Temperatur, Feuchtigkeit, Windstärke, Windrichtung, Himmelsbedeckung, Niederschläge, Gewitterbildung) *zur Kennzeichnung von Wettervorgängen war man geneigt*, diesen Elementen *eine Art von selbständiger Existenz zuzuschreiben.* Man erwartete also, daß eines dieser Elemente als Auslösungsursache in Frage kommen müsse und sich dann hinsichtlich seiner Größe oder Änderung immer in bestimmter Weise verhalten müsse, wenn Fälle der untersuchten Krankheit beobachtet werden.

Man könnte nun etwa daran denken, dem Problem auf *statistischem Wege* näherzukommen. Man könnte z. B. die Zahl der Krankheitsfälle statistisch in Beziehung zu setzen versuchen mit dem Wechsel gewisser meteorologischer Elemente. Ein Versuch hierzu zeigt aber sehr rasch die Aussichtslosigkeit solcher Methoden, und viele Untersuchungen dieser Art sind tatsächlich ergebnislos verlaufen. Selbst Arbeiten, die mit so großem Fleiße und solcher Genauigkeit durchgeführt wurden, wie jene von Brezina und Schmidt, führten nur zu unbefriedigenden und schwerfaßbaren Resultaten. Völlig Gleiches gilt für Arbeiten bis in die neueste Zeit, in denen mittels der „Korrelationsrechnung" (vgl. S. 142) *solchen* Zusammenhängen nachgegangen wird (z. B. bei Gafafer). Wir tun überhaupt zunächst sehr gut, wenn wir möglichst wenig präjudizieren; wenn wir uns *die Beziehung Wetter – Krankheit zunächst also niemals grob mechanisch denken*, etwa als Einfluß von Kälte, Trockenheit, Druckschwankung u. dgl. So einfach liegen die Dinge bestimmt nicht. Das hat schon ALTSCHUL erkannt, wenn er 1891 in bezug auf die vielen, im einzelnen auf einen Krankheitseinfluß untersuchten meteorologischen Elemente schreibt: „Aus einem solchen Chaos von Details kann eben niemals das Licht der Wahrheit geboren werden!"

3. Gelegentlich anderer, vor allem klimatologischer Untersuchungen hatte man sich an das *Arbeiten mit Mittelwerten* aus den meteorologischen Daten längerer Zeitspannen gewöhnt. Da es sich für die vorliegenden Untersuchungen sicherlich eher um Vorgänge als um Zustände handelt – die Krankheitsschübe erfolgen ja in ganz wenigen Tagen – so sind Mittelwerte für solche Untersuchungen *durchwegs unbrauchbar* und haben bis in die neueste Zeit durchwegs zu Fehlschlägen geführt. „Zu welch irrtümlichen Schlußfolgerungen das Vergleichen meteorologischer Mittelwerte einzelner Monate mit den Krankheitsziffern führen kann, ist leicht einzusehen: gerade in unseren westeuropäischen Verhältnissen ist die Veränderlichkeit aller Witterungsfaktoren eine so beträchtliche, daß ein jeder derartiger Mittelwert sich aus außerordentlich verschiedenen Einzelwerten zusammensetzt" (BLUMENFELD 1909). Es muß unbedingt der meteorologische Vorgang, das heißt der Ablauf meteorischer Ereignisse Tag für Tag verfolgt werden. Das haben übrigens schon manche Autoren des vorigen Jahrhunderts klar gesehen (SEIBERT, SENFFT, GOLDBERG, HAMMERSCHLAG).

4. War ein bestimmtes meteorisches Ereignis als Auslösungsursache anzusprechen, so erwartete man, daß es nun zu Krankheitsfällen immer dann kommen müsse, wenn dieses Ereignis eintrat. Man dachte sich dieses Ereignis sozusagen als einzige Krankheitsursache, was aber mit Bestimmtheit niemals zutrifft. *Wir müssen uns vielmehr klar sein, daß diese Faktoren jeweils nur „Empfängliche" zur krankhaften Reaktion veranlassen werden* – sonst müßten letzten Endes jeweils ja sämtliche Menschen erkranken –, daß für die Zahl der Erkrankten also nicht allein die Stärke des auslösenden Ereignisses, sondern auch die Zahl der von ihm betroffenen Empfänglichen, die Zahl der „resonanzfähigen" Individuen entscheidend ist, somit das Ereignis unter Umständen reaktionslos, blind vorübergehen kann. Diese selbstverständliche Bemerkung soll hier nur andeuten, daß die *Untersuchung, wie Individuen ansprechfähig werden*, als *neues Problem* hier auftaucht, aber hier vorerst nur gestreift werden kann. Denn es ist ja vollständig unbekannt, ob dieses *Empfänglichwerden* nicht wieder *durch ganz andere Ursachen* erfolgt als die *Auslösung*.

Man muß sich von all diesen Vorstellungen vollständig frei machen, wenn man einem Zusammenhange von Wetter und Krankheit nachgehen will.

Wettervorgänge können wir zwar an bestimmten einfachen *Elementen messend verfolgen* – ganz so wie wir Krankheitssymptome mehr und mehr meßbar zu machen versuchen –, aber in beiden Fällen bleiben wir uns bewußt, daß *diese Messungen hinter das Wesen der Vorgänge im besten Falle blicken lassen.* BLUMENFELD hat das 1909 bereits mit klaren Worten ausgesprochen: „Zunächst kann bei einer derartigen Untersuchungsweise die Morbiditäts- oder Mortalitätsziffer stets nur verglichen werden mit dem Gang eines der meteorologischen Faktoren. Diese: Luftwärme, Luftdruck, Feuchtigkeit usw. sind in ein gegenseitiges Verhältnis zueinander nicht zu bringen, . . . So gelangt die statistische Untersuchungsmethode immer wieder nur dahin, daß sie einen oder mehrere Witterungsfaktoren in Beziehung zur Krankheitsbewegung bringt, niemals das Wetter als Ganzes. Niemand aber wird bezweifeln, daß nur das Wetter als Ganzes auf den Organismus einwirkt."

Auch SARGENT wendet sich noch 1939 nach eingehenden Erhebungen über die Häufigkeit von Erkältungskrankheiten gegen die „irreführenden" (missleading) statistischen Mittel und die Abweichungen vom Mittelwert, wie sie in USA noch vor 10 Jahren verwendet wurden. „The problems of medical-meteorological research cannot be studied that way. We must investigate day by day relations."

Die meteorologischen Meßresultate sind, wie JAKOBS treffend sagt, „gewissermaßen nur die Fußspuren über uns hinwegschreitender Gebilde höherer Art", die in der heutigen Meteorologie nunmehr eine entscheidende Rolle spielen. Diese *meteorologischen Elemente sind eben nur als Ausdruck, als Symptome eines viel allgemeineren Geschehens zu werten*, das wir nach Möglichkeit aufzusuchen haben.

Wenn wir Wettervorgänge durch meteorologische Elemente messen und zu charakterisieren versuchen, so ist auch *noch keineswegs gesagt, daß wir tatsächlich alle als Auslösungsursache möglichen Umstände damit verfolgen.* Es könnte als auslösender Faktor ja auch ein Faktor in Frage kommen, den wir derzeit noch nicht messen oder den wir noch gar nicht kennen. Endlich wäre ebensogut denkbar, daß es nicht ein Faktor im einzelnen ist, der die Auslösung bringt, sondern daß es sozusagen der „*Akkord*", das Zusammenwirken einer bestimmten Reihe von Faktoren wäre (LINKE).

Was zunächst ohne jede vorgefaßte Meinung also zu untersuchen ist, ist lediglich die Frage, ob das Auftreten gewisser Krankheiten überzufällig zusammenfällt mit bestimmt definierbaren atmosphärischen Vorgängen bzw. Gesamtwetterlagen. Über den feineren Kausalzusammenhang wird dann erst eine weitere Forschung, vor allem eine enge Zusammenarbeit von Medizin und Meteorologie etwas Definitives aussagen können.

Bevor wir uns Lösungsversuchen und Lösungen dieses hier aufgeworfenen Problems der Bioklimatik zuwenden können, müssen wir uns mit einigen Grundlehren der modernen Meteorologie vertraut machen. Die moderne Meteorologie bietet nämlich für eine derartige Erfassung meteorischen Gesamtgeschehens durchaus die Möglichkeit.

3. Grundlehren moderner synoptischer Meteorologie.

Entscheidend für die moderne Meteorobiologie war jene Wendung in der Betrachtungsweise des atmosphärischen Geschehens in der modernen Meteorologie, welche vor allem von der norwegischen Meteorologenschule Bjerknes, Solberg, Bergeron und anderen in den zwanziger Jahren unseres Jahrhunderts angeregt und in der Folge von vielen, nicht zuletzt auch deutschen Meteorologen nach vielfacher Richtung weiterentwickelt wurde. Sie ermöglichte wieder eine synthetische Betrachtung von Meßergebnissen.

Wer heute als Arzt – sei es rezeptiv oder produktiv – sich mit Meteorobiologie befassen will, muß diese moderne *„synoptische“ Meteorologie* wenigstens in ihren Grundzügen kennen, schon um wenigstens mit gewissen in der Literatur begegnenden Fachausdrücken konkrete Vorstellungen zu verbinden.

Diese nur erläuternden Anfangsgründe – mehr kann es nicht sein – sollen nachfolgend dargestellt werden.

Der Verfasser stützt sich dabei auf manche schriftliche und mündliche Quellen, wobei er für Hinweise und Beratung vielen Fachmeteorologen, vor allem den Herren Linke (†), von Ficker, Weickmann, Mügge, Becker zu vielfachem Dank verpflichtet ist. Als Entschuldigung aber, daß ein Arzt es hier wagt, ein heute bereits so hochspezialisiertes Fachgebiet in seinen Anfangsgründen zu erläutern, möchte Verfasser anführen, daß ein interessierter Nichtmeteorologe vielleicht besser die Bedürfnisse, Schwierigkeiten und Lücken kennt, die durch die folgenden Abschnitte zu befriedigen, zu überbrücken oder auszufüllen sind.

a) „Luftkörper“ und zyklonale Vorgänge in der Atmosphäre.

1. Die grundlegenden Vorgänge und ihre Abwandlungen.

Die Troposphäre stellt die unterste, noch unter der Einwirkung der Erdoberflächenstrahlung stehende Luftschicht dar, welche sich, in den verschiedenen Zonen verschieden, etwa 8–11 km hoch erstreckt. Die Vorgänge in ihr sind für unsere nördlich gemäßigte Zone ganz besonders bestimmt durch Phänomene, welche sich an der *Grenzfläche zweier Luftströmungen* abspielen. Im *Norden* strömt sogenannte *Polarluft von Ost nach West* – also gegen die Rotationsrichtung der Erde. *Südlich davon* in der gemäßigten Zone und am Nordrand der subtropischen Zone strömt sogenannte *Tropikluft von West nach Ost* – also in der Richtung der Erdrotation.

Die beiden Luftarten („Luftkörper“) unterscheiden sich nicht nur hinsichtlich der entgegengesetzten Strömungsrichtung, sondern sie sind vor allem auch physikalisch sehr weitgehend voneinander verschieden.

Polarluft ist in der Regel kälter, daher
spezifisch schwerer,
trockener,
durchsichtiger als Tropikluft.

Diese Unterschiede führen dazu, daß an der senkrecht zur Erdoberfläche verlaufenden Grenzschicht beider Luftkörper keine Mischung derselben eintritt, sondern daß sich die warme Tropikluft und die kalte Polarluft in einer „*Diskontinuitätsfläche*", der **Polarfront,** berühren. Diese Grenzfläche, die natürlich nicht als mathematische Fläche, sondern als „**Unstetigkeitsschicht**" bestimmter Dicke zu denken ist, verhält sich nun etwa so wie eine elastische Membran, das heißt, sie gibt Druckkräften nach jeder Richtung nach, erleidet Vorbauchungen und Einbuchtungen.

Man möge sich zur Veranschaulichung dieser Tatsache die Grenzschicht zweier sich nicht mischender Flüssigkeiten (etwa Wasser und Äther) vorstellen, die sich gegeneinander bewegen. Oder man erinnere sich der bekannten Erscheinung, daß in einem Zimmer mit ungleichmäßig erwärmter Luft (sozusagen kleinklimatischen Luftkörpern mit physikalischen Unterschieden) Rauch sich vielfach gerade in die Trennungsschichten dieser „Luftkörper" lagert und diese dann sichtbar macht; jeder kennt das „Wogen" dieser Schichten bei leichtbewegter Zimmerluft.

Aus Gründen, über welche die Diskussion noch nicht abgeschlossen ist, welche aber für unsere Probleme keine Rolle spielen, entstehen an dieser Luftkörpergrenzschicht *Wellen*, in denen abwechselnd Tropikluft von Süden gegen Polarluft vorgebuchtet wird bzw. Polarluft von Norden sich gegen Tropikluft vorbuchtet (s. Abb. 2).

Der sprachliche Wechsel von „vorgebuchtet wird" zu „vorbuchtet" drückt schon etwas von jener Dynamik aus, die uns gleich noch weiter beschäftigen wird.

Diese Wellen der Polarfront bilden die *Zentren für die* aus jedem Wetterbericht *geläufigen Tiefdruckgebiete* (*Depressionen, Zyklonen*) und die zwischen diesen liegenden *Hochdruckgebiete* (*Antizyklonen*).

In Abb. 2 ist als ein heute ganz geläufiges Schema eine solche Vorbuchtung von Tropikluft in Polarluft, eine solche *Zyklone* zunächst *auf dem Horizontalschnitt* dargestellt, das heißt in Aufsicht, wie das Gebilde auf der Erde liegt.

Im Zentrum haben wir warme *Tropikluft* in ihrer West-Ost-Bewegung, welche auf der „Vorderseite" (rechts) die Polarluft vor sich her treibt. Diese letztere gerät in die übrige Strömungsrichtung der Polarluft und wird auf diese Weise im Gegensinne des Uhrzeigers in Rotation versetzt (Windrichtung). Diese Rotation kann sogar durch Wirbelbildung zur Abschnürung des ganzen Gebildes führen. Auf der „Rückseite" des Warmluftkernes (links) drückt die schwere Polarluft nach. So zieht das ganze Gebilde in der Regel von West nach Ost über die Erde. Für unser Gebiet sind es vor allem aus der Gegend von Island kommende Depressionen, unter deren Wirkungen wir stehen.

Auf der *Vorderseite* treten also alle von der Zyklone überschrittenen Orte plötzlich aus der kalten kontinuierlichen Polarluft in die warme Tropikluft über, *das Thermometer steigt. das Barometer fällt.* Wenn wir

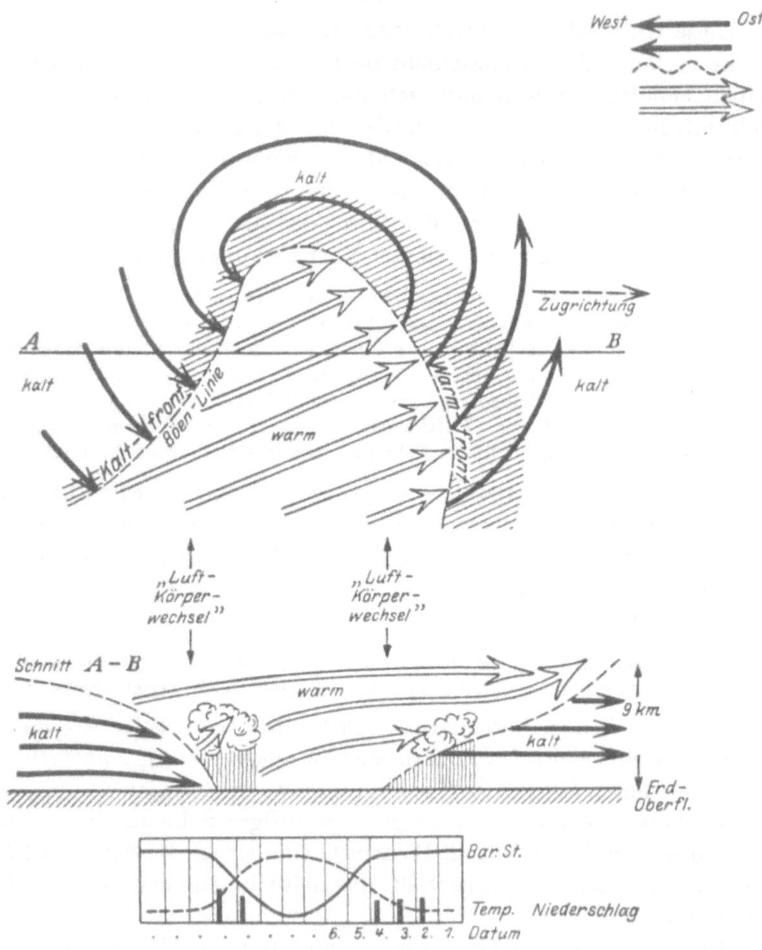

Abb. 2.
Das bekannte *Zyklonenschema* nach BJERKNES zur Veranschaulichung der Luftkörperverteilung in einer Zyklone und der an den Grenzschichten sich abspielenden Vorgänge. (Weitere Erläuterung im Text.)

von täglichen Wetterkarten absehen, so können wir also aus dem örtlichen Gang von Temperatur und Barometerstand allein in vielen Fällen schließen, daß ein **„Luftkörperwechsel"** stattgefunden hat, daß die *„Warmfront" einer Depression den Ort passiert hat. Mit diesem Luftkörperwechsel erfolgt, wenn wir uns an die physikalischen Unterschiede* *beider Luftarten erinnern, ein plötzlicher Wechsel des gesamten meteorischen Milieus, welcher alle Lebewesen des passierten Ortes trifft.*

Das Umgekehrte erfolgt auf der *Rückseite*, der „*Kaltfront*" *der Depression*[1]. Sobald die hier vorhandene Diskontinuitätsfläche den Ort passiert, erfolgt ein Luftkörperwechsel im Gegensinne, ein plötzlicher Übergang von der Tropik- in die Polarluft: *Das Thermometer fällt, das Barometer steigt.* Der Ort rückt aus dem warmen Sektor der Zyklone in die aus polaren Luftmassen gebildete Antizyklone ein. Wieder können wir aus diesem Verlauf der Elemente evtl. auf einen Wechsel im meteorischen Milieu schließen.

Da an den beiden Grenzflächen sich noch andere, oft sehr charakteristische Vorgänge abspielen, aus denen wir manche Schlüsse ziehen können, sei hier noch einiges angefügt.

Legen wir, wie in der Abbildung gezeichnet, einen Schnitt *A B* senkrecht zur Erdoberfläche durch die Depression, so sehen wir (im mittleren Teil der Abb.) an der *Vorderseite* die warme Tropikluft über die Polarluft aufsteigen, „*aufgleiten*". Erstere kommt damit in Höhen niedrigeren Druckes, sie muß sich abkühlen, ihr Sättigungsdefizit sinkt, und da sie sehr wasserdampfreich war, erfolgt Wolkenbildung (Schichtwolken, *Stratus*wolken), evtl. fällt der sogenannte „*Aufgleitregen*".

Dieses einfache Aufgleiten wird zu „*labilem Aufgleiten*", wenn die in höhere Schichten gelangende Luft sich infolge Ausdehnung, evtl. verstärkt durch nächtliche Ausstrahlung so stark abkühlt, daß sie spezifisch schwerer als die unter ihr liegende Luft wird. Sie sinkt dann ab und führt zu einer starken vertikalen Durchmischung der Luft („*Aufgleitlabilisierung*").

Auf der *Rückseite* der Zyklone pflügt sich die mit großer Geschwindigkeit und Gewalt nachstürzende Polarluft unter die Tropikluft, stößt diese gewaltsam in die Höhe, es erfolgt aus analogen Gründen Bildung von Haufenwolken (*Kumulus*wolken), Gewitterwolken („Gewittertürme und -pilze"), vielfach *böenartiger Regen* oder Schneefall, evtl. Neigung zu Böengewitter. Wegen dieser Erscheinungen spricht man von der Kaltfront auch als der „*Böenfront*"[2].

Diese Vertikalversetzungen von Luft an Kaltfronten können noch gesteigert werden durch Erwärmung, welche die Kaltluft vom Boden her erfährt (etwa im Winter über wärmerem Ozean, im Sommer über erwärmten Landstrichen). Lufterwärmung bedeutet Ausdehnung, damit spezifisches Leichterwerden. Im genannten Fall kann also die bodennahe Kaltluft spezifisch leichter als die über ihr lagernde Kaltluft der Höhe werden, es erfolgt wieder eine „Labilisierung" der Schichten mit Neigung

[1] „Kaltfront" wolle nicht mit „Polarfront" (s. S. 17) verwechselt werden, von der sie nur einen Teil darstellt, wie aus vorstehenden Erörterungen ersichtlich.

[2] Böen sind stoßweise und mit hoher Geschwindigkeit einhergehende Winde.

zu vertikaler Umlagerung, zu „*Kaltfront mit Turbulenz*". Die erwärmte untere Schicht bahnt sich in „Aufwinden" mit rasch wieder unter dem erniedrigten Druck sich ausbildenden Wolkenmassen einen Weg nach oben, während die Kaltluft der Höhe an anderen Stellen unter föhnigem Aufklaren und Wolkenauflösung zum Erdboden abstürzt.

Die im Grunde gleiche Labilisierung mit Turbulenzneigung kann lokal in jedem Luftkörper bei starker, durch Sonneneinstrahlung entstehender lokaler Erwärmung auftreten, evtl. verstärkt durch nächtliche Abkühlung höherer Schichten infolge Ausstrahlung. Es entstehen dann „*lokale Labilisierungen*" mit Neigung zu „lokalen *Wärmegewittern*", was wegen der Ähnlichkeit der Genese hier anhangsweise erwähnt sei.

Zuweilen kann aber der Übergang eines Ortes in einen wärmeren oder einen kälteren Luftkörper durch besondere Bedingungen in den Wetterereignissen so abgeschwächt sein, daß der „Frontcharakter" eigentlich ganz verlorengeht; der Meteorologe spricht dann zuweilen nur von „*Warmmassen- bzw. Kaltmassengrenzen*", an denen aber im Prinzip ebenfalls der Vorgang des Aufgleitens bzw. der Turbulenz nachweisbar bleibt.

Das gesamte „*Niederschlagsfeld der Zyklone*" ist im Schema schraffiert gezeichnet.

Folgende Übersicht soll das Gesagte nochmals in seinen wesentlichen Zügen zusammenfassen:

Zyklone (Depression).

Vorderseite (Warmfront)	*Rückseite (Kaltfront)*
Thermometer steigt	Thermometer fällt
Barometer fällt	Barometer steigt
Aufgleiten	
Schichtwolken (Stratus)	Haufenwolken (Kumulus, Gewitterwolken)
„Aufgleitregen" (Schneefall)	„*Böenfront*": Böen – Bögewitter – Böenregen – Schneeböen – Schauerregen[1]. Turbulenzerscheinungen.

Soweit der typische Ablauf einer Zyklone. Derselbe kann mannigfaltigen Wandlungen unterliegen, von denen einige noch zu nennen sind.

Kommt die Kaltluft einer Zyklone im Winter vom wärmeren Ozean her, so kann es vorkommen, daß sie wärmer als die über dem Festland liegende Luft ist. Aus Gründen des gegenseitigen spezifischen Gewichtes muß die *Kaltluft* zunächst *in ein Aufgleiten* geraten, obwohl die Kaltfront selbst die für sie typische Labilität mit Turbulenzneigung hat; die Kaltfront erscheint dann durch die Aufgleitvorgänge „maskiert" („*maskierte Kaltfront*").

Dann mag noch erwähnt sein, daß sehr ausgedehnte Aufgleitvorgänge in der Art der an der Warmfront geschilderten auch zustande kommen können, wenn Warmluft anderer Quelle, z. B. aus dem subtropischen Mittelmeerraum sich über

[1] Vgl. Fußnote 2 S. 19.

im Norden liegende Kaltluft schiebt (Dauerregen bei Ostwinden, die sog. „*Vb-Lagen*" in der Meteorologie).

Man mag den Skizzierungen der verschiedenen meteorischen Vorgänge auch entnehmen, daß in vielen Fällen ein subjektiver *Spielraum für die meteorologische Benennung und Typisierung* bestehen muß, weshalb etwa Auszählung der von verschiedenen Stationen gemeldeten Wettertypen gewisse Unterschiede aufweisen werden. Für meteorobiologische Fragen spielt das keine sehr entscheidende Rolle.

2. Die Okklusionserscheinungen.

Wir sahen S. 19 und in dem Schema Abb. 2, daß die mit Wucht auf der Rückseite einer Zyklone nachdrängenden Polarluftmassen die Tropikluft unterpflügen und sie teilweise vom Erdboden abheben. Nicht selten erfolgt bis zur Ankunft der Zyklone über dem Kontinent dieser Vorgang in solchem Ausmaße, daß der gesamte Warmluftkern der Zyklone als **„Warmluftschale"** vom Erdboden abgehoben wird und darunter die Polarluftmassen der Vorder- und Rückseite zusammenstoßen, ein Vorgang, der in der Meteorologie als **„Okklusion einer Zyklone"** geläufig ist. Abb. 3 soll diese Erscheinung schematisch versinnbildlichen.

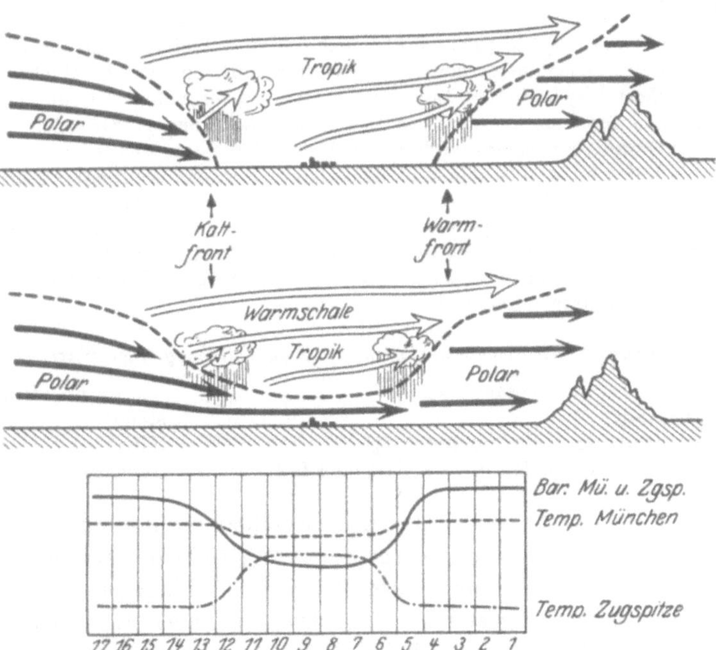

Abb. 3.
Schema zum Vorgange der *Okklusion einer Zyklone*. Man beachte den gegenläufigen Temperaturgang in niedrigeren und höheren Luftschichten. Näheres im Text.

Auf der Erdoberfläche erfolgt dann, sofern die Polarluft der Vorderseite von jener der Rückseite nicht stärker verschieden ist, keinerlei Luftkörperwechsel, und dementsprechend bleibt die Temperaturänderung hier aus bzw. erfolgt aus noch zu besprechenden Gründen unter Umständen sogar im Gegensinne. Nur der Druckfall und vorübergehende Bewölkung ist natürlich zu beobachten, da die Warmluftschale über der Erdoberfläche in weiter Ausdehnung oft über weite Landstrecken wegzieht. In solchen Fällen sind die Zyklonfronten also sozusagen in die Höhe gehoben. Eine Analyse dieser Vorgänge gelingt ohne weiteres, wenn Messungen insbesondere der Temperatur aus größerer Höhe herangezogen werden können.

Das geschieht heute bereits laufend durch Flugzeug- und Registrierballonaufstiege. Bei den früheren Untersuchungen des *Verf.* am Kehlkopfcroup in München (2) standen sie in selten günstiger Weise in den Messungen des relativ nahen Zugspitzobservatoriums (3000 m ü. d. M.) und der Station auf dem Hohen Peißenberg (1000 m ü. d. M.) zur Verfügung.

Sehr häufig findet man nun *beim Passieren der Fronten einer okkludierten Zyklone eine zunächst überraschende Temperaturänderung auf der Erdoberfläche*, nämlich beim Passieren der Warmfront (Vorderseite) eine leichte Abkühlung, beim Passieren der Kaltfront (Rückseite) eine Erwärmung.

Diese *Temperaturänderung* beruht nicht etwa auf einem Luftkörperwechsel, d. h. auf dem Einströmen anders temperierter Luft, sondern geschieht *auf rein „dynamischem Wege"*, indem Luft bei Druckentlastung sich abkühlt, bei Kompression sich erwärmt (*adiabatische Temperaturänderungen*). Erfolgt in größerer Höhe der Einbruch warmer und damit leichter Luftmassen, so werden die darunter liegenden Luftschichten (wie ja auch das fallende Barometer anzeigt) entlastet und müssen sich somit abkühlen. Umgekehrt werden beim Einbruch polarer, kalter Luftmassen (etwa auf der Rückseite einer okkludierten Zyklone, d. h. nach Durchzug der Warmschale) in den oberen Luftschichten die unteren Schichten komprimiert (Barometer steigt), und sie beantworten diese Kompression mit adiabatischer Erwärmung. Zusammenfassend:

Änderung der meteorologischen Elemente beim Durchzug einer Warmschale:

	Vorderseite	*Rückseite*
Luftdruck	fällt	steigt
Temperatur oberer Luftschichten	steigt	fällt
Temperatur am Erdboden	unverändert oder fällt	unverändert oder steigt

Ist bei der geschilderten Okklusionserscheinung der Aufgleitvorgang an der Vorderseite noch gut ausgeprägt, so spricht der Meteorologe von einer „*Okklusion mit Warmfrontcharakter*"; ist hingegen die gehobene Warmluft schon so „gealtert", d. h. ihrer typischen Eigenschaften beraubt, daß sie im Wettergeschehen keine eigentliche Rolle mehr spielt, so ist das Geschehen wesentlich durch die vorgedrungene Kaltluft bestimmt, es liegt eine „*Okklusion mit Kaltfrontcharakter*" vor.

Als eine Art Übergang von der voll ausgeprägten zur okkludierten Zyklone kann es vorkommen, daß nur noch ein kleiner „*Warmluftsektor*" über eine Gegend hinwegzieht.

Es gibt endlich Ausläufer von Zyklonen von langgestreckter Form, sog. „*Höhentröge*", es können „*Kaltlufttropfen*" oder „*Kaltluftzungen*" in größeren Höhen zu zyklonartigen Gebilden mit Turbulenz vom Erdboden bis fast zur Troposphärengrenze, sog. „*Höhentiefs*" vorkommen, die zu Schauern und Gewittern Anlaß geben.

Bei all diesen höchst vielgestaltigen Möglichkeiten in Ablauf und Schicksal einer Zyklone mag man sich erinnern, daß es für die Wettervorhersage zur Aufgabe der Meteorologie gehört, diese Abläufe und Schicksale für wenigstens 24–36 Stunden auf Grund der in Massen einlaufenden und zu buchenden Meßergebnisse rasch vorauszuberechnen bzw. doch „vorauszuahnen".

3. Weitere Komplexität zyklonaler Vorgänge in der Wirklichkeit.

Die hier gegebenen Darstellungen sollten den Leser lediglich vertraut machen mit Wesensart und Grundzügen dessen, was heute in jedem Wetterbericht zu lesen ist. Der Begriff einer „Front", einer „Unstetigkeitsschicht", eines „Luftkörpers", des Auf- oder Abgleitens spielt in Fragen heutiger dynamischer Bioklimatik eine große Rolle und muß daher seinem Wesen nach wenigstens bekannt sein. Es kann aber keineswegs Aufgabe des Arztes sein, solche Vorgänge im Wettergeschehen zu diagnostizieren. Das kann heute nicht genug betont werden.

Wie komplex die Vorgänge auch bei Zugrundelegung der neuen Anschauungen noch sind, mögen einige weitere Hinweise zeigen.

1. Die genannten Zyklonen treten oft in einer Hintereinanderreihung, in „*Zyklonenfamilien*" auf, wobei der angedeutete Alterungsprozeß bei den einzelnen Gliedern der Familie ein unterschiedlicher ist.

2. Zwischen den einzelnen Zyklonen befinden sich dann, wie obiges Schema 2 und 3 leicht verständlich macht, Kaltluftkörper, welche eine „*Antizyklone*" mit einer der zyklonalen gegensinnigen Rotation der Luftmassen darstellen. Diese Antizyklonen haben fast durchweg einen noch erheblich komplizierteren Bau, wie namentlich Untersuchungen von Stüve gezeigt haben. In ihnen sind zwei oder mehrere Kaltluftkörper verschiedener Temperatur derart ineinandergeschachtelt, daß zwischen ihnen erneute „Unstetigkeitsschichten" auftreten.

Wer sich für diese Verhältnisse eingehender interessiert, sei auf die vorzügliche Einführung v. Fickers in die moderne Meterologie[1] hingewiesen.

---

[1] v. Ficker: Wetter und Wetterentwicklung, in Verständliche Wissenschaft. Berlin: Springer 1932.

3. Für Mitteleuropa kommt man mit den bisher genannten polaren und tropischen Luftkörpern nicht aus, da die Eigenschaften einer Luftmasse nicht nur von der geographischen Breite, aus der sie stammen, sondern auch von der Unterlage abhängen, über der sie gelagert haben.

LINKE unterschied daher noch „maritime" und „kontinentale" Luftkörper, deren Eigenschaften in der nachfolgenden Tab. 1 „der vier Hauptluftkörper" nach LINKE zusammengefaßt und den schon bekannten Luftkörpern (s. S. 16) angefügt werden.

Tabelle 1. *Die „vier Hauptluftkörper" Linkes.*

	Polar	Tropik	Maritim	Kontinental
Temperatur	kalt	warm	Winter warm	Winter kalt
Feuchtigkeit	trocken	feucht	Sommer kühl feucht	Sommer warm trocken
Trübung	durchsichtig	stark opak	durchsichtig	opak
Kerne[1]	spärlich kleine	reichlich große	reichlich kleine	reichlich kleine
Sonnendurchlässigkeit	groß	gering	gering	groß
Durchlässigkeit für Kurzwellenstrahlung	groß	gering	groß	gering
Ionengehalt	gering	groß	gering	groß
Elektr. Spannung ..	niedrig	höher	niedrig	höher

Neben diesen vier Hauptluftkörpern existieren dann noch Zwischenstufen, wie *„tropik-maritim"* — *„polar-maritim"* — *„tropik-kontinental"* — *„polar-kontinental"*, je nachdem eine maritime Luft z. B. mehr aus dem nördlichen oder südlichen Teil des Atlantischen Ozeans stammt usw.

Durch diese einem Luftkörper also zukommenden charakteristischen Eigenschaften werden somit ganze Gruppen meteorologischer Messungen unter einem höheren Begriff vereinbar. Aber die in der Wirklichkeit vorkommende Vielgestaltigkeit der Luftkörper zeigt uns auch, welche *Unzahl von verschiedenen Möglichkeiten* dann auch für feinere Unterschiede in der Art der zwischen ihnen auftretenden Unstetigkeitsschichten vorkommen müssen.

4. Es wechselt endlich *vertikale Mächtigkeit* der einzelnen Luftmassen, *Geschwindigkeit* ihrer Bewegung („Wettertempo"), die *Steilheit und Dicke* der als „Gleitflächen" bezeichneten *Schichten.*

Die heutige meteorologische Wissenschaft stellt dem Interessenten

[1] „Kerne" sind kleine, nicht-gasförmige Teilchen, die der Luft beigemengt sind und für die „Sichtigkeit" sowohl wie für die elektrischen Eigenschaften eine große Rolle spielen (s. a. S. 114).

Wetterkarten und *Wetterberichte, Monatsberichte* und *Luftkörperkalender* zur Verfügung, mit denen er arbeiten kann.

Nur anhangsweise sei eine weitere „Grenzschicht“ polarer Luftmassen hier erwähnt, die **Grenzschicht des kontinentalen osteuropäischen Hochs.** Über Osteuropa und dem nördlichen asiatischen Kontinent befindet sich ein sehr *konstantes Hochdruckgebiet*, das aus *polarkontinentalen Luftmassen* aufgebaut ist. An der Grenze dieses Luftkörpers befindet sich ebenfalls eine Unstetigkeitsschicht, mit der er sich gegen benachbarte Luftmassen anderer physikalischer Eigenschaften abgrenzt[1]. Dieses osteuropäische Hoch dringt zuweilen bis nach Mitteleuropa vor. Diese Ereignisse sind zahlenmäßig viel seltener, wie die bisher behandelten.

b) Föhne und Inversionen.

„Föhne“ sind einzig und allein **Fallwinde,** die durch das Absinken warm und damit trocken werden. Sie kommen besonders dort vor, wo Bergzüge sich einer Luftbewegung in den Weg stellen. Am häufigsten ist am Alpennordhang ein *„Saugföhn“* („Zyklonalföhn“) folgender Genese: An der Vorderseite eines vorbeiziehenden Tiefs werden Luftmassen abgesaugt (*„Luftversetzung“*), deren Ersatze sich die Alpenkette entgegenstellt. Es kommt zum *Nachsaugen von Luftmassen über den Alpenkamm.* An der *Luvseite* (Südhang) der Alpen kommt es zu *„Stau“* und Aufsteigen; mit letzterem gelangen die Luftmassen unter niedrigeren Druck, kühlen sich infolgedessen ab, so daß ihre Wasseraufnahmefähigkeit sinkt; sie geben *beim Aufsteigen ihre Feuchtigkeit* oft in Form enormer Niederschlagsmengen *ab*, von nördlichen Berggipfeln aus sieht man dann über den Zentralalpen diese Wolken als „Föhnmauer“ liegen. Auf der *Leeseite* (Nordhang) der Alpen *stürzen die Luftmassen ab und erwärmen sich dabei auf dynamischem Wege*, d. h. sie gelangen beim Fallen in zunehmend steigenden Luftdruck, werden komprimiert und dadurch erwärmt, und zwar um etwa 1° pro 100 m Höhendifferenz. Beim Erwärmen von Luft steigt aber das Sättigungsdefizit, die Luft wird relativ „trockener“, damit klarer, durchsichtiger.

So entsteht als Fallwind der trockene warme Föhn, der „Schneefresser“, wie er im Gebirge heißt, weil er Schneemassen zur Verdunstung bringt, bevor sie sichtbar schmelzen. Mit Nachlassen des Föhns dringen die Fronten der Zyklone, sehr oft bereits die Kaltluft ihrer Rückseite, in das Gebiet ein[2].

[1] Die Wirkung dieser Schicht ist an Wetterkarten vielfach sehr schön zu verfolgen, wenn vom Westen kommende Zyklonen gegen sie stoßen und nach Nordosten (meist über Skandinavien) abprallen.

[2] Bezüglich feinerer Einzelheiten moderner Föhntheorien sei auf die gute und klare Darstellung von PROHASKA in Experientia **3**, 232 (1947) sowie auf v. FICKER-DE RUDDER (s. Lit.-Verz.) verwiesen.

Wer das Wetter in den Alpen oder Voralpen einigermaßen kennt, weiß, daß Föhn sehr oft das Zeichen für einen bevorstehenden Schlechtwettereinbruch, nicht selten für einen Wettersturz ist, der oft im Flachlande schon eingetreten ist, wenn im Alpenvorlande das Wetter durch die Föhnlage noch „schön" ist.

Der *Name Föhn* rührt – pars pro toto – von diesem „klassischen" Föhn, dem Gebirgsföhn, der bei uns – entsprechend der Ost-West-Richtung der Alpen – zumeist als Südwind auftritt.

Phoenix oder *Phoenicias* hieß in der 12teiligen Windrose der Griechen und Römer der Südsüdwestwind; die Bezeichnungen dieser Windrose waren bei uns durch bis ins 19. Jahrhundert benutzte alte deutsche Landkarten gebräuchlich, welche die Windnamen am Rande enthielten. In der älteren deutschen Föhnliteratur tritt für den Gebirgsföhn auch der Name *Afriker* auf, wegen der damals geltenden, heute noch bei Laien zu findenden Vorstellung, es handle sich um einen heißen afrikanischen Wüstenwind (G. W. ROEDER).

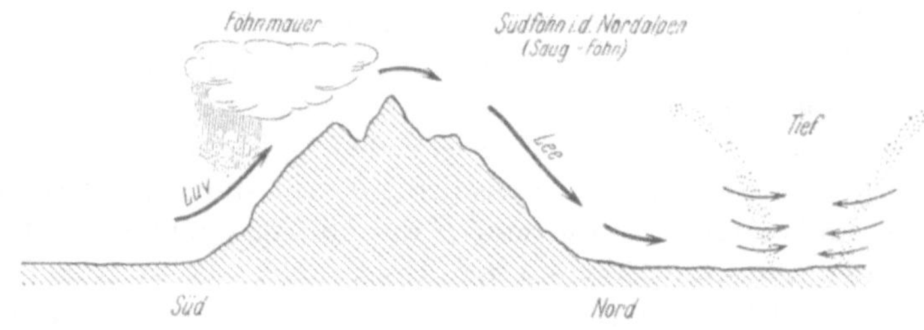

Abb. 4.
Schema der Föhnentstehung an Gebirgen durch Sog.

In der Schweiz, Tirol und Südbayern sind manche Orte infolge einer nach Süden offenen Lage dem Föhn ganz besonders ausgesetzt und als *Föhnorte* bekannt (Innsbruck, auch Mittenwald, für die Schweiz vgl. etwa die instruktive Karte bei BERNDT).

Neben dieser klassischen Entstehung des Föhns kommt dann auch ein „*Druckföhn*" vor. In den Alpen erheblich viel seltener findet er sich – quantitativ natürlich schwächer als der Alpenföhn – in deutschen Mittelgebirgen, welche sich den von Westen kommenden atmosphärischen Gebilden entgegenstellen.

Die sich dabei abspielenden Vorgänge sind im Prinzip die gleichen wie beim Saugföhn. Nur daß die Bewegung der Luftmassen durch ein auf der Luvseite des Gebirges befindliches Hochdruckgebiet (auch eine Antizyklone) erfolgt, von dem die Luft über das Gebirge *gedrückt* anstatt *gesaugt* wird. In den Alpen kommt es zum Druckföhn besonders, wenn ein Hochdruckgebiet südlich der Alpen seinen Kern hat. In diesem Falle ist „Föhn" im Alpenvorlande naturgemäß nicht von einer Zyklone gefolgt, dann also auch kein Zeichen eines Wettersturzes.

In neuerer Zeit wird in der Meteorologie die Bezeichnung „Föhn“ endlich auch verwendet für *Fallwinde der freien Atmosphäre*, also für Vorgänge ganz anderer Art, welche sich aber an den bewegten Luftmassen in sehr ähnlicher Weise auswirken. Bekannt ist besonders die außerordentliche Klarheit und Sichtigkeit solcher Luft.

Dieser *„freie Föhn“* findet sich ganz besonders im Zentrum von Hochdruckgebieten (*„Antizyklonalföhn“*), in deren Rand die Luft durch den erhöhten, auf ihr lastenden Druck auszuweichen bestrebt ist und nun vom Zentrum her ein Nachsinken der Luft stattfindet. Es ist – nicht zuletzt auch in meteorobiologischer Hinsicht – zweckmäßig, zwischen dem freien Föhn höherer und mittlerer Troposphärenschichten und dem bis zum Erdboden vordringenden Föhn zu unterscheiden (BECKER, briefl. Mitteilung).

In der medizinischen Literatur ist die *Föhndiagnose*, sofern nicht ausdrücklich meteorologisch gestellt oder bestätigt, mit größter Vorsicht zu bewerten, da hier oft das zeitweise Aufklaren durch absinkende Luft bei Labilität und Turbulenz an Fronten zur Fehldiagnose Föhn Anlaß gab und gibt.

In meteorobiologischer Hinsicht interessieren dann endlich noch die *Inversionen*, also wörtlich „Umkehrungen“: Die Lufttemperatur nimmt im allgemeinen mit steigender Höhe ab; lagert indes in einem – nicht selten ganz begrenzten, orographisch als Talsohle, Bodensenke, Doline sich darbietenden – Gelände kalte Luft, so kann sich über diese eine wärmere und damit leichtere Luft stabil lagern, die, wenn sie hinreichend feucht ist, an der Berührungsfläche mit der Kaltluft zur Ausscheidung von Wassertröpfchen in Gestalt einer *Hochnebeldecke* als „Sperrschicht“ Anlaß gibt.

Föhn und Inversion kombinieren sich oft, wie besonders v. FICKER für Innsbruck und neuerdings FREY und MÖRIKOFER für das Glarntal nachgewiesen haben (der Gebirgsföhn findet dann im Tal einen Kaltluftsee vor, gegen den er sich durch eine Nebeldecke absetzt, bis die lagernde Kaltluft allmählich verdrängt wird). Gleiche Kombinationen sind auch für Inversionen und freien Föhn geläufig; der Föhn kann über der Inversion herrschen, diese aber auch durchbrechen bzw. verdrängen, was von der Stärke des Absinkens und den Temperaturverhältnissen abhängt.

Synoptische Wetterdiagnosen der hier geschilderten Art sind für meteorobiologische Zwecke ohne Zweifel am erstrebenswertesten, da sich immer wieder zeigte, daß sie durch kein einfaches Meßergebnis ersetzt werden können. Daneben laufen allerdings auch immer wieder *Versuche, ein komplexes Wettergeschehen doch noch auch zahlenmäßig zu erfassen.* Am besten gelingt das immerhin unter Verwendung der in einer bestimmten Zeit oder einem abgesteckten Raum erfolgenden barometrischen *Änderung*, durch die vor allem die Frontenaktivität leidlich erfaßt wird. Diese barometrische *Änderung* wird in verschiedener Form maßstäblich verwendet: als *Barometerfall* unter einen bestimmten Grenzwert (BETZ); als „*Index of Barometric variability*", das Längenverhältnis der von einem Barographen während 24 Stunden gezogenen Linie zu der über die gleiche Zeitspanne sich ziehenden Zeitachse (SARGENT); als „*Depressionscharakter*", d. h. der tiefste über einem Punkt Mitteleuropas morgens 8 Uhr abgelesene Barometerstand (DÜLL); als „*Atmosphärische Aktivität*", das ist die größte in den letzten 24 Stunden über Mitteleuropa abgelesene absolute Differenz zwischen dem größten Druckfall und dem größten Druckanstieg (DÜLL), wobei „Mitteleuropa" natürlich begrifflich genau abgegrenzt wurde; als „*Sturmhäufigkeit*" an einer Küstenstrecke (DÜLL).

Ein prinzipiell gleicher Gedankengang, nämlich einen zahlenmäßigen Ausdruck für die Intensität einer Wetterstörung zu finden, liegt dem sehr differenzierten Versuch von UNGEHEUER zugrunde, aus mehreren, laufend am Ort gemessenen meteorologischen Elementen eine Kennziffer des atmosphärischen *Harmoniegrades* zu bilden.

Als volle „Harmonie der meteorologischen Elemente" (mit der Kennziffer + 10) wird definiert, wenn diese Elemente einzig und allein durch Einstrahlung während des Tages und Ausstrahlung während der Nacht (d. h. ohne jede Zufuhr — „Advektion" — anders gearteter Luft) bestimmt werden. (Das ist nicht etwa ganz identisch mit „Schönwetter", das z. B. im freien oder im Gebirgsföhn durch Advektion warmer trockener Luft am Orte sowohl Temperatur als Feuchte aus dem Harmoniebereich bringen kann [„übersteigertes Schönwetter"].) Meßresultate von 6 meteorologischen Elementen, die vom Harmonie„mittel" zahlenmäßig abweichen können, bestimmen dann als „*Relativzahlen biologischer Wetterwirkung*" in der Stärke ihrer Abweichung den Harmoniegrad, der mit der Kennziffer „— 10" das Maximum der Disharmonie erreicht. Über die Bewährung dieser Wettercharakterisierung vgl. Abb. 5, S. 48.

Über einen anderen Weg, nämlich durch Einführung einer neuen physikalischen Meßgröße (Längstwellen) zu einem „Indikator" für biologische Wetterwirkung zu kommen (REITER), wird später noch zu sprechen sein.

Derartige Meßgrößen besitzen den zweifellosen Vorteil, daß sie unabhängig von subjektiven Wertungen und Diagnosen des Wettervorganges machen; sie bilden, wie manche eindeutig positive Korrelationen zu biologischen Vorgängen, von denen noch zu sprechen sein wird, zeigen, auch wirklich brauchbare Maßstäbe für biologisch interessierende Wettervorgänge. *Nur muß man sich klar sein, daß eine Korrelation dieser Art „noch kein Beweis einer kausalen Beziehung" ist*, wie auch UNGEHEUER sehr mit Recht selbst für den von ihm ausgearbeiteten, anscheinend besonders zuverlässigen Maßstab erneut betont, *und daß ein Versagen eines derartigen Maßstabes in der Korrelation zu einem biologischen Merkmal sehr wohl vorkommen und daß doch ein meteorischer Einfluß bestehen kann;* letzteres gilt ganz besonders für die nur barometrisch definierten Meßgrößen, da es eben biotrope Wetterstörungen gibt, die sich barometrisch kaum ausdrücken. Manche dieser Maßstäbe bleiben also sozusagen Behelfsmethoden von begrenzter Verwendbarkeit und müssen als solche gewertet werden.

4. Spezielle meteorobiologische Fragestellungen und heutige Methoden ihrer Beantwortung.

Anknüpfend an die obengenannte „primäre Fragestellung" und unter Zugrundelegen jener von der modernen Meteorologie zunehmend besser analysierbaren dynamischen Vorgänge und Geschehnisse in der Atmosphäre konnten nunmehr Ende der zwanziger Jahre meteorobiologische Fragen in vieler Hinsicht präziser gestellt werden.

Es war etwa zu entscheiden, ob *in der Zeit der genannten Gruppenbildungen von Krankheitsfällen bestimmte Luftkörper vorherrschen oder bestimmte Wettervorgänge*, etwa Durchzug der genannten Fronten, sich ereignen.

In dieser Richtung gingen denn auch die ersten Erhebungen (Feige und Freund, v. Heuss, Jacobs, de Rudder), welche durchweg zu dem Schluß kamen, daß diese Krankheitsgruppen ganz besonders häufig mit dem Durchzug von Fronten und „atmosphärischen Unstetigkeitsschichten" zusammentrafen, also durch diese Wettervorgänge ausgelöst schienen.

Es beeindruckt übrigens, daß in der schon genannten meteorobiologischen Schrift des Sylter Landschaftsarztes Ackermann vom Jahre 1854 von „ruhender Polarluft", von „Polar- und Äquatorialströmen", von „Luftstauungen" und „Überwallungen" gesprochen wird – sicher in etwas anderem Sinne als in der heutigen Meteorologie, aber doch schon damals ganz im Sinne einer Dynamik atmosphärischen Geschehens.

Manch *methodische Schwierigkeit* zeigte sich indes bald bei dem geschilderten Vorgehen, mit der bereits die ersten Arbeiten dieser Richtung sich auseinanderzusetzen begannen. Im Wetter Mitteleuropas ist eine gewisse Unruhe und Inkonstanz häufiger als länger dauernde stationäre, „ungestörte" Wetterlagen. Durch Wochen hindurch können Fronten in Abständen von wenigen Tagen ja zuweilen von Stunden sich folgen. Je mehr die Meteorologie dann weitere Wetterstörungen, wie sie im vorstehenden Abschnitt kurz skizziert sind, erfaßbar machte und differenzierte, um so schwieriger wurde die Zuordnung bestimmter Wetterlagen zu den beobachteten Krankheitsgruppen, um so mehr lief man aber auch Gefahr, unversehens bei diesem Zuordnen wieder in das Spiel des oben schon genannten Zufalls oder gar der Willkür zu geraten.

So mußte die Methodik mehr und mehr sich anpassen, d. h., es mußten etwas *abgeänderte Fragestellungen* der Forschung zugrunde gelegt werden.

Nicht mehr das Wetter in der Zeit von Gruppen von Krankheitsfällen konnte betrachtet werden, sondern man suchte zu *ermitteln, ob an meteorisch in bestimmter Weise gekennzeichneten Tagen* (später sogar Stunden) *„überzufällig“ oft bestimmte Erkrankungsformen oder sonstige biologische Änderungen erfolgen.* Gelegentlich schlug man auch hier das umgekehrte Verfahren ein: man untersuchte, ob in oder doch um die Zeit bestimmter Krankheitsfälle bestimmte meteorische Vorgänge sich häufen.

Diese Abänderung im Vorgehen verdient einige Beachtung in erkenntnistheoretischer Hinsicht. Legte man früher *Gruppen* von Fällen zugrunde, für welche die ärztliche Beobachtung nach Ursachen suchte und für welche in der Tat außermenschliche Ursachen zu fordern waren, sobald die Gruppen wenigstens als überzufällig imponierten, so legt man in der geänderten Bearbeitungsform *alle* gleichartigen Krankheitsfälle überhaupt zugrunde, von denen indes nie ein verständiger Arzt vermutet hätte, daß sie sämtlich oder auch nur zumeist wetterbedingt sein würden. Mit anderen Worten, man war durch das geänderte Vorgehen gezwungen, die „höchstwahrscheinlich vorwiegend wetterbedingten“ Gruppenfälle mit den sehr wohl auch nicht wetterbedingten Einzelfällen statistisch zu vermengen, die Nachweisbarkeit eines Wettereinflusses also zu dämpfen, zu nivellieren.

Trotzdem läßt sich – wie wir sehen werden – ein ganz eindeutiger Wettereinfluß auf das menschliche Reagieren beweisen, was immerhin beachtenswert ist, während man bei den Krankheiten mit eindrucksvoller Gruppenbildung etwas von der Gesamthäufigkeit der Krankheit abhängig war. Die betrachtete Krankheit mußte nämlich, wie früher eingehender dargelegt, sozusagen eine optimale Häufigkeit aufweisen; war sie zu selten, so waren Gruppenfälle an sich schon kaum zu erwarten, war sie zu häufig, so zerflossen die Gruppen in ein schwer deutbares An- und Abschwellen der Krankheitsziffern.

Freilich war man nun unversehens von der ursprünglichen, sozusagen aus der Praxis ärztlichen Beobachtens erwachsenen Fragestellung, für die eine Antwort gesucht wurde, zu einer rein theoretischen Fragestellung übergegangen; es konnte jetzt auch gefragt werden, ob irgendeine sozusagen beliebig herausgegriffene meteorische oder geophysikalische Naturerscheinung Einfluß auf den Menschen, auf sein Reagieren, Erkranken, Sterben, auf Lebewesen überhaupt habe.

Stets geht man nun heute in meteorobiologischen Untersuchungen in zwei gesonderten Schritten vor:

1. Sammeln von Einzelbeobachtungen;
2. statistische Verarbeitung desselben.

Dazu kann gelegentlich – vorerst noch in den Anfängen – das Experiment oder, zunächst noch häufiger, das empirische Herausschälen spezieller Gesetzmäßigkeiten kommen.

a) Das Sammeln von Einzelbeobachtungen.

Auf Grund mancher Erfahrung ist auch über die so einfach erscheinende Frage des Sammelns von Beobachtungen doch einiges zu sagen. Da es sich zunächst so gut wie immer um die Ermittlung zeitlicher Koinzidenzen eines biologischen und eines meteorischen Ereignisses handelt, ist die möglichst exakte zeitliche Festlegung dieser Ereignisse Grundbedingung.

Für die meteorischen ist diese Festlegung durch das in allen Kulturländern dichte Netz eigener Beobachtungsstellen meist ohne weiteres gegeben. Für den biologischen, den „ärztlichen" Teil ist oft die *Anamnese eines Kranken* oder seiner Angehörigen ausschlaggebend, und alles, was über Ungenauigkeit, Täuschungsmöglichkeiten, Erinnerungsfälschungen zum Thema Anamnese schon oft gesagt wurde, wäre hier zu wiederholen. Es ist sicher auch nicht gleichgültig, ob die anamnestische Erhebung durch den meteorobiologisch Interessierten oder einen Beauftragten oder gar einen Uninteressierten erfolgt.

Im ersteren Falle spielt das unbewußte Auswählen, im zweiten das psychologische Verhältnis zum Auftraggeber, im dritten Gleichgültigkeit manche Rolle. In noch erhöhtem Maße gilt das alles bei Organisation und Durchführung einer *Sammelforschung*, die mancher zur Materialvergrößerung anstrebt.

Viele solche Bestrebungen scheitern daran, daß unter den Sammlern nachlässige Wichtigtuer sind, welche einerseits ungenau beobachten, andererseits aber (oft aus psychologischen Gründen) nicht den Mut finden, ungenau beobachtete Krankheitsfälle von der Sammlung auszuschließen (um nicht durch „allzu kleine" Ziffern zu mißfallen). Zeitlich ungenau fixierte Krankheitsereignisse stören aber in schwerster Weise das im übrigen beobachtete Material. Das ist sehr zu bedenken!

Besonders wichtig für Sammelforschung ist ferner das schon erwähnte „*auslesefreie Sammeln*"; es darf keinesfalls auswählend – nach vorgefaßten Meinungen – registriert werden. („Der Merker werde so bestellt, daß weder Haß noch Liebe das Urteil trüben, das er fällt", rezitierte der Statistiker ROESLE in diesem Zusammenhange sehr treffend, und WAGEMANN sagt in seinem lehrreichen „Narrenspiegel der Statistik", daß Statistik nur treiben dürfe „wer reinen Herzens ist".) Es bedarf kaum der Betonung, daß Fehler dieser Art bei Sammelerhebungen besonders leicht unterlaufen.

Noch ein Wort zur *Zeitfestlegung* des biologischen Ereignisses. Je präziser diese erfolgt, um so besser. So hat man in den letzten Jahren angestrebt, das biologische Ereignis auf die Tagesstunde genau zu ermitteln. BECKER und sein Königsteiner Arbeitskreis, mit AMELUNG, CYRAN, STRAUBE u. a., haben hier wirkliche Pionierarbeit geleistet. Eine derartige Festlegung ist natürlich nur bei jenen markanten Vorgängen oder Krankheitsbildern möglich, die sich zeitlich hinreichend scharf abheben, etwa bei Wehenbeginn, Blasensprung, bei allen Paroxysmen, bei foudroyantem Beginn einer Sepsis, Appendizitis, Pneumonie, um nur ein paar Beispiele zu nennen. Bei solch stundenweiserFestlegung biologischer Ereignisse ist dann allerdings in Kauf zu nehmen, daß durch das eindeutig erwiesene „Vorfühlen“ von Wetterereignissen, das immerhin eine ganz nennenswerte Zahl von Stunden betragen kann, die zeitlich korrespondierende Wetterlage unsicher werden kann. Wer am Krankenbett steht, weiß aber auch, daß solche Festlegung doch keinesfalls immer möglich ist, d. h., daß man sich nicht ganz selten mit dem Kalendertag oder doch wenigstens mit einer größeren Zeitspanne innerhalb eines Tages begnügen muß. Über gewisse, damit in Kauf zu nehmende Nachteile wird bei Besprechung der gerade hier besonders zweckmäßigen statistischen Methode der überlagerten Stichtage (S. 39) noch einiges zu sagen sein. Es gibt manche eindrucksvolle Beispiele, daß auch dieses für heutige Begriffe schon „ungenaue“ Vorgehen noch recht eindeutige Ergebnisse liefern kann.

Allerdings, die früher nicht ganz selten und meist erfolglos versuchten *größeren Zeitspannen* — Wochen- oder gar Monatsmittel — einer korrelierenden Betrachtung mit Wetterereignissen zugrunde zu legen, geht nur an für ganz andere Betrachtungsweisen, etwa für gewisse Fragen der Epidemiologie und natürlich für das Studium der auf ganz anderer Ebene sich abspielenden Jahreszeitenwirkungen, von denen im zweiten Teil des Buches ohnedies zu sprechen ist.

Ist das biologische Material groß, d. h. spielt es keine Rolle, wenn ein (dann aber auslesefreier) Teil der Fälle für eine Korrelationsbearbeitung verlorengeht, so kann methodisch von Vorteil sein, wenn man sich auf Tage beschränkt, für die das interessierende meteorische Ereignis zwei (oder evtl. sogar drei) Tage vorher und nachher sich nicht wiederholt, und dann nur jene in diese so abgesteckten Zeitspannen fallenden biologischen Ereignisse auswertet. Allenfallsige Beziehungen, auf die es ja allein ankommt, treten bei diesem bezüglich der studierten Erscheinung immer noch auslesefreien Vorgehen dann reiner heraus.

Wie man bei der zahlenmäßigen Auswertung von Sammelerhebungen vorgehen kann, haben viele neuere Arbeiten gezeigt. Anfängern ist nur zu empfehlen, sich in methodischer Hinsicht von statistisch Erfahrenen beraten zu lassen, um gewisse immer wiederkehrende Grundfehler zu vermeiden. Allgemeine Richtlinien lassen sich dafür nur beschränkt angeben, sie sollen und können statistisches „Taktgefühl“ als das wichtigste Erfordernis nicht ersetzen.

b) Bearbeitung der Einzelbeobachtungen.

Nach heutigen Verhältnissen ist für alle Fragen der Meteorobiologie eine verständnisvolle *Zusammenarbeit zwischen Arzt und einem insbesonders synoptisch erfahrenen Meteorologen Grundbedingung* für ein zuverlässiges Ergebnis.

Es kann dann nicht mehr vorkommen, daß etwa ein Arzt über „Föhnwirkungen“ berichtet, weil die föhnempfindliche Wirtin des Ortes „Föhn“ versichert hatte, und daß nach der Veröffentlichung dann ein Meteorologe mitteilt, daß zu den angegebenen Zeiten gar kein Föhn herrschte.

Ganz besonders zu empfehlen ist es, daß beide – Meteorologe und Arzt – zunächst *blind arbeiten* und dann erst nach unabhängig voneinander erfolgter schriftlicher Fixierung ihre Befunde vergleichen.

Andernfalls — etwa bei meteorologischen „Warnungen“ — besteht allzusehr die Gefahr, daß die Beobachtung durch Erwartung gefördert wird, das Material also schon im voraus nicht mehr auslesefrei bleibt.

Das weitere Vorgehen besteht stets in zählendem Vergleichen der beiden Ereignisreihen.

Diesem Vergleichen liegt stets irgendwie der nur der Statistik entstammende Begriff der *Korrelation zweier Merkmalsreihen* zugrunde. Es geht dabei um Entscheidung der Frage, ob das eine Merkmal (das biologische Ereignis) mit einem zweiten Merkmal (dem meteorischen Ereignis) häufiger oder auch seltener zusammentrifft, als es bei bloßem Walten des Zufalles erwartet werden kann. Es sei aber schon hier betont, daß *eine derartige „überzufällig positive“ oder auch eine „überzufällig negative Korrelation“* – sie mag so hoch wie immer sein – *über eine unmittelbare kausale Verknüpfung der korrelierenden Ereignisse überhaupt nichts aussagt;* diese muß vielmehr aus ganz anderen Umständen, etwa durch Ausschluß anderer zunächst denkbarer Möglichkeiten oder durch Experiment, erschlossen werden; sie ist in statistischer Hinsicht *niemals mehr Angelegenheit irgendwelcher Rechenmethoden,* sondern vor allem Angelegenheit statistischen Taktgefühles und weiteren Wissens.

Im Abschnitt über Saisonkrankheiten werden wir zahlreiche Beispiele solcher Fehldeutungen kennenlernen, die sämtlich nach dem Rezept ablaufen, das ich gelegentlich in der Vorlesung bringe: Die Kinderlähme zeigt eine nachweislich hohe Korrelation mit dem Tragen von Strohhüten, „also“ seien die Strohhüte als Erreger der Kinderlähme anzusprechen.

Die Frage, mit welchen meteorologischen Erhebungen die ärztlichen verglichen werden sollen, kann nicht generell beantwortet werden. Die Antwort hängt ab von Auffassungen und Richtungen beider Disziplinen.

Ganz allgemein kann nur wiederholt werden, daß ein Vergleich der biologischen Ereignisse mit den seit Jahrzehnten gemessenen, man könnte sagen, den „klassischen“ meteorologischen Elementen (etwa Luftdruck, Temperatur, Feuchte, Windrichtung, Niederschlagsmenge, Bewölkungsgrad u. dgl.) in der Mehrzahl der Fälle unsichere, fragliche oder unbefriedigende Ergebnisse liefert. Ganz besonders gilt das, wenn der Untersucher noch direkte Einflüsse dieser Faktoren auf den Menschen und sein Krankheitsgeschehen erwartet. Diese durch Jahrzehnte ergebnislosen Untersuchungen waren ja eigentlich der Anlaß, daß ehedem, wie oben schon ausgeführt, ein Wettereinfluß auf den Menschen oftmals überhaupt dann bestritten wurde.

Daß freilich Ausnahmen vorkommen, zeigt eine neueste, sehr sorgfältige, auf Anregung SARRES von BETZ durchgeführte Erhebung der Blutdruckschwankungen bei atmosphärischen Druckänderungen, in der allerdings ausdrücklich betont wird, daß die Barometerschwankungen keinesfalls als „Ursache", sondern lediglich als einfacher Ausdruck für atmosphärische Vorgänge Verwendung fanden — man könnte hier wieder das ausgezeichnete Bild der „Fußspuren höherer atmosphärischer Gebilde" gebrauchen.

Erst seit in der Meteorologie der letzten 30 Jahre eine die einzelnen Elemente „zusammenfassende", eine „synoptische" Betrachtungsweise Eingang und in der Folge zunehmenden Ausbau fand, jene Betrachtungsweise, die aus den Messungen auf die dynamischen Vorgänge der Atmosphäre schließt, erst seitdem war ja überhaupt die moderne Meteorobiologie möglich geworden.

Über Einzelheiten meteorologischer Synoptik kann hier nicht gesprochen werden; vieles dieser erfolgreichen Betrachtungsweise ist selbst noch im Fluß, und die Benennung von Wettervorgängen ändert sich mit weiterer Erkenntnis, auch nach Schulen und Ländern. So ist die Frontenmeteorologie der ersten Zeit heute sehr viel aufgespaltener geworden, und wer meteorobiologische Arbeiten der Jahre 1930 – 1940 – 1950 vergleicht, wird als Nichtmeteorologe sich oft schwer in der Nomenklatur zurechtfinden. Das schadet zunächst nicht. „Willst im Unendlichen dich finden, mußt unterscheiden und dann verbinden" – dies Goethewort gilt auch hier, und wir sind in vieler Hinsicht noch beim Unterscheiden. Der Arzt wird also die Auswahl der zu korrelierenden Wetterereignisse zweckmäßig dem Meteorologen überlassen.

Als *Index des Meteorotropismus*, d. h. als zahlenmäßigen Ausdruck für die Stärke der Wetterbeeinflussung einer Krankheit hat *Verf.* eine sich aus einfachster Überlegung ergebende Formel vorgeschlagen; die Maßzahl M gibt an, wievielmal häufiger eine Krankheit mit einer Wetterstörung zusammentrifft, als es dem bloßen Zufall entspräche.

Waren von N Tagen (oder Stunden) insgesamt
n wettergestört, und wurden in dieser Zeit
K_N Krankheitseintritte insgesamt beobachtet, von denen
K_n auf die wettergestörten Tage (bzw. Stunden) trafen,

so ist der *Index* $M = \frac{N \cdot K_n}{n \cdot K_N}$

$$\left[= \frac{\text{Anzahl aller Beobachtungstage} \times \text{Krankheitszahl an wettergestörten Tagen}}{\text{Anzahl wettergestörter Tage} \times \text{Gesamtkrankheitszahl}}\right]$$

Der Index (M) liegt erfahrungsgemäß für typisch meteorotrope Krankheitsbilder *nahe um 2*, nur ausnahmsweise nennenswert darüber.

Wird M kleiner als 1, so liegt eine *negativ biotrope Wirkung* vor, d. h. die Krankheitsfälle sind bei der betrachteten Wetterlage besonders selten (meist eben nur, weil sie sich bei anderen häufen).

Ganz gleichgültig nun, wie hoch dieser meteorobiologische Index im Einzelfalle gefunden wird, muß dann ermittelt werden, ob das vorliegende Material für einen wissenschaftlichen Schluß ausreicht, ob überhaupt „*signifikant überzufällige*" *Beobachtungen* vorliegen.

Für eine solche Prüfung sind von Mathematikern allgemeine Verfahren entwickelt worden. Die zu ihnen führenden Überlegungen sind oft nur für den Mathematiker zugänglich. Das hindert den Nichtmathematiker indes keineswegs, sich der Methoden für seine Zwecke zu bedienen. Voraussetzung dabei ist nur, daß er die richtige Methode wählt und diese dann richtig anwendet.

Die Situation ist etwa analog der Anwendung chemischer Methoden oder Verfahren durch einen Nichtchemiker, der in einem Laboratorium oder einer Fabrik nach einer gegebenen Vorschrift vorgeht, ohne alle Gründe der Vorschrift zu kennen. Die Analogie gilt auch noch weiter: wer eine Methode anwendet, muß die Anwendung erst lernen; andernfalls läßt er die Methode besser durch einen (etwa mit Rechenschieber oder Logarithmentafel) „Geübten" durchführen.

Nahezu unzählbare Beispiele ließen sich aus der Literatur bis in die neueste Zeit anführen, daß mit falsch ausgewählter oder falsch angewandter Rechenmethodik ein meteorobiologischer Tatbestand „bewiesen" wurde. Aus diesen Vorkommnissen pflegt dann der Nichtstatistiker seine beliebten Verurteilungen „der Statistik" abzuleiten, die „eine Dirne" sei und „mit der sich alles beweisen" lasse. Schlechte Statistiker können indes die Statistik ebensowenig diskreditieren als schlechte Ärzte die Medizin.

Wenn im folgenden einige Ratschläge in statistischer Hinsicht gegeben werden, so entspringen diese vielfachen mündlichen oder schriftlichen Anfragen, die an den Verf. im Laufe der Jahre oft nach mühevollen Irrwegen des Fragenden ergingen. Sie betreffen nur Methoden und Fragestellungen, die in der Meteorobiologie besonders häufig vorkommen, die insbesondere dem Anfänger immer wieder zu empfehlen sind, bei denen aber trotzdem oft Fehler oder Unzulänglichkeiten unterlaufen.

c) Prüfung der Überzufälligkeit.

Zur Prüfung, ob ein Krankheitsereignis überzufällig mit einem Wetterereignis zusammentrifft („*korreliert*"), gibt es zahlreiche verschiedene Verfahren. Ein mit Statistik vertrauter Untersucher wird aus diesen ein ihm zweckmäßig erscheinendes auswählen. Je einfacher und logisch durchsichtiger das gewählte Verfahren ist, um so glaubhafter wirkt die – dem Nichtmathematiker ohnedies oft „verdächtige" – Prüfung in ihrem Ergebnis. Einige dieser Methoden sind in ihrer Handhabung besonders durchsichtig und einfach, und sie beziehen sich zudem auf in der Meteorobiologie besonders häufig wiederkehrende Fragestellungen; das sind die Gründe, warum diese Methoden hier kurz dargestellt werden. Allen diesen Prüfverfahren muß zunächst *eine Übereinkunft zugrunde gelegt* werden, bis zu welchem Grade von Sicherheit man sozusagen gehen will. Fast durchweg fordert man dafür eine *Wahrscheinlichkeit für das Ereignis von 99,73%* (daß man sich gerade auf diese Dezimalen festlegt, hat im wesentlichen rechentechnische, also formale Gründe); in anglikanischen Ländern begnügt man sich für biologische Fragestellungen allerdings oft schon mit einer Wahrscheinlichkeit von 96%.

Diese Forderung bezieht sich – um nicht mißverstanden zu werden – nicht auf die Stärke der Korrelation, nicht auf die Größe des Meteorotropieindex; sie untersucht sozusagen nur, ob das der Rechnung zugrunde gelegte Gesamtmaterial größenmäßig so beschaffen ist, daß eine sich errechnende Korrelation eben nicht durch Zufall vorgetäuscht sein kann[1]:

Eine derartige wahrscheinlichkeitstheoretische Sicherung ist nicht so extrem hoch, wie es manchem fürs erste scheinen mag.

Das zeigt eine einfache Überlegung: Bei jedem Würfeln fällt eine Zahl zwischen 1 und 6; die Wahrscheinlichkeit, daß eine einmal gefallene Zahl beim nächsten Wurf wiederkehrt, ist dann $^1/_6 = 16{,}7\%$ und daß Gleiches sich nochmals wiederholt, d. h. auch der dritte Wurf die gleiche Zahl liefert, ist $^1/_6 \cdot {}^1/_6 = {}^1/_{36} = \sim 3\%$. Wer sich also mit einer Sicherung von 96% begnügt, der sagt etwa: ich will mal so tun, als ob beim Würfelspiel eine dreimalige Wiederholung des gleichen Wurfes praktisch kaum vorkomme — eine Annahme, die, wie jeder sich im Versuch überzeugen kann, eben doch nicht so ganz zutrifft. Wer indes 99,73% Sicherheit fordert, schließt immerhin erst Zufälle von 5 sich folgenden gleichen Würfen im Würfelspiel (deren Wahrscheinlichkeit etwa 0,1%) aus. Wer sich einmal etwas mit Zufallsexperimenten befaßt, wird erleben, welche „Unwahrscheinlichkeiten" der Zufall anderseits aber doch zuweilen zuwege bringt!

Sicherung mittels des sog. Gaußschen Wahrscheinlichkeitsintegrals: Wiederum erstrecke sich die Gesamtbeobachtung über

N Tage (bzw. Stunden), von denen
n wettergestört waren.

---

[1] Die in den folgenden Formeln tiefgesetzten Ziffern (z. B. A_1 α_{22} usw.), haben keinen Zahlenwert, sondern sind reine „Zeiger" (Indizes), um verschiedene A, verschiedene α usw. zu kennzeichnen, wobei man gern die Indizes so wählt, daß sie etwa Spalten numerieren oder eine bestimmte Kombination ausdrücken u. dgl. Da Ärzte im allgemeinen an formelmäßiges Denken nicht gerade gewöhnt sind, werden im folgenden einige Endformeln nochmals in Worten ausgedrückt wiedergegeben, was der mathematisch Geschulte entschuldigen möge. Gleiches gilt für den Entschluß, Wahrscheinlichkeiten in der auschaulicheren und dem mathematischen Laien geläufigeren Prozentform anzugeben.

Die Wahrscheinlichkeit, daß ein beliebig herausgegriffener Tag (bzw. eine Stunde) wettergestört war, ist dann

$$W_1 = \frac{n}{N} \left[= \frac{\text{Zahl wettergestörter Tage}}{\text{Zahl aller Tage}}\right]. \tag{1}$$

In dieser Zeitspanne von N Tagen (bzw. Stunden) wurden
K_N Krankheitsfälle gezählt, von denen wieder
K_n auf wettergestörte Tage (bzw. Stunden) fielen.

Die Wahrscheinlichkeit, daß auf einen beliebig herausgegriffenen Tag (bzw. Stunde) ein Krankheitsfall trifft, ist dann

$$W_2 = \frac{K_N}{N} \left[= \frac{\text{Gesamtzahl der Krankheitsfälle}}{\text{Zahl aller Tage}}\right]. \tag{2}$$

Die Wahrscheinlichkeit, daß ein beliebig herausgegriffener Tag (bzw. Stunde) wettergestört ist und gleichzeitig ein Krankheitsfall auf ihn trifft, wäre dann

$$W_1 \cdot W_2 = \frac{n}{N} \cdot \frac{K_N}{N} = \frac{n \cdot K_N}{N^2} \tag{3}$$

$$\left[= \frac{\text{Zahl wettergestörter Tage} \times \text{Gesamtzahl der Krankheitsfälle}}{\text{Zahl aller Tage im Quadrat}}\right].$$

In einer Gesamtzeitspanne von N Tagen (bzw. Stunden) wären danach rein zufällig wettergestörte Tage (bzw. Stunden) mit Krankheitsfall zu erwarten:

$$W_1 \cdot W_2 \cdot N = \frac{n \cdot K_N}{N^2} \cdot N = \frac{n \cdot K_N}{N}. \tag{4}$$

In Wirklichkeit beobachtet seien, wie erwähnt, K_n. Erwiese sich $K_n =$ (4) $= \frac{n \cdot K_N}{N}$, so spräche das für Walten reinen Zufalls bezüglich des Zusammentreffens von Wetter und Krankheit.

Im allgemeinen wird sich zwischen Beobachtung (K_n) und Zufallserwartung $\left[\frac{n \cdot K_N}{N}\right]$ eine Differenz d ergeben. [Dabei kann K_n kleiner als $\frac{n \cdot K_N}{N}$ sein, d. h. die studierte Wettersituation erwiese sich als krankheitswidrig, wie das leicht eintreten kann, wenn eine sozusagen gegenteilige Wettersituation krankheitsbegünstigend ist; oder K_n erweist sich größer als $\frac{n \cdot K_N}{N}$, d. h. die studierte Wettersituation wirkt krankheitsbegünstigend.]

In jedem Falle aber bleibt zu prüfen, ob die beobachtete Differenz d selbst etwa noch als zufällig gelten kann oder ob sie evident überzufällig ist.

Diese Prüfung kann mittels einer von GAUSS abgeleiteten, hier nicht weiter begründbaren Formel erfolgen, welche besagt: die gefundene Differenz d zwischen Beobachtung und Zufallserwartung ist *signifikant* (mit der geforderten Wahrscheinlichkeit von 99,7%) *überzufällig*, wenn der Ausdruck

$$\frac{K_n - \frac{n \cdot K_N}{N}}{\sqrt{2 \cdot \frac{n \cdot K_N}{N} \cdot \left(1 - \frac{n \cdot K_N}{N^2}\right)}} \tag{5}$$

sich *größer als 2,1* errechnet.

Will man sich mit einer Wahrscheinlichkeit von 96% für das Ergebnis begnügen, so würde ein Wert von (5) größer als 1,5 (genauer 1,46) hinreichen.

[In der Formel ist, um das zusammenfassend hier zu wiederholen:
N Zahl der Beobachtungstage (bzw. Stunden) überhaupt,
n Zahl der wettergestörten Tage (bzw. Stunden),
K_N Zahl der überhaupt beobachteten Krankheitsfälle,
K_n Zahl der an wettergestörten Tagen (bzw. Stunden) beobachteten Krankheitsfälle.]

In der Formel ist, wie ersichtlich, dreimal der Bruch enthalten

$$\frac{\text{Zahl wettergestörter Tag} \times \text{Krankheitsfallgesamtzahl}}{\text{Zahl der Beobachtungstage}};$$

errechnet man diesen zunächst gesondert und bezeichnet man ihn mit M, so ergibt sich

$$\frac{\text{Krankheitzahl an gestörten Tagen} - M}{\sqrt{2 \times M \times \left(1 - \frac{M}{\text{Zahl der Beobachtungstage}}\right)}}$$

muß größer als 2,1 sein.

Ein praktisches Beispiel mag das Gesagte an einem Material der Kieler Frauenklinik von KIRCHHOFF und SCHNEIDER erläutern:

An $N = 1523$ Tagen, von denen $n = 397$ Frontentage waren, wurden $K_N = 698$ vorzeitige Blasensprünge bei Geburten gezählt (wobei für die Rechnung dahingestellt bleibe, daß diese auf nur 474 Tage fielen); von diesen 698 Fällen kamen $K_n = 308$ innerhalb $\pm$ 12 Stunden auf Frontentage. Es ist dann

$$\frac{308 - \frac{397 \cdot 698}{1523}}{\sqrt{2 \cdot \frac{397 \cdot 698}{1523} \cdot \left(1 - \frac{397 \cdot 698}{1523^2}\right)}} = 7{,}14$$

also $> 2{,}1$;

$$\left[\frac{397 \cdot 698}{1523} = 182\right].$$

Sicherung mittels des v. Schellingschen T-Wertes: Eine für besonders viele Fragestellungen sich eignende Rechenweise hat v. SCHELLING (ursprünglich zur statistischen Prüfung von Impfergebnissen) entwickelt.

Man trägt zunächst das Ausgangszahlenmaterial in eine sog. „2×2-Tafel“ (auch „Vierfeldertafel“) ein:

		Tage (Stunden) mit Wetterstörung ja	nein	Zeilensummen
Tage (Stunden)	ja	α_{11}	α_{12}	$a_1 = \alpha_{11} + \alpha_{12}$
mit Krankheitseintritt	nein	α_{21}	α_{22}	$a_2 = \alpha_{21} + \alpha_{22}$
Spaltensummen		$A_1 = \alpha_{11} + \alpha_{21}$	$A_2 = \alpha_{12} + \alpha_{22}$	$N = a_1 + a_2 = A_1 + A_2$

Man errechnet dann nach v. SCHELLING:

$$T = (\alpha_{11} \cdot \alpha_{22} - \alpha_{12} \cdot \alpha_{21}) \cdot \sqrt{\frac{N-1}{a_1 \cdot a_2 \cdot A_1 \cdot A_2}};$$

ist $T > 2$ (d. h. T größer als 2), so ist der Zusammenhang mit über 96% Wahrscheinlichkeit gesichert, ist

$T > 3$ (d. h. T größer als 3), so ist der Zusammenhang mit über 99,73% Wahrscheinlichkeit gesichert.

Methode der überlagerten Stichtage (sog. „n-Methode“ oder Synchronisierung): Die Methode dient einzig und allein zur Überprüfung der Verteilung von *Fallzahlen*, niemals aber zur Prüfung von direkten Meßergebnissen wie Leukozytenzahlen, Blutdruckwerten, Körpergewichtsdifferenzen oder dergleichen.

Nach Anlegen eines Terminkalenders der Krankheitsereignisse und eines Terminkalenders für die auf ihre Wirksamkeit zu prüfenden Wetterereignisse (z. B. Fronten, Föhn, Aufgleiten usw.) werden alle Tage, an denen das Wetterereignis bestand, als „*Tage n*“ bezeichnet. Sinngemäß sind dann ihre 1. und ihre 2. Vortage die Tage $n-1$ bzw. $n-2$ und ihre 1. und 2. Nachtage die Tage $n+1$ bzw. $n+2$.

In der Zählung noch weiter von den Tagen n sich zu entfernen, ist bei Prüfung von *Wetter*abhängigkeiten wegen unseres im allgemeinen wenig konstanten Wetters nicht ratsam. Dient die Methode zur Prüfung anderer Fragestellungen (z. B. Korrelation mit solaren Eruptionen, erdmagnetischen Störungen u. ä.), so besteht natürlich keinerlei Hinderungsgrund gegen solches Erweitern der Tagesrubriken.

Die nächste Aufgabe besteht nun darin, für jede dieser „Tagesrubriken“ ($n-2$, $n-1$, n, $n+1$, $n+2$) gesondert auszuzählen, wie viele Krankheitsereignisse mit ihnen zeitlich zusammenfielen.

Das macht nicht die mindeste Schwierigkeit, solange zwischen einem Tag n und dem im Terminkalender folgenden Tag n mindestens 4 Tage liegen (nämlich Raum für die Tage $n+1$, $n+2$, $n-2$, $n-1$).

In unserem wetterunruhigen Gebiet folgen sich die Wetterereignisse indes oftmals rascher. In diesem Falle wäre es prinzipiell falsch – und dieser Fehler ist von manchem Untersucher gemacht worden –, einen

Krankheitsfall nun willkürlich so zu buchen, wie er sozusagen am besten zur Erwartung paßt. Hier bleibt als einzige ehrliche Möglichkeit ein wenngleich nivellierend auf das Ergebnis wirkendes *Mehrfachzählen* des gleichen Krankheitsereignisses.

Jedes Krankheitsereignis für sich wird nämlich jedem Wetterereignis für sich zugeordnet, in dessen „$n-2$- bis $n+2$-Bereich" er zu liegen kommt. Die Tab. 2 soll das veranschaulichen.

Tabelle 2. *Beispiele für die Art der „nivellierenden Mehrfachzählung" von Ereignissen (Krankheitsfällen) bei der n-Methode.*

Datum eines Wetter-ereignisses	Datum eines Krankheits-eintrittes	Zählung am Tage				
		$n-2$	$n-1$	n	$n+1$	$n+2$
1. u. 2.	2.			/	/	
1. u. 2.	3.				/	/
1. u. 3.	2.		/		/	
1. u. 4.	2.	/			/	
und so weiter, sinngemäß, also z. B.						
1. u. 2.	1. 2.		/	//	/	
1. u. 3.	1. 2.	/	/	/	/	
1. u. 2. u. 3.	1. 2.	/	//	//	/	
2. u. 3.	1. 2.	/	//	/		
3. u. 4.	1. 2. 3.	//	//	/		

Dieses Vorgehen ist allein korrekt deshalb, weil ja die Zuordnung eines Krankheitsfalles zum einen oder zum anderen der beiden Wetterereignisse unsicher ist und also jede gleichberechtigt sein muß. Eine für ein erwartetes Ergebnis günstige Zählung wäre völlig gleichwertig einer ungünstigen, man muß also unvoreingenommen beide berücksichtigen. Zählt man auswählend das jeweils nächstliegende Wettereignis allein, dann geht man unbedacht auf die nächstzunennende Methode über, bei der ein Gipfel nahe um die Tage n stets entsteht. In der Literatur sind diese beiden, äußerlich so ähnlichen, methodisch grundsätzlich verschiedenen Zählweisen leider oft nicht unterschieden.

Ist ein Zusammenhang zwischen Krankheitsereignis und Wetterereignis vorhanden, so muß sich das in einer Gipfelbildung der Fälle an den Tagen n oder doch in deren unmittelbarer Nähe kundgeben.

Es bleibt dann nur wieder die *statistische Prüfung auf Überzufälligkeit der Gipfelhöhe*, d. h. der größten zwischen den 5 verschiedenen Tagesrubriken aufgetretenen Differenz, da ja auch durch Zufall gewisse Unterschiede zwischen den Rubriken entstanden sein könnten.

Dieses mathematische Problem hat v. SCHELLING als besonders erfahrener Statistiker auf meine Bitte hin seinerzeit angegangen (1938). Die größte unter den 5 (bzw. mehr) Rubriken auftretende Differenz soll, wie oben erwähnt, wiederum nur noch 0,27% Zufallswahrscheinlichkeit haben dürfen; dies ist nach v. SCHELLING *dann erfüllt, wenn die gefundene größte Differenz d mindestens das f-fache der Streuung der Differenz* (genannt σ_d) *ist.* Kurz geschrieben muß sein:

$$d > f \cdot \sigma_d .$$

In der Formel ist

$$\sigma_d = \sqrt{\frac{2 \cdot N}{R}},$$

wo N die Anzahl der Zählungen [bei fehlenden Mehrfachzählungen der erörterten Art dann gleich der Anzahl der *gezählten(!)* Krankheitsfälle], R die Anzahl der Rubriken (hier 5, nämlich die Tage $n - 2$ bis $n + 2$) ist; f ist ein Faktor, der sich mit der Größe R etwas verändert; sein Wert ist aus Tabelle 3 für den Einzelfall zu entnehmen (für unseren Fall $R = 5$ in Fettdruck).

Damit ist es jetzt ohne weiteres möglich, *gefundene Differenzen auf ihre Überzufälligkeit zu prüfen, die Signifikanz einer solchen Differenz also zu bewerten.*

Es kann aber auch der Fall vorkommen, daß ein *Einfluß vorhanden,* aber so *gering* ist, daß er nur schwer, d. h. erst bei riesigem Material (also sehr großem N) die soeben erhobene Forderung erfüllt.

In solchen Fällen bleibt nur ein „*Beweis durch Wiederholung*", von dem gleich zu sprechen sein wird.

Tabelle 3. *Signifikanzfaktor für die Prüfung von nach der n-Methode gewonnenen Differenzen* (nach v. SCHELLING).

Für $R =$	ist $f =$	Für $R =$	ist $f =$
2	3,00	12	3,67
3	3,20	13	3,69
4	3,32	14	3,71
5	**3,40**	15	3,73
6	3,46	16	3,75
7	3,51	17	3,76
8	3,55	18	3,78
9	3,59	19	3,79
10	3,62	20	3,80
11	3,64	21	3,82

Man kann natürlich ebensogut die Zählweise sozusagen umkehren, nämlich als Tage n alle Erkrankungstermine verwenden und *alle* dann zwischen $n - 2$ und $n + 2$ treffenden Wetterereignisse in der angegebenen Weise rubrizieren. Die Signifikanzprüfung wird dadurch nicht verändert.

Die Synchronisierung hat sich für viele meteorologische und andere Fragestellungen ausgezeichnet bewährt, wofür spätere Belege gebracht werden. Daß Grenzen ihrer Anwendungsmöglichkeit existieren, z. B. bei zeitlich allzu rasch sich folgenden Ereignissen, braucht kaum gesagt zu werden.

Ermittlung des nächstgelegenen Ereignisses: Eine andere auch zuweilen verwendete Prüfungsart sieht der *n-Methode in der Darstellung des Endergebnisses sehr ähnlich, darf aber methodisch keinesfalls mit dieser verwechselt* werden: Man rubriziert für die Tage mit Krankheitseintritten („*n*") das jeweils zeitlich *nächst*liegende interessierende Wetterereignis (hinsichtlich $n \pm 1$ usw., etwa die *jeweils* nächste Wetterfront). Man erhält so eine nach beiden Seiten der Tage *n* abfallende Verteilungskurve, die natürlich dem Vorgehen entsprechend ihren Gipfel in der Nähe der Tage *n* besitzt, dessen Existenz und Lage in diesem Falle aber eben noch nichts besagt; dieser Verteilungskurve muß nämlich erst eine Kontrollverteilung gegenübergestellt werden, welche angibt, wie sich die Wetterereignisse der betrachteten Zeitspanne rein zufällig verteilen, wenn man als Tage *n* beliebig gewählte Stichproben von Tagen verwendet, etwa alle 1., 11., 21. des Monats, alle Monatsdaten, welche Primzahlen sind (2. 3. 5. 7. 11. 13. 17. 19. 23. 29. 31) oder dergleichen. Und nun ist rechnerisch zu prüfen, ob sich das untersuchte Wetterereignis *über*zufällig um die Tage *n* zusammendrängt.

Das Vorgehen ist seit langem bei gewissen Fragestellungen auch in der Medizin verwendet worden (z. B. bei der Frage der „Krebshäuser", der Verteilung von Diphtheriefällen auf Schulklassen). Es wurde von BERG (5) auch für meteorobiologische Fragestellungen in dem geschilderten Sinne angewandt. Aus einigen Beispielen bei BERG (5) geht hervor, daß diese Methode besonders dann noch zu Ergebnissen führen kann, wenn eine über längere Zeitspannen führende große Wetterunruhe die Anwendbarkeit der *n*-Methode nahezu unmöglich macht.

Das Verfahren verlangt aber immerhin einige Vertrautheit mit mathematischen Methoden der Statistik, die über das hier allein zugrunde gelegte Elementare hinausgeht. Wer die Methode anwenden will, ohne sie zu beherrschen, wird sich zweckmäßig Rat bei einem damit Vertrauten holen, das ist vorteilhafter, als nach einer nicht ganz verstandenen Anleitung die Methode falsch durchzuführen.

Beweis durch Wiederholung: Es kann nun vorkommen, daß in einem an sich ziemlich großen Ausgangsmaterial bei dessen Aufteilung nach der *n*-Methode zwar eine Gipfelbildung auftritt, diese aber zu niedrig ist, um formal-statistisch signifikant zu sein. In dieser Situation kann eine Unterteilung des Materials – etwa nach verschiedenen geographischen Orten, nach Kalenderjahren, nach Geschlechtern – noch eine statistische Sicherung ermöglichen, wenn die Gipfel bei den Teilmengen lückenlos an gleicher Stelle bleiben. Es kommt dann auf die Höhe der Gipfel gar nicht mehr so an, sondern nur auf eben ihre Lage.

Man schließt folgendermaßen: Das Ausgangsmaterial sei nach der n-Methode auf 5 Rubriken (Säulen) verteilt gewesen, mit einem leichten Gipfel bei den „Tagen n“. Zerlege ich das Ausgangsmaterial in 2 Teile, so ist die Wahrscheinlichkeit, daß zufällig in einem Teil wieder bei den Tagen n ein Gipfel entsteht, offenbar $^1/_5$ und die Wahrscheinlichkeit, daß gleiches zufällig auch im 2. Teil eintritt, dann offenbar $^1/_5 \times ^1/_5 = ^1/_{25} = 0{,}04 = 4\%$. Die Wahrscheinlichkeit, daß hier *kein Zufall* vorliegt, ist also bereits $100 - 4 = 96\%$, d. h. durch die Teilung wurde immerhin eine 96%ige Sicherung erreicht; und würde ich das Material in 3 Teile geteilt haben, so wäre für gleiche Gipfelbildung die Zufallschance nur noch $^1/_5 \times ^1/_5 \times ^1/_5 = ^1/_{125} = 0{,}008 = 0{,}8\%$, die Sicherung mit 99,2% also schon fast die übliche.

Man kann sinngemäß gleiche Überlegungen für 4, 3, 2 Rubriken (Säulen) anstellen, wobei sich die Zahl der durch Aufteilung erforderlichen übereinstimmenden Belege natürlich erhöht. Wichtig für die Ableitung ist, daß eine erste Aufarbeitung des Gesamtmaterials bereits sozusagen eine erwartungsmäßige Verteilung ergab, durch die für alle weiteren Verteilungen bereits festgelegt ist, wohin der Zufall die Gipfel zu werfen hätte.

Diese Beweise durch Wiederholung spielen — oft unbewußt — in medizinischen Schlüssen eine große Rolle.

Die hier dargestellten rechnerischen oder auszuzählenden Verfahren bilden, wie oben schon angedeutet, nur eine Auswahl aus vielen möglichen unter dem Gesichtspunkte der Einfachheit und der Anwendungsbreite. Im weiteren Text wird auf manch andere Methode noch hinzuweisen sein.

5. Meteorotropes Reagieren und Erkranken.

a) Erfahrungen an Kranken.

Es gibt eine alte, infolge der Häufigkeit ihres Vorkommens und der Einfachheit der Beobachtung ohne jede Statistik gesicherte meteorobiologische Erfahrung: die bekannten, bei Wetteränderung auftretenden *„Wetterschmerzen“ an rheumatisch, neuritisch oder sonstwie chronisch entzündlich veränderten Geweben*, vor allem an Gelenken, an alten Frostbeulen, an „Hühneraugen“, dann an Narben, Amputationsstümpfen und dergleichen. Wie fest verankert diese Beobachtung in der Volksmedizin seit langem gewesen sein mußte, wird am besten belegt durch die Tatsache, daß sie bereits vor 1000 Jahren Eingang in die Rechtspflege fand.

Eine diesbezügliche medizin-historische Untersuchung über erste Anfänge, Art und Umfang der Beobachtung solcher Wetterschmerzen scheint immer noch zu fehlen, obwohl sie zweifellos manch Interessantes zutage fördern würde. (Auch ein seit Jahren abgeschlossenes Manuskript von v. PHILIPSBORN zur Geschichte der Bioklimatik wartet noch auf den Verleger.)

Einer der frühesten Belege für die Wetterschmerzen an Narben findet sich in der *Lex Frisionum*, deren Entstehung in das 9. Jahrhundert verlegt wird.

Darin wird in der Additio sapientum § 22 eine Wunde mit höherer Buße belegt, wenn sie eine wetterempfindliche Narbe zurückläßt (RICHTHOFEN, Fries. Rechtsquel., Berlin 1848, S. XL). Und in mehreren handschriftlich aus dem 14. Jahrhundert erhaltenen, aber wohl einige Jahrhunderte älteren ostfriesischen Gesetzen, z. B. den Rüstringer und den Hunsingoer Bußtaxen wird in diesem Zusammenhange ausdrücklich von Narbenschmerzen bei „wederwondlonga" (Wetteränderung) bzw. bei mutatio aeris gesprochen[1]. Da und dort findet man immer wieder Hinweise, daß die Beobachtung als solche offenbar ganz geläufig war. So wenn man liest, daß ein Student der Universität Ingolstadt des 16. Jahrhunderts von den Nachtwächtern so zugerichtet wird, daß er „etliche Löcher in den Kopf davon gebracht und bishero, wan sich das Wetter verendern will, einen jämmerlichen Schmertzen leiden unndt zuer selbigen Zeit sich ganz untäuglich zuem studiren erfinden mues"[2].

Es schmerzen, sagt LUSSER in seiner Mitteilung von 1820 über den Föhn „die sogenannten Wettervögel, jene Stellen, wo Frakturen, Luxationen, Quetschungswunden etc. gewesen, auch leiden die arthritischen, atrobilarischen, und alle, die mit Salzflüssen und anderen alten Geschwüren behaftet sind, besonders viel".

Für die Nomenklatur erscheint ein Vorschlag HELLPACHS[3] sehr zweckmäßig, wonach man für diese lokalisierten Empfindungen am besten die Bezeichnung „*Wetterempfindlichkeit*" verwendet zur Unterscheidung von der allgemeinen „*Wetterfühligkeit*" gewisser Menschen, von der später (S. 59) noch zu sprechen sein wird. Ich übernehme diese Unterscheidung für das Folgende als Kennworte zur raschen und eindeutigen Verständigung über die für den Träger sehr unterschiedlichen Empfindungen, auch wenn LAMPERT einwendet, daß es sich dabei im Grunde genommen um die prinzipiell gleichen Einflüsse auf den Menschen handelt.

Meines Wissens hat in der etwas älteren medizinischen Literatur nur MILLER eingehender über die Wetterschmerzen berichtet. „Kranke mit chronischen Gelenkbeschwerden, Patienten mit Tabes, Ischias, Hemiplegie, Leute mit Narben oder Operationsstümpfen reagieren nicht selten auf Witterungswechsel, und zwar in der Weise, daß die Betreffenden eine geraume Zeit *vor* Eintritt schlechten Wetters – gewöhnlich ein bis zwei Tage vorher – über Reißen, Ziehen oder andere schmerzhafte Empfindungen zu klagen haben." Auch FARKAS weist auf dieses Einsetzen der Schmerzen *vor* dem Barometerfall hin.

MILLER berichtet auch die mehrfache Angabe seiner Patienten, daß

[1] (Rüstringer Bußtaxen 87, 14; 92, 22; 536, 7; 35, 7. — Hunsingoer Bußtaxen 84, 5, 6, 7; 340, 31. — Emsigoer u. Fivelgoer 306, 10.) Diese Einzelheiten verdankt Verf. freundlicher brieflicher Mitteilung von Herrn Prof. Dr. C. HAEBERLIN, Wyk a. Föhr.

[2] Zitiert nach TRAUTMANN, Kulturbilder aus Alt-München, Bd. 5. München 1923.

[3] Auf der Frankfurter Konferenz für mediz.-naturwiss. Zusammenarbeit 1936, vgl. dazu LINKE-DE RUDDER.

mit „Fallen des ersten Regentropfens" die Beschwerden nachlassen, eine ungemein charakteristische Erscheinung, die man immer wieder bestätigt findet. Und auch MILLER betont ferner, daß die barometrischen Schwankungen als solche unmöglich schuld sein können. Nach den Beobachtungen von FARKAS sollen Narbenschmerzen bei Wetterumschlägen übrigens nur bei Verwachsungen mit der Knochenhaut auftreten.

Wer über Selbstbeobachtungen in dieser Richtung verfügt, dem ist ein Zusammenhang solcher Schmerzen mit Witterungsvorgängen selbstverständlich geworden. J. BAUER berichtet kurz von einer von ihm durch Jahre beobachteten Patientin, die sich in ihren Wettervorhersagen nie täuschte.

Für die genannten rheumatischen Beschwerden haben dann W. FEIGE und R. FREUND in Selbstbeobachtungen und an statistischem Material der Breslauer Krankenkasse eingehende Untersuchungen angestellt. *Die rheumatischen Schmerzattacken erwiesen sich* nach diesen Untersuchungen ausgesprochen *abhängig von Frontpassage*, und zwar führten sowohl Kalt- wie Warmfronteinbrüche als auch Okklusionserscheinungen zu den genannten Beschwerden. E. FLACH hat diese Beobachtungen dann im wesentlichen bestätigt. Die Schmerzen nach Kaltfronteinbrüchen scheinen rascher abzuklingen als nach Warmfronten. Die Erscheinung ist so präzise, daß FEIGE und FREUND geradezu von einer „Frontfühligkeit" sprechen. Dabei wird in der Regel die Frontpassage als solche empfunden, ein Vorfühlen soll nur für gewisse, den Fronten folgende („postfrontale") Ereignisse (Schauerregen, Gewitter) zu beobachten sein, wogegen präfrontale Vorgänge (Landregen, präfrontaler Föhn) nicht empfunden würden. Daß die rheumatischen Exazerbationen mit Durchzug von Vorder- und Rückseite von Zyklonen auftreten, hat auch H. J. SCHMID ausgesprochen.

Die Häufigkeit der Erscheinung hat denn auch wiederholt dazu geführt, daß das gleichzeitige Einsetzen solcher Beschwerden auf getrennten Krankenabteilungen schon ein und demselben Beobachter bereits auffiel (zahlreiche briefliche Mitteilungen an den Verf.). v. NORDENSKJÖLD hat das Zusammentreffen solcher Tage mit manchen anderen Veränderungen bei Kranken verschiedenster Art betont.

Das *Studium dieser „Wetterschmerzen"* muß zwar den Nachteil subjektiver Angaben von Kranken in Kauf nehmen (in Anstalten kommt dazu die bekannte „psychische Ansteckung"). Entsprechende Fehler sind bei hinreichender Sorgfalt aber vermeidbar.

Dem stehen zwei wesentliche Vorteile gegenüber:

1. Wetterempfindliche Kranke zeigen eine sehr fein abgestufte Reizempfindlichkeit, so daß sich die *Empfindungen zeitlich auf die Stunde genau* festlegen lassen.

2. Die Wetterempfindlichkeit ist zumeist ein chronischer, über Monate, nicht selten Jahre sich hinziehender Zustand, der sich infolgedessen *bei ein und demselben Kranken über längere Zeiten* hin verfolgen läßt.

Köhler und Flach, sowie Kurt Franke haben denn auch in der Folge gerade durch sorgfältige Einzelbeobachtungen dieser Wetterschmerzen wertvolle Beiträge geliefert. Dabei zeigte sich

1. *im Stadium der akuten Krankheit* (akute Polyarthritis, frischer Knochenbruch) besteht *noch keine Wetterempfindlichkeit* (Franke), was ich aus eigener Erfahrung vollauf bestätigen kann.

Es scheint sich hier um ein Fehlen der besonderen Ansprechbarkeit der Gewebe zu handeln. Diese Ansprechbarkeit kann im Laufe des Lebens auch wieder verlorengehen, zuweilen als Ausdruck wirklicher „restitutio ad integrum". Sie kann auch ihr Ende finden, wenn eine Entzündung bisher durch einen fokalen Herd unterhalten wurde und es gelingt, den Fokus zu beseitigen (Ausheilung eines Kieferabszesses, der Wetterneuralgien unterhalten hatte [Hellpach]).

Franke berichtet auch, daß es *Zweck* und guter Erfolg *einer Kur mit Moor- und Thermalbädern* beim Rheumatiker sei, gerade *diese Wetterempfindlichkeit herabzusetzen* oder aufzuheben, was bis auf sehr starke und sehr plötzliche Wettereinflüsse auch gelinge. Wir werden später noch darauf zurückkommen, daß und warum das durch „Kapillartraining" möglich ist.

2. Die Zeit zwischen Einsetzen der Schmerzen und sinnfälliger Wetterveränderung am Orte des Kranken, *das „Vorfühlen"* zeigt *individuelle Unterschiede.* Feige und Freund meinten, wie erwähnt, daß nur der Front folgende Vorgänge (Schauerregen, Gewitter) vorausgefühlt werden, nicht aber die „präfrontalen". Feinere Beobachtung ergab jedoch, daß als Zeichen der sich nahenden Front oder der Ankunft des neuen Luftkörpers in der Höhe mit dem Einsetzen der Wetterschmerzen fast durchweg bereits erste Haufenwolken (Köhler und Flach), Einsetzen der Luftdruckänderung, Wahrnehmbarkeit von Bodengerüchen (Abort- und Kanalgerüche) (Franke) nachzuweisen sind; daß bei Schauerwetter die Schmerzen in mit den einzelnen Schauern synchronen Schüben erfolgen (Köhler und Flach); daß also *in strengmeteorologischem Sinne ein „Vorfühlen" eigentlich gar nicht besteht.* Ankommende Warmluft wird im allgemeinen 2–4 Stunden, ankommende Kaltluft 5–10 Stunden vor ihrem Eintreffen (individuell wechselnd) empfunden (Franke).

Gerade dieses Vorausfühlen ist so typisch, so alltäglich, es macht solche Individuen ja vielfach zu richtigen und oft erstaunlich verlässigen „Wetterpropheten" (vgl. J. Bauer S. 45). Ich habe es sogar erlebt, daß ein Kollege mit einer wetterempfindlichen Lungenspitzennarbe mir bei wolkenlosem Himmel einen Wettersturz „garantierte", der 18 Stunden später unter schweren Schneeböen und Schneegewitter erfolgte.

3. *Individuelle Unterschiede* bestehen nicht nur hinsichtlich Intensität der Schmerzen und des Zeitpunktes ihres Einsetzens, sondern auch *bezüglich der Zahl der empfundenen Wettervorgänge*; es gibt Patienten, welche eine größere, und andere, welche eine geringere Zahl fühlen (Franke).

Möglicherweise hängt das von kleinklimatischen[1] Umständen der Wohnlage u. dgl. ab, welche als solche für den Rheumatiker von Bedeutung sind (örtliche Nebelbildungen u. dgl.) (FRANKE).

4. Das schon von MILLER angegebene *Nachlassen der Beschwerden mit Eintreffen des neuen Luftkörpers* fand sich bestätigt, wobei ebenfalls individuelle Unterschiede zu bestehen scheinen.

5. Die zahlreichen *individuellen Unterschiede* werden *um so geringer, je plötzlicher und intensiver die Wetterveränderung* stattfindet. In solchen Fällen erfolgt der Schmerzbeginn vielfach bei allen Patienten nahezu gleichzeitig.

Diese Feststellung hat, wie ich glaube, deshalb ein besonderes allgemeines Interesse, weil Kaltlufteinbrüche in der Regel sich viel plötzlicher und ausgeprägter abspielen als andere Wetteränderungen. Gerade die ***Wirkung von Kaltlufteinbrüchen ist aber meteorobiologisch am auffallendsten,*** ist ärztlich am Krankenbett besonders gut beobachtbar und spielt daher in fast allen Arbeiten zu diesen Fragen eine bevorzugte Rolle, wie wir noch sehen werden.

Neuerdings ist es UNGEHEUER (in Verbindung mit STOLLREITHER) nun gelungen, diese Abhängigkeit der Wetterschmerzen von atmosphärischen Störungen zahlenmäßig zu verfolgen. Sie fanden sehr eindrucksvolle korrelative Zusammenhänge zwischen den „Relativzahlen biologischer Wetterwirkung" (vgl. S. 28) und der „prozentualen Abweichung vom Mittel physischer Beschwerden" in einem Menschenkollektiv (sozusagen eines „statistischen Durchschnittsindividuums"). In Abb. 5 kommt diese Beziehung graphisch sehr eindeutig dadurch zum Ausdruck, daß die Kreise in der Diagonale, d. h. mit den Relativzahlen, mit ansteigender „advektiver" Wetterstörung ansteigen. Es ergab sich auch eine weitgehende Parallelität mit der Intensität der Wetter*fühligkeit* in dem gleichen Personenkreis, nur daß die Schwankungsbreite hier deutlich größer war, ein höherer Anteil der gemeldeten Beschwerden also nicht wetterbedingt war.

Von besonderem medizinischen Interesse scheint endlich die Feststellung FRANKES, daß Patienten in der Zeit der Wetterschmerzen viel-

[1] Die Bezeichnungen „***Kleinklima***" und „***Mikroklima***" werden vielfach synonym gebraucht. W. SCHMIDT, der verstorbene Wiener Meteorologe, der sich viel mit solchen Untersuchungen befaßt hat, schlägt demgegenüber eine ***Trennung*** vor [Bioklim. Beibl. z. Meteorol. Z., **1**, **153** (**1934**)], deren Übernahme in die Bioklimatik im Interesse einheitlicher Verständigung zweckmäßig ist. „***Kleinklima***" (auch „Lokalklima" [LINKE]) findet sich in Räumen, an Orten usw., wo klimatologische Messungen mit den sonst in der Großklimatologie üblichen Instrumenten noch möglich sind (Ort, Ortslagen, Wohnräume). Vom „***Mikroklima***" spricht man nur für so kleine Lufträume, wo Verwendung solcher Instrumente bereits eine merkliche Störung des zu untersuchenden Luftraumes bedingen würde und mit eigens dazu gebauten Instrumenten gemessen werden muß (z. B. Untersuchungen über die „Lufthaut" am Boden, über das „Klima" an Blattoberflächen, auf Schleimhäuten, in Schichten der menschlichen Kleidung u. dgl.).

fach objektiv nachweisbare Kapillarsymptome aufweisen. Es finden sich *kapillarmikroskopisch Stasen und Störungen in der gleichmäßigen Durchblutung* vom gleichen Typ, wie BETTMANN sie bei „Wetterfühligen" gesehen hatte (vgl. S. 86).

Dabei denkt FRANKE bei den Wetterschmerzen besonders an *Gefäßschmerzen, welche von den vegetativen Gefäßnerven* (KULENKAMPFF) *über die Rami communicantes dem Rückenmark zugeleitet* werden.

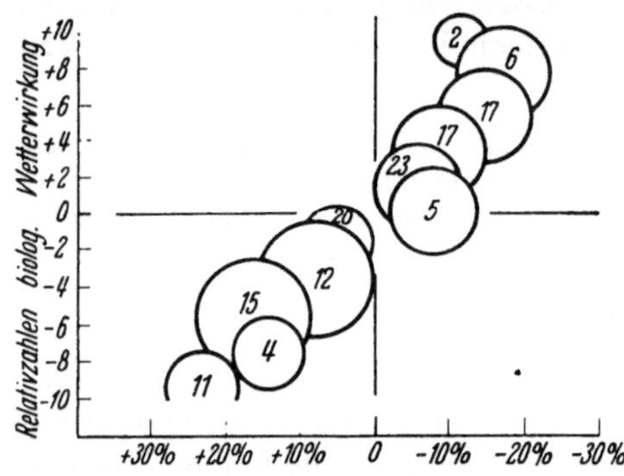

Abb. 5.
Korrelation zwischen „Relativzahlen biologischer Wetterwirkung" (Ordinaten) und den *physischen* Beschwerden eines Menschenkollektives von 60 Personen an 132 Tagen (Abszissen).
Die Ordinaten der Kreismittelpunkte geben die Relativzahl, die im Kreise stehende Ziffer die Häufigkeit dieser Zahl in der Beobachtungszeit an; der Kreisdurchmesser zeigt die mittlere Schwankung um den Mittelwert der prozentualen Abweichung vom Mittel physischer Beschwerden an. (Nach UNGEHEUER.)

Ob durch Fronten auch Neuritiden unmittelbar ausgelöst werden können, wie SCHORN und SCHALTENBRAND an einigen ausgewählten Beispielen berichteten, bedarf wohl noch der Sicherung; aus vielen Allgemeintatsachen der Meteorobiologie wird man das für sehr wohl möglich halten.

Bei den Wetterschmerzen in Amputationsstümpfen sollen außerdem bei völliger Muskelruhe „*Wechselpotentiale*" (von etwa 2 mV und 400 bis 1600 Hertz) nachzuweisen sein, was pathophysiologisch zweifellos interessant wäre, wenn es sich bestätigt (KAMPIK und REITER).

Die keineswegs wahrscheinliche Auffassung, daß diese einfach durch elektromagnetische Längstwellen der Atmosphäre induziert seien (über die noch kurz zu sprechen sein wird), haben die Autoren anscheinend später selbst aufgegeben. Auch daß gleiche Beschwerden in einem Kurzwellenfeld in 13 von 16 Fällen auftraten, ist natürlich wegen der Neigung des Organismus zu Schablonenreaktionen auf verschiedenste Reize ätiologisch nicht bindend.

Ich habe die Verhältnisse bei den Wetterschmerzen besonders eingehend behandelt, weil sie mir grundlegend für alle weiteren Fragen des Meteorotropismus von Krankheiten erscheinen; nicht zuletzt auch, weil sie *über jeden Zweifel erhaben die Tatsache dokumentieren, daß Lebensvorgänge beim Menschen ganz allgemein auf „Wetteränderungen" oder doch atmosphärische Vorgänge ansprechen und von ihnen beeinflußt werden.*

In diesen Formenkreis der „Wetterschmerzen" gehören des weiteren auch die wechselnden *lanzinierenden Schmerzen bei Tabikern*, worauf MILLER bereits hinweist. MILLER gibt in seiner Arbeit auch entsprechende Beobachtungen von ERB auf Grund persönlicher Mitteilung wieder. LÖWENFELD hat für diese Schmerzattacken „Stürme während der rauhen

Jahreszeit, Regen und Tauwetter", Übergänge von günstigem zu ungünstigem Wetter als auslösend beobachtet; ebenso sind hierher zu zählen die *Empfindungen in vernarbten tuberkulösen Spitzenherden*, welche Sanatoriumsärzten sehr geläufig sind. Auch die Witterungsabhängigkeit gewisser *Migräne*formen wäre vielleicht hierher zu rechnen (v. HEUSS, MARKUS).

Endlich bestehen engste Berührungspunkte zu den *Schmerzattacken in glattmuskulären Organen mit chronischen Entzündungsprozessen* (bei Prostatahypertrophie, Steinleiden), über welche später noch kurz zu sprechen sein wird.

„Der da weiß den Ursprung des Donners, der Wind, der Wetter, der weiß von wannen Colica kompt und die Torsiones", sagt PARACELSUS.

Von weiteren Krankheitsprozessen wurden dann ganz besonders immer wieder jene als meteorotrop vermutet, bei denen ein oft schwerer Zustand akut über ein Menschenleben hereinbricht und diese Plötzlichkeit des Ereignisses begreiflicherweise eine irgendwie greifbare äußere Ursache, eine Auslösung zu fordern schien.

Besonders starken Widerhall hat das Problem der Wetterwirkung in einer Frage gefunden, welche die Chirurgie der letzten Jahrzehnte aus anderen Gründen stark beschäftigt hat: die Genese der in ihrer Plötzlichkeit immer wieder Arzt und Laie beeindruckenden Embolie, namentlich der postoperativen **Lungenembolie.**

Das damit häufig vermengte Thromboseproblem muß, wie LAMPERT mit Recht betont, in meteorobiologischer Hinsicht zunächst davon scharf geschieden werden. Thrombose ist ein zeitlich niemals scharf festlegbarer Vorgang; erst wenn es auf Grund der Synärese und Loslösung eines Thrombus zur Embolie oder durch Wachstum des Thrombus zu endgültigem Gefäßverschluß kommt, ist dieses Ereignis zeitlich präzise faßbar.

Die auf einen Meteorotropismus stets hindeutende Gruppenbildung gleichartiger Fälle ist klinisch wiederholt beobachtet (sie ist besonders von KÜMMEL jr., DOMRICH und WAGEMANN betont worden). Auch ihr häufiges Zusammentreffen mit anderen akuten, postoperativen Komplikationen ist aufgefallen (KÜMMEL jr., RAPPERT). Den Nachweis eines Wetterzusammenhanges haben dann zahlreiche Autoren versucht (ANDREESEN, BÄRTSCHI, BARTSCH, BÖTTNER, DOMRICH und WAGEMANN, FRITSCHE, LISCHKA, KILLIAN, KÜMMEL, RAPPERT, REHN, SCHEIDTER, SCHRÖDER, STÄHLI, STRUMPFEGGER und SYDOW, STENGEL). Das Ergebnis dieser Untersuchungen, die vielfach mehr auf einem allgemeinen Eindruck fußen, ist noch teils widersprechend, teils nicht überzeugend, wenn es auch in Richtung einer Wetterauslösbarkeit („kämpfendes Wetter" [FRITSCHE], Voralpenföhn [KILLIAN]) zu deuten scheint. Manchen Autoren stand auch ein zu kleines Material zur Verfügung, so daß zu Sammelforschung geraten wird (BÄRTSCHI, SCHRÖDER, STÄHLI). Aber *fast durchweg fehlt der Nachweis der Überzufälligkeit* des Zusammentreffens von Embolien und Fronten; daran haben in neuerer Zeit auch RAETIG und NEHLS, sowie H. BERG (5) mit Recht Kritik geübt.

Nur aus einer von TIVADAR mitgeteilten kalendarischen Tabelle zu diesem Thema läßt sich für Budapest ein deutlicher Einfluß ersehen: Das Jahr 1931 zeigte insgesamt 156 (also 42,7%) „wettergestörte Tage", wie ich Tage mit Front- und Okklusionsdurchzügen zusammenfassend nennen möchte; von 38 Emboliefällen dieses Jahres ereigneten sich 28 an solchen gestörten Tagen (gegen eine Zufallserwartung von 16,2 Fällen, was trotz der kleinen Zahlen soeben noch außerhalb des dreifachen mittleren Fehlers liegt, somit in der Tat als signifikant gelten kann). Und wenn STENGEL berichtet, daß von 582 Lungenemboliefällen Münchens 45,02% auf Föhntage entfielen, deren eigener Prozentsatz am Wetter der herangezogenen 9 Jahre leider nicht angegeben ist, so möchte man sagen, daß dieser Prozentsatz sicher nicht 45% aller Tage ausmachte — sofern die meteorologische Föhndiagnose zutraf.

Eine wirklich umfangreiche und in statistischer Hinsicht vorbildliche Erhebung erfolgte dann von RAETTIG und NEHLS. Sie stützt sich auf 489 Emboliefälle Vorpommerns aus einem Zeitraum von 10 Jahren, von denen jeder Tag meteorologisch sorgfältig typisiert und dann die Emboliehäufigkeit für jeden dieser Tagetypen statistisch ausgewertet wurde.

Als wesentlichstes Ergebnis zeigte sich eine starke Emboliehäufigkeit an Tagen mit Kalt- und mit Warmfronten sowie an Tagen mit Gewittern. Die Tab. 4 bringt die wesentlichsten zahlenmäßigen Ergebnisse, welche sämtlich statistisch signifikant sich errechnen.

Tabelle 4. ***Embolieabhängigkeit von Fronten und Gewittern*** (nach RAETTIG u. NEHLS).

Von allen Tagen der untersuchten 10 Jahre waren Tage mit	abs.	%	Auf diese Tage entfielen von den 489 Emboliefällen jeweils abs.	%	Meteorotropie index
Warmfront	304	8,3	81	16,6	2,00
Kaltfront	535	14,6	139	28,6	1,97
Gewitter	112	3,06	41	8,4	2,75

Andere Wetterlagen erwiesen sich als indifferent oder zeigten eine Verarmung an Embolien (z. B. zyklonale Lage in maritimer oder gealtert maritimer Luft ohne Unstetigkeitsschicht); an Frontenvor- oder -nachtagen wurde keine Emboliehäufung beobachtet. Als besonders zu buchen, da ärztlich schon immer als ausgesprochen biotrop auffallend, ist die hier einwandfrei gesicherte *Gewitterwirkung*.

Dieser nun an großem Material und langer Beobachtungsspanne einwandfrei gesicherte Meteorotropismus der Lungenembolie wird in seiner biologischen Bedeutung nicht dadurch vermindert, daß REIMANN-HUNZIKER an einem 10jährigen Basler Material von 185 autoptisch gesicherten Fällen keinen Wettereinfluß nachweisen konnten. Einige von ihnen vermeinte Einflüsse von Föhn, Gewitter, Wechsel ganz bestimmter Luftkörper sind zahlenmäßig völlig im Zufallsbereich, erstaunlicherweise zeigte sich aber nicht einmal eine Abhängigkeit von Fronten oder von Luftkörperwechseln insgesamt. MAURER hingegen fand für München wieder 30 von insgesamt 32 Embolien an Tagen mit Luftkörperwechseln (Fronten), welch letztere – nach brieflicher Mitteilung des Verf., da in der Arbeit selbst nicht enthalten – nur 42,3% sämtlicher Tage ausmachten. An der Mitteilung von KAYSER fällt die hohe Emboliekoinzidenz mit Wetterstörungen („Insultwetter") zweifellos auf (81,6%), doch fehlt bedauerlicherweise auch hier die Angabe, wie oft solche Wetterstörungen überhaupt vorkamen. SANDRITTER und BECKER konnten an 130 Fällen das überzufällige Zusammentreffen von Embolie und Wetterstörung neuestens nochmals statistisch sichern, und zwar speziell mit labilem Aufgleiten (Meteorotropieindex 3,0), mit Warmfronten (2,3), Kaltfronten (3,6) und sehr wahrscheinlich auch mit freiem Föhn bis in die untersten Schichten (2,0).

Das Zusammentreffen von Wetterstörungen mit schwereren **Herz- und Kreislaufstörungen** (vor allem mit stärkeren pektanginösen Anfällen, sowie Anfällen schwerer Rhythmusstörungen) wurde wiederholt vermutet (R. SCHMIDT, BELJAJEW). „Gewitterstimmung, Sirokko, Änderung der Wetterlage wirken manchmal zweifellos ungünstig", sagt R. SCHMIDT, der auch einen Zusammenhang mit Vasomotorenansprechbarkeit vermutet. An stationären Sanatoriumspatienten konnte AMELUNG (in Zusammenarbeit mit BECKER, BENDER, PFEIFFER) *eindeutig solche Wettereinflüsse nachweisen*, wobei erstmalig die in zahlreichen weiteren Arbeiten so bewährte Methode des stundenweisen Vergleiches zur Anwendung kam. Das Ergebnis hält, wie BAUR dann bestätigte, jeder statistischen Kritik stand. Als *besonders stark wirksam zeigten sich Aufgleitvorgänge in Verbindung mit Fronten.*

Nur anhangsweise mag hier eine gelegentliche, aber eindrucksvolle Beobachtung W. H. VEILS angefügt sein, derzufolge ein bei Schlechtwetter erfolglos behandelter Fall von Herzinsuffizienz beim Eintreffen eines Hochdruckgebietes schlagartig seine Dyspnoe verlor und die Ödeme ausschwemmte.

Der Zusammenhang bestätigte sich dann weiterhin im einzelnen für den Herzinfarkt und den akuten Herztod. Über den Herzinfarkt berichten STRÖDER, BECKER und HAAS in einer neuesten, methodisch einwandfreien Arbeit an 63 elektrokardiographisch und teilweise autoptisch gesicherten Fällen, nachdem schon früher von AMELUNG auf das häufige Zusammentreffen von Infarkt mit Fronten auf Grund von 16 Fällen hingewiesen worden war.

Während etwa 50% aller Stunden der verarbeiteten Zeitspanne wettergestört waren, entfielen nur 8 = 12,7% aller Infarkte auf störungsfreie Stunden und 55 = 87,3% auf die wettergestörten. Faßt man wegen der bei allzu großer Aufteilung zu klein werdenden Zahlen die Wetterstörungen typenmäßig zusammen, so fanden sich Infarkte bei

Turbulenzvorgängen (Kaltfront, Labilität, Okklusion) 13 statt zu erwarten 5

Aufgleit- und Hebungsvorgängen (Warmfront und Aufgleiten) 26, statt zu erwarten 8,9;

der Meteorotropieindex liegt also jedenfalls etwa zwischen 2 und 3.

Einen weiteren wertvollen Beitrag zum Thema plötzlicher Herztod und Wetter lieferte FLADUNG, nachdem schon KOLISKO und KIRSCH sowie BARTEL solche Zusammenhänge vermutet hatten.

Die Bearbeitung von 100 im Gerichtsmedizinischen Univ.-Institut Frankfurt 1948–1950 zur Obduktion gekommenen Fällen von plötzlichem Herztod mit genau bekannter Todesstunde erfolgte wiederum unter meteorologischer Beratung durch BECKER, wobei die Korrelation zu den in der Todesstunde herrschenden Wetterlagen ermittelt wurde. Pathologisch-anatomisch handelte es sich vorwiegend um akutes Ende schwerer Koronarsklerosen mit Myodegeneratio, vereinzelt um akutes Herzversagen bei Myodegeneratio nach Krankheiten (Vitien) oder um Koronarthrombosen sowie Herzrupturen mit Herzbeuteltamponade. Die Ergebnisse wurden variationsstatistisch ausgewertet.

Das Gesamtergebnis ist in Tab. 5 dargestellt, wobei die verminderte Herztodwahrscheinlichkeit bei freiem Föhn gesondert statistisch nicht mehr zu sichern war. Einige Einzelergebnisse FLADUNGs sind in Tab. 6 aufgeführt.

Tabelle 5. *Meteorotropismus akuten Herztodes* (nach FLADUNG).

Wetterlage	Stundenzahl	Akute Herztodesfälle	Meteorotropie-index	Gesichert mit %
Wetterstörungen ...	7685	68	2,3	99,999
Störungsfrei *und* freier Föhn	18019	32	0,5	99,998

Tabelle 6. *Meteorotropismus akuten Herztodes bei verschiedenen Wetterstörungen* (nach FLADUNG).

Wettervorgang	Meteorotropieindex	Überzufälligkeit gesichert mit %
Labiles Aufgleiten	6,8	99,3
Kaltfront mit Aufgleiten	5,0	99,3
Kaltfront mit Turbulenz	3,2	99,3
Warmfront mit Aufgleiten	2,0	98,8
Föhndurchbruch bis Bodennähe	2,9	98,8
Okklusion	2,5	97,7

Die Gruppenbildung von **apoplektischen Anfällen** ist oft aufgefallen (persönliche Mitteilung von Ärzten; von Pathologen, denen das nicht seltene Zusammentreffen von mehrfachen Todesfällen an Apoplexie auf einen oder wenige Tage eine geläufige Erscheinung ist. Verf. verfügt über eigene Beobachtungen dieser Art nach Polarlufteinbrüchen). BÜRGER hat bereits 1883 auf die Häufung von Apoplexien bei Barometerfall aufmerksam gemacht. HANS SCHMIDT fand bereits 1904 gehäufte Apoplexien bei „starken Barometerschwankungen", wogegen RUHEMANN in für damalige Vorstellungen typischer Weise einwendet, es sei doch sehr merkwürdig, daß sowohl Sinken wie Steigen des Luftdruckes zu Apoplexien führen solle. Wie richtig HANS SCHMIDT beobachtet, haben die neuesten Befunde von BETZ, von denen gleich zu berichten, unmittelbar bewiesen. BARTEL kam auf Grund des großen Materials des Pathologischen Institutes in Wien ebenfalls zu der Beobachtung einer Häufung von Apoplexien bei Wetterstürzen, wofür er einzelne Beispiele mitteilt; aber gerade diese sorgfältigen Untersuchungen BARTELs liefern wieder ein Beispiel, wie mit dem Aufsuchen einer Korrelation zu einem bestimmten meteorologischen Element (Luftdruck) die eindrucksvollen, intuitiven Beobachtungen ungreifbar und unbefriedigend werden können.

Die Geläufigkeit der Beobachtung einer meteorischen Auslösbarkeit apoplektischer Anfälle mag die Tatsache illustrieren, daß die Erscheinung schon sehr früh gelegentlich sogar schriftstellerische Verwendung gefunden hat. Besonders eindrucksvoll z. B. in THOMAS MANNS „Buddenbrocks" (1901!).

Auch die umfangreichen Erhebungen von STENGEL aus der neuesten Zeit konnten jedoch über diesen Eindruck noch nicht hinausgelangen. Beispiele typischer Gruppenbildung finden sich dort sehr ausgesprochen. Aber den Anteil der als wirksam angenommenen Wetterlagen an allen Wettersituationen der untersuchten Zeitspanne hat STENGEL leider nicht festgestellt, der „überzufällige" Charakter der angenommenen Koinzidenzen war damit noch nicht erwiesen.

Die Frage wurde dann von JELINEK bearbeitet, welcher mit einwandfreier statistischer Methode (s. S. 35) die Beobachtungen von SCHARFETTER und SEEGER von 331 Apoplexiefällen Innsbrucks aus 5 Jahren auswertete. Dabei zeigte sich ein eindeutiges Ansteigen der Apoplexiehäufigkeit auf das Doppelte der Zufallserwartung an Tagen mit Kaltfronten. Erstaunlicherweise ergab sich – und zwar für Innsbruck! – keine Abhängigkeit von Föhn, auch keine von Gewittern. Ob allerdings die von JELINEK zugrunde gelegten „Wettersituationen" richtig gegeneinander abgegrenzt sind und seine Folgerungen sich somit auf einwandfreie Unterlagen stützen, scheint nach mir von Meteorologen zugekommenem Urteile fraglich. Auch BERG vermerkt zu einer von JELINEK als unwirksam gefundenen Gruppe von „Tagen mit warmer Luft", daß es sich hier um eine „meteorologisch keine sehr einheitliche Gruppe" handle – ein erneuter Beweis, wie wichtig es für heutige meteorobiologische Untersuchungen ist, die Wetterdiagnose dem Fachmann zu überlassen.

In letzter Zeit hat dann Betz auf Veranlassung Sarrés nochmals den Zusammenhang von Apoplexie und Barometeränderung mittels der n-Methode (s. S. 39) untersucht, die Barometeränderung allerdings ausdrücklich nur als Wettersymptom betrachtend. 31 Apoplexien verteilten sich auf „Tage n“ mit Druckfall unter 750 mm Hg in folgender Weise:

$n-2$	$n-1$	n	$n+1$	$n+2$
6	3	16	2	4

wobei die größte Differenz $d = 16 - 2 = 14 > 3 \cdot \sigma_d = 11{,}97$.

Es ist kein Zweifel, daß so ausgesprochene Ergebnisse zu ihrem Zustandekommen sozusagen etwas Glück benötigen insofern, als sie nur vorkommen, wenn man zufällig an eine Wetterperiode gerät, in der sich die Wetterstörungen *barometrisch* stark ausprägen. Daß sie das keineswegs regelmäßig tun, belegen die zahlreichen, so wenig erfolgreichen Bestrebungen zwischen Krankheit und Barometerstand konstante Beziehungen aufzufinden zu einer Zeit, als man in Barometeränderungen noch das Wesen des Wetters sah.

Lischka wiederum fand zwei Drittel der Apoplexiefälle mit Luftkörperwechseln, speziell mit Kaltfronten zusammentreffend.

Nicht so erfolgreich waren die ebenfalls über fast ein Halbjahrhundert sich erstreckenden Bestrebungen eine Wetterauslösbarkeit der **Gestationseklampsie**[1] zu begründen, jener lebensgefährlichen Krampfkrankheit bei Schwangeren, Gebärenden und Wöchnerinnen, deren Genese und Bekämpfung auch heute noch zu den großen Problemen der Geburtshilfe zählt. Auch hier wird durch Jahrzehnte hindurch immer wieder auf Grund klinischer Beobachtung die feste Überzeugung eines Zusammenhanges geäußert, ohne daß es zunächst methodisch gelingt, einer Lösung der Frage näherzukommen.

Erstmalig suchte Hammerschlag (1904) das Problem auf Grund detaillierter Beobachtungen wissenschaftlich anzugehen. Er kam zu keinem Ergebnis, ganz so wie eine Reihe von Nachuntersuchern bis in die letzte Zeit (Schlichting, Hoehnhorst, Oppenheimer, Westphal). Der Grund für diese Mißerfolge lag durchweg an den weiter oben genannten methodischen Unzulänglichkeiten, besonders dem Arbeiten mit „Mittelwerten“.

So kam man im besten Falle und vor allem dann, wenn die klinische Überzeugung eine starke war, zu jenen unbestimmten Angaben eines Einflusses „regenreicher, trüber Tage“ u. dgl. Zuweilen ging man auch mit vorgefaßter Meinung an das Problem. Man dachte sich den Zusammenhang etwa auf dem Wege Erkältung → Nierenschädigung oder hohe Luftfeuchtigkeit → Behinderung der Schweiß-

[1] Die *Krankheitsbezeichnung „Eklampsie“* wird in der Medizin mehrdeutig gebraucht. Ich unterscheide daher in diesem Buche, wo uns zwei Bedeutungen begegnen werden, die „*Gestations-Eklampsie*“ von Schwangeren, Gebärenden und Wöchnerinnen von der „*Säuglings-Eklampsie*“. Beide Krankheiten haben genetisch nichts, sondern nur den Namen gemeinsam.

sekretion. Erst LINZENMAIER kam der Lösung eines fraglichen Zusammenhanges etwas näher, wenn er für Berlin fand, daß Eklampsiefälle im Winter vor allem dann auftreten, wenn Berlin zwischen zwei Tiefdruckgebieten lag oder wenn eine Depression nahe vorbeizog. Trotz dieses Versuches, von den Fußspuren auf der Erdoberfläche endlich zu den sie hinterlassenden atmosphärischen Gebilden höherer Art zu kommen, gelangte LINZENMAIER dann doch wieder als eklampsiebegünstigend auf „naßkalte Tage mit Nordwestwind" für den Winter, auf „Tage mit hoher Temperatur und hohem Feuchtigkeitsgehalt und Gewitterschwüle für den Sommer". Auch in neuerer Zeit sind noch solche Arbeiten erschienen, die jedoch wegen der unzulänglichen Methodik übergangen werden können, zumal sie sich in ihren Beziehungen von Eklampsie zu Temperatur oder Luftfeuchtigkeit in grotesker Weise widersprechen.

Erst JACOBS glaubte dann in einer sich auf 666 Fälle Deutschlands, Österreichs und der Schweiz des Jahres 1924 stützenden, methodisch sehr gründlichen Arbeit einen Zusammenhang des Eklampsievorkommens mit dem Einbruch von Kaltfronten erschließen zu können.

BERG (5) hat diese Arbeit unter modernen statistischen Gesichtspunkten einer sehr eingehenden Kritik unterzogen: das gleichzeitige Eklampsievorkommen in zwei statistisch gegenübergestellten Räumen (Rheinland-Westfalen und Berlin) erfolgte nicht überzufällig; dagegen folgten sich am gleichen Ort zwei Eklampsiefälle sehr viel schneller, als es dem bloßen Zufall entspräche, und es traten in erheblich überzufälliger Weise tageweise Eklampsiehäufungen von 3 bis 7 Fällen auf, was ohne Zweifel für eine übergeordnete äußere Ursache der Krankheitsauslösung spricht; einen Zusammenhang mit Kaltfronten konnte BERG indes am Material von JACOBS nicht erbracht finden. An eigenem Material aus Köln konnte BERG (2, 3, 4) unter strengster statistischer Kritik dann aber doch feststellen, daß Fronten den Eklampsiefällen zeitlich näher liegen, als es bloßem Zufall entspräche.

Viele Untersuchungen aus den letzten 20 Jahren sind für heutige Erfordernisse als Beweise eines Zusammenhanges dann wieder teils aus statistischen Gründen, teils wegen nicht gesichert erscheinender meteorologischer Diagnostik nicht mehr ausreichend, so daß im einzelnen darauf nicht eingegangen werden soll. Das gilt für die Arbeiten von v. HEUSS, v. LATZKA, EUFINGER und WEIKERSHEIMER, HENNES, EBERGÉNYI, FÜRSTNER und SARGENT, welche alle das Problem unter dem Gesichtspunkt der Frontenmeteorologie angingen. PUGLIATTI [zit. n. BERG (5)] betont das besonders häufige Vorkommen von Eklampsie in Norditalien bei Gewittern (51% aller 202 Fälle).

BACH und SCHLUCK untersuchten dann 174 Fälle der Marburger Frauenklinik nach der n-Methode, kamen aber bezüglich Fronten zu keinem klaren Ergebnis, anscheinend weil die Zahl der Fronten in der Beobachtungszeit eine zu große war, was naturgemäß zu einem Versagen der n-Methode führt. Dagegen ergab sich mit dieser Methode ein Wetterzusammenhang in dem Sinne, daß den *Eklampsietagen statistisch ein tiefer Luftdruck unmittelbar vorausgeht*, was jedenfalls für einen Zusammenhang mit zyklonalem Wetter spricht.

Man wird also insgesamt der Gestationseklampsie einen gewissen Meteorotropismus nicht absprechen können. Allerdings scheint derselbe nicht gerade sehr stark ausgeprägt zu sein; in solchem Falle ergibt sich dann methodisch eine starke Inkonstanz bei Korrelationsuntersuchungen je nach dem Kriterium, das als wetterbeschreibend, sozusagen als Wettertest gewählt wird.

Ärztlich sehr eindrucksvoll war indes seit je die Wetterabhängigkeit glattmuskulärer Organinnervation, wie sie sich im Auftreten **akuter Steinverschlüsse** bei Gallen-, Nieren- oder Harnleitersteinen zeigte (RAPPERT). Die Neigung zu Gruppenbildung war hier immer wieder deutlich (HAUCK). Eine Mitteilung von SYDOW und STRUMPFEGGER ist mangels weiterer Angaben leider nicht verwertbar, wie schon DÜLL betont. MAURER fand für München (mit 42,3% Tagen mit Luftkörperwechseln in der Beobachtungszeit lt. brieflicher Mitteilung):

	Abs. Zahl	Davon mit Luftkörperwechseln zusammenfallend	also %
Bei Cholelithiasis	64	53	83
Bei Nephrotithiasis	52	44	85

Ein Zusammentreffen der Steinanfälle mit Luftkörperwechseln erfolgte also etwa doppelt so häufig, als nach dem Zufall zu erwarten gewesen wäre.

Besonders eindrucksvoll in dieser Hinsicht sind dann die nach der n-Methode ausgewerteten Steinkoliken der Harnwege, welche HAUCK aus Leipzig berichtet hat.

In der Originalmitteilung sind die Auswertungsergebnisse ohne die eine willkürliche Auswahl ausschließende nivellierende Mehrfachzählung (s. S. 40) wiedergegeben, die der Verf. dann auf Bitte des Verf. nach brieflicher Mitteilung korrigierte.

Es ergaben sich nunmehr für gestörte *Tage n mit Fronten, Warmluftsektoren oder Okklusionen* bzw. ihre beiden Vor- und Nachtage folgende Zahlen von Steinkoliken (vgl. Abb. 6).

$n-2$	$n-1$	n	$n+1$	$n+2$
167	189	**316**	195	192

wobei die größte Differenz $d = 149$ größer als $3 \cdot \sigma_d = 3 \cdot 20{,}5$ ist.

Das von DROSCHE berichtete Zusammentreffen von 20 Hypernephromblutungen mit 8 Kaltfronten-, 4 Warmfronten- und 2 Föhntagen ist wiederum nicht verwertbar, da die Gesamthäufigkeit dieser Wetterereignisse, abgesehen von der kleinen Fallzahl, nicht feststeht.

Besonders viel untersucht, in den Ergebnissen aber auch ganz besonders undurchsichtig, ist die Frage einer Wetterabhängigkeit gehäufter **epileptischer Anfälle.** In Anstalten fiel die „Gruppenbildung" immer wieder auf und schien auf einen solchen Zusammenhang hinzudeuten. Auf die dabei bestehende Neigung zu unbewußter Selektion wurde S. 29 schon hingewiesen. Sie ist bei dem an sich häufigen Vorkommen solcher Anfälle in Pflegeanstalten besonders groß. Immerhin gab diese Meinung eines Zusammenhanges mit Wettervorgängen durch Jahrzehnte immer wieder Anlaß zur Nachprüfung, ganz abgesehen davon, daß die Plötzlichkeit, das Eindruckvolle und auch die gewisse Rätselhaftigkeit in der Entstehung dieser Anfälle immer wieder das Augenmerk auf unbekannte äußere Auslösungsursachen lenkte.

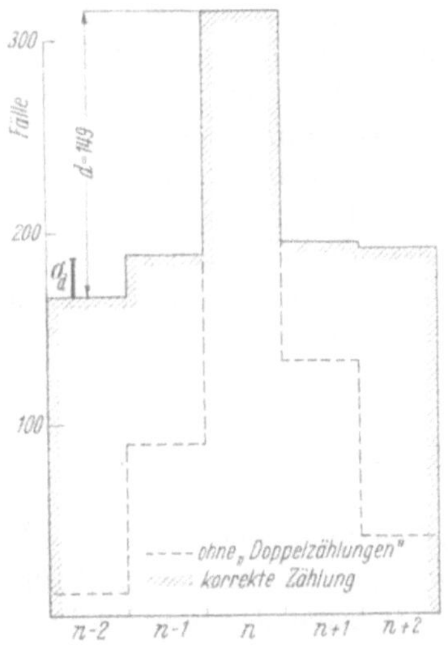

Abb. 6. Abhängigkeit der Koliken der Harnwege von Wetterstörungen (Fronten, Warmluftsektoren oder Okklusionen) an den Tagen *n*. Punktiert die Werte der Originalarbeit von HAUCK, die in Wirklichkeit eine Zählung des nächstliegenden Ereignisses in dem bei der Methodik genannten Sinne darstellt und dann hinsichtlich einer Überzufälligkeit ganz andere rechnerische Prüfung erforderte; ///// die nach der nivellierenden Mehrfachzählung (vgl. Text) korrigierten Werte. Die *Gipfelbildung der Fälle an den wettergestörten Tagen n* ist hier besonders eindrucksvoll.

HALLEY, BRUNNER glaubten gehäufte Anfälle bei Barometersturz, Sturm, großen Niederschlägen, also, wie wir heute sagen würden, beim Durchzug einer typischen Böenfront zu finden. Auch LOMER kam zu ähnlichen Ergebnissen, wogegen REICH Wettereinflüsse auf die Entstehung epileptischer Anfälle leugnet. Wir finden auch hier immer wieder solche Wettererscheinungen in der älteren Literatur diskutiert, die wir heute als „Symptome" für den Durchzug von Fronten kennen und werten. Typisch für dieses Suchen nach einem Wettereinflusse ist namentlich die besonders sorgsame und umfangreiche Arbeit von BREZINA und SCHMIDT (1914).

In Zusammenarbeit zwischen Arzt und Fachmeteorologen wurde hier das Beobachtungsmaterial der Niederösterreichischen Landesirrenanstalt „Am Steinhof" systematisch mit Größe und Wechsel einer großen Zahl meteorologischer Elemente verglichen. Das Gesamtergebnis nähert sich wieder sehr den genannten Vorgängen. So z. B. wenn es heißt, daß rasche Barometerschwankungen großer Amplitude „zum großen Teil mit ungünstigen Zuständen" für Epileptiker einhergehen. Ja an manchen Stellen, wo die Autoren bewußt die Wirkung von Gesamtwetterlagen diskutieren — sie sprechen in damaliger Ausdrucksweise von „Fallgebiet am Ort und Steiggebiet im Westen", d. h. in der heutigen Fassung Warmfrontpassage und nachfolgende Kaltfront —, an diesen Stellen kann man sich des Eindruckes nicht erwehren, daß die Autoren den Zusammenhang gehäufter epileptischer Anfälle mit Frontdurchzügen gefunden haben würden, wenn damals in der Meteorologie bereits etwas von der heutigen Luftkörperanschauung bekannt gewesen wäre.

Aber auch alle späteren Untersuchungen bis in die neuere Zeit scheiterten an der Methodik, so z. B. wenn DANNHAUSER oder VERRIENTI „*statistisch*" keine Beziehungen zu Luftdruck, zu Luftdruckschwankungen, zu Gewitterneigung oder anderen meteorologischen Elementen finden und MAX MEYER in einer zusammenfassenden Bearbeitung des Problems bis zum Stande von 1928 und in einer weiteren Arbeit 1932 ebenso wie DRETLER (1935) diese Wetterabhängigkeit der Epilepsie verneint. W. A. und A. A. KÜNZEL sprechen von „zyklonalem Wetter" als anfallsbegünstigend. Ein Zusammenhang zwischen Fronten und Status epilepticus blieb unsicher (BRUCKMÜLLER, DRETLER).

Bedienten sich diese früheren Untersuchungen vielfach noch der Korrelationsermittlung zwischen Anfallshäufigkeit und bestimmten meteorologischen Elementen, oder legten sie ihren Erhebungen noch nicht die heute zu fordernden statistischen Sicherungen zugrunde, so liegen mehrere methodisch besonders kritische Erhebungen unter synoptischen meteorologischen Gesichtspunkten von H. BERG (4, 5) aus der neuesten Zeit vor.

Die Bearbeitung von über 15000 Anfällen, die in den Bodelschwinghschen Anstalten in Bethel bei Bielefeld registriert worden waren, ergab – getrennt für Männer und für Frauen, für alle und für schwere Anfälle allein nach der n-Methode ausgewertet – *keinerlei Anfallshäufung an Fronttagen.*

Anders verhält sich das Ergebnis bei *traumatischer Epilepsie.* H. BERG (4, 5) hat die 61 Anfallstage eines Kriegshirnverletzten, die mit Bewußtseinstrübung und unmotivierten Handlungen während $2^1/_2$ Jahren registriert waren, auf ihr Zusammentreffen mit Wetterereignissen geprüft und eine *eindeutige Frontenabhängigkeit* festgestellt (von den 61 Tagen fielen 46, also $^3/_4$ mit Fronten zusammen, was schon ohne statistische Auswertung sehr für einen Zusammenhang spricht). Auf Tage mit Gewittern, Ferngewittern (Wetterleuchten und Donner) trafen doppelt so viele Anfälle, als nach dem Zufall zu erwarten. Eine erweiterte spätere Mitteilung, die sich auf 182 Anfälle des gleichen Kranken in $5^1/_2$ Jahren stützt, macht – nach der n-Methode ermittelt – auch eine Frontenauslösung wahrscheinlich.

Mit den genannten Fragestellungen scheinen *Wettereinflüsse auf Geisteskrankheiten* noch keineswegs erschöpft, wiewohl diesbezügliche Berichte noch durchweg unsicher klingen oder gelegentliche Einzelbeobachtungen darstellen.

So berichtet KRYPIAKIEVITZ, daß Monate mit den häufigsten und intensivsten Luftdruckschwankungen gehäufte *Todesfälle von Geisteskranken* aufweisen und daß

Barometerstürze zu Verschlimmerung im Befinden zahlreicher Kranker, zu Unruhe, zu *paralytischen Anfällen* führen.

An einem Tage wurden z. B. in der Privatirrenanstalt, an welcher KRYPIAKIEVITZ wirkte, Anfälle oder Verschlimmerungen bei fünf Paralytikern, verschiedenste Beschwerden bei vier weiteren, sonst ruhigen Patienten und lanzinierende Schmerzen (!) bei einem Tabiker beobachtet.

Auf weitere Frontenwirkungen, welche psychophysisches und besonders psychiatrisches Gebiet betreffen, soll hier nicht weiter eingegangen werden. Es handelt sich hier vorerst durchweg um Eindrücke, welche einer exakten Erfassung ihrer ganzen Natur nach ziemlich große Schwierigkeiten in den Weg stellen. Viel Diesbezügliches fand bereits eine eingehende Darstellung in den verschiedenen Auflagen von HELLPACHs Geopsyche, auf die an dieser Stelle nochmals verwiesen werden muß.

Ein statistisch eindeutiger Zusammenhang zwischen Wetter*fühligkeit* (psychischem Befinden) einer Personengruppe und dem Grade einer Wetterstörung konnte nun erstmalig, wie S. 47 schon kurz gestreift, durch die sorgfältigen Erhebungen UNGEHEUERs erbracht werden; dabei ergab sich eine geringere Treffsicherheit (größere Schwankungsbreite) dieser Befindensangaben gegenüber den Angaben Wetter*empfindlicher*, was sowohl in methodischer wie in medizinischer Hinsicht interessant ist. (Die Korrelationsermittlung erfolgte hier nach dem in Abb. 5 [S. 48] für die Wetterschmerzen wiedergegebenen Verfahren.)

Eine letzten Endes ebenfalls psychische Wetterwirkung muß hier aber noch angeführt werden: ganz besonders eindrucksvoll zeigte sich die Frontenabhängigkeit von **Selbstmorden** in einer (durch den *Verf.* mitberatenen) Arbeit THOLUCKs aus dem Gerichtsmedizinischen Universitäts-Institut Frankfurt/Main.

200 Selbstmorde des Jahres 1939 zeigten keinerlei Korrelation zu Luftdruck, Temperatur, Sonnenscheindauer, eine schwache zu Feuchtigkeit und Niederschlagsmenge.

Man mag methodologisch beachten, daß sich biotrop wirkende Wettervorgänge eben gelegentlich in einem, gelegentlich in einem anderen meteorologischen Element ausdrücken, was zu den immer wieder zu nennenden unsicheren Korrelationsergebnissen von ehedem führte.

Nach dem Frontenkalender des LINKEschen Meteorolog. Univ.-Instituts ergaben sich *an Fronttagen n* (bei nivellierender Mehrfachzählung) dagegen folgende *eindeutige Selbstmordhäufungen:*

Tage mit	$n-3$	$n-2$	$n-1$	n	$n+1$	$n+2$	$n+3$
Kaltfronten	22	28	16	**45**	14	19	26
Warmfronten	23	20	17	**51**	20	30	18
Fronten insgesamt	45	48	33	**96**	34	49	44

Die schon rein optisch eindeutige Signifikanz bestätigt sich auch bei der rechnerischen Prüfung (nach der S. 41 angegebenen Formel):

	d	N	R	σ_d	$d =$
Kaltfronttage	31	170	7	7,0	$4{,}4 \cdot \sigma_d$
Warmfronttage	34	179	7	7,1	$4{,}8 \cdot \sigma_d$
alle Fronttage	63	349	7	10	$6{,}3 \cdot \sigma_d$

Die gefundene Beziehung ist wohl der eindeutigste und *eindrucksvollste zahlenmäßige Beweis für die Wetterfühligkeit*, nämlich die Abhängigkeit der seelischen Gemeingefühle von Wettervorgängen, hier speziell von Fronten; denn die gezeigten Selbstmordhäufungen können ja doch nur so zustande kommen, daß der sicherlich oft schon lange gehegte Gedanke an Selbstmord durch die Verschlechterung des seelischen Allgemeinbefindens einen letzten Anstoß zur Ausführung der Tat erfährt. In dieser Feststellung liegt der besondere Wert des THOLUCKschen Ergebnisses.

Die auf Grund des klinischen Eindruckes so ausgesprochen meteorotropen akuten Manifestierungen der **Säuglingstetanie** waren ehedem gerade durch die ganz besonders ausgeprägte überzufällig erscheinende tageweise Gruppenbildung aufgefallen, sie sind heute durch die weitverbreitete Rachitisprophylaxe eine seltene Krankheit geworden.

Der biologische Frühling schafft die Empfänglichen, er bildet das „Tetanieklima", was, wie wir noch sehen werden, mit den hier diskutierten Erscheinungen nichts zu tun hat. Diese „latent" Spasmophilen zeigen dann aber *in Schüben „manifest" spasmophile Zustände* (Laryngospasmus, Karpopedalspasmen, Eklampsia infantum, Bronchotetanie). Dieses schubweise Manifestwerden der Tetanie fällt, wie MORO angibt, auffallend oft zusammen mit jähen Wetterumschlägen („*Föhn*[1] nach kalter Witterung"), so daß MORO geradezu von einem Tetaniewetter spricht und glaubt, daß die Tetanieschübe durch das Zusammenwirken jener klimatischen Komponenten herbeigeführt werden, die dem wohlbekannten Charakter des „Vorfrühlings seine Eigenart verleihen". GYÖRGY beschreibt aus der gleichen Klinik die Beobachtung folgendermaßen: „Tetanie tritt meist, wenn auch nicht gesetzmäßig gehäuft auf an warmen sonnenreichen Frühjahrstagen, die gleichzeitig mit einer Luftdruckerniedrigung einhergehen und somit einen Föhncharakter aufweisen. Wichtig, besonders betreffs der geographischen Bedingtheit der Tetanie, erachten wir das plötzliche, schlagartige Auftreten solcher Wetterumschläge aus kalten, frostigen Wintertagen in den warmen, schwülen ‚Vorfrühling'." Auch H. BAAR, H. BEHREND, MOOS bestätigten diese Beobachtung. H. BAAR führt auslösend einen Witterungswechsel an „in dem

[1] Nach mündlicher Mitteilung nicht im Sinne von wirklichem Föhn (Fallwind, s. S. 25), sondern nur im Sinne plötzlicher warmer Tage.

Sinne, daß, wenn auf mehrere trübe Tage ein klarer, sonniger Tag folgt, man bei allen Tetaniekindern einen Anstieg der galvanischen Erregbarkeit und zuweilen auch Auftreten manifester Erscheinungen beobachtet". H. BAAR schuldigt die Sonne an.

Die Wirksamkeit von Sonnenbestrahlung in der Tetaniegenese steht fest. Bei Besprechung der Jahreszeiteneinflüsse werden wir darauf zurückkommen. Aber die Wirkung von „Tetanietagen" erstreckt sich auch auf bettlägerige, im Zimmer untergebrachte Säuglinge, welche von der wirksamen Ultraviolettstrahlung sicher nicht getroffen werden.

MORO ebenso wie GYÖRGY betonen, daß die Tetanieschübe sicher nicht allein abhängig sind von der Sonnenbestrahlung. MOOS fand am Materiale der Züricher Kinderklinik ebenfalls Tage mit „Temperaturanstieg und Föhn" als ausgesprochen tetaniebegünstigend und betont auch das Auftreten von Rezidiven an solchen Tagen. SIWE findet Häufungen an Tagen mit starken Luftdruckschwankungen.

Daß in der Tat derartige Störungen ausschlaggebend sind, haben dann Untersuchungen von LASSEN gezeigt. Die tägliche Prüfung der *elektrischen Erregbarkeit* des peripheren Nervensystems bei spasmophilen Kindern, die bekanntlich bei dieser Krankheit pathologisch erhöht ist, zeigte durch Monate an Tagen atmosphärischer Störungen jeweils Steigerungen (von 122 beobachteten Erregbarkeitsanstiegen waren nur 6 nicht meteorobiologisch erklärbar).

Man könnte den Meteorotropismus der Säuglingstetanie heute aber sogar aus dem sonstigen meteorobiologischen Wissen *unmittelbar erschließen*. Der latent spasmophile Säugling kann, wie wir aus zahllosen klinischen Erfahrungen wissen, jede plötzliche Erregung des vegetativen Nervensystems, etwa Schreck, Ärger, heißes Bad, Wickel und Packung, Ultraviolettbestrahlung, Fieberanstieg mit sofortigem tetanischen Anfall beantworten, der alle Varianten vom allgemeinen Krampfanfall über den Laryngospasmus oder den Karpopedalspasmus bis zur tödlichen Bronchotetanie und Herzsynkope aufweisen kann. Diese Wirkungen gehen – die Tetanie ist heute stoffwechselchemisch weitgehend geklärt – über plötzliche Entionisation von Kalzium im Blut. Wir werden aber sehen, daß Wetterstörungen die gleiche Wirkung auf das vegetative Nervensystem zukommt, daß diese also tetaniegen wirken müssen.

Unter die meteorotropen Krankheiten kann ferner der durch plötzliche intraokulare Drucksteigerung entstehende **akute Glaukomanfall** heute schon fast sicher gerechnet werden. Solches ergibt sich schon aus dem Allgemeineindruck, wie er Augenärzten nach persönlicher Mitteilung wiederholt aufgefallen ist und wie er das (früher wieder ergebnislose) Suchen nach solchen Zusammenhängen veranlaßte (s. b. H. FISCHER). J. LÖFFLER hat dann in leider unveröffentlicht gebliebenen

Untersuchungen diese Beziehungen unter Zugrundelegung moderner meteorologischer Vorstellungen studiert.

Frau Dr. LÖFFLER berichtete mir brieflich 1930 darüber und war damals so liebenswürdig, mich zur Mitteilung zu ermächtigen. Aus den mir zugegangenen Berichten mögen folgende Befunde zitiert sein:

„Bei unserem Abteilungsmaterial sahen wir zu gewissen Zeiten bei allen Glaukomen ungeheures Ansteigen des Augendruckes.“ „Ich suchte zunächst das klinische Material von Wien zu bekommen und fand nun bei akuten Glaukomen deutliche Gruppenbildung.“ „Auch ich fand das Zusammenfallen von Gruppen beim Durchgang der Fronten, bei starker Gewitterbildung, und zwar bei allen drei Arten von Gewittern, auch bei Wärmegewittern, ferner eine besondere Häufigkeit der Gruppenbildung beim Durchgang einer Warmfront nach längeren Frostperioden im Winter und Durchgang einer Kaltfront in der Sommerjahreszeit. Besonders interessant ist es wohl, daß auch die Wärmegewitter, die doch das meteorologische Geschehen nur in den tiefsten Schichten der Troposphäre angehen, recht ausschlaggebend sind. Vielleicht ist es doch ein Hinweis mehr, daß es die elektrischen Vorgänge sind, ... die letzten Endes bei einem glaukombereiten Organismus den Anfall auslösen.“

Sehr gründliche Untersuchungen über das Thema liegen dann von H. FISCHER vor. Der neben diesen Wettereinflüssen auch beim Glaukom bestehende Jahreszeitenrhythmus hatte frühere Untersucher in typischer Weise auch hier wieder irregeführt. Das Glaukom hat einen leichten Wintergipfel. Da man am Winter die „kalte Jahreszeit“ nicht nur sah, sondern diese Bezeichnung mit dem Begriffe Winter geradezu identifizierte, schloß man auf die Beziehung Kälte – Glaukom (STEINDORFF, BAUER). FISCHER konnte eindeutig zeigen, daß über alle Temperaturintervalle (annähernd entsprechend ihren eigenen Häufigkeiten im Vorkommen) auch Glaukomanfälle sich finden. „Die absolute Höhe eines meteorologischen Elementes hat keinen Einfluß.“ Es werden dann 43 Fälle akuten Glaukoms und 33 Fälle akuter Drucksteigerungen genauer analysiert. Fast 90% dieser Fälle ereigneten sich an Tagen mit Frontdurchzügen (wobei letztere nur etwa 30% sämtlicher Tage überhaupt ausmachten).

BRÜCKNER fand für Basel $^2/_3$ aller Glaukomfälle mit Fronten zusammenfallend und glaubt auch eine Gewitterwirkung feststellen zu können. Mit moderner Methodik hat dann SCHORN 91 Fälle von entzündlichem Glaukom bei 76 Patienten in Köln nach der n-Methode untersucht, wobei er als Tage n die Tage des akuten Glaukomanfalles wählte und die Zahl der Fronten für alle Tage zwischen $n \pm 4$ ermittelte. Sein Ergebnis war:

$n-4$	$n-3$	$n-2$	$n-1$	n	$n+1$	$n+2$	$n+3$	$n+4$
20	16	19	21	**30**	20	22	25	14

Nach der v. SCHELLINGschen Rechnung würde sich ergeben: größte Differenz $d = 30 - 14 = 2{,}5 \cdot \sigma_d$ statt, wie bei 9 Rubriken zur Signifikanz von 99,73% gefordert, $3{,}56 \cdot \sigma_d$.

Das Ergebnis wäre also zwar nur etwa zu 96% gesichert; da es völlig zu den Eindrücken früherer Untersucher paßt und da außerdem von den 91 Glaukomfällen 30% auf Fronttage und 71% auf Fronttage mit ihrem jeweiligen Vor- und Nachtag entfielen gegen eine Zufallserwartung von hier 21% bzw. 52% wird man sich mit dem Ergebnis durchaus zufrieden geben können. BERG (5) hat übrigens dann das SCHORNsche Material (auf 97 Fälle erweitert) noch nach der Verteilung der „nächsten Front" geprüft und auch hier wieder eine überzufällige Häufung um die Glaukomtage festgestellt, so daß man die Wetterabhängigkeit des akuten Glaukomanfalles heute als erwiesen betrachten kann.

Als weitere Krankheit, deren Wetterabhängigkeit immer wieder gesucht wurde, erscheint das Syndrom des **akuten Kehlkopfcroups.** „Croup" war den Ärzten des vorigen Jahrhunderts eine akut mit Heiserkeit, Atmungsbehinderung, bellendem Husten und drohender, nicht selten auch eintretender Erstickung einhergehende Erkrankung. Die Mehrzahl der Fälle dieses Syndroms beruht, wie wir heute wissen, auf *akuter Kehlkopfdiphtherie.* Die in letzten Jahrzehnten immer seltener gewordene Erkrankung spielte früher mit ihrer Letalität von 80, ja 90% eine große Rolle und fand größte Beachtung bei den Ärzten. Bei diesen findet sich da und dort die dann fast vergessen gewesene Beobachtung der zeitlichen Häufung von Croupfällen erwähnt, und es wird stets die Überzeugung geäußert, daß diese Häufungen durch bestimmte Witterungsverhältnisse bedingt seien.

LOESCHNER, der schon genannte Begründer des Franz-Josef-Kinderspitals in Prag schreibt darüber um die Mitte des vorigen Jahrhunderts: „Aus den seitherigen Beobachtungen geht nun hervor, daß Krup und krupöse Entzündungen am häufigsten (ja vielleicht allein) bei Nord-, Nordostwinden, scharfer Luft, hohem Barometerstande, vorhandener Trockenheit und bedeutendem Elektrizitätsgehalt der atmosphärischen Luft hereinbrechen und mehrere Tage hindurch herrschen bleiben, und zwar um so länger, je rascher sich aus ganz oder halb entgegengesetzten früheren atmosphärischen Verhältnissen eben diese Beschaffenheit entwickelt und je länger sie in einer bestimmten Intensität obwaltet." Für ein engumschriebenes Croupgebiet Schwedens, wo die Fälle endemisch vorkamen, fand MAGNUS HUS, daß Nord- und Ostwinde, besonders die mit Schneegestöber, die Erkrankung einleiten. EMMERICH berichtet 1854 aus der Pfalz (Mutterstadt), daß Kälte und reichlicher Wasserdampf der Luft „diejenige Beschaffenheit der Luft" sei, welche „die Entwicklung der Krankheit begünstigt". Auch BOHN (1857) glaubte für Königsberg gewisse Abhängigkeiten von Windrichtungen zu beobachten, er betont aber, ebenso wie OLSHAUSEN, daß in Epidemiezeiten diese Verhältnisse sich verwischen und nicht mehr nachweisbar sind. CARL GERHARDT nennt Nord- und Ostwinde als begünstigende Faktoren und schreibt: „Endemisch ist der Croup in der Weise, daß mit dem Eintritt bestimmter Witterungsverhältnisse und Jahreszeiten mehrfache Erkrankungen daran alljährlich vorkommen." Soviel nur als Beispiel dafür, wie da und dort Beobachtungen über „Stenosenwetter" gesammelt wurden. Sie waren in der neueren Literatur fast vollständig vergessen, nur LADE hatte die Erscheinung auch in neuerer Zeit erwähnt und glaubte seinerseits, daß es leichte Nebelbildung infolge Zunahme der relativen Luftfeuchtigkeit sei, die zum „Stenosenwetter“ führe; „dichter Nebel oder gar Regen“ soll „die Verhältnisse dann wieder bessern“.

Wir sehen aus allem nur folgenden Zwiespalt: die feste Überzeugung eines Zusammenhanges von Croup und Wetter einerseits, vorsichtige, tastende, nicht scharf faßbare und daher wenig befriedigende Angaben über die Art dieses „Stenosenwetters“ andererseits.

Bei den meteorologischen Kenntnissen damaliger Zeit und dem völligen Fehlen internationaler meteorologischer Messungen wird dieses Ergebnis nicht wundernehmen können.

Beim Meteorotropismus des akuten Kehlkopfcroups ist zunächst einer merkwürdigen Erscheinung zu gedenken. Das klinische Syndrom „Croup“ ist heute für uns lediglich der Ausdruck für die akute Manifestation einer Grundkrankheit am Kehlkopf und in der Trachea. Als solche Grundkrankheiten kommen in Frage die *Diphtherie* (es kommt zur primären oder zur sekundär-deszendierenden Kehlkopfdiphtherie), dann die *Masern* (es kommt zum echten Masernfrüh- bzw. -spätcroup), endlich die *Grippe* (Laryngotracheitis) und in zahlenmäßig sehr seltenen Fällen der *Scharlach* (nekrotisierende Tracheitis und Laryngitis). Es zeigte sich auch für München die in meiner ersten Arbeit über das Würzburger Material schon hervorgehobene Eigentümlichkeit, daß Diphtherie-, Masern- und Grippecroup in buntem Wechsel gleichzeitig nebeneinander auftreten mit zahlenmäßigem Überwiegen der echten Diphtherie natürlich, aber jedenfalls so, daß (für München) nicht *die Grundkrankheit, sondern die Croupkomplikation das gruppenbildende Moment* lieferte.

Freilich gilt für den Croup nach wie vor ganz die von POSPISCHILL betonte Tatsache, daß nicht selten trotz aller Sorgfalt eine endgültige Differentialdiagnose, vor allem zwischen Diphtherie- und Grippecroup nicht gestellt werden kann.

Diese eigentümliche Erscheinung, daß das *klinische Syndrom* und nicht eine bestimmte Grundkrankheit *das „gruppenbildende Moment“* bezüglich eines Meteorotropismus bildet, ist sehr beachtenswert. Es zeigte uns erstmalig die erst unter allgemeineren Gesichtspunkten verständliche Erscheinung, daß Wettervorgänge offenbar nicht etwa zu „bestimmten Krankheiten“ disponieren, sondern daß sie in sehr allgemeiner Weise in das Geschehen des Gesamtkörpers eingreifen und, wenn dort sich Krankheitsvorgänge abspielen, diese modifizieren.

Zur speziellen Bearbeitung standen mir seinerzeit 1069 Fälle von akutem Kehlkopfcroup der Münchener Kinderklinik aus den Jahren 1917–1928 zur Verfügung, die damals nach den neuen Gesichtspunkten der Frontenmeteorologie ausgewertet wurden (2).

Eine Auszählung dieser Fälle nach ihrer Aufarbeitung unter diesen Gesichtspunkten ergab damals, wenn ich von seltenen und damit heute vielleicht noch unsicheren meteorologischen Vorgängen absehe, jedenfalls die *überragende meteorobiologische Bedeutung zyklonaler Vorgänge:*

1. *Etwa* 30% erwiesen sich zeitlich gebunden *an Kaltfronten und Kaltlufteinbrüche* (ohne daß dabei Temperaturerniedrigung eine Rolle spielt, wie ich auch hier wieder betonen möchte).

2. *Etwa* 20% fielen zusammen mit *Warmfronten* und weitere *15–20%* lagen *in der Zeit sich rasch aufeinanderfolgender Lufteinbrüche gegensätzlichen Charakters,* so daß sie weder dem einen noch dem andern Typ zugezählt werden konnten.

3. Unter diesen insgesamt 65–70% aller Fälle zeigten sich Gruppenbildungen, die nur verständlich waren bei Heranziehung meteorologischer Messungen in größerer Höhe. Solche standen aus etwa 3000 m Höhe in den Messungen des Zugspitzobservatoriums laufend zur Verfügung.

Damit konnte erstmalig die meteorobiologische *Wirksamkeit von Okklusionserscheinungen* (s. S. 21) nachgewiesen werden.

REUSS hat diese Erfahrungen dann an der Grazer Kinderklinik bestätigt gefunden.

Der Kehlkopfcroup ist mittlerweile eine ungleich viel seltenere Erkrankung geworden, eine Erscheinung, die hier nicht erörtert werden kann, da sie nach unserm heutigen Wissen nichts mit Meteorobiologie zu tun hat[1]. So war es nicht möglich, diesen Meteorotropismus nach den heutigen statistischen Gesichtspunkten nochmals zu überprüfen und ihm damit die letzte Sicherheit zu geben.

Für das schubweise Auftreten von **Pneumonien** liegen aus dem vorigen Jahrhundert einige recht interessante Arbeiten vor. Schon PORT (1883) spricht von der Pneumonie als von einer ausgesprochenen „Witterungskrankheit". BEIN sowie KNÖVENAGEL haben auf eine unverkennbare Abhängigkeit des Ausbruchs von Pneumonien von gewissen Schwankungen der Witterung hingewiesen. Dann beschreibt SENFFT eine umfangreichere Epidemie von 1882 in Erbenheim bei Wiesbaden, von welcher ihm aufgefallen war, daß die Zahl der täglichen Krankheitsfälle Schwankungen aufwies, welche geradezu ein Spiegelbild des Barometerstandes wiedergaben. Ich möchte diesen interessanten Befund durch eine (etwas modifizierte) Kurve von SENFFT belegen.

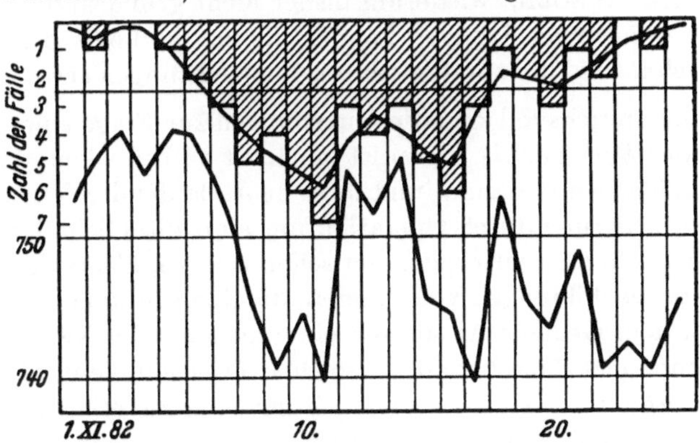

Abb. 7.
Darstellung der von SENFFT 1882 beobachteten Epidemie von *croupösen Pneumonien* (obere Kurve) in ihrer auffallenden Parallelität mit starken Barometerschwankungen, die wohl als Zeichen durchziehender atmosphärischer Störungen gedeutet werden müssen.

[1] Vgl. dazu etwa: BAMBERGER und LACHTROP: Z. Kinderheilk. **58**, 346 (1936), und SECKEL: Typologie der Diphtherie, Beihefte zum Jb. Kinderheilk. **44**, 1937.

In Abb. 7 ist der Verlauf des Barometerstandes für Wiesbaden und darüber in Säulen die Zahl der Pneumoniefälle je Tag angegeben, während die obere Kurve die „Dichte" der Fälle nach der meist üblichen Ausgleichsrechnung wiedergibt. Die Übereinstimmung beider Kurven fällt ohne weiteres auf. Wir wissen heute, daß solch große barometrische Schwankungen mit Sicherheit auf einen Durchzug von atmosphärischen Störungen deuten. Wir werden daher nach allem bisherigen heute nicht mehr die Druckschwankung als solche, sondern den in ihr zum Ausdruck kommenden Frontwechsel für das An- und Abschwellen der Krankheitsfälle verantwortlich machen. Es lag hier nur der sozusagen günstige Zufall vor, daß die Frontdurchzüge jedesmal mit starker Barometerschwankung einhergingen.

Weiterhin hat SEIBERT in den 80er Jahren vorigen Jahrhunderts mit für die damalige Zeit vorbildlicher Methodik eine Umfrage unter 45 Ärzten und vier Spitälern New Yorks bearbeitet.

Er glaubte drei Faktoren zu finden, welche für Steigerungen der Pneumoniefrequenz als „begünstigend", nicht etwa allein verursachend anzusprechen sind: niedrige und fallende Temperatur, hoher und steigender Feuchtigkeitsgehalt und starker Wind. Je mehr von diesen Faktoren zusammentreffen, um so stärker sei die Auswirkung. Und „derselbe meteorologische Einfluß wird bei der Entstehung der Katarrhe der Atmungsschleimhäute gefunden". Aus den von SEIBERT mitgeteilten Kurven für das Jahr 1885 kann man heute sehr typische Beispiele für Frequenzsteigerungen in der Kaltfront ablesen. SEIBERT betont auch, daß als Stichtag der initiale Schüttelfrost zu gelten habe und daß Witterungsfaktoren „Tag für Tag" zu vergleichen sind und keine Mittelwerte verwendet werden dürfen. Auch für den Wintergipfel der Pneumonie (s. S. 246) werden hier übrigens einwandfreie Belege gebracht.

Ich führe diese historisch zweifellos interessanten Hinweise an, weil die neueren Versuche, einen Meteorotropismus sowohl der croupösen wie der Bronchopneumonie nachzuweisen (JOPPICH, MOMMSEN und KIELHORN, MESETH, ARNOLD), wiederum bisher nicht grundsätzlich mehr als die alten Vermutungen besagen können, da sie methodisch für heutige Begriffe noch keine Überzufälligkeit der Beobachtungen erweisen.

Sehr widerspruchsvoll sind die Mitteilungen zur Frage eines Meteorotropismus der **Appendizitis**. Dazu ist zunächst zu bedenken, daß es sich bei der Blinddarmentzündung und ihrer heute laufend erfolgenden diagnostischen Sicherung durch Operation um eine alltägliche Erkrankung handelt. In solcher Situation müssen schon rein zufallsmäßig sehr viele zeitliche Gruppenbildungen vorkommen, die dann in unbewußtem Auswählen sich dem Gedächtnis stärker einprägen als die Nicht-Gruppenfälle, wie schon mehrfach betont. In solcher Situation bleibt also nur der Weg einer sorgfältigen statistischen Prüfung eines zuverlässig registrierten, großen Krankenmaterials. Dies ist denn auch mehrfach versucht worden, in der Zeit vor der modernen Synoptik der Meteorologie mit Monatsmitteln (DUBS) oder sogar mit dem direkten Verlauf meteorologischer Elemente (SEIFERT). Beide Autoren glauben „manchmal einen augenscheinlichen Zusammenhang zwischen einzelnen Witterungszuständen und -änderungen aus der Kurve zu lesen" (SEIFERT) oder den

Eindruck einer Wirkung von Witterungsschwankungen zu haben (DUBS), beide kommen aber letzten Endes zur Ablehnung solcher Einflüsse, wobei die beobachteten Häufungen eben als „zufällig im Sinne der Statistik" (SEIFERT) angesprochen werden.

Auch PAULMANN glaubt diese Auffassung an neuerem Material der Würzburger Klinik bestätigt zu finden.

Demgegenüber treten RAPPERT sowie PLAETTIG für einen Zusammenhang mit dem Wetter ein, wobei das Material des ersteren in der Tat für diese Auffassung zu sprechen scheint, wenn auch die statistische Verfahrensweise nach heutiger Auffassung nicht mehr ganz zureichend ist.

Aus 1000 Fällen des Jahres 1933 wählte RAPPERT jene 20 Tage mit „Gruppen" aus, welche das Doppelte des sonstigen Tagesdurchschnittes von Appendizitis zeigten. Aus den Zahlen RAPPERTS errechne ich, daß bei bloßem Walten des Zufalles 9,85 (statt 20) Tage mit dieser Eigenschaft erwartet werden konnten. 16 von den 20 Gruppen trafen auf Tage mit Frontdurchzügen. Wenn auch nicht angegeben ist, wie viele Tage des Jahres 1933 überhaupt in diesem Sinne meteorologisch „gestört" waren, so erscheint der gefundene Anteil doch ziemlich hoch. Ob er in statistischer Hinsicht den Zufall schon überschreitet, wage ich nicht zu entscheiden.

Und MAURER kommt für das Material zweier großer chirurgischer Abteilungen in München (1398 Fälle) der Jahre 1933–1935, welche sämtlich hinsichtlich Erkrankungstag und histologisch hinsichtlich der Diagnose gesichert waren, zu dem Ergebnis, daß 78,5% mit Luftkörperwechseln zusammenfielen, die selbst in nur 42,3% aller Tage (briefliche Mitteilung) vertreten waren. Das würde einen recht ausgesprochenen Meteorotropismus mit einem Index von 1,86 ergeben. – Hinwiederum hat JÁKI die Frage an 2185 Fällen der Jahre 1930–1939 an der Chirurgischen Universitätsklinik Debrecen mit größter Sorgfalt in statistischer Hinsicht unter Verwendung der n-Methode angegangen und konnte weder für Einzeljahre noch für die Gesamtzeit einen Meteorotropismus finden.

Alles in allem bleibt also hinsichtlich eines Meteorotropismus der Appendizitis ein non liquet, wobei das ablehnende Urteil von JÁKI als methodisch am sorgfältigsten begründet, vorerst am schwersten zu wiegen scheint. Unlängst haben aber DAUBERT und v. EKESPARE für Südwürttemberg doch wieder einen, wenn auch ziemlich schwachen Meteorotropismus (Index 1,16) für „gestörtes Wetter" statistisch sichern können (320 beobachtete gegen 276 zufällig zu erwartende Fälle).

Seit langem geläufig, wenngleich erst in neuester Zeit gesichert, ist die Wetterauslösbarkeit des **Bronchialasthmaanfalles.**

Das Zustandekommen des Asthmaanfalles ist sehr komplex. Die hier namentlich durch STORM VAN LEEUWEN begründete Allergenlehre, wonach das Bronchialasthma eine Überempfindlichkeitsreaktion gegen Spurenstoffe vorwiegend organischer Herkunft darstellt, hat in den neuesten gut begründeten Überzeugungen einer zumeist hochgradigen psychischen Überlagerung eine gewisse Abschwächung erfahren. Jedenfalls ist es heute unbestritten, daß es zum Asthmaanfall ohne Gegenwart des korrespondierenden Allergens kommen kann, sei es auch als Folge eines gebahnten, bedingten Reflexes.

Die ursprüngliche Erweiterung der Lehre STORM VAN LEEUWENS auf sogenannte Klimaallergene in Gestalt von Bakterien, Schimmelpilzen, Milben und eiweißhaltigen organischen Zersetzungsprodukten eventuell auch anderen Kolloiden in der Atmosphäre hat eigentlich keinen weiteren Ausbau erfahren, wiewohl die *klimatische Abhängigkeit des Bronchialasthmas außer Zweifel* steht. Das völlige Fehlen bzw. das Erlöschen der Anfälle im Hochgebirgsklima (etwa über 1200 m Meereshöhe), die lokalklimatische Abhängigkeit namentlich von Feuchtigkeit und Nebelbildung (GRIMM u. a.) bestätigen das immer wieder.

Die zweifellosen Behandlungserfolge in der „allergenfreien Kammer" mit ihrer klimatisch nach verschiedenster Richtung denaturierten, d. h. nicht nur allergenfreien, sondern auch physikalisch stark veränderten Luft, welche der Kranke atmet, sind heute vielleicht einer anderen Deutung in Richtung psychischer Wirkung näher als vor 20 Jahren, nachdem eine Unzahl anderer oft geradezu heroischer Behandlungsverfahren ebenfalls sämtlich als „erfolgreich" gemeldet werden. Es ist hier nicht der Ort, das so komplexe Problem der Asthmaätiologie weiter zu diskutieren.

Unbestritten trotz aller neuer Gesichtspunkte ist das Vorkommen von Allergieschwankungen bei Wetterstörungen (vgl. S. 90). Es ist sogar im Tierversuch bei „fallendem" Luftdruck, diesen wiederum nur als Wettersymptom bewertet, nachgewiesen (HAAG, PREUNER).

Und unbestritten ist die Wetterabhängigkeit des Befindens von Asthmatikern und die genannte Wetterauslösbarkeit ihrer Anfälle.

Es gibt merkwürdige, *„katastrophenähnliche" Verschlechterungen im Zustande von Asthmatikern,* welche auf den Tag übereinstimmend bei einer größeren Anzahl solcher eintreten. Die Zugehörigkeit solcher Ereignisse zu dem hier erörterten Kreise von Beobachtungen ist noch fraglich, aber immerhin möglich. Exakte Beobachtungen darüber verdanken wir STORM VAN LEEUWEN und WIJNGAARDEN. Diese berichten, daß am 8. und 9. August 1931 schlagartig 64 von 100 Asthmatikern in Holland, aber auch zahlreiche in Deutschland, Frankreich, Belgien, ja sogar auf Schiffen im Kanal und im Mittelmeer unter ungewöhnlich schweren Verschlimmerungen ihres Zustandes zu leiden hatten. Demgegenüber blieben jene Kranken, welche in dieser Zeit in der Klinik STORM VAN LEEUWENS in allergenfreien Kammern schliefen, völlig verschont von dem Ereignis. Gleichzeitig, d. h. ebenfalls am 8. und vor allem 9. August traten massenhaft nichtinfektiöse Schnupfen bei Hunderten von Menschen auf, auch bei solchen, welche sonst jahrelang nicht daran litten (11% von 4528 danach eingehend befragten Menschen waren in dieser Weise erkrankt).

Eine meteorologische Analyse dieser Frage unter modernen Gesichtspunkten ist meines Wissens bislang nicht erfolgt, sie wäre ohne Zweifel von großem Interesse.

Über einen zeitlichen Zusammenhang von Wetterstörung und Anfallsauslösung findet sich in der Literatur mancherlei.

V. BAAR hat sie bei *Barometerstürzen* gleichzeitig auf verschiedenen Krankensälen auftreten sehen. J. L. BURCKHARDT hat in Davos in einem Kinderheime während 8 Jahren Beobachtungen über die Häufung von Asthmaanfällen an bestimmten Tagen angestellt und solche Häufungen vielfach festgestellt. Eine psychische Beeinflussung der Kranken kam bei dem Alter gar nicht in Frage. BURCKHARDT kommt zu dem allgemeinen Ergebnis, daß plötzliche Wetteränderungen, Regen- und Schneefälle, Föhn, Kälteeinbrüche Anfälle auslösen. Daß es sich hier tatsächlich um Vorgänge an Wetterfronten handelt, geht noch aus folgender Bemerkung BURCKHARDTS hervor: „Die Asthmatage scheinen bei einzelnen Patienten und Gesunden auch andere Störungen, wie Kopfweh, rheumatische Beschwerden, Müdigkeit und wohl sogar Verdauungsstörungen, zu bewirken. Auch Blutungen bei Lungenkranken scheinen teilweise auf die gleiche Zeit zu fallen."

WARNKE hat einige Beobachtungen an seinem eigenen 8jährigen Sohn mitgeteilt, wonach bei diesem Asthmaanfälle ebenfalls durch Frontdurchzüge ausgelöst werden. Ähnliche Mitteilungen sind mir von anderen Seiten brieflich zugegangen.

Abnorm gehäufte Auslösung von Asthmaanfällen haben EVERS und SCHULTZ in Bad Ems beobachtet gelegentlich eines sehr rapiden Wechsels maritimer zu rein-polarer Luft.

In neuester Zeit haben nun AMELUNG und Mitarbeiter „statistisch gesichert, daß das Auftreten von Asthmaanfällen vom Wetter abhängig ist" (BAUR). Insbesondere Aufgleiten, Kaltfronten mit Turbulenz, Labilität mit Turbulenz, Durchgang des Ortes durch Inversionsschichten brachten im Mittel etwa eine *Verdreifachung der Anfallszahlen.* WILDFÜHR endlich berichtete unlängst über das Ergebnis von Anfallsauszählungen bei 85 Kranken, die entweder auf „Klima- und Hausallergene" (I) oder auf gemischte Bakterienextrakte (II) positiv reagierten und eigene Aufzeichnungen zur Verfügung stellten. Der Meteorotropie-Index für „gestörte" gegen „nicht gestörte" Tage war bei I 2,07, bei II 2,13, bei den Hausstaubfällen allein 2,97, und bei noch anders wetterempfindlichen (z. B. rheumakranken) Asthmatikern sogar 18,6.

Der strenge Anhänger der Allergielehre wird für diese Wetterwirkungen Allergieschwankungen anschuldigen. Änderungen der Reaktionsbereitschaft des Asthmatikers müssen ja auch vorkommen, sonst müßte ja ein gegen Hausallergene empfindlicher Asthmatiker ununterbrochen asthmatisch sein, solange er sich zu Hause aufhält. Die Wetterwirkung ist aber ebensogut denkbar über eine Änderung der vegetativen Reaktionslage (BULLRICH) oder eine Störung der Allgemeingefühle; davon wird später noch zu sprechen sein; oder aber eine Labilisierung des beim Asthmatiker ohnedies in Mitleidenschaft gezogenen, zu Rechtsinsuffizienz neigenden Kreislaufes, die ja nachweislich bei Wetterstörungen droht (vgl. oben), begünstigt den Anfall.

Zu den Krankheitszuständen, deren gruppenweise Häufung seit Jahrzehnten ganz besonders aufgefallen ist, gehört endlich die **Hämoptoe.** Auch hier wurde immer wieder auf Witterungseinflüsse gefahndet, und namentlich in Lungensanatorien, in denen die Erscheinung sich so eklatant als gruppenbildend kundgab, suchte man diese Wetterumstände zu ergründen.

Gabrilowitsch, Pottenger denken an rasch erfolgende Luftdruckschwankungen, Janssen fand von seinen Fällen 27 bei steigendem, 26 bei fallendem Barometer und nur drei bei gleichbleibendem Luftdruck. Lansel ermittelte, daß von 400 Tagen, an denen Lungenblutungen beobachtet wurden, 75% Barometerschwankungen zeigten, ist im ganzen aber sehr skeptisch, wenn er sagt, „höchstens könnte man sagen, daß jemand, der an einem Tage Blut gespuckt hat, am anderen Tage eher veranlaßt wird, wieder Blut zu spucken, wenn an diesem Tage der barometrische Druck starken Schwankungen unterliegt". Unverricht findet gehäufte Lungenblutungen vor „Föhneinbruch", denkt aber auch an Luftdruckschwankungen, elektrische Einflüsse, ebenso wie Szarvas und Ilona Palyi.

Auch hier sieht man wieder, wie fest der Glaube an einen Wettereinfluß auf Grund des unmittelbaren Eindruckes ist, wie die Versuche zu einer Klarstellung mit früheren Mitteln aber erfolglos sind.

Trotzdem das Suchen nach einem definierten Wettergeschehen zu nicht sehr befriedigenden Resultaten führte, wurden über die Pathogenese, d. h. das Zustandekommen der Lungenblutung auf Grund eines Witterungseinflusses wie bei kaum einer meteorotropen Krankheit deduktive, theoretische Vorstellungen in meist ganz spekulativer und nicht selten erschreckend mechanischer Art in verschiedenster Richtung entwickelt. Unverricht spricht von der „Stoßluftwirkung" des Föhns. E. Neumann denkt an „Austrocknung der fibrösen Gewebe, Kontraktion und Zerrung derselben", Lansel glaubt eher an Lockerung von Blutgerinseln durch die Druckschwankung sowie an Beeinflussung der Gefäßweite. Walder hinwiederum glaubt an Wirkungen der Luftfeuchtigkeit, „*nicht* die hereinbrechende *Depression*, *sondern* das vorhergehende *Maximum*, das schöne Trockenwetter ist schuld"; kranke Stellen könnten sich dabei gut halten, und die Blutung verschiebe sich Tag für Tag, bis der Patient „blutungsreif" wird: „da kommt der Wetterumschlag mit seinem Feuchtigkeitsanstieg und seiner damit verbundenen mazerierenden Wirkung auf kranke Gefäßstellen und hält seine mehr oder weniger reichliche Ernte".

Das Phänomen als solches und das, was sorgfältige Beobachtung bisher ergab, faßte dann Schröder recht treffend in folgende Sätze zusammen: „Es steht fest – tausendfache Beobachtung hat das bestätigt –, daß bei bestimmter Wetterlage Lungenblutungen sich häufen. Ich habe selbst nach der Richtung eingehende Beobachtungen gemacht und gefunden, daß hauptsächlich schnelle, brüske Schwankungen verschiedener Faktoren die Neigung zu Bluthusten verstärken, und zwar kommen dabei die Feuchtigkeit, der Luftdruck und die Temperatur in Frage. Schwüle Tage mit Gewittern, Föhnwetter, im Winter sehr feuchtes, kaltes nebliges Wetter, im Sommer plötzlich eintretende starke Hitze vermehren die Blutungen. Elektrische Spannungen der Atmosphäre, die ja bei den genannten Wetterlagen oft recht erheblich schwanken, sind gleichfalls zu berücksichtigen. Es kommt nun unseres Erachtens weniger auf das Wirken einzelner Faktoren an . . ., sondern das Zusammenwirken verschiedener Witterungseinflüsse hat für das Eintreten einer Blutung ursächliche Bedeutung . . ., das vegetative Nervensystem ist für die Wirkung dieser Reize . . . der Vermittler." Nach all diesen Befunden kann wohl gar kein Zweifel mehr bestehen, daß für die Auslösung der Hämoptoe ähnliche Vorgänge in Frage kommen, wie sie oben gezeigt wurden.

Einige Beiträge zu dieser Frage sind dann auch vor Jahren entstanden (KAISER, OBENLAND, WEGEMER und POLZER). Sie sind in Einzelheiten wohl noch widersprechend, was teils an dem kleinen Materiale und der nicht statistischen Verarbeitung, teils an der nicht ganz zweckmäßigen Einbeziehung jahreszeitlich unterschiedlicher Häufigkeit liegt. In der letzteren liegen ja besonders viele Gefahren automatischer Korrelationen, wie immer wieder anzumerken ist. Eine Wetterauslösbarkeit der Hämoptoe kann aber auf Grund der klinischen Erfahrung heute als sehr wahrscheinlich angenommen werden, wenngleich der endgültige, zahlenmäßige Beweis noch fehlt. Für große Heilstätten wäre es ein leichtes, ihn zu erbringen.

Die Frage nach einem *Meteorotropismus bei Infektionskrankheiten* darf nicht überraschen. Wir wissen, daß bei der Mehrzahl derselben der Kontakt mit dem Erreger oder seine Gegenwart zwar unerläßliche Bedingung für das Erkranken ist, daß aber über die Alternative Erkranken oder Nichterkranken und über den Zeitpunkt eines eventuellen Erkrankens bei der Mehrzahl der Infektionen Umstände im Organismus entscheiden, die wir meist unter dem Begriff der Disposition und ihrer Änderung zusammenfassen.

Wenn wir bedenken, daß der sehr wahrscheinlich als „meteorotrop" genannte Croup in einem hohen Prozentsatze der Fälle eine Manifestation von Diphtherie darstellt, so liegt die Frage nahe, ob nicht auch die **Diphtherie** als solche einen Meteorotropismus aufweise. In der Tat finden wir seit dem vorigen Jahrhundert immer wieder Untersuchungen, welche einen solchen Zusammenhang erörtern. GIBBON spricht die Beobachtung bezüglich der malignen Diphtherie in New Jersey bereits 1844 mit klaren Worten aus: „Not unfrequently the disease, after having almost subsidet, would be aggrevated bey changes in the weather."

BERGER, BOLLAY, KÖRÖSI, ZUST u. a. (s. bei OCHSENIUS) arbeiteten mit Monatsmitteln oder untersuchten die Häufigkeit von Diphtherie in verschiedenen Intervallen der Temperatur, Luftfeuchtigkeit usw. und kamen zu den schon oft erwähnten, wenig faßbaren und oft widersprechenden Ergebnissen. Auch die Feststellung einer Diphtheriehäufung bei kühler trockener Witterung (JESSEN, BRÜHL und JAHR, JACOBI) umschreibt wohl nur die jahreszeitliche Schwankung mit dem Maximum in der kalten Jahreszeit (s. S. 232).

Untersuchungen über den *eigentlichen Wettereinfluß* in dem hier gebrauchten Sinne finden wir erst in den letzten Jahrzehnten. BEHRENS fand Diphtheriehäufung bei plötzlichem Eintreten warmer Witterung (daß „die höchsten Erkrankungsziffern mit Temperaturwechsel von kaltem zu warmem Wetter zusammenfallen", besonders in den Frühjahrs- und Herbstmonaten, und daß ähnliches, wenn auch nicht ganz so deutlich, für den *Scharlach* gelte). JOCHMANN gibt an, daß schneller Wechsel von warmem zu kaltem Wetter zu einem Hochschnellen der Erkrankungsziffern führe. LADE glaubte plötzliche Feuchtigkeitszunahmen ohne Auftreten von Niederschlägen verantwortlich machen zu müssen, BENDA trockenes, niederschlagsarmes, windiges Wetter. Sehr genaue Untersuchungen in dieser Richtung stammen von OCHSENIUS.

Er kommt zu dem Ergebnis: „Ein Zusammenhang zwischen Diphtherie und Witterung ist unverkennbar. Die größte Rolle spielt der Feuchtigkeitsgehalt der Luft, und zwar nicht sowohl der absolut hohe relative Luftfeuchtigkeitsgehalt, als das Fehlen der mittäglichen Senkung. Eine Umkehrung der normalen Feuchtigkeitskurve in dem Sinne, daß mittags die Feuchtigkeit höher ist als früh und abends, läßt 1 bis 2 Tage später fast stets ein Ansteigen der Diphtheriekurve erkennen. . . . Plötzliche Stürze des Luftdrucks — Zeichen eines Witterungswechsels — lassen auf eine Zunahme der Diphtherie schließen. Temperaturumschläge sind ebenfalls von Bedeutung, auch plötzliches Umspringen des Windes üben einen Einfluß aus. Gleichmäßige Witterung — bei warmer oder kalter Temperatur — übt stets einen günstigen Einfluß aus."

Man wird unschwer erkennen, daß fast alles, was hier genannt wird, Umschreibungen für jene Wettervorgänge sind, die wir in der Meteorologie von heute als Wetterstörungen bezeichnen (die besonders erwähnte „ausbleibende Mittagssenkung der Feuchtigkeit" ist z. B. meist ausbleibende Erwärmung). Es drückt sich in diesen Beschreibungen wiederum das Ringen um eine dynamische Wetterkennzeichnung aus, die erst heute möglich geworden ist.

Erstmalig haben dann GUNDEL und HOELPER das überzufällige Vorkommen der Diphtherie an Fronttagen mittels der n-Methode nachzuweisen versucht.

Sie legten dabei nicht etwa die in zeitlicher Hinsicht für diesen Zweck zu wenig zuverlässigen seuchenpolizeilichen Meldungen zugrunde, sondern eigens angestellte anamnestische Erhebungen bei den Fällen des Bezirkes Aachen von 1933 und 1934.

Es zeigte sich eine Diphtheriehäufung an den Tagen nach Kaltfronten und an Tagen absinkender Luftmassen, wobei die rechnerische Signifikanzprüfung nur aus den Abbildungen der Originalarbeit möglich ist; die größte Differenz ist etwa das 4,5fache von σ_d, die Gipfel also formalstatistisch gesichert. Sehr wahrscheinlich erfolgte aber die Anwendung der n-Methode ohne die nivellierende Mehrfachzählung, auf deren Notwendigkeit erst Verf. (8) 1941 hinwies. Für das Ergebnis ist das entscheidend, wie aus der Abb. 6 der Frontenabhängigkeit der Steinleiden hervorgeht, wo das Ergebnis der unberechtigten und der richtigen Zählart eingezeichnet ist. Ich verweise dazu nochmals auf die methodischen Ausführungen S. 39, da von der Methodik das Ergebnis entscheidend abhängt.

Eine eigene Erhebung an 266 Diphtheriefällen Frankfurts der Jahre 1938 und 1939 mittels der n-Methode ergab keine Frontenabhängigkeit [DE RUDDER (8)]. Die meteorologischen Diagnosen erfolgten für die letztgenannte Untersuchung durch das LINKEsche Institut.

Ein Meteorotropismus der Diphtherie muß also vorerst noch fraglich erscheinen.

Nicht anders steht es mit der Frage eines Meteorotropismus des **Scharlachs.**

BEHRENS vermutete eine Wetterauslösbarkeit. Verf. erhielt 1930 über die Mittelrheinische Studiengesellschaft für Balneologie und Klimatologie von einer Anzahl Kinderheime des Rhein-Main-Gebietes laufend monatliche Krankheitsmeldungen, unter denen Scharlach nur ganz sporadisch vorkam. Während des ganzen Jahres kam es nur einmal zu je einer Gruppe von drei und einmal zu einer Gruppe von fünf Fällen am gleichen Tage. Die Gruppe von drei Fällen ereignete sich am 6. März nach einem Einbruch polar-maritimer Luft vom 5. März. Die Gruppe von fünf Fällen (zusammen mit einem Diphtheriefall) ereignete sich am 12. April, an dem nach seit 8 Tagen konstanter Kontinentalluft erstmalig eine Unstetigkeitsschicht mit nachfolgender maritimer Luft durchzog.

Ähnliche Einzelbeobachtungen berichtete v. WILLEBRAND. Dann liegt ein Versuch von PETERSEN und MAYNE vor, die Wetterabhängigkeit des Scharlachs in Chicago zu ermitteln. Um die automatische Korrelation mit jahreszeitlichen Änderungen der Scharlachhäufigkeit auszuschalten, wurde von den verschiedensten meteorologischen Elementen jeweils das 14tägige gleitende Mittel bestimmt. Für den Erkrankungstag und seinen Vortag wurde dann die Abweichung von diesem Mittelwert ermittelt und diese Abweichungen in dreidimensionalen Diagrammen zueinander in Beziehung gebracht, die zwar sehr überzeugend wirken, aber nur Ausschnitte aus den Gesamttabellen wiedergeben. Diese zeigen für den Betrachter eine bessere Korrelation, als sie sich in Wirklichkeit ergab; diese Korrelation selbst ist nämlich zu den verschiedenen meteorologischen Elementen doch recht gering; sie ermöglicht jedenfalls nicht irgendeine klare Aussage über eine Scharlachabhängigkeit von gewissen Wetterelementen.

Greifbarer werden die Beziehungen zwischen einfachen **Anginen** und Wetter, wenn man sie wieder unter modernen meteorologischen Gesichtspunkten untersucht.

Es ist in Anstalten, in denen nach Rachen- oder Nasenoperationen nicht selten Anginen auftreten, wiederholt aufgefallen, daß die Krankheitsfälle ganz plötzlich sich häufen. HERBST hat an der Grazer Klinik einen Zusammenhang mit jähen Temperaturstürzen, Kälteeinbrüchen, die „unvorbereitete Menschen treffen", beobachtet. UFFENORDE und GIESE, welche die Angina durchwegs als eine Erkältungskrankheit ansprechen, kommen zu gleichen Beobachtungen und teilen mehrere Beispiele dieser Art mit; „Stichproben in der Sammelstatistik (der postoperativen Anginen) machen es sehr wahrscheinlich, daß eine außergewöhnliche Häufung der Anginaerkrankungen auf den Einfluß stark wechselnder Wetterverhältnisse, besonders eines jähen Temperatursturzes oder Kälteeinbruches zurückzuführen sind". GREIFENSTEIN sah postoperative Anginen besonders nach Polarlufteinbrüchen gehäuft. SCHÜTZ und SCHINZE berichten von gehäuften Anginen und anderen akut-entzündlichen Erkrankungen an Halsorganen und Ohr bei verschiedenen Wetterstörungen, allerdings auch noch ohne Prüfung auf Überzufälligkeit.

Eine Wetterabhängigkeit von Anginen ließ sich gut mittels der n-Methode prüfen [DE RUDDER (9)].

Die Auswertung von 64 Anginen, die bei stationären Kindern der Universitäts-Kinderklinik Frankfurt in ihrem zeitlichen Beginn unmittelbar beobachtet wurden, ergab bezüglich Fronttagen n (nach dem

Luftkörperkalender des Meteorologischen Universitäts-Institutes Frankfurt/Main, Professor LINKE) folgende Verteilung:

$n-2$	$n-1$	n	$n+1$	$n+2$
7	8	12	10	7

Das Maximum bei n weist nur eine größte Differenz $d = 5$ auf bei $\sigma_d = 4{,}2$, war also statistisch nicht zu sichern.

Aus einer kalendarischen Mitteilung von KOERBEL über Anginen, die in Wien beobachtet wurden, war aber wieder bezüglich Frontentagen n folgende Verteilung zu ermitteln:

$n-2$	$n-1$	n	$n+1$	$n+2$
12	21	27	17	17

Hier weist das Maximum bei n eine größte Differenz von 15 bei $\sigma_d = 6{,}1$ auf, d ist also immerhin größer als $2\sigma_d$, was allein schon eine Sicherung von 96% ergibt. Daß nun die erstgenannte Verteilung ebenfalls ihr Maximum bei n hat, hätte zufallsmäßig selbst nur noch 4% Wahrscheinlichkeit (vgl. S. 43). Die Chance, daß beide Verteilungen zufällig wären, ergibt also 4% von 4% oder $^1/_{25} \cdot {}^1/_{25} = {}^1/_{625} = 0{,}0016\%$, was bereits als statistisch signifikant gilt.

Übrigens ergäbe die einfache Addition beider Verteilungen, was durchaus zulässig ist, da die Herkunft des Materials ja gleichgültig für die Verteilung ist, eine größte Differenz $d = 20$ bei $\sigma_d = 7{,}4$, so daß d schon sehr nahe $3 \cdot \sigma_d$ käme.

Ein *Meteorotropismus einfacher Anginen kann also wohl heute angenommen werden.* Das paßt übrigens gut zu bakteriologischen Befunden von SUNDERMANN und BAUFELD.

Diese haben in Tausenden von Rachenabstrichkulturen gezeigt, daß das Verhältnis hämolytischer, anhämolytischer und vergrünender Streptokokken, die als Saprophyten auf den Schleimhäuten sich finden, bei verschiedenen Menschengruppen, die miteinander keinerlei Kontakt hatten, erstaunlich synchrone tageweise Schwankungen aufweist. Als Erklärung für diese bleiben eigentlich nur meteorische Einflüsse, die sich freilich bisher nicht im einzelnen nachweisen ließen. (Es lohnte sich hier unbedingt, das große Material noch einmal synoptisch meteorologisch auszuwerten.)

„Der ‚menschliche Nährboden' wird verändert, und das Bakterienwachstum paßt sich dem an", wie die Verf. sehr überzeugend ihre Befunde interpretieren.

Für die **Poliomyelitis** hatten PETERSEN und BENELL vermutet, daß oft das präparalytische Stadium mit einer Kaltfront einsetze und das paralytische Stadium dann durch die nächste Kaltfront ausgelöst würde. PETERSEN und MAYNE ermittelten dann für Chicago ein erhöhtes Zusammentreffen von Poliomyelitis mit Abkühlungstagen und – was hinzuzusetzen, da es durchaus nicht selbstverständlich, aber da es die Korrelation entscheidend bestimmt – eine Seltenheit des Poliomyelitiseintrittes an Tagen mit Erwärmung.

Sie bestimmten zunächst für die studierten Jahre kalendermäßig die Tage mit „Abkühlung" und mit „Erwärmung" in Chicago und trugen dann den Erkrankungsbeginn der Poliomyelitisfälle ein. Die in der Arbeit durchgeführte Fehlerrechnung wird neuerdings von mathematischer Seite in ihrer Anwendbarkeit auf alternative Merkmale verschiedener Materialgröße bestritten (v. SCHELLING).

Eine Prüfung nach einer 2 · 2-Tafel ergibt folgende Zahlen:

An Tagen mit	Poliomyelitiseintritt	
	ja	nein
Abkühlung	60	86
Erwärmung	53	163

Die rechnerische Prüfung ergibt einen T-Wert von 3,13, also jedenfalls > 3, somit eine statistische Sicherung des Zusammenhanges.

Aus einigen bildmäßigen Darstellungen bei PETERSEN und BENELL hat DE RUDDER (9) dann nach der n-Methode die Abhängigkeit von Poliomyelitiseintritt in New York von Kaltfronten nachgeprüft, wobei sich eine deutliche Gipfelbildung zugunsten der Tage n zeigte. BERG vermißt aber sehr mit Recht, daß in der Arbeit PETERSEN–BENELL die Art und Weise der Kaltfrontenanalyse nicht angegeben ist, anscheinend diese nur auf Temperatur- und Druckablesung beruhte, was heute nicht mehr zulässig ist; der positive Befund würde also nur die obengenannte Korrelation Abkühlung–Poliomyelitiseintritt nochmals bestätigen. An 167 Frankfurter Poliomyelitisfällen 1938–1939 zeigte sich bei Zugrundelegen des LINKEschen Luftkörperkalenders keine Frontenabhängigkeit [DE RUDDER (9)], so daß in der Gesamtfrage eine Entscheidung bis heute nicht möglich ist.

Das Suchen nach Einflüssen meteorologisch eindeutig definierter Vorgänge auf das Auftreten von Krankheiten ist vielleicht am ältesten bei jener Gruppe von Erkrankungen der oberen Luftwege, die namentlich der Laie schlechtweg als **„Erkältungskrankheiten"**, *„Erkältungskatarrhe"*, dann auch wieder als **„Grippe"**, **„Influenza"** oder *„grippale Infekte"* bezeichnet. Es ist, wie schon die Vielgestaltigkeit der Namengebung erkennen läßt, eine Sammelgruppe im einzelnen oft nicht sehr scharf umschriebener Krankheitsbilder, deren zeitenweise gehäuftes Auftreten bis zum Typus einer Massenerkrankung („Grippeepidemie") allgemein bekannt ist.

Auf die diagnostische Abtrennung der epidemisch vorkommenden „Grippe" kann hier nicht eingegangen werden. Für Untersuchungen ist es naturgemäß wichtig, diese Abtrennung vorzunehmen bzw. genau anzugeben, an welchem Krankheitstypus die Beobachtungen erhoben wurden. Sonst besteht die Gefahr, daß Unterschiede in den Feststellungen durch das verschiedene Beobachtungsmaterial zustande kommen.

Schon die so geläufige Benennung „Erkältung" kennzeichnet die Vorstellung von der Wirksamkeit wetterbedingter Faktoren. Es gilt aber auch heute noch ganz das, was G. STICKER in seiner ausgezeichneten Monographie „Erkältungskrankheiten und Kälteschäden" in der Enzyklopädie der klinischen Medizin (1915) schreibt: „Die Lehre von der Erkältung liegt im argen. Sie muß neu geprüft werden. Es gibt genug Experimente, die sie leugnen; genug Theorien, die sie mit Redensarten umschreiben und das eine Erklärung nennen. Die Frage lautet einfach: Gibt es Erkältungskrankheiten und in welchem Sinne darf man davon sprechen?"

Die *Vorstellung von Wirksamkeit einer „Erkältung" ist aber keineswegs auf diese Krankheitsgruppen begrenzt*, wie auch hier betont sei. Auch der Rheumatiker führt seine Beschwerden nicht selten auf „Erkältung" zurück, und für das Auftreten von neuritischen Beschwerden wird sie ebensooft als „Ursache" reklamiert. Von der Frontenabhängigkeit dieser letztgenannten Krankheitsbilder wurde oben schon gesprochen. Es sei aber auch hier betont, daß diese Fragen niemals unter einem einzigen Gesichtspunkte gesehen werden dürfen, sondern daß es sich hier um außerordentlich verwickelte Vorgänge handelt, für die ein ganzes Netz von „ursächlichen" Beziehungen gilt.

Über Wirksamkeit von Kälteeinflüssen unter Gesichtspunkten der *modernen Kreislaufphysiologie* hat ARTHUR WEBER recht interessante Gedankengänge veröffentlicht[1], auf die ich hier ausdrücklich verweisen möchte. Manch gute alte Beobachtung erscheint damit in neuem Lichte, besonders die Wirksamkeit einseitiger Abkühlung als „Erkältungsfaktor", der „leise Zug", der die Reizschwelle der gefäßregulierenden Thermorezeptoren noch nicht erreicht. Auf diese und ähnliche Fragen kann hier nur hingewiesen werden.

Die schon sprachlich gegebene Assoziation „Erkältung" und Abkühlung – Kälte – Abkühlungsgröße hat naturgemäß in großer Zahl Untersuchungen veranlaßt, die sämtlich ergebnislos verliefen. SCHADE, der das Problem der Häufung von Erkrankungen der Atemwege behandelt hat, teilt auch Kurven mit, welche den Verlauf des Temperaturmittels und die Zahl der Erkrankungen der oberen Luftwege durch Monate hin darstellen. Aus diesen Kurven zeigt sich zunächst, daß zwischen Krankheitshäufigkeit und absoluter Höhe der Temperatur kein Zusammenhang besteht.

Ein scheinbares positives Ergebnis hatten solche Untersuchungen nur, wenn gelegentlich automatische Korrelationen, wie sie uns gerade in der Meteorobiologie so oft und nicht selten sehr versteckt begegnen, ein anderes Ergebnis vortäuschten.

Hierher ist wohl eine Beobachtung von DUBLIN zu zählen, der an der Metropolitanlebensversicherungsgesellschaft New York an 6700 genau beobachteten Personen glaubte festzustellen, daß unter diesen im Mittel 18 Erkältungskrankheiten auftreten, wenn „das Wochenmittel der Temperatur um 10° fällt". Solches ist aber wohl als Zeichen von Kaltlufteinbrüchen zu werten.

---

[1] WEBER, ARTHUR: Z. Kreislaufforschg. 28, 190 (1936).

Auch in der gleich noch zu erwähnenden Arbeit LEDERERS wird betont, daß diese Krankheiten mit „Erkältung" nichts zu tun haben können, da ihr Ansteigen schon *vor* dem Einsetzen „schlechten Wetters" erfolgt.

Das Hochschnellen von Grippeerkrankungsziffern, das schlagartige Einsetzen von Grippeepidemien oder die plötzliche Häufung von Erkältungskrankheiten ist dagegen oft mit „Witterungswechseln" – Frontdurchzügen oder Einbrüchen differenter Luftmassen, wie wir heute sagen würden – in Zusammenhang gebracht worden oder es finden sich doch Ansätze hierzu. Ein recht sinnfälliges Beispiel teilt GEIGEL mit. Im Winter 1786 erfolgte in Petersburg nach starker Kälte in einer Nacht ein plötzlicher Umschlag in Tauwetter, und 40000 Menschen erkrankten an Influenza. Hier muß also wohl das Tauwetter mit seiner plötzlichen Warmluft zur „Erkältung" geführt haben.

Aus den in der genannten Arbeit SCHADES mitgeteilten Kurven kann man einige einwandfreie Beispiele ablesen, daß die Erkrankungsziffer mit einem Luftkörperwechsel (sowohl im Sinne der Warmfront- als der Kaltfrontpassage) hochschnellt.

LEDERER kommt zu dem Ergebnisse: „*Ein sprunghaftes Anwachsen des Standes an Atmungserkrankungen ist hauptsächlich dann zu erwarten, wenn nach einer längeren Trockenperiode der drohende Witterungsumschlag ein Sinken des Barometerstandes und Auftreten heftiger Windstöße mit starker Staubentwicklung mit sich bringt.*" Was hier beschrieben wird, scheint das Nahen einer Front zu sein. Aus den von LEDERER mitgeteilten Kurven, deren Lesung infolge der großen Zahl von dargestellten Elementen nicht ganz leicht ist, scheinen Steigerungen an der Kaltfront vorzukommen (am deutlichsten der Anstieg zur höchsten Zacke der Abb. 4 in der ersten Arbeit LEDERERS), die in obiger Wetterbeschreibung nicht mit eingeschlossen sind.

LEDERER sieht für die *Wetterabhängigkeit der Atmungserkrankungen* einen Hauptfaktor in der durch das Anwachsen der Windstärke bedingten Staubentwicklung und einer dadurch erleichterten Infektionsmöglichkeit für die Atemwege. Das scheint mir wieder ein sehr grob mechanischer Erklärungsversuch, gegen den aus anderen Gesichtspunkten übrigens schon KIRSCH Einspruch erhoben hat. LEDERER übersieht:

1. Es kommen – auch im Materiale LEDERERS – ausgesprochene Gipfel vor, ohne Zunahme der Windstärke.
2. Es kommen Gipfel der Erkrankungsziffer vor auch bei Schneelage, wo also von einem Aufwirbeln von Bakterien nicht gut gesprochen werden kann.
3. Wir sehen die gleichen meteorischen Vorgänge auch Krankheiten auslösen, die mit Infektion sicher nichts, mit Staubinfektion schon gar nichts zu tun haben.

Weitere Beobachtungen finden sich in der neueren Literatur, wobei die *verschiedensten Luftkörperwechsel* zu den genannten Anstiegen führten (Kaltlufteinbrüche in Siebenbürgen [W. KLEIN], maritime Luftzufuhr in Deutschland [OXENIUS], Einbruch kaltfeuchter Luftmassen auf den

Falkland-Inseln [CHEVERTON]). PEYRER glaubt, daß nur die ersten Fälle einer Epidemie in dieser Weise ausgelöst werden, oft nicht erkannt werden und nun ihrerseits die „Infektion“ weitergeben, worauf 6–10 Tage später die eigentliche Epidemie einsetze. All diese „Eindrücke“ sind viel zu unsicher, um als Ergebnis gebucht werden zu können.

Der eindeutige Nachweis solcher Zusammenhänge gelang dann ECKARDT, FLOHN und JUSATZ, sowie später FLOHN (2) in sorgfältigen Studien an einer Grippeepidemie des Jahres 1933 in Deutschland. Hier ergab sich das *gleichzeitig an verschiedenen Orten erfolgende Hochschnellen der Erkrankungsziffern zur Zeit von Luftkörperwechseln und freiem Föhn.* SARGENT ermittelte in bester Übereinstimmung mit diesen Befunden bei seinen Sammelforschungen an Studentengruppen, daß die Zahl der Erkältungen mit steigender „barometrischer Variabilität“ ansteigt. Auf die Mitwirkung von Inversionen beim Auftreten von Grippehäufungen wird später noch zurückzukommen sein.

Man darf diese und ähnliche Beobachtungen in der Grippeepidemiologie natürlich nicht überwerten. Es muß eine gewisse „epidemische Situation“ innerhalb einer Anzahl Menschen bereits gegeben sein, damit ein Luftkörperwechsel einen letzten Anstoß zur Auslösung geben kann. Der Wettervorgang erscheint auch hier wieder als einer der zahlreichen Faktoren, welche zur Epidemie führen oder diese sichtbar verstärken.

Man mag zur Erkältungsfrage im übrigen stehen wie man will, das eine läßt sich heute schon mit Bestimmtheit sagen: daß nämlich vieles von dem, was unter den Wortgebrauch „Erkältung“ heute subsummiert wird, dem Durchzug atmosphärischer Störungen zur Last zu legen ist; und es klingt doch wohl auch ein wenig absurd und inkonsequent, wenn man sich auch bei Warmfrontpassagen und plötzlichem Tauwetter nach Frostperioden „erkälten“ kann.

Daß aber nicht für alle Grippeepidemien und Erkältungskrankheiten diese Einflüsse vorhanden zu sein brauchen, scheint aus den Untersuchungen von GUNDEL und HOELPER hervorzugehen. Andererseits glaubten WIRTH und LAUBHEIMER, welche gehäuftes Vorkommen von Erkältungskatarrhen zur Zeit des Durchzuges von Unstetigkeitsschichten gefunden hatten, einen wirklichen Zusammenhang deshalb leugnen zu müssen, da Otitis externa und Cerumenstörungen die gleichen zeitlichen Koinzidenzen aufwiesen. Sie übersehen dabei, daß die Nichtexistenz von Wetterabhängigkeiten für das Angehen chirurgischer Hautaffektionen noch keineswegs erwiesen ist – die Arbeiten über „Wettereinflüsse“ auf solche (WETTSTEIN, KLINK) behandeln im wesentlichen das Jahreszeitenproblem – und daß selbst hinter Cerumenstörungen sich ein reagierender und fühlender Mensch befindet, dessen Reaktionsbereitschaft und subjektive Empfindung gerade durch Fronten in so mannigfacher Weise beeinflußt und abgewandelt wird. Wir müssen uns ja überhaupt daran gewöhnen, diese Wettereinflüsse nicht auf „Krankheiten" zu beziehen, sondern auf den Gesamtorganismus. Erst dann wird die zweifellos bestehende Vielgestaltigkeit der Auswirkung verständlich.

In der *nachfolgenden Tab. 7* habe ich dann noch eine größere Anzahl von Beobachtungen zusammengestellt, welche heute noch nicht als statistisch erhärtet und einwandfrei nachgewiesen gelten können. Es mögen sich solche darunter befinden, welche einer ferneren Kritik nicht standhalten. Aber es finden sich unter ihnen auch manche, die eine vielfache ärztliche Beobachtung als zweifellos bestehend erwiesen hat, die aber nur noch keine gesonderte Bearbeitung gefunden haben und einer solchen oft auch schwer zugänglich sind.

Tabelle 7. *Weitere Beobachtungen über meteorische Einflüsse auf Krankheitsvorgänge.*

Krankheitsvorgang	Autor	Beobachtung
Keuchhusten	Eigene Beobachtung und RAUDNITZ	Zunahme der Zahl der Anfälle bei Wetterstürzen.
Malariaanfälle	MARTINI und FÜLLEBORN	Auslösung durch Wetterstürze während des Krieges auf dem Balkan beobachtet; sogar bei Menschen, deren Blut vorher plasmodienfrei war.
	HANS J. SCHMID	Auslösung durch „Schneefälle" (als Zeichen des Durchzuges von Fronten) in der Züricher Gegend.
Lepra-exacerbationen	A. A. STEIN	Nur 7% bei stabilem Wetter.
Ungeklärte *Temperatursteigerungen*	I. BAUER	An Tagen mit Barometerstürzen.
Perforation von *Magenulkus*	SCHEIDTER	Glaubt an starken Miteinfluß von Zyklonen.
Pleuritische und perikardiale Exsudate	v. NORDENSKJÖLD	Zunahme z. Z. von Kaltfronten.
Azetonämischer Anfall	Eigene Beobachtung	Einsetzen an Tagen ausgesprochenen Wettersturzes. (Bisher wegen der geringeren Zahl der Fälle nur als Eindruck.)
Dyspepsien	AMELUNG	Bei Wetterstürzen besonders nach längerer Trockenperiode wiederholt explosionsartiges Auftreten leichter Magen- und Darmdyspepsien beobachtet, die sicher nicht auf Diätfehler zurückzuführen waren.
Säuglingstoxikose	E. BURGHARD	Bis ins Pathologische, d. h. bis zur Exsikkation und Toxikose gehende Gewichtsstürze bei Neugeborenen würden an Tagen mit Frontdurchzügen besonders leicht auftreten.

Krankheitsvorgang	Autor	Beobachtung
Ungeklärte plötzliche Todesfälle („Mors subita")	Moro, S. A. Levinson	Denken bei dem ungeklärten „Ekzemtod" von Kindern an die Wirksamkeit gewisser Wetterkonstellationen, vor allen Fronten.
	Jenny	Ungeklärter, ganz plötzlicher Tod eines vorher völlig gesunden $5^1/_2$-monatlichen Säuglings am Tage einer heftigen Böenfront.
Phlyktänen	Hettich, mehrfache, persönliche Mitteilungen von Ophthalmologen und Leitern von Kinderanstalten	Bei Wetterstürzen Gruppenbildung oft gleichzeitig auf mehreren Krankensälen oder verschiedenen Abteilungen.
Herpes corneae	Hinrichs	Einige Gruppen der nicht sehr häufigen Krankheit gleichzeitig mit Frontdurchzügen.
Iritis rheumatica	Enroth	Typische Gruppenbildung, 12 auf der Vorderseite, 7 auf der Rückseite, 4 im Zentrum von Depressionen.
„*Gewitterpruritus*" *Hautjucken, Ekzem*-verschlimmerung	Bettmann	Berichtet über zahlreiche Beobachtungen aus der älteren Literatur.
Urticarianeignung	L. Jaquet (1896)	Verschlimmerung von Hautkrankheiten gelegentlich eines Gewittersturmes.
Initiale *Fieberkrämpfe*	Tille	Von 96 Fällen traten 87 bei Wetterstörungen, 71 gleichzeitig mit Fronten auf (über die meteorologische Diagnose nichts vermerkt).
Steptomycinbehandlung *Tbc. Meningitis*	Mouriqvand	Ungünstige Wirkung von Polarlufteinbrüchen (Lyon).
Epidem. Meningitis (Beginn und Tod)	Gowen	Bei Fronten (ohne statistischen Nachweis).

Nach allem Bisherigen wird es nicht wundernehmen, wenn sehr deutliche Wetterwirkungen sich auch auf den **Eintritt des Todes** insgesamt nachweisen lassen. Solche erstrecken sich nicht nur auf die schon besprochenen vielfach rapide tödlichen Krankheiten, sondern auf Sterben überhaupt. Diese Einflüsse wurden durch Erhebungen von Struppler zunächst sehr wahrscheinlich gemacht.

Struppler untersuchte Tage mit einer überdurchschnittlichen Zahl von Sektionen am Pathologischen Institut München-Schwabing aus den Jahren 1928—1929 bezüglich der jeweiligen Wetterverhältnisse unter Zugrundelegung der Luftkörperanschauung. Dabei ergab sich ein Anstieg der Zahl von Sektionen gelegentlich von 62 Warmlufteinbrüchen 59mal, gelegentlich von 50 Kaltlufteinbrüchen 41mal, bei sechs Durchzügen okkludierter Zyklonen sechsmal. Im Grenzbereich zwischen zwei

Depressionen oder einer Depression und einem Hochdruckgebiet erfolgte der Anstieg unter 14 solchen Vorkommnissen 13mal, zweimal konnte er auch im Vor- oder Zurückweichen der Äquatorialfront beobachtet werden. Föhntagen kam unter 21maliger Beobachtung 20mal gleicher Einfluß zu. Die Anstiege der beobachteten Todesfälle betrafen vor allem *Tod an Apoplexie und Erweichungsherden, an Pneumonie und Empyem, an Tuberkulose, sowie an Herz- und Gefäßerkrankungen*; das Ergebnis steht also in völliger Übereinstimmung mit der aus den hier genannten früheren Untersuchungen sich ergebenden Erwartung.

Den endgültigen und eindeutigen Beweis erbrachten dann die mit vorbildlicher Methodik durchgeführten Untersuchungen von ORTMANN aus dem RÖSSLEschen Institut, die sich auf 16382 Sektionsfälle Berlins beziehen, deren Todesdatum genau feststand.

Es zeigte sich eine Steigerung der Todesfälle an Tagen mit Fronten sowohl wie an Tagen mit Okklusionen um im Mittel 16,2% gegenüber dem Mittel beider Vortage.

Bei der Auswertung von evtl. Unterschieden der Frontenwirksamkeit zwischen Sommer und Winter, welche im einzelnen angegeben werden, hat ORTMANN leider die *Jahreszeitenschwankung*, welche viele Krankheiten unabhängig vom Meteorotropismus besitzen, *nicht berücksichtigt*, und er kommt infolgedessen zu *irrtümlichen Ergebnissen.*

Das zeigt sich sehr eindeutig an der Abb. 12 der ORTMANNschen Arbeit, deren Ordinatenwerte ich in der nachfolgenden Tab. 8 wiedergebe.

Tabelle 8. *Jahreszeitlich gleiche Frontenwirksamkeit bei Herz- und Gefäßkranken.*

am	Sterblichkeit an Herz- und Gefäßkrankheiten an Tagen mit											
	Kaltfronten				Warmfronten				Okklusionen			
	im Sommer		im Winter		im Sommer		im Winter		im Sommer		im Winter	
	[1])	[2])	[1])	[2])	[1])	[2])	[1])	[2])	[1])	[2])	[1])	[2])
2. Vortag . . .	6,3		7,2		5,9		9,9		4,9		6,6	
1. Vortag . . .	5,9		7,3		5,7		10,4		5,4		6,7	
Stichtag	*8,5*	*2,4*	*9,9*	*2,65*	*10,2*	*4,45*	*15,0*	*4,75*	*9,3*	*4,05*	*9,9*	*3,25*
1. Nachtag . .	6,7		9,0		6,9		10,8		7,6		9,1	
2. Nachtag . .	6,4		7,6		6,8		10,4		7,7		8,8	

[1]) Mittlere relative Sterbeziffer in ORTMANNS Material.
[2]) „*Steigerung*" (Differenz) am Stichtage gegen das Vortagsmittel.

Aus der Tabelle erkennt man ohne weiteres folgende interessante Gesetzmäßigkeiten:

1. An *meteorisch gestörten Tagen* findet sich jeweils ein *Maximum* der Sterblichkeit *gegenüber den Vor- und Nachtagen.*

Das sogar, obwohl die letzteren, wie ORTMANN ausdrücklich angibt, selbst nicht immer störungsfrei waren und somit selbst etwas erhöhte Sterblichkeit gegenüber absolut wetterruhigen Tagen erwarten lassen.

2. Das *Maximum klingt* gegen die Nachtage etwas *langsamer ab*, als der Anstieg war, eine Folge der Frontennachwirkung auf Kranke (die öfters erst am folgenden Tage sterben).

3. Die *Sterblichkeit* liegt *an allen Tagen im Winter insgesamt* erheblich *höher als im Sommer*, eine Folge des Wintergipfels der Sterblichkeit an Kreislaufkrankheiten, wie ihn KOLLER inzwischen auch einwandfrei statistisch nachgewiesen hat (vgl. später).

4. Die Sterblichkeits*steigerung* (Differenz) an den gestörten Tagen ist *im Winter* bei jeder meteorischen Störung *von annähernd gleicher Größe als im Sommer* (2,4 bzw. 2,65 bei Kaltfronten; 4,45 bzw. 4,75 bei Warmfronten; 4,05 bzw. 3,25 bei Okklusionen). Die meteorobiologische Frontenwirkung ist also – entgegen ORTMANN – in beiden Jahreszeiten annähernd gleich stark, denn nur die *Steigerung* gegen die Vortage ist ein Maß für die Frontenwirkung.

Würde man sie, wie es richtiger wäre, prozentual ausdrücken, so ergäbe sich sogar eine etwas schwächere Wirkung im Winter, jedoch lägen die Unterschiede wohl innerhalb des statistischen Fehlers.

5. Es mag für die Kreislaufkrankheiten immerhin beachtlich erscheinen, daß *Warmfronten und Okklusionen* insgesamt etwas *stärker* sterblichkeitssteigernd *wirken* als Kaltfronten.

Jahreszeitliche Unterschiede der Frontenwirkung auf den Eintritt des Todes sind also (entgegen ORTMANN) *nicht merklich vorhanden.*

Mit diesen „summarischen“ Einflüssen von Fronten auf den Eintritt des Todes überhaupt, deren Existenz als einwandfrei bewiesen gelten kann, sei der Abschnitt über die Wetterwirkungen auf Kranke beschlossen.

Die Untersuchungen zu diesem Thema von KÉRDÖ sind nur methodisch von Interesse.

KÉRDÖ hat 163 Todesfälle der Budapester II. Medizinischen Klinik auf ihre Frontabhängigkeit untersucht. In der Beobachtungszeit meldete das Ungarische Meteorologische Institut 77% aller Tage als Fronttage, wobei noch auf jeden Fronttag im Durchschnitt 2,2 Fronten trafen. Es kann nicht verwundern, daß bei einer derartigen Wetterunruhe die n-Methode selbst bei Verwendung von 8-Stunden-Zeitspannen nur schwache Anstiege um die Frontenstunde $\pm$ 4 Stunden (die „Zeit n“) entstehen können, die kaum mehr statistisch zu sichern sind. Ob die Wetterunruhe ganz reell ist oder ob nicht kleine Störungen in bei uns ungebräuchlicher Weise schon als Fronten bezeichnet wurden, was eine Wetterunruhe zum mindesten statistisch entstehen läßt, kann Verf. nicht beurteilen.

Der eindeutig überzufällige Zusammenhang von Wetterstörung und Tod wurde neuestens nochmals von CYRAN und BECKER an den 1948 bis 1950 im Standesamt Wiesbaden registrierten 5829 Todesfällen geprüft. Dabei ergab sich (in gekürzter Zusammenfassung):

auf die 45,5% wettergestörten Stunden trafen 57,9% aller Todesfälle = **28,2** Todesfälle auf je 100 Stunden;
auf die 29,5% Stunden mit einfachen Absinkvorgängen trafen 27,2% aller Todesfälle = **20,5** Todesfälle auf je 100 Stunden;
auf die 25,0% störungsfreien Stunden trafen 14,9% aller Todesfälle = **13,2** Todesfälle auf je 100 Stunden.

Die Differenzen sind signifikant, und die Zahlen sprechen *eindeutig* für eine starke Erhöhung des Todeseintrittes durch Wetterstörung.

b) Allgemeines zur Meteoropathologie.

Im vorstehenden Abschnitt wurde gezeigt, daß ganz entsprechend allen ärztlichen, ja selbst dem Laien geläufigen Überzeugungen *synchron mit im einzelnen sehr verschiedenartigen Wetterstörungen, besonders Fronten, beim Menschen in eindeutig überzufälliger Häufung akute Krankheitsbilder auftreten oder chronische sich verschlimmern.* Diese Reaktionen seien in Tab. 12 nochmals in einer Übersicht zusammengestellt.

Ein Vergleich mit der entsprechenden Tabelle von 1938 (auf S. 84 der 2. Aufl.) zeigt, daß in den seitdem vergangenen Jahren kaum grundsätzlich Neues an Beobachtungen hinzugekommen ist, sondern daß die reichhaltige meteorobiologische Arbeit der letzten Jahre vor allem eine statistische Sicherung manch bisher mehr auf Eindrücken beruhender Wetterwirkungen brachte. Ein wesentlicher Fortschritt liegt in der erheblich verbesserten meteorobiologischen Methodik. Daß weiterhin in meteorologischer Differenzierung Wesentliches an Erkenntnissen hinzukam, wird später noch zu besprechen sein.

Ein Blick auf Tab. 9 zeigt zunächst eine große Vielgestaltigkeit der wetterauslösbaren Krankheitszustände. Wir werden das Verknüpfende in dieser Vielgestaltigkeit zu suchen haben. Dabei werden wir uns, worauf mehrfach schon hingewiesen wurde, frei zu machen haben von der Vorstellung, daß „Krankheiten" beeinflußt oder ausgelöst werden. Beeinflußt wird einzig und allein der Mensch in seiner Reaktionslage. Wie er auf eine Wetterstörung reagiert, kann von der Wetterstörung abhängen, aber ebenso von den von ihr am Menschen angetroffenen, aus seiner ganzen Individualität bestimmten speziellen Reaktionsmöglichkeiten.

Anders ist die äußere Vielgestaltigkeit der Wetterwirkungen gar nicht zu verstehen.

Ist der Organismus durch (oft zahlreiche) andere Umstände bereits an gewisse Grenzen seiner physiologischen Anpassungsfähigkeit gelangt, hat ein Gewebe, ein Organ, eine Funktion, sozusagen einen gewissen *„prämorbiden" Zustand* erreicht, so „stürzt" er auf die nächste Belastung in jenen Zustand, der ihm und sogar seiner Umgebung das anormale Befinden bewußt macht, er „wird krank". In diesem Sinne habe ich stets nur von einer *Krankheitsauslösung* bei den geschilderten Wetterwirkungen gesprochen.

Tabelle 9.

Ein Meteorotropismus, d. h. eine Auslösbarkeit durch Wetterstörungen ist bei nachfolgenden Krankheitsbildern und Krankheitsvorgängen

gesichert	sehr wahrscheinlich	fraglich bzw. unwahrscheinlich
Wetterschmerzen an chronisch veränderten Geweben	Kehlkopfcroup	Anfälle der genuinen Epilepsie
Herz- und Kreislaufstörungen	Pneumonien	Diphtherie
Lungenembolie	Gestationseklampsie	Scharlach
Apoplexie	Anfälle von traumatischer Epilepsie	Poliomyelitis
Herzinfarkt	Appendizitis, akute	
pektangiöse Zustände	Anginen	
akuter Herztod	Hämoptoe	
Steinbeschwerden und -anfälle der Gallen- und Harnwege		
Säuglingstetanie in akuten Manifestationen		
Glaukomanfall, akuter		
Grippehäufungen		
Psychische Wirkungen (bis zu gesteigertem Selbstmord)		
Todesfälle insgesamt		

Diese für die ganze Auffassung des Problems entscheidende Vorstellung schließt es nunmehr ohne weiteres in sich, daß Wetterstörungen, speziell Fronten *nicht etwa die einzige Auslösungsursache* für ein bestimmtes Erkranken sein können. Es wird stets ein Teil der Fälle einer benannten Krankheit seine Auslösung sicherlich nicht einem Wettervorgange verdanken. Das lehrt uns ja auch die tägliche ärztliche Erfahrung.

So kann ein spasmophiler Anfall beim Säugling im Stadium „*latenter*" (aber bekanntlich objektiv nachweisbarer) Spasmophilie wie erwähnt durch heißes Bad, einen Wickel oder eine Packung, einen Schreck oder Ärger, eine Höhensonnenbestrahlung ausgelöst werden. Oder eine Apoplexie folgt einer aufregenden Nachricht mit starker Gemütsbewegung, einem Ärger, einem Bad, einem sexuellen Erlebnis.

Aber die eben genannten Ereignisse pflegen in der Regel nicht mehrere prämorbide Personen gleichzeitig zu treffen, es sind sozusagen *Ereignisse im Privatleben jedes einzelnen.* Sie führen dementsprechend zu „Einzelfällen". Die überzufällige „Gruppenbildung" von Krankheiten war das, was ursprünglich eine Erklärung erfordert hatte. Diese Gruppenbildung zeigt sich im Leben einer Gesamtheit, und die *Wettervorgänge sind jene Ereignisse, welche eine Gesamtheit gleichzeitig treffen,* um da und dort die Prämorbiden, wo solche vorhanden sind, zum Sturze in die Krankheit zu bringen, und zwar je nach der bereits vorhandenen Krankheitsdisposition in individuell verschiedener und durch eben diese Disposition vorbestimmter Weise. So kommt es dann auch zu dem mehrfach festgestellten Zusammentreffen der Erkrankungstermine verschiedener Krankheiten.

Der Meteorotropieindex ist also nicht als einem Krankheitsbild zukommend zu betrachten, sondern er besagt nur, daß in der Untersuchungszeit die Zahl der in ganz bestimmter Weise Ansprechfähigen größer oder kleiner als etwa zu anderer Zeit war. Die Zahl der Ansprechfähigen kann nach einer Unzahl krankmachender Bedingungen wechseln, nach Lebensweise und Lebensbelastung, nach Erbbild und Ernährungsform, nach Klima und Jahreszeit. Gerade für letztere hier speziell interessierende Wirkung mag vorweggenommen sein, daß gerade *Jahreszeiten oft Dispositionen schaffen, die durch Wetterstörungen dann als Krankheit manifest werden* können.

Aber auch den krankheitsauslösenden Wetterstörungen kommt, wie wir gesehen haben, eine gewisse Vielgestaltigkeit insofern zu, als wir nach wie vor keine irgendwie geartete Änderung eines meteorologischen Elementes angeben können, an welche die Wirkung auf den Menschen gebunden wäre.

Vielmehr werden wir zu der Vorstellung gedrängt, daß diesen Vorgängen der Atmosphäre ein irgendwie gearteter, und zwar sehr wahrscheinlich ein allen Störungen wenigstens qualitativ gemeinsamer **„biotroper Wetterfaktor“** anhaften müsse, der dann auf den Menschen wirkt.

Die früher in gleichem Sinne vom Verf. gebrauchte Bezeichnung *„biotroper Frontenfaktor“* scheint für heutige meteorologische Erkenntnisse zu eng, da die geschilderten Wirkungen eben nicht ausschließlich von atmosphärischen Störungen mit Frontcharakter ausgehen; ebenso wie HELLPACHs frühere Prägung *„psychotroper Faktor“* wirkungsmäßig heute zu eng wäre, da ja alles dafür spricht, daß die psychischen *und* die körperlichen Reaktionen auf Wettervorgänge ätiologisch nicht trennbar sind.

Von diesem biotropen Wetterfaktor interessieren nun etwa folgende Fragen:

Wirkt der Faktor auch auf den gesunden Menschen?

Wo greift der Faktor am menschlichen Körper an?

Reagieren alle Menschen auf den Faktor gleichartig oder ergeben sich hier vielleicht sogar typenmäßige Unterschiede?

Welchen Wettervorgängen haftet die Wirkung an und welchen nicht?

Welcher Natur kann der biotrope Faktor sein?

Diese Fragen sollen uns in den nächsten Abschnitten beschäftigen.

c) Der meteorotrope Mensch.

1. Physiologische Wetterwirkungen.

Über „Wetter und Krankheit“ liegen ohne Zweifel bis heute sehr viel eingehendere Beobachtungen vor, als über Wetterwirkungen auf den gesunden Organismus.

Teils mag das an einem erhöhten Sichaufdrängen von Pathologischem überhaupt liegen, teils auch an jenem kaum mehr bewußten Rest von Dämonenglauben, der in „der Krankheit“ etwas sieht, was einen Menschen von außen befällt und was dann der Medizinmann durch Bann und Zauber fernhalten oder austreiben kann; jedenfalls wird man in einer Physiologie vergeblich auch nur ein Wörtchen über Wetterwirkung suchen, obwohl das Wissen um diese Wirkung den Juristen zur Zeit Karls des Großen schon geläufig war, also allein in unserem Kulturkreis ein rundes Jahrtausend alt ist.

Richtungweisend für eine Meteorophysiologie im modernen Sinne war zweifellos in unserer Zeit HELLPACHs erstmalig 1911 (und seitdem in 6 Auflagen) erschienene Monographie über „die geopsychischen Erscheinungen“ und weiterhin zwei ganz unabhängig schon vor Jahren erfolgte Feststellungen. STAEHELIN hatte 1913 die Frage aufgeworfen, ob durch Wettervorgänge *Blutdruckänderungen* erfolgen, und er hatte die Frage durch PLUNGIAN in einer Dissertation untersuchen lassen. Es ergaben sich Blutdrucksenkungen an Tagen mit Barometerstürzen, und es wird bereits damals betont, daß die Wirkung sicher nicht mechanisch zu denken sei. Auf neuere Untersuchungen zum gleichen Thema wird gleich noch zurückzukommen sein. Die zweite Feststellung war eine zufällige Beobachtung gelegentlich in ganz anderer Richtung gehender Untersuchungen von BETTMANN.

Das Haut- bzw. Lippenkapillarbild „wetterempfindlicher“ Menschen zeigte beim *Herannahen von Gewittern* ein ausgesprochen *„dysergisches“ Gefäßverhalten* mit einem Auftauchen und Verschwinden von Kapillaren in ganzen Teilbezirken des Gesichtsfeldes entsprechend einem ständigen Wechsel von Krampf und Lähmung, ohne weiteres vergleichbar den Befunden, die unter pathologischen Bedingungen an der äußeren Haut speziell der Handrücken und Vorderarme als „ausgesprochene vasoneurotische Reaktionen beobachtet werden können“. Sehr bald nach Losbrechen des Gewitters fand sich wieder ein klares, harmonisches Bild entsprechend der Norm der Vortage.

Diese Befunde über *Wetterwirkungen auf das Gefäßsystem* wurden *durch neuere Ergebnisse voll bestätigt.* So berichtet ILLÉNJI über Blutdruckänderungen bei Gesunden an Tagen mit Frontdurchzug in etwa $^4/_5$ der Fälle und betont, daß die Änderungen weder gleichsinnig mit der Luftdruckänderung erfolgten, noch daß ein Unterschied zwischen Kalt- und Warmfronten festzustellen sei.

Systematische Blutdruckmessungen allerdings an Kranken lagen bereits von K. FRANKE vor. Er hatte bei 174 Patienten (davon 74 mit Hypertonie) in $^{2}/_{3}$ der Fälle ein deutliches *Reagieren des Blutdruckes auf Wetterfronten* festgestellt, und zwar erfolgte auf Kaltlufteinbrüche fast durchweg ein Blutdruckanstieg, auf Warmfrontpassage oder Warmlufteinbrüche ein Blutdruckabfall. Dabei zeigte sich naturgemäß *keine quantitative Abhängigkeit zwischen barometrischer Änderung und Blutdruckänderung.* Der Blutdruck Gesunder zeigte in Davos an Tagen mit Einbrüchen sehr extremer Luftkörper zwar keine Änderung der Höhe, wohl aber eine *deutliche Labilitätssteigerung*, ohne daß die Blutdruckänderungen gleiches Vorzeichen besaßen (SPIRO und MÖRIKOFER).

Für die Abhängigkeit des Blutdruckes von Wettervorgängen sind die von BETZ auf Veranlassung von SARRE mit statistischer Kritik durchgeführten Erhebungen sehr aufschlußreich.

An 80 teils Kreislaufgesunden, teils an Hypertonie verschiedenster Genese leidenden stationären Kranken wurde laufend jeweils vormittags, und zwar an ruhenden, horizontalliegenden Kranken vom gleichen Untersucher der Blutdruck gemessen. Die so gewonnenen Blutdruckänderungen gegenüber dem Vortag wurden nun den barometrischen Änderungen — als irgendwie geartetem Ausdruck für atmosphärisches Geschehen — gegenübergestellt. Hier sei nur (Tab. 10) die 2 · 2-Tafel wiedergegeben, welche sich auf die starken Ausschläge — Blutdruckschwankungen über 10 mm Hg — bezieht.

Tabelle 10. *Hohe Korrelation zwischen Luftdruckänderung und Blutdruckänderung für jene Fälle, in denen letztere über 10 mm Hg lag* (nach L. BETZ).

Luftdruck	Blutdruck	
	steigt	fällt
steigt	951	439
fällt	430	1101

Der einfache Vergleich der Diagonalsummen in Tab. 10 zeigt bereits, daß ein *gleichsinniges Verhalten von Luftdruck und Blutdruck häufiger als ein gegensinniges vorkommt.* Der Zusammenhang ist durch einen SCHELLINGschen T-Wert von 21,78 signifikant (vgl. S. 39). Daß trotzdem nur eine Regel, kein Gesetz vorliegt, wird nach dem, was später über die Wetterwirkung insgesamt zu sagen ist, nicht überraschen.

Alles in allem kann es also heute als *gesichert* gelten, daß *in Zeiten von an starken Barometerschwankungen* sich ausdrückenden Wetterstörungen eine erhöhte Blutdrucklabilität mit *gesteigerten Blutdruckänderungen* besteht.

Daß eine bei Wetterstörungen gesteigerte *kapillare Durchlässigkeit*, geprüft am Auftreten petechialer Blutungen der Haut bei Unterdruck, alle Menschen betrifft, haben die sorgfältigen Studien von REGLI und STÄMPFLI gezeigt.

Die Gesamtheit dieser Befunde paßt ausgezeichnet zu den Erfahrungen über das Auftreten von Beschwerden bei Kreislaufkranken, von Lungenembolie, Herzinfarkt, plötzlichem Herztod oder Apoplexie, von denen S. 51 die Rede ist.

Was sonst noch von Wettereinflüssen auf physiologische Vorgänge des Menschen bekannt wurde, sind gelegentliche *Einzelergebnisse*, die sich indessen zwanglos einem Gesamtbild einordnen.

So zeigt der Tageslauf der *Blutkörperchensenkung* an gleichen Tagen bei verschiedenen Menschen gleiche Senkungstypen*änderung* (JORES und STRUTZ). MÖRIKOFER und STAHEL glauben in verstärktem Leukozytensturz auf intrakutane Kochsalzinjektion eine Testmethode für Wettereinflüsse gefunden zu haben.

Auch die *Klebefähigkeit der Blutleukozyten*, eine wahrscheinlich mit der Abwehrstellung des Organismus in Beziehung stehende Eigenschaft, soll sich ändern (v. PHILIPSBORN). Endlich fand D. I. MACHT in Tierversuchen wiederholt eine Steigerung der toxischen Wirkung von Digitalistinktur an Tagen schwerer Stürme in mittelatlantischen Staaten der USA.

WIGAND fand gelegentlich täglicher Leukozytenzählungen an Gesunden, daß sowohl die Gesamt*leukozytenzahl* im Blut als die absolute Zahl der Neutrophilen an Tagen mit mindestens 6 mm Barometeranstieg absinkt und umgekehrt.

Die von WIGAND angegebenen Kurven sind durchaus überzeugend, wenngleich die statistische Prüfung einen methodischen Irrtum enthält.

Über Änderungen der *fibrolytischen Fähigkeit des Blutserums* an Tagen mit Kaltfronten oder starker Labilisierung berichten HALSE und LOSSNITZER, sowie CAROLI, über Schwankungen des *Prothrombinindex* bei Luftdruckänderungen HALSE und QUENNET, über Schwankungen des *Opsonin- und Alexingehaltes* sowie des *Diphtherieantitoxintiters* des Blutserums bei Frontdurchzügen (WILDFÜHR); bei letzteren zeigten sich starke individuelle Unterschiede, wobei vegetativ Stigmatisierte stärker als andere Menschen betroffen waren.

Biologisch besonders interessant ist die Mitteilung von WELCKER, daß plötzliche „*Titerschwankungen der Isohämagglutinine*" bei Gesunden, insbesondere Abnahme der β-Agglutinine als gleichzeitige Massenerscheinung (in einem Laboratorium mit täglich 190 Bestimmungen) ganz besonders dann zu beobachten waren, „wenn sich das Wetter in entscheidender Weise änderte, d. h. an den Tagen, wo eine Schönwetterperiode zu Ende ging, vor allem aber, wenn Gewitter dabei auftrat... Nach einem schweren Wettersturz mit stundenlangem Gewitter am Ende einer Schönwetterperiode waren sämtliche Agglutinine in fast allen Seren derart schwach wirksam, daß die Durchführung der Bestimmung dadurch auf das unangenehmste erschwert wurde. Bereits am nächsten Tage waren bei den neuen Blutgruppenbestimmungen die Serum-Agglutinine so kräftig wie gewöhnlich." Und auch hier war das seit Jahrzehnten vermerkte „Vorfühlen" deutlich: „Sehr merkwürdig war es, daß die Schwankungen manchmal schon erschienen, bevor der Wetterumschlag sichtbar wurde."

Alles in allem zeigen sich also synchron mit Wetterstörungen mannigfache Änderungen in der morphologischen und in der chemisch-biologischen Blutzusammensetzung, wie sie nur als Folge von Änderungen grundsätzlicher Stoffwechselabläufe denkbar sind; daß mit diesen Änderungen der Blutzusammensetzung aber auch ein geändertes Reagieren des Gesamtorganismus auf irgendwelche Belastungen einhergehen muß, erscheint verständlich.

Sehr eindrucksvoll ist dann die durch Wetterstörungen erfolgende *Steigerung der Wehentätigkeit*, welche bereits JACOBS, JACOBS und WAGEMANN, sowie EUFINGER und GAETHGENS vermutet hatten, welche aber statistisch völlig einwandfrei nunmehr durch KIRCHHOFF und SCHNEIDER, WURSTER sowie CYRAN und BECKER nachgewiesen ist. Die der Arbeit von KIRCHHOFF und SCHNEIDER zugrunde liegenden Zahlen wurden oben schon als Beispiel einer rechnerischen Prüfung statistischer Überzufälligkeit (S. 38) aufgeführt.

WURSTER hat den Wehenbeginn an Fronttagen und ihren Vor- und Nachtagen nach der oben angeführten n-Methode (einschließlich der nivellierenden Mehrfachzählung) bestimmt und fand folgende eindeutige Häufung an Fronttagen n:

Tage	$n-2$	$n-1$	n	$n+1$	$n+2$
	446	447	547	436	463

Als größte Differenz ergibt sich $d = 111$; σ_d errechnet sich zu 30,5; d ist also $= 3{,}65 \cdot \sigma_d$, d. h. jedenfalls $> 3{,}4 \cdot \sigma_d$, der schon rein zahlenmäßig eindeutige Gipfel an den Tagen n damit auch statistisch gesichert.

Der auf die Stunde festliegende Wehenbeginn von 2400 Spontangeburten wurde endlich mit der synchron bestandenen Wetterlage korreliert (CYRAN und BECKER). Während in wetterruhigen Zeitspannen im Mittel nur auf 10,2 Stunden ein Wehenbeginn entfiel, traf ein solcher im Mittel alle 3,7 Stunden bei Wetterstörung, und die Neigung zu Gruppenbildung von Wehenbeginnen war in letztgenannter Situation 3,4 mal häufiger als in wetterruhigen Zeiten.

Da es sich beim Wehenbeginn um eine an sich häufige und dabei bestens beobachtbare physiologische Reaktion handelt und ihre Niederkunft erwartende Frauen stets in einer Bevölkerung in praktisch gleichbleibendem Anteil vorhanden sind, eigneten sich diese Untersuchungen besonders gut für statistisch *quantitative Erhebungen über die biotrope Wirksamkeit der verschiedenen Wetterstörungen*, worüber später zu berichten sein wird.

Endlich fand HELBIG die bei 10 unter gleichen Bedingungen lebenden Kindern über 80 Tage verfolgte tägliche *Wasserausscheidung* in Zeiten von Fronten, Inversionen und Okklusionen eingeschränkt, wobei alle Wetterstörungen *gleichsinnig* wirkten und das übereinstimmende Verhalten der Kinder an den einzelnen Tagen eine alte Beobachtung aus der Kinderpflege exakt bestätigte.

In der Literatur sehr verstreut finden sich dann nur noch einige gelegentliche Hinweise über *Allergieschwankungen* bei Störungswetter.

Hansen, sowie Hansen und Michelfelder stellten eine *erhöhte Empfindlichkeit Heufieberkranker gegen Pollenantigen* (Helisen) bei niedrigem Barometerstande gegenüber Hochdruckwetterlagen fest. Fr. E. Haag fand bei künstlich allergisierten Tieren verstärkte bis tödliche Reaktionen auf Antigenreinjektion an „Tagen mit fallendem Barometer".

Ossoinig endlich berichtet von Schwankungen der Tuberkulinempfindlichkeit. Fortlaufende Prüfungen an mehreren Kindern ergaben ein gleichzeitiges Ansteigen und Absinken der Empfindlichkeit (Anstiege: 4. Oktober 1922, 29. Januar – 12. März – 5. April – 3. Mai 1925; Absinken: 18. und 25. Oktober 1922 für Graz). Ossoinig konnte zunächst das Phänomen nicht erklären, v. Heuss hat für einige der angegebenen Tage die Wetterverhältnisse nachträglich ermittelt und teilt mit, daß am 12. März 1925 und am 1./2. Mai 1925 ein Kälteeinbruch erfolgte, am 5. April wahrscheinlich eine Abgleitflächenwirkung (s. oben) bestanden hat.

Diese an sich nicht sehr umfangreichen Kenntnisse über physiologische Wetterwirkungen sind in Verbindung mit den ausgedehnten Erfahrungen der Pathologie sehr leicht auf einen gemeinsamen Nenner zu bringen: sie belegen die immer wieder auch vom Verf. betonte Vorstellung, daß **Wetterstörungen am vegetativen Nervensysten angreifen,** dessen Erregbarkeit sie offenbar steigern, wobei manches auf eine primär parasympathikotone Wirkung hindeutet.

Neuerdings haben Uters und Mitarbeiter aus dem (mit der gleich zu berichtenden Untersuchung am besten vertrauten) Zimmermannschen Laboratorium kurz mitgeteilt, daß bei zwei Gesunden (40 Jahre; 11 Jahre) an einem Tage mit freiem, bis zum Boden durchdringendem Föhn eine ganz ungewöhnliche Steigerung der 17-Ketosteroidausscheidung auftrat, was darauf hindeute, „daß *das System Zwischenhirn – Hypophyse – Nebennierenrinde durch meteorotrope Faktoren in einen erhöhten Reizzustand versetzt werden kann und daß dieser Zustand durch die chemische Bestimmung von 17-Ketosteroiden der exakten Messung zugängig wird*". Ähnliche Befunde seien (nach brieflicher Mitteilung von Herrn Medizinaldirektor Doz. Dr. Zimmermann) inzwischen mehrfach erhoben worden. Das Ergebnis ist zweifellos interessant und beachtenswert, nicht nur weil es, wenn es sich weiterhin bestätigt, eine quantitative Erfassung einer Reaktionslage des Menschen ermöglichte, sondern weil es ganz unabhängig von allen bisherigen Befunden erneut demonstriert, daß bei Wetterstörungen Änderungen in jenem Ring Zwischenhirn – Inkretsystem – Vegetativum eintreten.

In diesen Ring fügen sich übrigens auch zwanglos die oben schon eingehender erörterten „Wetterschmerzen" an chronisch veränderten Geweben: es sind solche an glattmuskulären Organen (Lunge, Darm, Gallenblase, Harnleiter und Harnblase, Prostata), an periartikulärem Gewebe und am Periost, kurz an Körperstellen, welche vom Vegetativum und damit vom Zwischenhirn sehr nachweislich beeinflußt werden. Bezüglich des Schmerzsyndroms erinnere man sich an das heute so viel diskutierte Kausalgieproblem.

Die mit physiologischen bzw. klinischen Methoden am Gesunden erhobenen Befunde bestätigen dann weiterhin die von HELLPACH besonders hervorgehobene Auffassung, daß ein Reagieren des Menschen (und vielleicht aller Lebewesen) auf Wettervorgänge etwas völlig Normales sei, „einfach ein Stück Naturgebundenheit des Menschenwesens bedeute“ und daß nur die abnorme Steigerung der Reagibilität bzw. eine Senkung der Empfindungsschwelle für solche physiologische Vorgänge den Übergang zum Krankhaften bildet.

Diese Senkung der Empfindungsschwelle läßt die genannten Reaktionen manchen Menschen zum Bewußtsein kommen. Auf diese an der Grenze von Körperlichem und Seelischem liegenden psychischen Wirkungen, dieses *Wetterfühlen* muß noch mit ein paar Worten eingegangen werden. Bezüglich vieler Einzelheiten sei wieder auf die Monographie HELLPACHS verwiesen.

Die Wetterfühligkeit ist ein ziemlich häufiges Phänomen, das bereits GOETHE sehr wohl kannte. **FRANKENHÄUSER** spricht geradezu von „Zyklonopathie“ oder „Zyklonose“, LÖWENFELD von „Witterungsneurose“, COHN von „Meteoropathie“, **FARKAS** hat die Erscheinungen als „Wetterfühlen“ beschrieben.

Neben den schon S. 44 genannten sensiblen Reizerscheinungen peripherer Natur bei „Wetterempfindlichen“ kommen bei gewissen Menschen – oft, aber *keineswegs immer*, handelt es sich um Neurastheniker, Menschen mit einem ausgesprochenen labilen vegetativen Nervensystem („vegetativ Stigmatisierte“) – allgemein *zentralnervöse Erscheinungen* vor, deren Bild individuell sehr wechselt (Reizbarkeit, Erregungszustände, Mattigkeit und Müdigkeit, Arbeitsunfähigkeit, depressive Stimmungslagen, Schwächung der Willenskraft, Angstgefühle, Schlafstörungen, Ohrensausen, Schwindel, Kopfschmerz, Übelkeit bis zum Erbrechen, Störungen an vegetativ innervierten Organen [Herz, Magen, Darmkanal]). An die oben schon genannte Steigerung der Selbstmordziffern an Fronttagen sei hier nochmals erinnert.

NIETZSCHE war z. B. nach den Studien von P. COHN sowie GRIMM ein ausgesprochen wetterempfindlicher Mensch. „Ein Sturm: ich empfinde ihn gegen vier Stunden vorher, bei dem heitersten Himmel. Ist er da, so verbessert sich mein Zustand“, schreibt er in außerordentlich typischer Beobachtung im Herbst 1881.

In neuester Zeit ist AMELUNG gemeinsam mit **BECKER**, **BENDER** und **PFEIFFER** solchen Störungen an Sanatoriumspatienten mit statistischer Methode nachgegangen; legt man die strengsten statistischen Maßstäbe an (**BAUR**), so zeigte sich eindeutig eine *erhöhte Schlaflosigkeit in Nächten mit Aufgleiten*.

2. Angriffsweise des biotropen Wetterfaktors.

Unsere Kenntnisse über die Angriffsweise des biotropen Wetterfaktors am Körper gehen aus von den von ihm bekannten Wirkungen. Zahlreiche der gutbelegten Krankheitsauslösungen, vor allem aber die im vorstehenden Abschnitt erörterten Einflüsse auf Kapillardurchblutung, Blutdruck, morphologische und chemisch-biologische Blutzusammensetzung, auf intraokularen Druck, Wehentätigkeit und die Änderungen an den heute allgemein ins Zwischenhirn lokalisierten Allgemeingefühlen führten seit je zur Annahme, daß es eben *das vegetative Nervensystem* ist, welches *durch die Wettervorgänge entscheidend beeinflußt* wird.

Nachdem zunächst in einer Gemeinschaftsarbeit (BECKER, CATEL, KLEMM, STRAUBE, KALKBRENNER) durch pharmakologische Teste an erwachsenen und kindlichen Heilstättenpatienten festgestellt worden war, daß *zwischen der „Kalt- bzw. Warmfront kein Wirkungsunterschied besteht“* und daß von Fronten *beide Anteile des vegetativen Nervensystems beeinflußt* werden, gelang es durch weitere, besonders aufschlußreiche Untersuchungen von STRAUBE und SCHOLZ, diese Wirkungen noch feiner zu differenzieren.

An Heilstättenpatienten mit ihrer gleichmäßigen Lebensweise wurde getrennt die Erregbarkeit beider Anteile des vegetativen Nervensystems an der Haut getestet und dann nach insgesamt 600 Testungen mit den synchronen Witterungsverhältnissen verglichen (meteorologische Diagnose wieder durch F. BECKER).

Die wesentlichen Vorteile dieser Untersuchungen bestanden darin, daß eine große Individuenzahl mit weitgehend normierter Lebensweise getestet werden konnte, und zwar zu ganz verschiedenen Tageszeiten, aber jeweils eben die Erregbarkeit *beider* Anteile des vegetativen Nervensystems *getrennt* festgestellt wurde. Man war also *nicht darauf angewiesen, aus einer Testreaktion auf den Erregungszustand des Gesamtsystems zu schließen.* Auf diese Weise war erstmalig ein Einblick in gewisse Feinheiten des Reaktionsablaufes zu gewinnen, wie es bisher nie möglich gewesen.

Die Testung des Orthosympathikus erfolgte mit einer Adrenalinlösung 1 : 6000, jene des Parasympathikus mit einer Azetylcholinlösung 1 : 40. Für diese Konzentrationen war in früheren Untersuchungen eine vergleichbare Wirkungsstärke erprobt. Die Lösungen wurden auf einer dareingetauchten Anode von 5 : 12 cm im Bereich des 2. Dorsalsegmentes auf dem Rücken durch einen Strom von 10 mA mittels *Elektrophorese* für 5 Min. in die Haut eingeführt (indifferente wassergetränkte Kathode in der Hand der gleichen Seite gehalten). Die auftretenden Reaktionen – Hautblässe bei Adrenalin, Hautrötung beim Azetylcholin – wurden nach 3 geschätzten Stärken gebucht; für alle Reaktionen, die als bei gleichem Wettertyp entstanden sich erwiesen, wurde dann der arithmetische Mittelwert errechnet, der unter 1,6 als schwach, über 2,2 als stark bezeichnet wurde.

In der Regel lagen für 12–15 Personen *gleichzeitige* Testungen vor.

„Mit einer seltenen Prägnanz“ ergab sich etwa folgendes (vgl. Abb. 8):

1. Die *Erregbarkeit beider Anteile des vegetativen Nervensystems* ist zu Zeiten verschiedener Wetterlagen verschieden. Sie ist *gesetzmäßig bei ‚störungsfreiem“ Wetter deutlich geringer als bei „Störungswetter“*, d. h. in, der Zeit eines Durchzuges von Kaltfronten, Warmfronten, Okklusionen,

bei Auf- und Abgleitvorgängen sowie bei Föhn über Inversionen, sofern die Inversionsgrenze über dem Beobachtungsort liegt. Mit anderen Worten: In Zeiten sämtlicher Störungswetterlagen Mitteleuropas besteht eine erhöhte vegetative Erregbarkeit (Ansprechbarkeit) des Menschen, diese sämtlichen Wetterlagen erweisen sich somit wiederum als *gleichsinnig* biotrop.

Unterschiede in der biotropen Wirkung scheinen *nur hinsichtlich der Intensität* zu bestehen.

Nach den bisherigen Erfahrungen scheinen Fronten und Föhn über Inversionen am stärksten, die übrigen Störungswetterlagen etwas schwächer zu wirken.

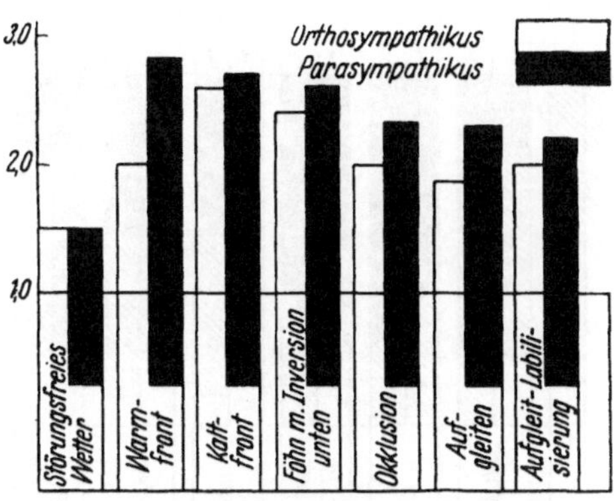

Abb. 8.
Mittlere Reaktionsstärke beider Anteile des vegetativen Nervensystems bei Elektrophoresetestung zu Zeiten verschiedener meteorologischer Situationen (nach STRAUBE und SCHOLZ).

Es dürfte eine wichtige Aufgabe künftiger Forschung sein, diese feineren quantitativen Wirkungsunterschiede durch sorgfältig vergleichende, statistisch einwandfreie Beobachtungen herauszuarbeiten, wozu eine feinere, aber dann von verschiedenen Untersuchern gleichsinnig gebrauchte Typisierung der Wetterereignisse seitens der Meteorologie Voraussetzung sein wird (vgl. dazu etwa die von FAUST versuchte Kaltfrontentypisierung oder die Vorschläge UNGEHEUERS zu „Relativzahlen biologischer Wetterwirkung" u. a. m.).

2. Von ganz besonderer Bedeutung ist der von STRAUBE und Mitarbeitern sowie neuestens auch von HELBIG bei Untersuchung der Wetterbeeinflußbarkeit der Wasserausscheidung oder von STOLLREITHER wiederum bestätigte, vom Verf. seit je vertretene Befund, daß bei diesen sämtlichen Störungswetterlagen „*kein grundsätzlicher Unterschied zwischen dem Ansprechen des Vagus und Sympathikus* (= des Para- und des Orthosympathikus) *besteht*", was ausgezeichnet zur Gesamtheit klinischer meteorobiologischer Erfahrungen paßt.

Es ist dabei nochmals hervorzuheben, daß dieser Befund durch eine besonders schonende, in die Erregbarkeit des „Objektes" ihrerseits kaum eingreifende Testmethode gewonnen ist, welche eine *gleichzeitige* Erregbarkeitsprüfung *beider* Systemteile wenigstens im Bereich der Haut gestattet.

Unterschiede in der Erregbarkeit beider Anteile des vegetativen Nervensystems ergaben sich auch hier *nur* wieder *in quantitativer Hinsicht* und bezüglich des zeitlichen Ablaufes der Erregbarkeitssteigerung.

Methodenkritisch ist hier zu beachten, daß die zur Erregbarkeitsprüfung beider Systemanteile dienenden Tests, der Adrenalin- und der Azetylcholintest so gegeneinander abgestimmt waren, daß bei störungsfreiem Wetter beide Systemanteile „gleichstarke" Reaktionen zeigten (vgl. die Abb. 8 und 9), Unterschiede während Störungswetterlagen also auf Wirkung der letzteren bezogen werden können.

a) *Bei allen Wetterstörungen* war die *Ansprechbarkeit des Parasympathikus konstant um ein weniges stärker als diejenige des Orthosympathikus*, wobei die Wirkung von Warmfronten am ausgesprochensten, jene der übrigen Störungslagen zwar weniger ausgeprägt, aber doch gleichgerichtet auftrat.

Daß hier ein Zufall recht unwahrscheinlich ist, ergibt die einfache Überlegung: die Wahrscheinlichkeit, daß bei 6 Rechts-Links-Verteilungen zufällig 6mal die gleiche Seite bevorzugt wird, ist ganz wie bei Wappen — Schrift beim Werfen einer Münze nur noch $(^1/_2)^5 = {^1/_{32}} = 3\%$.

b) Der *zeitliche Ablauf der beiden Reaktionen zeigte nun sehr oft, daß die parasympathische Übererregbarkeit der orthosympathischen vorausgeht.*

Aus a) und b) läßt sich schließen, daß die *primäre* Wirkung *aller* Wetterstörungen anscheinend eine *parasympathische Erregbarkeitssteigerung* ist.

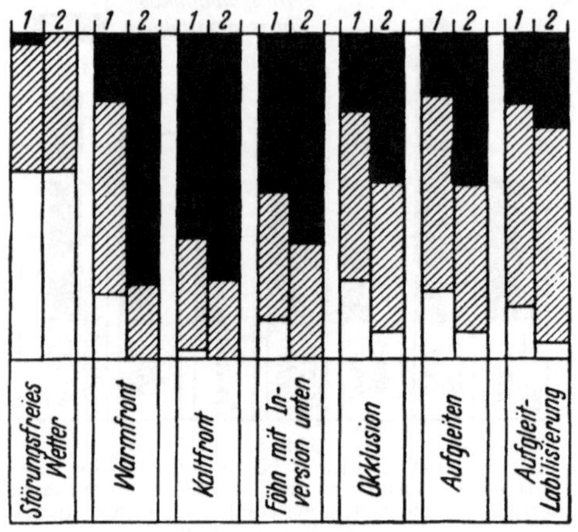

Abb. 9.
Verteilung schwacher ▭, mittlerer ////, starker ■ Reaktionen des Orthosympathikus (1) und Parasympathikus (2) in Zeiten verschiedener Wettervorgänge (nach STRAUBE und SCHOLZ).

Das deckt sich bestens mit den früheren durch Hautwiderstandsmessungen erhobenen Befunden DUGGES beim *Vorföhn* und mit der schon von FRIEDLÄNDER geäußerten Vermutung, daß das Wesen der Wetterempfindlichkeit in vermehrter Azetylcholinbildung zu suchen sei, was ja nur eine andere Ausdrucksform für parasympathikotone Wirkung darstellt.

Auf die Steigerung der parasympathischen Erregbarkeit folgt dann, oft nur wenige Stunden später, *die Steigerung der orthosympathischen Erregbarkeit* nach. Dieses Aufholen fügt sich nach zweierlei Hinsicht ausgezeichnet in die Physiologie des vegetativen Nervensystems:

a) STRAUBE weist sehr mit Recht auf die von W. R. HESS in seinen grundlegenden Studien zum vegetativen Nervensystem vertretene Auffassung hin, daß die beiden Anteile dieses Systems weniger im Sinne eines Antagonismus aufgefaßt werden dürfen, wie es bislang noch oft geschieht, sondern daß beide Systeme Gemeinschaftsreaktionen, *Synergismen* zeigen, die eine Harmonie der Lebensvorgänge anstreben. Das Aufholen des Orthosympathikus erscheint dann als die bekannte, im Interesse von Gesundheit ja Fortbestand des Organismus liegende *Gegenregulation*, um die vegetative Innervation wieder ins Gleichgewicht zu bringen („*Kompensationsprinzip*" von HOFF).

b) Das genannte *Aufholen* der orthosympathischen Erregbarkeit scheint *durch „die Massierung von Wetterereignissen" beschleunigt* zu werden (STRAUBE).

Die Art, wie das vegetative Nervensystem auf Reize anspricht, hängt nach den Erfahrungen der Physiologie ab von dem im Augenblick des Reizes bereits bestehenden Erregungszustand (Ausgangswertgesetz von WILDER[1]); diese Art kann bis zur Richtungsumkehr der Reizwirkung gehen, wie WEZLER (gelegentlich seiner übrigens auch für die Wirkungsweise von Klima*elementen* grundsätzlichen Arbeiten 1938) unmittelbar beweisen konnte. Mit anderen Worten: wiederholte parasympathikotone Reize können sympathikoton wirken und umgekehrt; oder — für den speziellen Fall der Meteorobiologie formuliert — *wenn biotrope Wetterabläufe von primär parasympathikotoner Wirkung rasch aufeinander folgen, so muß ihre Wirkung in eine sympathikotone umschlagen.*

Diese Art des vegetativen Reagierens hat — um das hier wenigstens zu streifen — größte allgemeinbiologische Bedeutung; sie bildet eine der wesentlichsten Schutzeinrichtungen des Organismus, welche verhindert, daß Reizsummierungen zu beliebig starken Summierungen organismischer Reaktionen und damit zur Selbstgefährdung des Organismus führen.

Es ist im Hinblick auf die heute so moderne „psychosomatische" — bislang und seit langem „psychophysisch" benannte — Problematik nicht uninteressant, daß diese Einrichtung auch für Seelisches gilt, z. B. für Affekte, deren enge Beziehung zum vegetativen Nervensystem ja schon nahezu eine Binsenwahrheit ist; gleichgerichtete Affekte erschöpfen sich in ihrer Wirkung bis zur Umkehr.

Im *Zustand der Nicht-Kompensation* des vegetativen Nervensystems, um den HOFFschen Ausdruck hier nochmals zu gebrauchen, d. h. wenn die Ansprechbarkeit des einen Systemanteiles extrem gesteigert und diejenige des anderen noch nicht aufgeholt hat, scheint, wie auch STRAUBE im Hinblick auf Metorobiologisches betont, der Organismus am gefährdetsten; hier kann er am leichtesten die Grenze der Anpassungsfähigkeit überschreiten und damit erkranken. Und zwar wird jene Grenze am leichtesten mit jenem Gewebe, an jenem Organ erreicht werden, das infolge organischer Störungen anderer Genese in seiner vegetativen Kompensationsfähigkeit bereits gemindert, gestört ist.

Die geschilderten Umstände klären auch zwanglos manche *Kontroversen*, die sich durch die *meteorobiologische Literatur* der letzten Jahre ziehen. Man versteht leicht, daß ein Untersucher, der nicht beide vegetativen Systemanteile gleichzeitig testet, eine gesteigerte orthosympathische Erregbarkeit antreffen wird, obwohl die parasympathische noch überwiegt oder auch weil eine Gegenregulation schon erfolgt ist. Die aus

[1] WILDER: Z. Neurol. **137**, 317 (1931).

meteorischen Gründen oft zeitlich sehr rasche Folge von Warm- und Kaltfronten oder von Föhn und Warmfront kann sehr leicht durch zeitliches Zusammenfallen mit Gegenregulationen oder sogar durch Beschleunigung der letzteren eine gegensätzliche Wirkung beider Wettervorgänge vortäuschen.

Von den mit größter methodischer Sorgfalt vorgegangenen Untersuchern – und nur von solchen kann hier die Rede sein – scheinen etwa W. F. PETERSEN, sowie REGLI und STÄMPFLI durch solche Umstände zu ihren abweichenden Ergebnissen gekommen zu sein, wobei übrigens W. F. PETERSEN sehr genau bereits die Gegenregulation im vegetativen Nervensystem kennt. Auf diese Kontroversenliteratur, aus der sich dann jeder Autor die ihm gerade passenden Kronzeugen auszuwählen pflegt, kann hier nicht im einzelnen eingegangen werden; das um so weniger, als sie sich oft auf methodisch fragwürdige Ergebnisse stützt.

Die hier dargelegte Auffassung macht erstmalig auch jene Befunde verständlich, die bei Verwendung *barometrischer Änderungen* als Wettertest auftraten (STAEHELIN-PLUNGIAN, SARRE-BETZ, WIGAND u. a.).

Alle Autoren fanden eine zwar *hohe Korrelation zwischen Luftdruckänderung und dem betrachteten biologischen Vorgang, aber keineswegs eine Parallelität*, und sämtliche betonen daher auch, daß sie die Luftdruckänderung nicht etwa als direkten mechanischen Auslöser von Reaktionen, sondern eben nur als Symptom für Wettervorgänge gewertet haben möchten. Zu dieser hohen Korrelation scheint es auf folgendem Wege zu kommen (wobei ich als Beispiel diejenige zwischen Luftdruck und Blutdruck zugrunde lege): Warmfronten, auch Aufgleiten geht mit Druckfall einher und senkt den Blutdruck als parasympathikotone Wirkung; bei dem in unserer Gegend so häufigen Wetterwechsel folgen überzufällig häufig auf Warmfront und Aufgleiten oft schon nach Stunden oder am folgenden Tage Kaltfronten mit Luftdruckanstieg, sie fallen also zeitlich mit der orthosympathikotonen Gegenregulation, d. h. mit Blutdruckanstieg zusammen oder führen als erneute Parasympathikotonika zu Wirkungsumkehr, führen also ihrerseits Blutdruckanstieg herbei. So muß letzten Endes zwischen Luftdruck und Blutdruck eine hohe Korrelation zustande kommen, ohne daß eine wirkliche Parallelität beider zu erwarten wäre.

Bei der erwähnten Sammelerhebung STOLLREITHERS (in Verbindung mit UNGEHEUER als Meteorologen) ergab sich noch eine interessante Besonderheit, daß nämlich Durchbruch des Gebirgsföhns (in Bad Tölz, Obb.) fast nur in den Stunden 12–24 Uhr eine biotrope Wirkung entfaltet. Diese hier wohl erstmalig zahlenmäßig belegte Feststellung deckt sich bestens mit eigenen rein subjektiven Beobachtungen. Sehr wahrscheinlich liegt dem nicht etwa ein meteorologisches Problem zugrunde, sondern eine tageszeitlich unterschiedliche Bereitschaft des Menschen zu meteorobiologischen Reaktionen oder – noch allgemeiner – die tageszeitlich unterschiedliche vegetative Ansprechbarkeit des Organismus. Mit anderen Worten: es spielt hier das *Problem der menschlichen Tagesrhythmik* herein, wie sie in der Form der abendlichen Steigerung der Körpertemperatur oder der meisten Krankheitsbeschwerden selbst dem Laien allgeläufig ist, die ja ihrerseits doch nur Resultante mannigfacher tagesrhythmischer, vegetativ gesteuerter Lebensvorgänge sind.

Alles *zusammenfassend* läßt sich also feststellen, daß *alle überhaupt biotropen Wetterstörungen primär parasympathikoton* wirken; dieser Reaktion *folgt* dann, teils nach dem Kompensationsprinzip, teils verstärkt und zur Reaktionsumkehr durch weitere Wetterstörungen gezwungen, bereits nach Stunden *eine Steigerung des Orthosympathikotonus*, so daß praktisch eine Erhöhung der vegetativen Gesamtansprechbarkeit zustande kommt. An dieser Stelle wolle man sich aber auch erinnern, daß das *Zwischenhirn* heute längst als die Kopfstation des vegetativen Systems, speziell des Parasympathikus erkannt ist, daß aber auch die sog. Gemeingefühle mit guten Gründen heute ins Zwischenhirn lokalisiert werden; vegetative Wetterwirkung und Wetterfühligkeit (bis zur Selbstmordbegünstigung und -auslösung) sind also heute durch wohlbekannte Brücken verbunden.

Faßt man die Wettereinflüsse unter diesen allgemeinen Gesichtspunkten der „vegetativen Belastung" zusammen, so verschwindet völlig der „okkulte" Beigeschmack, der ihnen noch vor wenigen Jahren anhaftete. *Die Gesamtheit der Untersuchungen über das Bestehen solcher Einflüsse ist dann nur ein Beitrag zu der Frage, inwieweit „vegetative Belastungen" eine Mitursache für bestimmte Krankheitsauslösungen sind.* Man wird – glaube ich – mehr und mehr die voraussagbare Entdeckung machen, daß das für sehr, sehr viele, wenn nicht alle akuten oder zu akuter Exacerbation fähigen Krankheiten in mehr oder minder starkem Maße gilt. Kennen wir doch die ganz überragende Bedeutung des vegetativen Systems für alle Körperregulationen.

Man ist hier, wie mir scheint, auf einem ähnlichen Wege, wie manche in der Vererbungsforschung. Nachdem die großen Gesetze der Vererbung und jene Krankheiten, bei denen Vererbung eine überragende Rolle spielt, immer mehr klargestellt sind, suchte man mehr und mehr Krankheiten nachzuweisen, bei denen Vererbung *auch* eine Rolle spielt. Man freute sich darüber, aber nur insoweit, als man vergaß, daß Vererbung ja die gesamte Reaktionsweise eines Organismus auf seine Umwelt determiniert – soweit man von ganz groben, traumatischen Umweltbedingungen absieht – und daß Krankheit eben dort auftritt, wo diese erblich determinierte Reaktionsform mit den Umweltanforderungen nicht mehr Schritt halten kann.

Nachdem aber das Grundproblem, nämlich die Aufklärung zeitlicher Häufung von Krankheiten in seinen wesentlichen Zügen heute erfaßt ist, scheint mir der Weg für die Zukunft weniger in dem Nachweise zu liegen, daß Wettereinflüsse bei der oder jener Krankheit *auch* eine (vielleicht nicht sehr ausgesprochene) Rolle spielen, sondern der Forschungsweg muß nunmehr den diesen „vegetativen Belastungen einer Allgemeinheit" zugrunde liegenden biotropen Wetterfaktor aufzukären suchen.

3. Wetter und Konstitution.

Es stellt geradezu eine Ursehnsucht ärztlichen Beobachtens und Deutens dar, aus gewissen einem Menschen eigenen Kriterien auf sein vermutliches Verhalten – besonders im Falle Krankheit – schließen zu können. In solcher Richtung wurden teils morphologische, d. h. letzten Endes im Körperbau verankerte, teils funktionelle, d. h. die Reaktionsweise nach gewissen Anforderungen widerspiegelnde Kriterien angesprochen. Auf diese Bestrebungen und die Fülle versuchter Antworten hier einzugehen, ist hier weder möglich noch nötig. Was indes zu den hier erörterten Problemen unmittelbare Beziehung hat, sei an dieser Stelle angefügt. Zunächst vergegenwärtige man sich noch einmal aus dem bisher Gesagten:

Wetterreagierend ist jeder Mensch (Hellpach, Regli und Stämpfli), es ist sozusagen das physiologische Antworten auf atmosphärische Umweltreize.

Wetterempfindlich kann im Laufe des Lebens der Mensch werden, bei dem durch irgendeine Krankheit oder ein Leiden eine irreparable Gewebsschädigung an einer Körperstelle bzw. an einem Organ entsteht; diese Stelle neigt dann offenbar zu erhöhter Reizbeantwortung. Ob letztere dann empfunden wird, hängt vielleicht mit dem gleich zu besprechenden Reagieren zusammen, worüber indes kaum Genaueres bekannt ist.

Wetterfühlig erweisen sich ganz besonders Menschen mit einer erhöhten Ansprechbarkeit, einer erniedrigten Reizschwelle ihres vegetativen Nervensystems, sog. „vegetativ Stigmatisierte", welche zu raschen Änderungen ihrer Hautdurchblutung (Farbwechsel), zu Dermographismus und Schweißen und mannigfachen subjektiven Störungen neigen.

Für die den letzteren sehr nahestehenden „*B-Typen*" Lamperts gibt dieser auch eine erhöhte Neigung zu Wetterschmerzen bei Rheuma an, und Schuberth und Gruner sprechen von gesteigerter Wetteransprechbarkeit tuberkulöser B-Typen, wobei hinzukommt, daß aktive Tuberkulose allem Anschein nach ihrerseits die vegetative Ansprechbarkeit steigert.

Inwieweit vegetativ Stigmatisierte allgemein erhöht wetterfühlig sind, wäre selbst durch speziell dahingehende Untersuchungen kaum zu entscheiden. Zunächst ist das, was wir vegetative Stigmatisation nennen, ein Eindruck, der schwer meßbar ist.

Neuerdings hat Jungmann speziell für bioklimatische Zwecke allerdings ein sehr einfaches Instrument angegeben, mit dem man einen in der Stärke konstanten vegetativen Hautreiz zur Prüfung auf Vasomotorismus ausüben kann, wobei man mit Stoppuhr die „dermographische Latenzzeit" bestimmte; Jungmann konnte damit in sehr eindeutiger Weise die erhöhte vasomotorische Ansprechbarkeit und damit die erhöhte vegetative Labilität der Präpubertätszeit statistisch sehr eindrucksvoll nachweisen. Die Einfachheit der Methode würde Reihenuntersuchungen auf quantitativ verschiedene vegetative Erregbarkeit der Haut gut ermöglichen. Aber in die Frage, ob ein nun als vegetativ stigmatisiert Befundener wetter„fühlig" sei, was ja nur durch Befragen ermittelt werden könnte, in diese Frage spielt die weitere Tatsache herein, daß diese vegetativ erhöht Ansprechbaren ohne Zweifel auch die suggestiv Zugänglicheren darstellen, und zwar gerade wegen ihrer erniedrigten Reizschwellen für Allgemein-, für „Körper"-Gefühle. Daß aber gerade die Wetterfühligkeit psychisch ansteckend ist, wissen Beobachter an Föhnorten am besten. Schon TRABERT hat in seinen „Innsbrucker Föhnstudien" darauf hingewiesen, daß die von ihm objektiv gesuchten und gefundenen Reaktionen schwächer waren, als er nach der dort in der Bevölkerung herrschenden Beachtung des Föhns erwartet hatte. Und STOLLREITHER fand, daß am Föhntag selbst die psychischen Beschwerden im Vordergrund stehen und erst der folgende (dann, wie wir sahen meist der zyklonal gestörte) Tag die körperlichen Symptome bringt.

Es gibt weiterhin viele Belege dafür, daß zwischen erblichen Körpereigenschaften und Verhalten gegen atmosphärische Einflüsse Beziehungen bestehen. Wir wissen manches zu diesem Thema aus Erfahrungen bei Klimawechsel, dem Verhalten bei Gewöhnung an neue klimatische Anforderungen, der freien Wahl zwischen Klimaformen bei freiwilliger Auswanderung. Diese vor allem Geographen, auch Soziologen wohlbekannten Gesetzmäßigkeiten interessieren hier nur am Rande, sozusagen als allgemeine Beweise für die Existenz genannter Zusammenhänge, denn „Wetterstörungen" stellen den Menschen ja eigentlich fortgesetzt vor neue atmosphärische Bedingungen, denen er sich anzupassen sucht.

Hierher gehört etwa die alte Regel, daß alle Menschenrassen bei Auswanderung der Wärmetönung ihres Heimatklimas zu folgen pflegen (SAPPER), die Erfahrung, daß der Europäer im tropischen Urwaldklima kaum auf Dauer siedlungsfähig ist und eine „Inklimatisation", d. h. über leidliches körperliches Wohlbefinden hinaus die Gründung einer Familie und Erhalten eines mitgebrachten Kulturniveaus über Generationen so gut wie nie gelingt (HELLPACH), und zwar unabhängig von tropischen Infektionskrankheiten.

Die Beobachtungen HOEHNES an Kämpfern des Afrikakorps des 2. Weltkrieges zeigten, daß auch innerhalb gleicher Rasse *Unterschiede des Körperbaues mit Unterschieden im Akklimatisierungsverhalten* einhergehen. Leptosome und vor allem Astheniker waren besonders schlecht klimatisch anpassungsfähig, Pykniker verhielten sich in dieser Hinsicht günstiger. „Legierungen", d. h. Leptosomathletische, Pyknischathletische, sowie im Körperbau Uncharakteristische zeigten die beste Akklimatisierungsfähigkeit, was HOEHNE zu der Vermutung veranlaßt, daß sich hier das bekannte biologische Prinzip bestätige, wonach steigende Differenzierung und Spezialisierung die Anpassungsfähigkeit von Organismen einschränke. HOEHNE zieht bereits die Parallele zur Meteorobiologie und spricht die Hoffnung aus, daß bald entsprechende Erhebungen über Wetteransprechbarkeit der verschiedenen KRETSCHMERschen Körperbautypen durchgeführt würden. Die Befunde HOEHNES lassen in der Tat solche Beziehungen nicht nur erwarten, sondern sie fügen sich sehr wohl in das oben über Wetterfühligkeit Gesagte ein, wenn man bedenkt, daß eine ziemlich hohe Korrelation zwischen schlankwüchsigen, leptosomen Individuen und vegetativer Stigmatisation besteht und daß diese Typen nun wieder enge Beziehungen zu HELLPACHS „Variolabilen" besitzen.

HELLPACH hat nämlich neuerdings (in seinem Vortrage auf der Kissinger Meteorologentagung 1951) die Frage aufgeworfen, ob sich in Wetterfühligkeit und evtl. sogar -empfindlichkeit nicht eine allgemeine konstitutionstypologische Eigenart auspräge, nämlich ungünstiges Beantworten *jedes* Wechsels in den Lebensumständen, ja ein Widerstreben gegen solchen Wechsel, eine „*Variolabilität*", während der gegenteilige Typus, der „*Statotoniker*" in seinen gesamten Lebenslagen die Abwechslung geradezu vorzieht und sucht, sie als anspornend, unternehmungsfördernd empfindet. Und man darf hier wohl anfügen, daß diese Statotoniker unter den pyknischen und athletischen Typen KRETSCHMERS sich zweifellos verstärkt finden dürften.

In der Literatur trifft man dann gelegentlich die Bemerkung, daß es *Menschen mit vorwiegender Warmfrontempfindlichkeit und solche mit vorwiegender Kaltfrontempfindlichkeit* gäbe, was dann sowohl für Wetterempfindliche als für Wetterfühlige zutreffen würde.

Diese unterschiedliche Ansprechbarkeit würde nach CURRY sogar zwei gut unterscheidbare Konstitutionstypen betreffen, nämlich die beiden Extremtypen des Vagotonikers und Sympathikotonikers, nur daß CURRY sie umbenennt in „Kaltfronttypen" und „Warmfronttypen".

Daß er bei seinen Beschreibungen in Wirklichkeit nur die genannten Typen behandelt, geht daraus hervor, daß er den „Kaltfronttypen" eine Kaliumerhöhung und eine Calciumverminderung im Blut zuschreibt, was allgemein typisch für Vagotonie gilt, und daß den „Warmfronttypen" die für Sympathikotone typische gegenteilige Ionenverschiebung zukommen soll.

Es bedeutet dann allerdings auch keinen Erkenntnisgewinn, sofern man nicht aus der Meteorobiologie eine Weltanschauung zu machen gedenkt, wenn CURRY weiterhin alle seit Jahrzehnten bekannten vagotonen und sympathikotonen Einwirkungen (bis zur „Liebe") als Kaltfrontwirkungen und Warmfrontwirkungen umbenennt.

Übrigens löse sich das Problem der Wetterfühligkeit bei Tieren bis herunter zu den Fischen nach CURRY in gleicher Weise; die Hunde, da „gutmütig, aufrichtig, oft feige", seien die ausgesprochenen Warmfronttypen, die Katzen dagegen als „hinterhältig, falsch, tapfer" ausgesprochene Kaltfronttypen; beim Kuckuck lägen die Dinge unklar.

Nun hat STOLLREITHER die seiner Sammelforschung zugrunde liegenden 50 wetterempfindlichen bzw. wetterfühligen Personen nach dem originalen CURRYschen Fragentest für die beiden Typen getestet, wobei es ihm nicht einmal möglich war, wirklich sich nennenswert nach der einen oder anderen Richtung entscheidende Personen festzustellen oder auch nur eine Andeutung eines Unterschiedes in der Wetteransprechbarkeit zu finden.

Sehen wir ganz davon ab, daß die ursprünglich, und sei es auch nur als polare Typen erhoffte Einteilung des Menschen in Vagotoniker und Sympathikotoniker ziemlich allgemein wieder aufgegeben wurde, weil diese Typen eben in reiner Form viel zu selten realisiert sind, so wurde oben bereits im einzelnen belegt, daß der ehedem von manchen Autoren vermeinte Gegensatz zwischen Warmfront und Kaltfront jedenfalls in seiner biologischen Wirkung überhaupt nicht besteht, ja daß Störungswetterlagen von prinzipiell gleichartiger Wirkung in größter meteorologischer Vielgestaltigkeit und nicht selten ganz ohne Frontcharakter auftreten. Es liegt auch bislang *keine einzige biologische Testung* (etwa an physiologischen Kriterien) vor, *welche die* CURRYsche Typologie oder auch nur die *Annahme allein warmfront- und allein kaltfrontempfindlicher Menschen belegen würde.*

Es hat fast den Anschein, daß hier wieder die menschliche Neigung zu polaren Scheidungen zum Ausdruck kommt. Inzwischen ist eine Polarität des Wettergeschehens – hie Warmfront – hie Kaltfront –, wie sie in den 20er Jahren unter dem ersten Eindruck neuer Erkenntnisse sich entwickelt hatte, in der Meteorologie längst überwunden. Sie hat einer starken Differenzierung des Wettergeschehens Platz gemacht, von der oben schon die Rede war.

Diese Differenzierung neigt bisher in keiner Weise dazu, die verschiedenen Vorgänge nach zwei Typen zu scheiden, welche die ursprüngliche Polarität Warmfront – Kaltfront wieder aufgreifen würde.

Meteorobiologisch hat sich sogar gezeigt, daß eigentlich eher im Sinne starker Vereinheitlichung vorwiegend die Wetterstörungen mit vertikaler Luftversetzung wirksam sind, was einen sehr einheitlichen Gesichtspunkt darstellt. Daß sämtliche primär parasympathikoton wirken (STRAUBE und SCHOLZ), wurde oben ausführlich dargetan.

So bliebe in der ganzen Angelegenheit, wenn in der Unterscheidung überhaupt ein wahrer Kern enthalten sein sollte, folgende Möglichkeit, die nicht theoretisch, sondern nur durch Beobachtung geklärt werden müßte: gibt es Menschen, welche *konstitutionsgebunden* (!) auf parasympathikotone Reize mit irgendwelchen Allgemeingefühlen (Unlustgefühlen) ansprechen, und andere Menschen, welche das nur bei Steigerung des Sympathikotonus tun? Es wäre an sich etwas verwunderlich, wenn solch differentes Verhalten etwa der inneren Medizin ganz unbekannt geblieben wäre. Wenn eine derartige unterschiedliche Art des Empfindens vorkäme, dann könnte es sein, daß bei den zweitgenannten Typen die primäre parasympathikotone Wetterwirkung nicht empfunden wird, sondern erst die sympathikotone Gegenregulation (vgl. dazu S. 94); diese träfe aber zeitlich dann sehr oft mit der einer Warmfront oft folgenden Kaltfront zusammen; diese Menschen würden dann als „Kaltfronttypen“ erscheinen, ohne es zu sein. Dieser Hinweis ist nur als Anregung gedacht; es hat keinen Zweck über Wenn und Aber zu der Frage theoretisch weiter zu diskutieren.

Alles in allem aber trifft man *hinsichtlich der Zusammenhänge von Konstitutionstypen und Wetterreaktion des Menschen bis heute mehr Fragen und Anregungen als gesichertes Wissen*, bis auf die eine Feststellung, daß unter den vegetativ Stigmatisierten anscheinend besonders viele Wetterfühlige sich finden.

d) Die biotropen Wettervorgänge.

Aus der Gesamtheit bislang an Kranken und Gesunden gemachten Erfahrungen ergeben sich heute schon einige recht wesentliche allgemeine Erkenntnisse.

Der weitgehende Ausbau meteorologischer Synoptik und das immer differenziertere zeitliche Verfolgen von Wettervorgängen machte es möglich, zwischen letzteren und dem biologischen Geschehen mehr und mehr sogar ins Quantitative gehende Beobachtungen anzustellen.

Das gelang ganz besonders durch die systematischen Arbeiten des „Königsteiner Arbeitskreises“ um BECKER (mit PFEIFFER) als Meteorologen, und AMELUNG, CATEL, CYRAN, FLADUNG, STRAUBE (mit KALKBRENNER und SCHOLZ), STRÖDER (mit HAAS), SANDRITTER als Ärzten.

Die Befunde CYRANS über Wehenauslösung sowie die Testungen von STRAUBE und SCHOLZ bestätigen zunächst wieder eine Reihe alter Erfahrungen über die Wirksamkeit eines Luftkörperwechsels, die im Hinblick auf manche Diskussionen in der Literatur gar nicht genug unterstrichen werden können:

1. „*Die Größe der Veränderung der meteorologischen Einzelelemente läßt keine Beziehung zu seiner Wirksamkeit erkennen.*“
2. „*Die Art der am Luftkörperwechsel beteiligten Luftkörper ist ohne nennenswerte Bedeutung für seine Wirkung.*“

Bezüglich dahingehender Untersuchungen muß außerdem bedacht werden, daß es, wie wir im zweiten Abschnitt des Buches sehen werden, viele Krankheiten gibt, welche z. T. aus unbekannten, z. T. aber aus sehr durchsichtigen nichtmeteorobiologischen Gründen eine unterschiedliche Häufigkeit zu verschiedenen Jahreszeiten aufweisen, und daß andererseits auch die verschiedenen Luftkörper jahreszeitlich verschieden häufig sind. Wer also nach korrelativen Beziehungen zwischen beiden Beobachtungsreihen sucht, gerät unversehens in die Gefahr automatischer Korrelationen.

Dagegen zeigte sich, daß *nahezu alle Wettervorgänge, die der Meteorologe als „Wetterstörung“ betrachtet, auch biotrope, d. h. krankheitsauslösende Wirkung* haben.

Dabei ergab sich *keinerlei Anhaltspunkt* dafür, daß *qualitative Unterschiede* in der biotropen Wirkung verschiedener Wetterstörungen vorkommen, d. h. *alle Wetterstörungen wirken auf ein und denselben Menschen primär gleichsinnig*.

Das gilt insbesondere auch für einen oft mit ungenügender Begründung und damit zu Unrecht angenommenen prinzipiellen Unterschied in der Wirksamkeit von Warm- und Kaltfronten, der ja auch in den Wettervorgängen selbst nicht besteht.

Insbesondere bestätigte sich immer wieder die alte Erfahrung, daß *alle* biotropen Wetterlagen jeweils die gleichen Krankheitsbilder auslösen und auf den Gesunden in prinzipiell gleicher Weise wirken. Auch lange Zeit dem Föhn zugeschriebene biologische Besonderheiten sind bislang nicht so eindeutig gesichert, daß sie eine biologische Sonderstellung des Föhns rechtfertigten.

Sehr wohl aber zeigten sich *quantitative Unterschiede* der biotropen Wirkung der verschiedenen Wetterstörungen, vor allem bei den Studien an physiologischen Kriterien, z. B. der Wehenauslösung (CYRAN) und bei den Testungen von STRAUBE und SCHOLZ.

Von den verschiedenen Wetterlagen erwiesen sich hier als stärkst wirksam:

Freier Föhn über Inversion oder bis Bodennähe (nicht der freie Föhn der oberen Schichten),

Warmfronten mit einem Luftkörperwechsel von Polar- zu Tropikluft,

Aufgleiten subtropischer Warmluft in der Höhe;

mittelstark wirksam waren:

Kaltmassengrenzen und *maskierte Kaltfronten*,

Okklusionen von Warmfrontcharakter,

lokale Labilisierungen.

Über die Wirkung eines auf den Kontinent übergreifenden *Azorenmaximums* (SCHMAUSS' *Äquatorialfront*) liegen irgendwelche zahlenmäßigen Erfahrungen aus neuerer Zeit nicht mehr vor; einige damit synchrone Gruppenbildungen des Kehlkopfcroups an meinem früheren Material, über welche ich seinerzeit berichtet habe (1), können heutigen Anforderungen methodisch wohl nicht mehr genügen, so daß darauf nicht weiter eingegangen werden soll. Erst in neuester Zeit tauchte die Frage einer Wirksamkeit dieser Vorgänge in geänderter Form, nämlich bei der Frage der Entstehung evtl. biotroper Hochfrequenzstrahlung nochmals auf (vgl. S. 117).

Es hat nach allem Bisherigen den Anschein, daß *alle* mit *Labilisierung und Turbulenz, d. h. alle mit starker vertikaler Luftversetzung einhergehenden Wetterstörungen biotrop* wirken und daß die Wirkungsstärke annähernd mit diesem vertikalen Luftaustausch parallel geht. Übrigens hatte schon FLACH die stark biotrope Wirkung absinkender Luftmassen auf Grund seiner ebenfalls stundenweise durchgeführten Rheumastudien vertreten. Es erweisen sich der genannten allgemeinen Regel entsprechend nach wie vor alle ausgesprochenen Fronten, soweit sie mit Labilisierung einhergehen, als besonders stark wirksam; aber auch Aufgleitlabilisierungen (diese anscheinend wesentlich stärker als einfaches Aufgleiten), lokale Labilisierungen, Luftmassengrenzen ohne ausgesprochenen Frontcharakter, Okklusionen sind biotrop; endlich wirken gleichsinnig Gebirgsföhn und freier Föhn über Inversionen, aber auch Durchbruch freien Föhns bis in Bodennähe.

Feinere quantitative Wirkungsunterschiede etwa bis zur Aufstellung einer Wetterstörungsstufenfolge nach der biotropen Wirkung müssen erst durch weitere sehr kritische statistische Erhebungen besonders an physiologischen Vorgängen herausgearbeitet werden.

Bei solchen Auswertungen wäre zweierlei zu bedenken:

1. *Ungeeignet als Testobjekt* sind Zahlen irgendwelcher Krankheitsfälle; denn diese hängen von der Zahl der zum untersuchten Zeitpunkt vorhandenen Empfänglichen ab. Besonders geeignet wären indes weiterhin Testungen physiologischer Funktionen an möglichst vielen Menschen nivellierter Lebensweise.

2. Die Reaktionsfähigkeit von Menschen wird — ganz ebenso wie die Zahl vieler wetterauslösbarer Krankheitsbilder — stark *jahreszeitlich beeinflußt* sein, die Vergleiche müssen also sozusagen nebeneinander innerhalb gleicher Jahreszeit erfolgen, wenn man nicht noch obendrein in die Gefahr automatischer Korrelationen geraten will, von der beim Jahreszeitenproblem noch allerlei zu sagen sein wird.

Auch das klinisch so geläufige Vorfühlen war bei den Testungen bis zu 8 Stunden vor dem Eintreffen von Fronten, Okklusionen und Luftmassengrenzen und mit einer Nachwirkung von bis zu 16 Stunden festzustellen (Straube und Mitarbeiter).

Als „*störungsfrei*" sowohl im meteorologischen als im meteoro*bio*logischen Sinne erscheinen alle Wetterlagen, in denen Gleitflächen (Fronten, Inversionen) und hochreichende Turbulenzvorgänge fehlen; zu den störungsfreien Wetterlagen rechnet auch nach bisheriger Erfahrung der freie Föhn in mittleren und höheren Troposphärenschichten (Becker). Ungeheuer spricht in gleichem Sinne von „*statischem*" Wetterablauf, der nur durch Ein- und Ausstrahlung bestimmt wird, und stellt ihm einen „*advektiven*" als Störungswetter gegenüber, bei dem der Wetterablauf durch Zufuhr von Luft mitbestimmt wird (vgl. auch S. 28).

Eine gewisse Sonderstellung in der Meteorobiologie genoß bisher der **Föhn**, der bis vor wenigen Jahrzehnten nur in der schon für den Laien eindrucksvollen Form des Gebirgsföhns bekannt war.

Biotrope Eigenschaften des Föhns im Gebirge müssen in davon heimgesuchten Gegenden schon sehr früh aufgefallen sein; denn bei der Gründung der Naturwissenschaftlichen Gesellschaft St. Gallen am 29. Januar 1819 stellt Zollikofer in seiner programmatischen Eröffnungsrede die ausdrückliche Forderung, der „mit dem Namen Fön belegte Südwind" sei bezüglich Entstehung und Wirkung zu erforschen, und zwar „welchen Einfluß hat er auf den menschlichen gesunden und kranken Körper, auf die Thiere und auf die Vegetation?". Schon ein Jahr später berichtete Dr. Lusser-Altdorf in einem Brief vom 24. Januar 1820 an Fr. Meisner,

Professor der Naturgeschichte und Botanik in Bern und Herausgeber des „Naturwissenschaftlichen Anzeigers der allgemeinen schweizerischen Gesellschaft für die gesamten Naturwissenschaften", eine Anzahl Beobachtungen, die in diesem Organ abgedruckt wurden. Er schildert darin die vielfachen Empfindungen, Gefühle und Beschwerden, die *„mit Eintritt des Föhns wieder erträglicher werden"*, d. h. *bereits hier wird die seitdem immer wieder erwähnte* und für alle schon den Laien beeindruckenden Wetterstörungen verbürgte *Tatsache des Vorfühlens* betont, wobei schon hier beim Föhn ausdrücklich die *Wetterschmerzen genannt* werden. „Solang der Südwind in der höheren Luft noch im Kampfe mit den nördlichen Strömungen ist", wirke er besonders stark, betont auch ROEDER 1863 in seiner kleinen, wohl der ersten Föhnmonographie.

So hat das Problem der Föhnwirkungen, der subjektiven Föhnerscheinungen, der *„Föhnkrankheit"* PETSCHACHERS immer wieder Meteorologen und Ärzte beschäftigt und in gewissem Sinne bahnbrechend für die heutige Meteorobiologie gewirkt. TRABERT hat schon 1907 in seinen klassischen „Innsbrucker Föhnstudien" erstmalig statistische Methoden angewandt, um der Föhnwirkung nachzugehen (tägliche Aufzeichnungen von Studenten über das Befinden, von Lehrern in Schulen über das Verhalten der Schüler, von Ärzten der Psychiatrischen Klinik über die Zahl beobachteter epileptischer Anfälle als sozusagen zeitlich präzise fixiertes biologisches Testobjekt). Bei Studierenden und Schulklassen hoben sich dann auch „gute" und „schlechte" Tage heraus, und es zeigte sich, daß „jene Tage physiologisch als schlecht empfunden werden, an denen eine Depression die Situation beherrscht und im Heranrücken begriffen ist". Und umgekehrt „als gut werden jene Tage bezeichnet, an denen hoher Druck herrscht oder doch das Barometer steigt". Also bereits hier wird die Föhnwirkung keineswegs abgetrennt von der den Föhn meist beendenden Zyklone! Und TRABERT war auch überrascht, daß in der klassischen Föhnstadt die Föhnwirkung doch nicht so stark sich zeigte, wie er erwartet hatte, so daß der biologische Föhneinfluß nicht überschätzt werden dürfe. HELLPACH schildert sehr eingehend in seiner ersten Auflage der Geopsyche (1911) die mannigfachen Wirkungen auf das Befinden, die von föhnempfindlichen Menschen angegeben werden. Unlustgefühle, gesteigerte Reizbarkeit, Krankheitsgefühl, depressive Stimmung werden hier und von zahlreichen weiteren Autoren angeführt; Polyurie und Polakisurie, gesteigerte Reaktionsfähigkeit der Haut (auf Pollenextrakte, Tuberkulin, Ultraviolett), aber auch Verschlimmerung von Krankheiten, gehäufte plötzliche Todesfälle, Anfälle, Selbstmorde werden berichtet (J. BAUER, HELLY, PETSCHACHER, v. PHILIPSBORN, STORM VAN LEEUWEN und Mitarbeiter; vgl. Einzelheiten bei v. FICKER-DE RUDDER). „Es gibt wohl keine Stadt Europas, in deren Leben der Föhn eine so große Rolle spielt als Innsbruck", schreibt ERISMANN 25 Jahre nach TRABERT in der Einleitung zur Arbeit ROHDENS, der erneute Sammelforschungen über die Föhnwirkung anstellt.

Zumeist handelt es sich bei diesen Berichten um Eindrücke und gelegentliche Beobachtungen, die völlig an die in den voranstehenden Abschnitten besprochenen Hinweise über Wetterwirkungen erinnern. Nur JELINEK ist dann mit SCHARFETTER und SEEGER speziell den *Apoplexieauslösungen* durch den Innsbrucker Föhn statistisch nachgegangen und fand bei immerhin 331 herangezogenen Fällen keine Häufung an Föhntagen.

Es bedarf andererseits kaum der Erwähnung, wie stark in einer Stadt wie Innsbruck, in der schon das Naturerlebnis „Föhn" außerordentlich beeindruckt, die psychische Infektion, die Suggestion bei allen subjektiven Föhnwirkungen mitsprechen muß. Die Fragen der „Föhnimmunität" Ortsansässiger, der „Sensibilisierung gegen Föhn" von Zugezogenen, der erleichternden Wirkung von pneumatischen Kammern, der Besserung bei raschem Ortswechsel, über die in den Gemeinschaftsarbeiten unter der Leitung STORM VAN LEEUWENS manches gesagt ist, müssen unbedingt auch unter solchen psychologischen Gesichtspunkten gesehen werden, bevor man aus solchen Erfahrungen weitgehende biologische Schlüsse zieht.

So muß man immer wieder die *Frage* aufwerfen, ob die *Föhnwirkung wirklich eine prinzipiell andere als die Wirkungen der übrigen Wetterstörungen* sei. Ich neige heute doch dazu, diese Frage zu verneinen. Es ist eigentlich nur das obengenannte Fehlen einer Apoplexiehäufung, welches die Erfahrungen bei Föhn von denen bei anderen Störungswetterlagen unterscheidet, und das ist doch wohl ein nicht hinreichend zuverlässiger Test für so weitgehende Schlüsse. Auf der anderen Seite stehen die fast bis in Einzelheiten gehenden Übereinstimmungen der biologischen Wirkungen sowie die besonders eindrucksvoll von DUGGE im Vorföhn nachgewiesene parasympathikotone Wirkung. Es ist zudem daran zu erinnern, daß dem *Gebirgsföhn fast stets eine Zyklone mit ihren biotropen Störungen unmittelbar folgt*, so daß schon TRABERT zu einer Identifizierung mit diesen Wirkungen neigte. Es kommt hinzu, daß seit den Arbeiten FLOHNs über den „Antizyklonalföhn", den „freien Föhn" der Atmosphäre, sofern er bis in Bodennähe gelangt oder über Inversionen herrscht, völlig gleichartige Wirkungen statistisch gesichert sind, wie das besonders deutlich die Untersuchungen des Königsteiner Arbeitskreises immer wieder zeigten. Diese Wirkungen wurden nur deshalb nicht so frühzeitig wie jene des Gebirgsföhns erkannt, weil der freie Föhn nicht entfernt ein wirklich beeindruckendes Naturerlebnis darstellt.

So wird man heute wohl nicht mehr fehlgehen, wenn man *die biologischen Föhnwirkungen nicht mehr von den Wirkungen der übrigen Wetterstörungen als etwas prinzipiell anderes abtrennt*, sondern den Föhn einfach in die Reihe biotroper Wetterstörungen stellt, wobei lediglich über seinen Platz hinsichtlich Wirkungsintensität noch diskutiert werden kann. Daß er aber so früh und so vielfach als biotrop bekannt wurde, liegt vielleicht im wesentlichen darin begründet, daß der Gebirgsföhn ein zuweilen bis zur Naturkatastrophe sich steigerndes und daher einprägsames Erlebnis darstellt, wogegen man den üblichen Wetterwechsel als etwas Alltägliches empfindet.

Auf die wenig zahlreichen und meist nur Eindrücken entsprechenden Beobachtungen bei *warmen Winden anderer Landstriche*, die teilweise auch Fallwinde darstellen (*Scirocco* in Italien, *Levèche* in Spanien, *Chamsin* in Ägypten, *Zanda* in Argentinien) hier einzugehen, würde zu dem Problem nichts Neues bringen. Meist handelt es sich um Mitteilungen von im wesentlichen ähnlichen psychischen Wirkungen. Die Bezeichnung Scirocco wird namentlich in der älteren Literatur sehr oft auch in durchaus übertragenem Sinne, einfach für Winde gebraucht, die als warm empfunden werden, ohne meteorologisch eindeutig definiert zu sein.

Auch über **Inversionen** als biotrope Wetterlagen ist noch einiges zu sagen. Zunächst *behindert* die S. 27 genannte Hochnebeldecke als eine Art Sperrschicht zuweilen für Wochen jede *vertikale Lufterneuerung*, was schon einfach durch Stagnation der Luft bedeutungsvolle Folgen haben kann, indem sich Krankheitskeime, aber insbesondere auch industrielle Abgase mit Giftwirkung ansammeln können (STORM VAN LEEUWEN, LINKE).

In letzterer Hinsicht sei an die anfänglich rätselhafte und seinerzeit dementsprechend gründlich sensationell aufgeschlachtete „*Maastalkatastrophe*" vom Dezember 1930 bei dem belgischen Städtchen Huy (zwischen Lüttich und Namur) hingewiesen; dort hatten sich plötzlich unerklärliche Erkrankungen und Todesfälle bei Menschen und Tieren gehäuft, und zwar, wie sich später feststellen ließ, durch Ansammlung schwefel- und fluorhaltiger Industrieabgase unter einer nur 70–80 m über der Talsohle liegenden Inversionsschicht bei Hochdruckwetterlage. Ein Wetterumschlag mit Abbau der Sperrschicht beendete die Katastrophe [FLOHN (3)].

An Analoges in mikrobieller Hinsicht wäre zu denken bei der zunächst von ECKARDT, FLOHN und JUSATZ berichteten Erscheinung, daß Grippeepidemien *unter* tiefliegenden Inversionen (bei antizyklonalem Föhn über der Sperrschicht) sich besonders intensiv ausbreiteten und verspätet auf Orte über der Sperrschicht übergriffen, wie das auch JÄSCHOCK bestätigte. FLOHN (4) hat übrigens darauf hingewiesen, daß der Begründer der Aerologie in Deutschland, R. ASSMANN, bereits bei der großen Grippeepidemie 1889–1890 die meteorobiologische Bedeutung von Inversionen (langanhaltender Hochdruckperioden mit bedecktem Himmel) erkannt habe.

FLOHN hat dann betont, daß es sich bei solchen Wirkungen nicht mehr um rein meteoropathologische, sondern um geomedizinische Fragen handelt; denn hier ist es die geographische Bodengestalt, die Orographie eines Ortes, welche das Großklima lokal in entscheidender Weise abwandelt, und es ist zu beachten, daß eben Becken und Grabensenken ganz besonders zur Ausbildung solcher Inversionen neigen, von ihren Wirkungen also stärker als andere Orte betroffen werden (Kärnten, Oberrheinebene, Leinegraben u. a.).

Es wäre aber sicherlich zu eng, wollte man die Inversionswirkung einzig und allein mit der mechanischen Absperrung einer Luftmasse identifizieren. Alles spricht dafür, daß Inversionen auch ganz im Sinne der vorgenannten Wetterstörungen biotrop wirken.

So war schon bei meinen Croupstudien von 1929 eine merkwürdige Häufung von 8 Croupfällen in München aufgefallen zwischen 30. Januar und 4. Februar 1918 „während eines kontinentalen Hochs mit dauernden Ostwinden (also ohne jede Front), allerdings mit plötzlich einsetzender vollkommener Bedeckung des Himmels" (2. Aufl. S. 80). Für diese Zeit hat FLOHN (3) dann nachgewiesen, daß es sich hier um eine „Periode antizyklonalen Föhns" handelte, der nicht bis zum Erdboden durchdrang, sondern über einer Inversion herrschte.

CYRAN findet bei der Beeinflussung der Wehentätigkeit für Inversionen den gleichen Meteorotropieindex wie für Aufgleitlabilisierung (1,8); ebenso STRÖDER und HAAS bei den Herzinfarkten (1,7); sowie AMELUNG-BECKER usw. für Asthma bei Inversionsschicht über dem Ort (1,6). Wiewohl für jede dieser Einzeluntersuchungen die statistische Sicherung wegen zu geringer Zahl der Fälle nicht ganz gelingt, muß man hier doch wohl im Sinne eines Beweises durch Wiederholung den Zusammenhang anerkennen, zumal STRAUBE und SCHOLZ bei ihren Testungen wieder gleiches Ergebnis hatten. Auch von Wetterempfindlichen werden solche Inversionen über dem Aufenthaltsort höchst unangenehm empfunden, und diese Wirkung erstreckt sich ebenfalls wieder eindeutig bis in (im Winter geheizte, sogar zentralgeheizte) Zimmer mit 40–50% Feuchtigkeit bei geschlossenen Fenstern.

Zu den biotrop wirkenden „lokalen Labilisierungen" zählt dann insbesondere auch die schon für den Laien wieder eindrucksvolle Erscheinung **Gewitter.** Mit der Wirkung von Schwüle hat das nichts zu tun, wie gleich vorausgeschickt sein möge; diese Schwülewirkung kommt sozusagen aus anderer Ebene hinzu. Aber Gewitter wirken ganz so biotrop, wie die anderen Wetterlagen auch; jeder Wetterempfindliche weiß das.

BETTMANN verzeichnet ausdrücklich die Unruhe in der Kapillarfüllung an solchen Tagen. RAETTIG und NEHLS haben die Wirkung bei ihren Embolieerhebungen unmittelbar nachweisen können. PUGLIATTI (s. b. BERG) spricht von gehäuften Gestationseklampsien in Mailand an Gewittertagen, LÖFFLER (s. S. 62) sowie BRÜCKNER fiel gleiches für akute Glaukomanfälle in Wien bzw. Basel auf, BERG für den von ihm speziell studierten Fall traumatischer Epilepsie, SCHROEDER für Hämoptoe.

In den Untersuchungen des Verf. zum Meteorotropismus des Kehlkopfcroups findet sich ein besonders eindrucksvolles Beispiel, wo im Juni und Juli 1926 die im Sommer an sich seltenen Fällen von Kehlkopfcroup sechsmal hintereinander, sozusagen im Takt des Gewittervorkommens folgten; meist dürfte es sich damals um Frontgewitter gehandelt haben (Abb. 10 und 11).

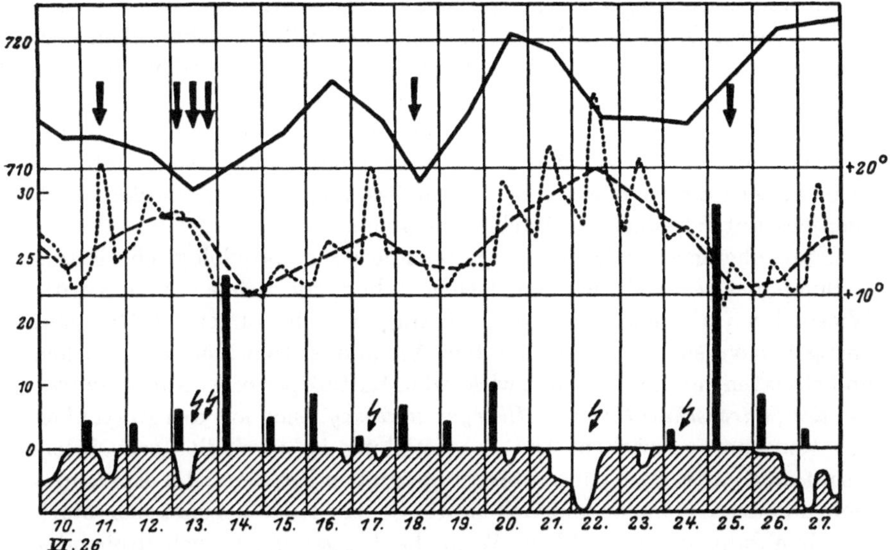

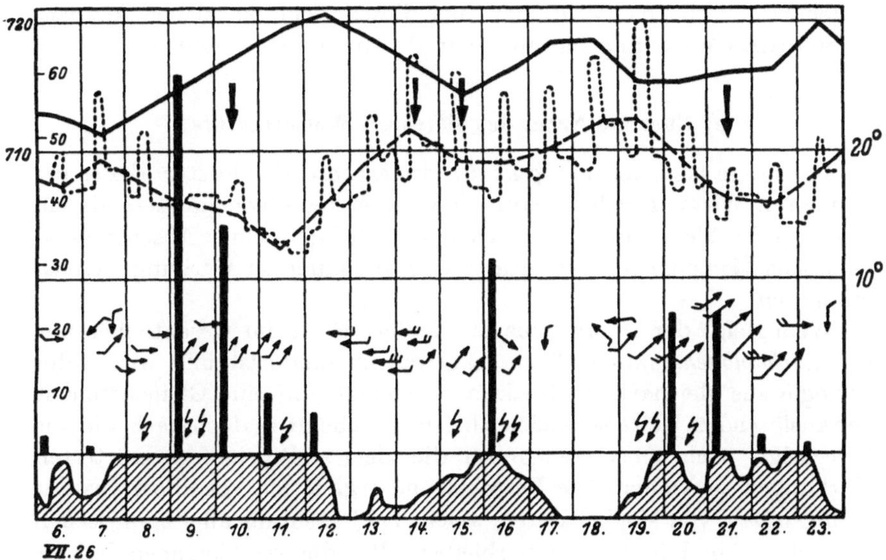

Abb. 10 und 11.

Im Takt der in der Beobachtungszeit 7mal auftretenden, zum Teil schweren Gewitterperioden (ϟ) folgen sich 6mal die im Sommer an sich seltenen Croupfälle (schwarze Pfeile). Es sind natürlich sämtliche Krankheitsbeginne von Croup in der Berichtszeit eingetragen.

Die ausgezogene Linie gibt den *Barometerstand* in mm Hg (Skala links oben), die punktierte die *Lufttemperatur* und (gestrichelt) ihre Tagesmittel in Grad C (Skala rechts) wieder. Die schwarzen Säulen geben die *Niederschlagsmenge* des Vortages in mm an (Skala links unten), wobei zu bedenken, daß ein mittlerer Regentag knapp 10 mm Niederschlag liefert und alle 10 übersteigenden Niederschlagsmengen telegraphisch für den Hochwassermeldedienst gemeldet werden. Die Gewitter der Berichtszeit hatten also zumeist Wolkenbruchcharakter. Die Schraffierung im untersten Teil der Kurve gibt den *Bewölkungsgrad* an.

In der Bewertung der biologischen Gewitterwirkung neigt der Laie zu besonderer Beachtung der für ihn eindrucksvollsten elektrischen Vorgänge; demgegenüber darf nicht außer acht gelassen werden, daß Gewitter, wie oben schon besprochen, besonders häufig an Kaltfronten zustande kommen und daß selbst die lokalen sommerlichen Wärmegewitter mit starken vertikalen Luftbewegungen einhergehen, daß also in Gewittern die auch sonst als biotrop erkannten Wettervorgänge sich eben nur unter besonderer Markierung abspielen.

Nur anhangsweise kann eine ganz andere meteorobiologische Fragestellung hier gestreift werden, welche schon vor Jahren A. SCHMIDT-Wiesbaden (in einem Diskussionsvortrag, vgl. in LINKE-DE RUDDER) anzugehen versucht hat: ob nämlich Art und Aufbau der seit Wochen und Monaten auf die Menschen wirkenden Luftkörper bzw. *Abweichungen von der „durchschnittlichen Luftkörperverteilung“* sich auf das Erkranken des Menschen auswirken. Die Fragestellung ist zweifellos sehr interessant, und Antworten rühren bis an die großen Probleme der Epidemiologie und des Kommens und Gehens der Seuchen; sie berührt sich stark mit dem Jahreszeitenproblem. Wenn bei Umgehung manch drohender automatischer Korrelationen einmal zahlreichere, übereinstimmende Ergebnisse vorliegen, wird man aus diesen Schlüsse ziehen können. A. SCHMIDTs Mitteilung war auch nur als Anregung gedacht.

e) Über die Natur des biotropen Wetterfaktors.

Die Frage nach jenem *Agens der Atmosphäre*, das letzten Endes die erörterten Wirkungen hervorruft, hat die Meteorobiologie stets als ein zentrales Problem empfunden, wobei der Gedanke einer Abschirmung, Kompensation oder sonstwie gearteten Aufhebung der Wirkung vielfach mitsprach.

Wenngleich der Organismus auf äußere Reize im wesentlichen nur mit *„Schablonenreaktionen“* zu reagieren imstande ist und wir in der Biologie aus gleichartigen Reaktionen niemals auf eine Gleichartigkeit der auslösenden Reize schließen dürfen, so scheint es doch nach wie vor berechtigt, nach *einem* Faktor für die vielgestaltigen, hier erörterten Wirkungen zu suchen. Die Berechtigung ergibt sich vor allem aus der geringen Zahl von Möglichkeiten, welche bei Beachtung aller empirischen Tatsachen überhaupt noch verbleiben. Bei diesem biotropen Faktor könnte es sich ganz allgemein handeln

1. um ein sich irgendwie änderndes – vielleicht ein bislang noch gar nicht messend verfolgtes – *Wettereinzelelement*;

2. um eine heute wieder häufiger sogenannte *„Akkordschwankung“* (LINKE), d. h. um ganz bestimmtes Zusammenwirken einer festumschriebenen Gruppe von veränderlichen Wetterelementen.

Schon einleitend wurde mehrfach gesagt, daß trotz ungezählter dahingehender Untersuchungen *zwischen Wetterwirkung und* den schon im vorigen Jahrhundert zur Messung gelangten *meteorologischen Elementen keine Beziehung* aufgefunden wurde.

Und da man sich ehedem vor der heutigen Synoptik in der Meteorologie eine Wetterwirkung gar nicht anders als durch Barometerstand, Lufttemperatur, Luftfeuchte, Windstärke u. ä. denken und Zusammenhänge mit diesen eben um keinen Preis finden konnte, gingen manche Autoren sogar so weit, daß sie eine Wetterwirkung endlich überhaupt leugneten oder gar als Täuschung hinstellten – „denn so schließt er messerscharf, nicht sein kann, was nicht sein darf" –, was wissenschaftspsychologisch nicht ganz uninteressant ist.

Für unsere Frage nach dem Wetterfaktor können wir daraus aber den Schluß ziehen, daß wir *diesen Faktor eben in den genannten Bereichen meßbarer Änderungen kaum suchen dürfen.*

Die *Zahl der Möglichkeiten* – auch für die hypothetisch allenfalls akkordierenden Elemente – erfährt überhaupt eine gewaltige Einschränkung, wenn man zwei wiederholt erwähnte, empirisch gesicherte Tatsachen vor Augen behält, auf die bis in die neueste Zeit immer wieder, so von Hellpach, Flohn, Mörikofer u. a., hingewiesen wurde:

1. das über viele Stunden erfolgende „*Vorfühlen*", d. h. das Eintreten der Wetterwirkung *vor* Eintreffen der Wetteränderung am Ort;

2. die *Innenraumwirkung*, d. h. das Eindringen der Wetterwirkung in Räume unserer Bauten bei geschlossenen Fenstern und Türen, und zwar gleichwohl, ob sie geheizt, von Menschen bewohnt, ja überfüllt, verdunkelt, jedenfalls also klimatisch gegenüber der Außenwelt ziemlich abgeschlossen, vor allem aber weitgehend denaturiert sind; als Extrem dieses einen Menschen umgebenden, veränderten Kleinklimas kann das *Bettklima* gelten, das nichts an den hier erörterten Wetterwirkungen ändert (wie jeder Rheumatiker, Arthritiker oder Amputierter tausendfach weiß).

Überlegt man sich, welche Wirkmöglichkeiten bekannter Art unter solchen Umständen bleiben, so sind das sehr wenige. Daß Sonnenschein, Temperatur, Feuchte, Windrichtung ohnedies nicht mehr zur Diskussion stehen, mag man sich nochmals erinnern.

Auch die Wirkung von der Atmosphäre beigemischten *Fremdgasen*, wie sie erstmalig Kestner (1923) zur Diskussion gestellt hatte [Stickoxydule, neuerdings *Ozon* (Curry) u. ä.], läßt sich als *Erklärung* der Wetterwirkung nicht mehr in Anspruch nehmen, vor allem weil solche chemischen Bestandteile in geschlossenen und gar in menschengefüllten Räumen in kürzester Zeit völlig verändert werden oder verschwinden[1].

---

[1] Ganz unberührt davon bleibt die rein meteorologische Frage, ob in Zeiten biotroper Wetterstörung der Gehalt der Atmosphäre an Fremdgasen sich ändert im Sinne eines „meteorobiologischen Indikators", ebenso wie die Frage pharmakologischer Wirksamkeit kleinster Ozonkonzentrationen.

Gleiches würde gelten für die schon 1886 von BERNDT und neuerdings (1941) nochmals von REGENER speziell zur Erklärung der Föhnwirkung aufgeworfene Frage nach der Wirkung von kleinen *Änderungen des Sauerstoffgehaltes* der Atmosphäre (s. bei v. FICKER-DE RUDDER).

Luftdruckschwankungen. Bei der Frage nach der Wirksamkeit des *Luftdruckes* sind zwei Möglichkeiten streng zu scheiden:

1. die – sozusagen – Großschwankungen des Barometers;

2. etwaige, nur mit Sondergeräten (Variometer) meßbare *Luftdruckwellen* oder *-vibrationen* kleiner Amplitude.

Es besteht heute Einigkeit, daß die einfachen barometrischen Änderungen zur Erklärung der Wetterwirkungen nicht in Frage kommen:

1. das Vorfühlen setzt ein, bevor nennenswerte Luftdruckänderungen eintreten;

2. bei Benutzung von *Bergbahnen* oder Passieren von *Bergstraßen im Auto*, wo doch in kurzen Zeitspannen Höhendifferenzen von einigen Hundert Metern überwunden werden und pro 100 m Höhenunterschied eine barometrische Änderung von 10 mm Hg erfolgt, treten keinerlei Wirkungen ein, die mit den hier diskutierten Wetterwirkungen vergleichbar wären; dieselben Erfahrungen waren mit Klimakammern zu machen, in denen aus experimentellen Gründen oftmals noch höhere Druckschwankungen erzeugt werden.

Die Unwirksamkeit barometrischer Änderungen ist übrigens ein lehrreiches Beispiel dafür, daß *Korrelation und Kausalität keineswegs gekoppelt* zu sein brauchen; denn barometrische Änderung und Auftreten bestimmter biologischer Reaktion, z. B. Blutdruckänderung, zeigt, wie die schon erwähnten Befunde von SARRE und BETZ noch aus neuester Zeit bewiesen haben, eine ganz eindeutige, überzufällige Beziehung; aber die barometrische Änderung ist hier eben nur Symptom für biologisch wirksames Wettergeschehen.

Ganz anders steht es zunächst mit der Frage der Wirksamkeit von *Luftdruckvibrationen*. Gelegentlich seiner grundlegenden Untersuchungen zum Gebirgsföhn hat VON FICKER die Wirksamkeit kleiner Druckschwankungen vermutet.

Diese Druckwellen haben allerdings nach VON FICKER eine *lokalklimatische*, ganz besonders für Innsbruck geltende Voraussetzung: sie entstehen an der atmosphärischen Grenzfläche, wenn der Föhn von Süden aus der Brennersenke das Silltal herabfließt und im Inntal eine dort liegende Kaltluftmasse vorfindet (Inversion), die er überbläst, bis sie völlig verdrängt ist.

Die Existenz jener Druckwellen von bis zu 4 mm Hg Amplitude und einer Wiederkehr nach 3–15 (im Mittel 5) Minuten, welche W. SCHMIDT seinerzeit erschlossen hatte und welche sehr wohl die Rezeptoren des Ohrlabyrinthes reizen könnten (WEZLER, mündliche Mitteilung), die Existenz solcher Druckwellen wurde nun neuerdings von COURVOISIER überhaupt bestritten. Wir verdanken dem letzteren aus dem MÖRIKOFERschen Institut in Davos eine sehr gründliche Bearbeitung sämtlicher, überhaupt in der Atmosphäre vorkommenden Druckschwankungen und ihrer Wirkungsmöglichkeiten auf den Menschen, auf die alle physikalisch bzw. meteorologisch an dem Problem Interessierten ausdrücklich verwiesen werden müssen. Für uns Ärzte lautet das Problem nur: sind in der Atmosphäre wetterabhängige, nicht bloß als Windeffekte auftretende Luftdruckschwankungen vorhanden, für welche der Physiologe auf Grund seiner Kenntnisse der Ansprechbarkeit des Ohres oder anderer Druckrezeptoren eine Wirkungsmöglichkeit auf den Menschen anerkennen kann.

COURVOISIER kommt zusammenfassend zwar zu einem sehr vorsichtigen, aber bisher doch sehr skeptischen Ergebnis: „Eine Erklärung der Wetterfühligkeit aus Luftdruckschwankungen scheint kaum mehr möglich. Die Kenntnisse auf dem Subschallgebiet sind jedoch noch nicht so lückenlos, daß diese Erklärungsmöglichkeit mit voller Sicherheit ausgeschlossen werden dürfte."

Auf der Suche nach weiteren Wirkungsmöglichkeiten begegnet dann ganz besonders das zunächst an sich große Gebiet der

Luftelektrizität (atmosphärische Elektrizität). Der Laie ist im allgemeinen ganz besonders bereit, Wetterwirkungen durch elektrische Phänomene zu erklären oder solchen Erklärungsversuchen besonderen Glauben zu schenken. Das hat ganz vorwiegend psychologische Gründe. Der tägliche Umgang mit kompliziertesten Phänomenen hat dem zivilisierten Städter unseres Jahrhunderts diese merkwürdige, unsichtbare Kraft und ihre Wirkungen doch nicht ganz zu entzaubern vermocht, so daß er ihr beliebige weitere Wirkungsmöglichkeiten letzten Endes zutraut, nachdem er sich längst daran gewöhnt hat, mit einer gewissen Selbstverständlichkeit die merkwürdigsten Wirkungen einer Steckdose zu entnehmen. So sind denn auch Theorien über Luftelektrizitätswirkungen auf den Menschen in ungezählten Formen und Abwandlungen seit 200 Jahren nicht zur Ruhe gekommen. Wer sich für die Geschichte dieser Vorstellungen interessiert, sei auf eine sehr gründliche monographische Darstellung von A. SCHMID hingewiesen.

Was in der Meteorobiologie dem Gedanken an luftelektrische Wirkungen immer wieder Nahrung gab und gibt, ist dann aber vor allem die unbestreitbare Tatsache, daß *Gewitter* ausgesprochen biotrop wirken, wie eben schon ausgeführt und in der Literatur immer wieder hervorgehoben.

Freilich ist die Bezeichnung „Luftelektrizität" nicht ganz so eindeutig, wie sie zunächst klingt. Unter diesen Begriff ordnen sich nämlich *höchst verschiedene Phänomene* ein, die sich wieder untereinander beeinflussen können, denen aber auch ganz verschiedene Wirkungsmöglichkeiten innewohnen[1].

[1] Es können hier nur die prinzipiell zu beachtenden Grundtatsachen in aller Kürze wiedergegeben werden, wobei ich mich besonders auf Darstellungen von ISRAËL und COURVOISIER als ganz besondere Kenner dieser Fragen beziehe.

Auf knappste Formulierung gebracht, liegen folgende Tatsachen vor:

1. In der *Hochatmosphäre*, der Ionosphäre (60 km über dem Erdboden und höher) finden sich zahlreiche *Ladungsträger*, vorwiegend Elektronen, welche insbesondere von Sonnenausbrüchen stammen und von solchen laufend nachgeliefert werden. Weitere Aufladungen der Hochatmosphäre scheinen von der Gewittertätigkeit zu kommen (vgl. dazu unter 5).

Diese variablen Ladungszustände sind an ihrer Reflexionswirkung, die sie auf elektromagnetische Wellen (auf „Radiosonden" entsprechender Stationen) ausüben, heute in vieler Hinsicht messend verfolgbar (sog. „*Grenzfrequenzen*").

Jedem Besitzer eines Radiogerätes ist diese elektrisch geladene Hochatmosphäre übrigens geläufig als die Schicht, von der einerseits die Empfangsstörung des fead out, andererseits die Spiegelungswirkung ausgeht, die gewissen Wellenbereichen die Abstrahlung in den Weltraum verwehrt.

2. Diese elektrisch aufgeladenen Schichten der Hochatmosphäre besitzen gegenüber der Erdoberfläche eine Spannungsdifferenz (*Potentialdifferenz*), so daß zwischen beiden ein „*elektrostatisches Feld*" herrscht, das in Bodennähe immerhin größenordnungsmäßig pro Meter Höhenunterschied 100 Volt und darüber aufweist und als „*Feldschwankung*" in seinen Änderungen verfolgt werden kann.

3. Die zwischen Ionosphäre und Erdoberfläche befindliche Atmosphäre enthält geladene Teilchen sehr wechselnder Größe und Ladung:

a) *Ionen im Sinne der Chemie*, d. h. gespaltene Luftmolekeln, die durch radioaktive Prozesse und durch die aus dem Weltraum auf die Erde treffende härteste, d. h. kurzwelligste elektromagnetische Ultrastrahlung entstehen;

b) in der als Troposphäre bezeichneten untersten Atmosphärenschicht von etwa 10 km Höhe und ganz besonders in den bodennahen Schichten finden sich elektrisch geladene *Schwebeteilchen*, sog. „*atmosphärische Ionen*".

Ihr wechselnd großer Kern besteht aus Salzmolekeln, Staubteilchen, Wassertröpfchen; er ist von einer adsorbierten Wasserhaut umgeben, die ihrerseits Ladungen adsorbiert hat. Diese Ladungen können aus der unter 1 genannten Ionosphäre, aus den unter 2a genannten chemischen Ionen und aus Ladungen bestehen, wie sie in der Troposphäre selbst bei Verdunstungs- und Zerstäubungsvorgängen (Gewittervorgängen) auftreten.

Diese atmosphärischen Ionen haben einen über 3–4 Zehnerpotenzen von μ wechselnden Durchmesser, nach dem sie in das nach Ort und Zeit stärkst wechselnde „*Ionenspektrum*" (von „Kleinionen" bis zu den „Ultragroßionen") eingereiht werden. Die Zahl dieser Ladungsträger schwankt in weiten Grenzen, etwa zwischen 100 und 100000 pro cm^3.

4. Durch diese sämtlichen unter 3 genannten Ladungsträger werden die Luftschichten zwischen Hochatmosphäre und Erdboden elektrisch

leitend, so daß man *Leitfähigkeitsmessungen* in verschiedenen Höhen oder bei verschiedenen Wetterlagen durchführen kann und durchgeführt hat.

Die Leitfähigkeit der Atmosphäre ist in Bodennähe sehr gering (etwa 10mal geringer als diejenige trockenen Bodens), sie wächst mit der Höhe und erreicht in etwa 100 km über dem Erdboden die Größenordnung der Leitfähigkeit trockenen Bodens.

5. Da zwischen Hochatmosphäre und Erdboden, wie zwischen zwei „Platten" mit Potentialdifferenz, das unter 2 genannte elektrostatische Feld besteht, wandern in diesem Feld die Ladungsträger der Gruppe 3, wobei das Wandern, je nach der Größe des Trägers, sehr verschieden schnell erfolgt. Auf diese Weise entsteht in der Atmosphäre ein sehr schwacher *elektrischer Vertikalstrom* (von etwa 10^{-12} Ampere/m^2 Erdoberfläche).

Dieser Strom würde immerhin genügen, um in einer halben Stunde die genannte Potentialdifferenz aufzuheben; ein wesentlicher laufender Aufladungsfaktor scheint die Gesamtgewittertätigkeit der Erde zu sein, wobei mehr negative Ladungsträger nach der Erde, mehr positive nach der Hochatmosphäre zu gehen scheinen (ISRAËL).

6. Jeder elektrische Strom, also auch der unter 5 genannte Vertikalstrom der Atmosphäre, erzeugt ein magnetisches Feld. Da der Vertikalstrom kleine Schwankungen aus verschiedensten Gründen aufweist, da ferner das unter 2 genannte elektrostatische Erdfeld starke Schwankungen, namentlich mit dem wechselnd von Sonneneruptionen einbrechenden Elektronenmengen und Strahlungen, aufweist, wird durch diese Vorgänge das in seiner Entstehung noch ungeklärte Magnetfeld der Erde (das die Nadeln unserer Kompasse anzeigen) zuweilen sehr plötzlich geändert, es entstehen die magnetischen Störungen bis zu *magnetischen Stürmen* (die z. B. ausnahmsweise in den Drähten unserer Telefonanlagen so starke Ströme induzieren können, daß Telefone leise zu klingeln vermögen).

7. In dieses ganze System elektrischer und magnetischer Vorgänge gelangen teils von außerhalb der Erde, teils entstehen auch direkt in der Atmosphäre bei vielen Wettervorgängen *elektromagnetische* Schwankungen, d. h. *Wellen*, deren Schwingungszahl etwa zwischen 10^{-4} oder jedenfalls zwischen 1 und 10^{3} Hertz schwankt und deren Feldstärkenänderungen etwa zwischen 10^{-10} und 1 Volt/cm liegen (von ganz langsamen elektromagnetischen Änderungen – Sonnenfleckenperiode, Jahresgang, Tagesgang, die sämtlich für unsere Fragen ohne Bedeutung sind – ganz abgesehen).

8. Zu diesen allgemeingeltenden Tatsachen dieser Gruppe von Erscheinungen treten dann noch manche *lokale Besonderheiten*, welche die Verhältnisse komplizieren. So kann der aus wandernden Ionen bestehende Vertikalstrom an einer atmosphärischen Dunstschicht (einer Hochnebel-

decke oder Inversionenschicht) sich stauen. Die gestauten Ladungsträger bilden nun eine Ladungsschicht, die aus der darunter liegenden Luft die entgegengesetzt geladenen Ionen anzieht und wie an einer Kondensatorplatte in Form einer „*Raumladungsschicht*" bindet.

Aus dem Gesagten mag man empfinden, welche Fülle von Wirkungsmöglichkeiten zunächst rein theoretisch gegeben erscheint und wie schwierig es sein mag, zwischen diesen für eine Theorie zu wählen oder sie messend zu erfassen und gegen andere abzugrenzen. Man mag auch erkennen, wie schwierig diesbezügliche Fragen experimentell anzugehen sind, d. h. wie schwierig Experimentalbedingungen zu schaffen sind, die den Bedingungen der freien Atmosphäre qualitativ und quantitativ gegenübergestellt werden können und durch eben diese freie Atmosphäre nicht störend beeinflußt werden.

Und endlich mag man aus dem Gesagten ein Gefühl dafür bekommen, wie gefährlich jeder messende oder theoretisierende Dilettantismus auf diesem Gebiete werden kann, wo nur die enge Zusammenarbeit zwischen Biologen und mit diesen speziellen Fragen theoretisch und apparativ vertrauten Geophysikern weiterführen kann.

Da bis heute keine der fast ungezählten, da und dort geäußerten Vorstellungen zur elektrischen Erklärung der Wetterwirkungen auch nur einigermaßen sich Anerkennung verschaffen konnte, seien nachfolgend nur noch einige Sonderfragen soweit behandelt, als der Arzt um sie wissen sollte.

Die Rückführung meteorobiologischer Einflüsse auf *Ionenwirkung* wurde viele Jahre ganz besonders lebhaft diskutiert, wobei als Stütze angeführt wurde, daß Ionenwirkungen auf den Menschen biologisch durchaus bekannt, z. B. von DESSAUER, JANITZKY, HAPPEL, EDSTRÖM u. a. nachgewiesen sind.

Sofern man pharmakologische Wirkungen des für die letztgenannten Untersuchungen zumeist verwendeten Ionenträgers, zerstäubten Magnesiumoxyds, gar nicht diskutieren will, können diese Befunde indes doch n i c h t als Stütze für eine Erklärung von Wetterwirkungen herangezogen werden:

1. In gleichen Rauminhalten verhält sich die Ionenzahl aus dem DESSAUERschen Apparat zu jener der Atmosphäre etwa wie 10000:1; das Experiment arbeitet also mit *nicht mehr vergleichbaren Konzentrationen*, worauf schon CHORUS und LEVI aus dem Davoser Institut hingewiesen haben.

2. Die Experimente bezogen sich auf *unipolar ionisierte Luft*, wogegen in der Atmosphäre stets wenigstens in bodennahen Schichten annähernd ein Gleichgewicht zwischen positiven und negativen Elektrizitätsträgern besteht. Es gilt noch durchaus die Formulierung LINKEs aus dem Jahre 1935, „die verschiedentlich in der Literatur angegebenen Beziehungen zwischen dem Wohlbefinden einerseits und dem Überwiegen der positiven bzw. negativen Luftelektrizität andererseits stehen auf schwachen Füßen".

Gegen eine Ionenhypothese der Wetterwirkungen ist dann weiterhin zu bedenken, daß die *Ionenverhältnisse in bewohnten Innenräumen* außerordentlich labil sind, d. h. von vielen Raumfaktoren, von Heizung, Ausatmungströpfchen, Rauch

u. dgl. stärkstens beeinflußt werden und dann mit den Außenverhältnissen gar nicht mehr vergleichbar sind, wogegen, wie schon oft erwähnt, die Wetterwirkungen ohne weiteres in Innenräume dringen. Diese Schwierigkeiten bestehen auch gegenüber der von FLACH geäußerten Vorstellung, daß Absinken von Luft (an Fronten und Labilisierungen) in einer „Kampfzone" zu eigentümlichen Ionisierungsvorgängen und biotroper Wirkung führten.

So hat man eine Erklärung der Wetterwirkungen durch Ionentheorien heute ganz allgemein verlassen, und gleiches dürfte wohl auch für Theorien gelten, die, von der Ionenhypothese abgeleitet, diese sozusagen in anderer Form wiedergeben, etwa in der Gestalt von Leitfähigkeitsänderung als Wetterfaktor (KLOTZ).

Die Frage nach der Bedeutung *elektromagnetischer Wellen* für das meteorobiologische Geschehen steht gegenwärtig in lebhafter Diskussion (vgl. besonders bei COURVOISIER und bei REITER).

Man kann dafür zunächst anführen, daß beim Sendepersonal von Radiostationen allerlei Wirkungen bekannt wurden, die ja seinerzeit ESAU in Verbindung mit SCHLIEPHAKE veranlaßten, den Einfluß künstlich erzeugter elektromagnetischer Wellen auf den Menschen systematisch anzugehen und dann in der Form der „Kurzwellen" in die Therapie einzuführen. Natürlich sind solche Beobachtungen zunächst wieder nur lockere Analogien von der Art, wie sie eben bei den Ionenhypothesen erörtert wurden, zumal die physiologische Wirkung elektromagnetischer Wellen nach Wellenlänge (Frequenz) und Intensität grundsätzliche Unterschiede aufweist.

Man weiß ferner, daß es anscheinend atmosphärisch (z. B. an Fronten) entstehende elektromagnetische Wellen gibt, deren systematische Registrierungen begonnen sind (REITER, SCHULZE).

COURVOISIER wies darauf hin, daß Beobachtungen über Wettergefühle und Wetterschmerzen in Eisenbetonbauten — in Deutschland käme noch ganz besonders in Bunkern hinzu — von Interesse wären. Doch darf man dabei nicht vergessen, daß auch die Elektrophysik solcher Bauten und Räume noch in vielen Details erforscht werden sollte, z. B. bezüglich des Eindringens gewisser umschriebener Wellenbereiche, des Auftretens vagabundierender Wirbelströme im Eisengerüst infolge Induktionen und dergleichen.

In den letzten Jahren wird einer von Fronten und Gewittern ausgehenden *Hochfrequenzstrahlung* sehr langer Wellenlängen, deren Intensität sich messend verfolgen läßt, besondere Beachtung geschenkt (REITER, R. SCHULZE, KUHNKE und ZINK). Ihre Frequenz liege etwa zwischen 3000 und 50000 Hertz (ihre Wellenlänge also zwischen 100 und 6 km).

KUHNKE und ZINK geben als weiteren Ursprungsort an „in sehr großen Höhen herangeführte Luftmassen, die ursprünglich aus tropischen Gegenden stammen, ... deren Grenzen meist sehr scharf ausgeprägt sind". Man wird hier völlig an die SCHMAUSSsche *Äquatorialfront* der Stratosphäre erinnert, deren biotrope Wirksamkeit Verf. (1) in seinen früheren Untersuchungen am Kehlkopfcroup vermutet hatte, für die sich aber, wie S. 103 schon erwähnt, bislang keine weiteren Belege fanden.

Ursprünglich wurde dieser langwelligen Hochfrequenzstrahlung unmittelbar biologische Wirkung zugeschrieben (REITER und KAMPIK), in ihr also sozusagen *der* oder jedenfalls *ein* biotroper Wetterfaktor erblickt. R. SCHULZE und KUHNKE-ZINK haben letzteres noch 1950 vertreten, REITER hingegen sieht in ihr heute nur noch einen „*meteorobiologischen Indikator*", wobei er aus dem genannten Strahlenbereich als besonders beachtenswert ein „Gebiet II" von „Infralangwellen" („I-Störungen") aussondert mit Wellen zwischen 5 und 12 Kilohertz. Die Korrelation zwischen Zeiten dieser Strahlung und den Verkehrsunfällen in verschiedenen Zonen Bayerns, welche REITER nach der n-Methode ermittelte, zeigt in der Tat sehr eindrucksvolle Kurven.

In der Frage aber, ob diese Strahlung oder ein Bereich derselben wirklich unmittelbar biologisch wirkt, muß ganz wie bei den Ionen gefordert werden, daß die biologische Wirkung im Experiment *mit der in der Natur vorkommenden Intensität und Dauer* erweisbar ist und nicht etwa nur mit höheren Intensitäten oder längerer Einwirkungszeit.

Solarterrestrisches Korrelationsnetz. An dieser Stelle muß aber nunmehr eines Korrelationsnetzes, oder eigentlich noch treffender -filzes von „Einflüssen" gedacht werden, wodurch es überhaupt höchst fraglich erscheint, ob durch die bei solchen Problemen bisher allein versuchten Korrelationsermittlungen, die ja methodisch über kausale Beziehungen, d. h. über Wirken und Bewirktwerden doch ohnedies nichts aussagen, überhaupt im Prinzip noch klare Antworten erhalten werden können. Nämlich:

1. Es ist nachgewiesen und geophysikalisch unbestritten, daß *starke Änderungen der elektromagnetischen Verhältnisse der Erde von solaren Vorgängen* (besonders von Eruptionen) ausgehen; der damit in engster Verbindung stehenden Änderung des erdmagnetischen Feldes wurde oben schon gedacht.

2. Es wird in der modernen Meteorologie auf Grund mehrfacher, unabhängig voneinander und mit gleichsinnigem Ergebnis durchgeführter Untersuchungen kaum mehr ernsthaft bestritten, daß *mit solchen solaren Vorgängen Luftdruckänderungen und* damit jedenfalls *wetterbeeinflussende Wirkungen* in überzufälliger Korrelation stehen (vielfache Belege und Literatur hierzu vgl. bei DÜLL und bei KOPPE).

3. Es besteht eine überzufällige *Korrelation zwischen erdmagnetischen Änderungen und Luftdruckänderungen* (Lit. wie bei 2).

4. Es ist – in besonders sorgfältiger Weise von B. DÜLL und unlängst erneut durch die Erhebungen von SARRE und BETZ – unbestreitbar, daß *Luftdruckänderungen mit Änderungen in grundsätzlichen biologischen Vorgängen* am Menschen korrelieren.

Der Nachweis am „Symptom“ Blutdruck besagt ja sozusagen insgesamt, daß Regulationen im Körper von im einzelnen sehr komplexer Art vorgehen; und darauf kommt es hier allein an.

5. Es ist – zunächst durch umfassende Untersuchungen von B. und T. Düll und dann für Einzelfragen bestätigt von Bach und Schluck, Berg, Cyran und auf bakteriologischem Gebiet namentlich studiert von Bortels – heute wohl nicht mehr bestreitbar, daß in und *um Tage mit Sonneneruptionen*, mit Calciumflocken auf der Sonne, *mit erdmagnetischen Stürmen, biologische Vorgänge geändert ablaufen*, gemessen an Krankheitseintritten, an Todesfällen, an Reaktionszeitänderungen auf Sinnesreize, Wehenbeginn, Bakterienwachstum.

6. Erinnert man nun noch an die älteste und geläufigste Beziehung in diesem Netz, diejenige zwischen *Luftdruck und Wetter* und endlich an die *Wetterwirkungen*, von denen dieser Teil des Buches überhaupt handelt, so findet man *die Korrelationen* des folgenden Schemas *nach*

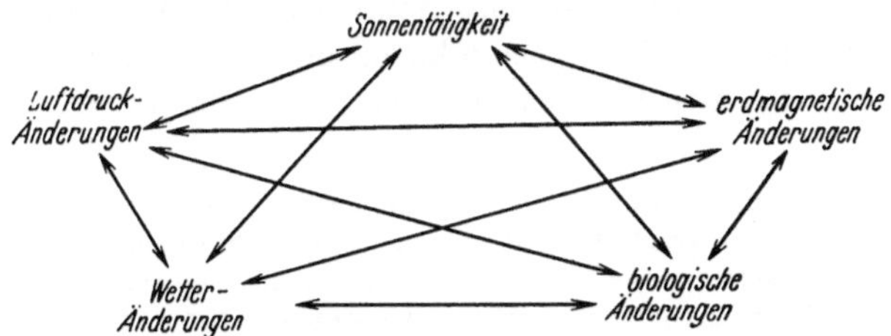

Schema des solarterrestrischen Korrelationsnetzes, dessen durch Pfeile ausgedrückte korrelative Verknüpfungen nachgewiesen sind.

jeder Hinsicht belegt, und es scheint auf dem Wege der Korrelationsermittlung jedenfalls gar nicht mehr möglich, primäre und sekundäre Wirkungen solarer und terrestrischer Steuerung auf den Menschen klar zu scheiden, selbst wenn man die solaren auch nur als durch Vermittlung der Erdatmosphäre wirkend sich vorstellt.

Diese Korrelationen scheinen alle annähernd von vergleichbarer Größenordnung; es handelt sich dabei in kausaler Hinsicht – soweit über diese überhaupt eine Aussage schon möglich – um Einflüsse, welche im Sinne von Auslösungen, von Anstoßwirkungen in einem komplizierten System dieses gelegentlich zum Kippen in vorgegebener Richtung bestimmen können.

Das zu bedenken, wird bei der Deutung manch bisheriger und zukünftiger Befunde nötig sein. Auf die Schwierigkeit aber, im Experiment „natürliche“ Verhältnisse nach Qualität und Quantität für Menschen als Versuchsobjekte herzustellen, wurde eben schon hingewiesen, sie taucht hier erneut auf.

Technisch leichter wären solche Experimentaluntersuchungen zweifellos an unbelebten Reagenten und auch noch an Mikroorganismen durchzuführen; auf die Untersuchungen von FINDEISEN sowie BORTELS wird gleich zurückzukommen sein.

Für die in den letzten 15 Jahren aber besonders oft und mit zwar wechselndem, aber im ganzen sehr oft durchaus positivem Ergebnis durchgeführten Korrelationsermittlungen zwischen Reaktionen und Krankheiten des Menschen einerseits und erdmagnetischen Charakterzahlen, Sonneneruptionen, Sonnenflecken und -flocken u. ä. andererseits muß sich ohne Zweifel der Gedanke aufdrängen, daß *hier auf Korrelationsumwegen vielleicht eben einfach wieder Wetterwirkungen herausgefunden, herausgemittelt werden.* Denn *auch für Korrelationen gilt das assoziative Gesetz:* wenn *a* mit *b* korreliert und *b* mit *c*, so korreliert auch *a* mit *c*. Wir sprechen dann von automatischer Korrelation, die z. B. bei den Saisonkrankheiten schon viele Irrtümer veranlaßt hat, wie später noch zu erörtern sein wird. Die im ganzen ohnedies etwas merkwürdig anmutenden, biologisch schwer erklärbaren „kosmischen" Wirkungen würden dann allen okkulten Beigeschmackes entkleidet und nicht nur als ganz terrestrisch — also „pseudokosmisch" — erkannt, sondern vereinheitlicht auf das alte Problem der biotropen Wetterwirkung zurückgeführt sein.

Es ist dabei — um einem „Irrtum vorzubeugen" — *durchaus nicht nötig, daß etwa ein Beobachtungsmaterial, das mit erdmagnetischen Störungen positiv korreliert, seinerseits mit dem Luftdruck oder mit irgendwelchen Störungstypen der Atmosphäre auch unmittelbar korrelieren muß.* Solange wir den biotropen Wetterfaktor nicht einmal kennen, geschweige denn ihn quantitativ verfolgen können, hängt es ja von gewissen Zufällen ab, ob wir das Wirksame, den biotropen Faktor mit Barometer oder einer typisierenden Wetterbezeichnung in der Beobachtungszeit gerade einigermaßen erfassen. Ich erinnere hier nochmals an die so wechselnden Ergebnisse in der Korrelation Luftdruck — Lebensvorgang.

Wenn Korrelation über die Art einer kausalen Verkettung aber nichts aussagen kann, so wäre — zunächst ganz formal betrachtet — auch die gegenüber bisher umgekehrte Erklärungsmöglichkeit zu diskutieren. Man könnte nämlich die primäre Wirkung überhaupt auf die Sonne verlegen und Wetter sowohl wie Leben als von ihr gesteuert betrachten — eine Betrachtungsweise, zu der W. F. PETERSEN und auch B. DÜLL sehr neigten. Dabei bliebe dann weiterhin zu entscheiden, ob Wetter, wenigstens im Sinne von Großwetterlage einerseits und Leben andererseits beide direkt, d. h. koordiniert, von der Sonne beeinflußt würden oder ob die Atmosphäre Sonnen*wirkungen* steuert bzw. irgendwie auf Organismen, auf den Menschen überträgt. Für die erste, sozusagen „weltweite" Sicht reichen die bisher vorliegenden naturwissenschaftlichen Tatsachen m. E. jedenfalls noch nicht aus — womit der Sonne nichts von ihrer grundsätzlichen Bedeutung für das Leben auf unserem Planeten bestritten werden soll. Es geht in diesen Fragen aber eben um naturwissenschaftliche, nicht um weltanschauliche Dinge. Die endgültige Stellungnahme zu diesen Fragen kann übrigens dann nur von Meteorologie und Geophysik aus erfolgen.

Ein unmittelbarer, d. h. direkt am Menschen angreifender Sonneneinfluß ist uns von den physikalisch präzise definierten Strahlungen im Wärme-, Licht- und Ultraviolettbereich völlig geläufig. Er steht hier nicht zur Diskussion, da die Wirkungen, um die es hier geht, auch nachts eintreten, wenn diese sämtlichen Strahlenqualitäten in der menschlichen

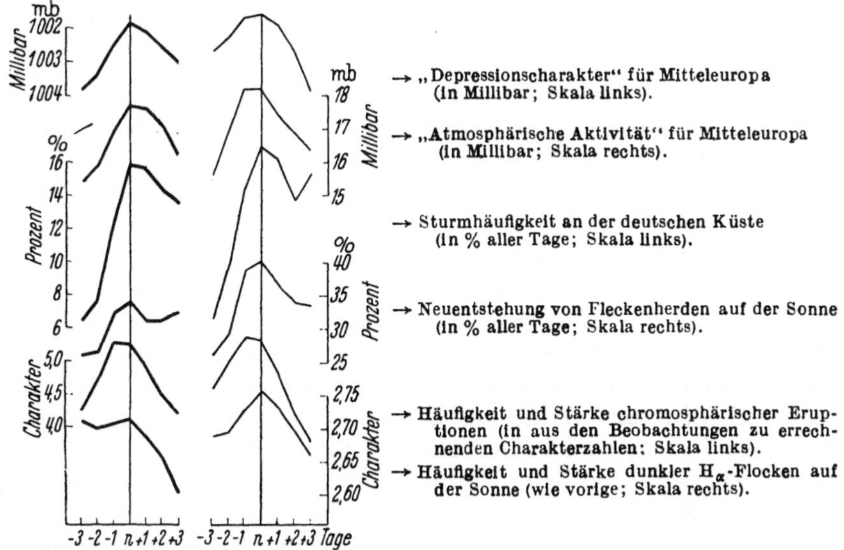

Abb. 12.
Beispiel für die ausgesprochene Korrelation zwischen biologischen, atmosphärischen und solaren Vorgängen (nach B. DÜLL). Aus täglichen Reaktionszeitmessungen an 2 Versuchspersonen wurden als „Tage *n*" jene 31 bzw. 56 Tage gewählt, an denen eine besonders starke bzw. eine mittelstarke Reaktionszunahme gemessen worden war; stark bzw. dünn ausgezogene Kurven geben die um diese beiden Gruppen von „Tagen *n*" im Mittel gemessenen atmosphärischen und solaren Vorgänge an, die sich völlig gleichsinnig verhalten. – „*Depressionscharakter*" ist der am Beobachtungstag morgens 8 Uhr über Mitteleuropa abgelesene tiefste Barometerstand, „*atmosphärische Aktivität*" ist die größte über Mitteleuropa in den letzten 24 Stunden gemessene absolute Differenz zwischen dem größten Druckfall und dem größten Druckanstieg, beides Größen, welche naturgemäß eine hohe Korrelation zur *Sturmhäufigkeit* besitzen. – Die drei *solaren* Meßgrößen beziehen sich auf verschiedene von Spezialstationen gemessene Phänomene der solaren Aktivität.

Umwelt fehlen. Der einzige ungeklärte weitere direkte Sonneneinfluß auf den Menschen ist der von TAKATA und MURASUGI 1939/40 erstmalig beobachtete und sehr eingehend studierte, 1941 berichtete *Sonnenaufgangseffekt an der Flockungszahl* der Bluteiweißkörper.

Er konnte 1949/50 von SARRE nicht bestätigt werden, doch teilte TAKATA mit, daß mit dem Nachlassen der Sonnenaktivität nach ihrem Maximum um 1939 ihm selbst schon 1944 der Effekt nicht mehr reproduzierbar war, so daß er an die in den Sonnenflecken sich ausdrückende Sonnenaktivität gebunden zu sein schien.

Der Effekt setzte mit einer Änderung der Flockungszahl, also einer kolloidchemischen Änderung der Bluteiweißkörper wenige Minuten vor dem astronomischen Sonnenaufgang ein, verlief bei zwei bis 1500 km voneinander entfernten Versuchspersonen völlig gleichsinnig, war bei Aufstieg in bis 8000 m Höhe im Flugzeug ohne Rücksicht auf den Grad der Sauerstoffzufuhr erheblich verstärkt, im Bergwerk vermindert, im abgeschlossenen und abgedunkelten Raum, hinter 1 m dicker Betonmauer, im FARADAYschen Käfig, sowie bei totaler Sonnenfinsternis (5. Februar 1943) nicht verändert; Erdung der Versuchsperson oder elektrische Aufladung derselben auf Isolierschemel sowie solare Störungen veränderten den Effekt stark [vgl. die Kurven in der Originalarbeit, sowie bei BERG (5) und bei SARRE]. An vorher entnommenem Blut trat der Effekt nicht auf. All das macht eine vorerst physikalisch noch nicht faßbare Strahlung wahrscheinlich, welche am Körpergeschehen angreift. Eine Brücke von dieser Erscheinung zur Meteorobiologie besteht bis heute nicht.

Zu erinnern ist aber in den hier erörterten Zusammenhängen dann an die interessanten Untersuchungen von FINDEISEN und von BORTELS, die hier auch nur in ihrem Wesenskern erörtert werden können. Bezüglich vieler methodischer Einzelheiten muß auf die Originalmitteilungen verwiesen werden.

FINDEISEN fand in sehr eingehenden Versuchen an kolloidalem Arsentrisulfid, also einer anorganischen Substanz, daß die Kolloidalterung in luftdicht verschlossener Glasröhre und übereinstimmend an getrennten Orten von der Wetterlage abhängt, wobei Schauerwetter und Föhn besonders stark wirksam waren. Die Untersuchungen sind mit größter Sorgfalt und Kritik auf Grund mehrerer Tausend Messungen angestellt. BORTELS fand Analoges für Agargel und für koaguliertes Serum; außerdem verhielt sich die Kristallbildung aus übersättigten oder unterkühlten Flüssigkeiten als wetterabhängig. Soweit die Befunde an unbelebten Stoffen. Die vielbeachteten Befunde FINDEISENS konnten allerdings bei einer umfangreichen Nachprüfung durch R. REITER unter sorgfältiger Temperaturkonstanz der Kolloidlösung *nicht* bestätigt werden (Arch. phys. Ther. **1951,** 216 bzw. 232; ausführl. Mittlg. soll in meteor. Heften erscheinen).

An Bakterien, Hefepilzen u. ä. Mikroorganismen fand dann BORTELS in jahrelangen Versuchen, daß Wachstum und gewisse Lebensäußerungen (Kopulation, Sporen- bzw. Farbstoffbildung u. dgl.) im Thermostaten, ja selbst hinter überschwerem Metallpanzer wiederum deutliche Wetterabhängigkeit aufwiesen, wobei Tief- und Hochdruckgebiete sich erheblich unterschieden. Variation der Versuchsanordnung und der Abschirmung lassen BORTELS auch hier eine „*Wetterstrahlung*" vermuten. Schon T. und B. DÜLL haben die Möglichkeit diskutiert, daß Wettervorgänge als Führungsflächen für solare Wellenstrahlung dienen könnten.

Soviel vorerst nur als Hinweise, daß noch Ungeklärtes, aber dem Experiment durchaus Zugängliches in der Meteorobiologie existiert, für dessen Übertragung auf die Verhältnisse beim Menschen noch Zurückhaltung zu üben ist.

III. Jahreszeit und Mensch.
(Saisonkrankheiten.)

Die während eines Erdumlaufes um die Sonne wechselnde Neigung der Erdachse zur Einfallsrichtung der Sonnenstrahlung bedingt einen rhythmischen Klimawechsel, den „Kreis der Jahreszeiten". Dieser Jahreszeitenwechsel erfolgt zunächst innerhalb der Atmosphäre; alles von ihr Beeinflußte erhält diesen Wechsel irgendwie aufgeprägt: Lebewesen und ihre Lebensgewohnheiten passen sich diesem Jahreszeitenwechsel an. Die damit auftauchenden Probleme nahmen indessen auch hier ihren Ausgang von der Pathologie.

Die Beobachtung jahreszeitlicher Schwankung der Krankheitshäufigkeit ist bei der Einfachheit ihrer Feststellung so alt wie Medizin überhaupt, die Feststellung, daß eine gewisse Krankheit in einer bestimmten Jahreszeit regelmäßig häufiger, in einer anderen seltener vorkommt, ist ja für den aufmerksam beobachtenden Arzt unmittelbar am Krankenbette zu erleben.

So ist bereits die älteste und ältere medizinische Literatur reich an Beobachtungen dieser Art.

Dem Hinweis eines Kollegen verdanke ich eine Stelle in HERODOTS Griechischer Geschichte, 2. Buch, 71. Kap., um 450 v. Zw. entstanden: „Sonst sind die Ägypter und Libyer die gesündesten Menschen, und zwar meinem Bedünken nach deswegen, weil die Jahreszeiten bei ihnen nicht sehr veränderlich sind. Denn alle Veränderungen überhaupt, und insbesondere der Jahreszeiten, verursachen die meisten Krankheiten."

G. STICKER hat viele Befunde aus früheren Jahrhunderten in seiner bekannten Monographie über „Erkältungskrankheiten" eingehend gewürdigt, Diesen interessanten Beobachtungen aus der alten Medizin kommt zunächst *historisches Interesse* zu. Will man sie für heutige Untersuchungen verwenden, so ist zu bedenken, daß in früheren Zeiten die Krankheitsgruppierung nach ganz anderen Gesichtspunkten erfolgte, die „Diagnostik" eine nicht nur unvollkommenere, sondern eine im System gänzlich verschiedene von unserer heutigen war. Um jede dieser Beobachtungen ist also eine oft erst auf Grund umfangreichster medizin-historischer Kenntnisse mögliche Diskussion notwendig, welche die Beobachtung dann erst für die heutige Medizin brauchbar evtl. auch unbrauchbar erscheinen läßt.

Die Allgemeinheit solcher Beobachtungen macht es verständlich, daß — wie erwähnt — Feststellungen zur Frage „Jahreszeit und Mensch" wieder ihren *Ausgang* nahmen vom *Studium krankhafter Vorgänge*, von der Pathologie. Erst von da aus erfolgte dann die Erweiterung zu einer nur in Anfängen erforschten „Physiologie im Jahreszeitenrhythmus", für die merkwürdigerweise trotz ihrer biologischen Bedeutung ein eigentliches Interesse in der Medizin noch nicht erwacht ist, so daß hier gegenüber dem vorstehenden Abschnitt des Buches sehr viel weniger Beiträge aus den letzten Jahren zum Thema vorliegen.

Es ist klar, daß für feinere Untersuchungen zu diesem Fragenkreise der bloße ärztliche Eindruck nicht genügt, sondern daß eine zahlenmäßige Erfassung des Problems angestrebt werden muß, denn die Vergleichung zeitlich und räumlich verschiedener Beobachtungen wird erst entscheidende Erkenntnisse zutage fördern können. So ist es nicht zu umgehen, zunächst einige methodische Bemerkungen voranzuschicken. Sie sollen vor Fehlern, welche erfahrungsgemäß oft begangen wurden und sich nachweislich in großer Zahl in der Literatur finden, bewahren.

Untersuchungen über die behandelten Probleme verlaufen in der Regel *in drei Schritten:*

1. Nachweis eines *konstanten Jahreszeitenrhythmus;*

2. Klarstellung jener Umstände oder jenes klimatischen Faktors („*Saisonfaktors*"), welcher den festgestellten Rhythmus bedingt;

3. Ermittlung der *Angriffsweise* und des Angriffsmechanismus *dieses Saisonfaktors* am Organismus und damit endgültige Klärung der Pathogenese einer Saisonkrankheit bzw. Aufklärung des Zustandekommens der unter 1 festgestellten Saisonabhängigkeit.

Für die Praxis ist dieses schrittweise Vorgehen stets zu raten, sofern nicht entscheidende, auf anderem Wege gewonnene Erkenntnisse in der Pathogenese der betrachteten Krankheit dem vorgreifen und der Saisonfaktor in unmittelbarer Folgerung aus diesen neuen Erkenntnissen sich ergibt.

Ein Beispiel dieser letzteren Art brachte etwa die Rachitisforschung der letzten drei Jahrzehnte (vgl. S. 188ff).

Ist dieses günstige Zusammentreffen mit entscheidenden Resultaten aus anderen Forschungsgebieten nicht gegeben, so kann jedes übereilte Fortschreiten von der einen Fragestellung zur nächsten auf Irrwege führen, die dann nicht selten Eingang in die Literatur finden, oft jahrelang kritiklos weiterzitiert werden und so die Forschung hemmen.

A. Formale Feststellung und formale Analyse von Saisonschwankungen.

Für den ersten Schritt besteht die Aufgabe darin, zu verschiedenen Jahreszeiten beobachtete biologische Phänomene (Krankheitsziffern) zahlenmäßig zu vergleichen. Das erfolgt am einfachsten, indem man die wöchentliche oder vierwöchentliche oder monatliche Anzahl beobachteter Krankheitsfälle bestimmter Art über mehrere Jahre hinweg verfolgt.

Die *Zusammenfassung* nach Vierteljahren oder Kalenderjahreszeiten ist für feinere Untersuchungen ungeeignet, da sie nur ein sehr ungefähres Bild gibt, das oft sehr wesentliche Details verwischt.

Nicht unangebracht scheint der Hinweis, daß für die jahreszeitliche oder monatliche Zählung einer Krankheit naturgemäß nur der *Erkrankungsbeginn oder eine Verschlimmerung entscheidend* sein kann.

Bei akuten oder doch innerhalb weniger Tage mit alarmierenden Erscheinungen einsetzenden Krankheiten erscheint ein Fehler hier kaum möglich, wohl aber bei chronischen Erkrankungen, wie solche sich zahlreich unter den Saisonkrankheiten finden, z. B. Ekzem, Basedowsche Krankheit, Tuberkulose. Hier muß der allein entscheidende Krankheits*beginn* durch sorgfältige Anamnese vielfach nachträglich festgestellt werden. Gelingt das nicht mit einiger Sicherheit, so ist es zweckmäßiger, solche Fälle außer Betracht zu lassen, auch wenn die Größe des bearbeitbaren Krankenmateriales dadurch reduziert wird. Ein sorgfältig ausgezähltes kleineres Material kann wertvoller sein als ein großes, das durch zahlreiche, hinsichtlich des Krankheitsbeginnes unklare Fälle getrübt, nivelliert und evtl. verändert ist. Aus diesem Grunde kann ein *Fehlergebnis* besonders leicht zustande kommen, *wenn man die Erkrankungstermine etwa durch die Termine der Krankenhausaufnahme* ersetzt. Auch wird ein Vergleich der Ergebnisse verschiedener Untersucher dadurch evtl. unmöglich gemacht.

Es mag ferner hier betont werden, daß für die Frage einer Saisonbevorzugung durch eine bestimmte Krankheit vor allem *Morbiditätsziffern* verwendet werden sollen, wie es der Definition „Saisonkrankheit" zunächst entspricht.

Verwendet man hingegen Mortalitätsziffern – was etwa bevölkerungspolitisch und demographisch durchaus Interesse haben mag –, so sagen diese über die Häufigkeit einer Krankheit und also auch über das wirkliche Bestehen einer Saisonschwankung naturgemäß nichts aus, da die „Tötlichkeit", die „Letalität" einer Krankheit ganz unabhängig von der Morbidität einem Wechsel unterliegen kann, man also Täuschungen ausgesetzt ist, die zu ganz falschen Anschauungen bezüglich einer Krankheit führen könnten. Masern und Keuchhusten liefern gute Beispiele dafür (s. S. 152 u. 156).

Eine *Ausnahme* machen natürlich Krankheiten, welche immer oder fast immer den Tod nach sich ziehen („Ekzemtod", Meningitis tuberculosa, Apoplexie, Miliartuberkulose u. ä.).

Für die Feststellung des tatsächlichen Vorkommens eines bei einer bestimmten Krankheit vermuteten Jahreszeitenrhythmus ist naturgemäß die **Ausschaltung des Zufalles** besonders wichtig.

Wann sprechen wir rechtmäßig von einer Saisonkrankheit? Zunächst wohl immer dann, wenn die Häufigkeit einer Krankheit *regelmäßig* zu einer bestimmten Jahreszeit eine Steigerung erfährt. Die Regelmäßigkeit dieser Erscheinung ist oftmals so evident, daß sie keines weiteren Beleges bedarf. Es werden uns noch zahlreiche Beispiele dafür begegnen.

Mit anderen Worten, der Evidenz wird die bekannte *Definition für „Rhythmus"* als der *Wiederkehr von Gleichem nach (annähernd) gleichen Zeiten* zugrunde gelegt. Für die Evidenz, d. h. eben die Überzufälligkeit gilt hier sinngemäß das oben über den „Beweis durch Wiederholung" Gesagte (s. S. 42). Für die Praxis kann man wohl annehmen, daß ein

Saisonrhythmus gesichert erscheint, wenn das An- und Abschwellen der Krankheitshäufigkeit in gleichem Jahresgang über 3 Jahre beobachtet ist, d. h. wenn die Häufungsgipfel in 3 Jahren auf gleiche Jahreszeiten fallen.

In vielen Fällen erfolgt, namentlich bei großen Fallzahlen, das An- und Abschwellen der Krankheitshäufigkeit nämlich zudem mit einer gewissen *wellenförmigen Harmonie*, d. h. ohne unregelmäßige Sprünge von einem Monat zum folgenden. In solchem Falle kann man wohl ohne Fehler schon bei einmaliger Wiederholung (also bei gleichartiger Wiederkehr in einem 2. Jahr) von einem Rhythmus sprechen.

Um das Walten eines Zufalles auszuschließen und zur Annahme einer **„echten Saisonkrankheit"** berechtigt zu sein, muß ferner strenggenommen für die Feststellung wenn irgend möglich gefordert werden, daß der beobachtete *Rhythmus* für ein ausgedehnteres Gebiet der Erdoberfläche sich findet. Dabei kann die Höhe des Erkrankungsgipfels, die „Amplitude der Saisonwelle" allerdings in den Landstrichen eine sehr verschieden große sein.

Die Forderung eines *gleichen Jahreszeitenrhythmus* einer betrachteten Krankheit *in einem ausgedehnteren Gebiete* der Erdoberfläche bedarf aber dabei noch einer Präzisierung. Es ist zu fordern, daß gleiche Rhythmen sich bei Betrachtung kleinerer Teile des Gesamtgebietes ergeben, d. h. daß der Rhythmus in diesen sämtlichen Teilgebieten annähernd übereinstimmend oder aber *gesetzmäßig* verschieden gefunden wird.

Würde nämlich der Rhythmus erst bei statistischer Zusammenfassung ausgedehnterer Gebiete entstehen, so bestünde wieder die Gefahr, daß er lediglich durch den entscheidenden Einfluß eines Teilgebietes vorgetäuscht würde. Er könnte z. B. dadurch zustande kommen, daß die Krankheitsziffern einer Großstadt, in welcher infolge einer Epidemie oder bestimmter besonderer Lebensbedingungen besondere Verhältnisse vorlagen, das Gesamtergebnis entscheidend beeinflußten.

Erfolgt die Wiederkehr eines Häufungsgipfels nur in einigen von einer großen Anzahl von Jahren, so wird man Wahrscheinlichkeitsbetrachtungen in der Art der oben bei der n-Methode angeführten anstellen können; meist erübrigt sich solches, weil in der Regel eben nur die Gipfelhöhe (Amplitude) in einzelnen Jahren, nicht aber die Lage eines Gipfels überhaupt zu schwanken pflegt, d. h. der Wellengang in den einzelnen Jahren zumeist noch deutlich erkennbar bleibt.

Das gilt wenigstens durchweg für die „echten Saisonkrankheiten", mit denen wir es vorzugsweise zu tun haben (ihre Definition vgl. später).

Für feinere Rhythmusforschungen hat übrigens BARTELS wiederum sehr durchdachte mathematische Methoden entwickelt, etwa die Berechnung der „äquivalenten Anzahl der Sequenzen", die besonders anschaulichen Methoden der „Periodenuhren", „Punktwolken", „Synchronisierungen", „Wiederkehrmuster". Da aber schon die einfacheren Verfahren dieser Art eine gewisse Vertrautheit mit mathematischem Arbeiten verlangen und da diese Methoden in der Erforschung der

Jahreszeitenwirkungen bis jetzt noch kaum eine Rolle spielten, sei nur auf die Existenz dieser Verfahren hingewiesen.

In diesem Verfahren spielt dann auch durchweg ein weiteres Bestimmungsstück von Wellen eine Rolle. Verfolgt man den Gang der Jahreszeitenwelle längs der Abszisse der Zeit, stellt man sich also die monatlichen Erkrankungsziffern der verschiedenen Krankheiten graphisch dar, so ergeben sich noch – zunächst rein deskriptiv – manche bemerkenswerte Eigenarten. Zwischen Höhepunkten (Gipfeln, Maximas) und Tiefpunkten (Tälern, Minimas) schwankt die Kurve, wie eben schon angedeutet, mit verschieden großen **„Amplituden"** der Saisonschwankung. Es finden sich Unterschiede im Ablaufe der Saisonwellen, etwa vergleichbar den Unterschieden zwischen einem „Pulsus celer" und einem „Pulsus tardus". Einige dieser Typen seien nachfolgend zusammengestellt (Tab. 11).

Tabelle 11. *Beispiele für verschieden große Saisonamplituden.*

Krankheiten mit steiler Jahreszeitenwelle (Hoher Saisongipfel und relat. Seltenheit in den übrigen Jahreszeiten)	*Krankheiten mit schwächerer Jahreszeitenwelle* (Deutlicher Saisongipfel, aber auch sonst nicht selten)
Epidem. Meningitis (Abb. 46)	Diphtherie (Abb. 43)
Poliomyelitis ant. ac. (Abb. 20 u. 21)	Scharlach (Europa) (Abb. 42)
Spasmophilie (Abb. 33)	Tuberkulose (Abb. 40a u. 40b)
Scharlach (Vereinigte Staaten) Abb. 13	Pneumonie

Es kommt hier offenbar ein *Unterschied in der Intensität jahreszeitlicher Beeinflußbarkeit* eines bestimmten Krankheitsgeschehens zum Ausdruck, der diesen verschieden hohen Wellengang bewirkt.

Ein Maß endlich für die Häufigkeits*änderung* einer Krankheit zu einer bestimmten Zeit (also sozusagen ein „Differenzenquotient" als Maß für die Steigung in einem bestimmten Punkte der Saisonkurve) wurde von Brownlee und Young sowie Stallybrass als „*Dispersibilitätsindex*" vorgeschlagen. Derselbe stellt den Quotienten der Zahl der Krankheitsfälle einer bestimmten Zeitperiode geteilt durch die Zahl der Krankheitsfälle in der gleichlangen unmittelbar vorausgehenden Zeitperiode dar.

Ablauf der Welle innerhalb eines Jahres und Größe ihrer Amplitude gestatten es, für gewisse feinere Vergleiche auch Rechenverfahren anzuwenden, die es gestatten, beide Wellenbestimmungsstücke durch eine Maßzahl von der Dimension eines *radius vector* graphisch oder zahlenmäßig auszudrücken.

Der ehemalige Wiener Kinderkliniker C. von Pirquet war wohl der erste, der ein solches Vorgehen für Saisonkrankheiten, die im Kindesalter eine besondere Rolle zu spielen pflegen, vorschlug.

Das Prinzip dieser Rechnung ist folgendes: Denkt man sich die in den einzelnen Kalendermonaten beobachtete Zahl von Krankheitsfällen in einer bestimmten Maßeinheit vom Mittelpunkt eines Kreises aus nach 12 entsprechend den Ziffern der

Uhr ausstrahlenden Radien aufgetragen, so erhält man für die Jahreszeitenschwankung der Krankheit ein unregelmäßiges Zwölfeck, dessen mathematischer Schwerpunkt sich errechnen läßt. Die Rechnung ergibt dann einmal die Mittellage des Schwerpunktes auf einem bestimmten Jahrestag als Ausdruck der zeitlichen Lage des Saisonmaximums, des weiteren einen bestimmten Abstand des Schwerpunktes vom gewählten Kreismittelpunkte, in welchem Abstande die Größe der Saisonamplitude ihren Ausdruck findet: je stärker diese letztere, um so größer wird der Schwerpunktabstand vom Kreismittelpunkte. Allerdings stellte v. PIRQUET seine Rechnungen aus Gründen staatlicher Statistik nicht an Morbiditätsziffern, sondern an Mortalitätsziffern an, was, wie wir oben sagten, ungleich weniger zuverlässig für unser Problem ist; außerdem erfolgte zwecks Rechnungsvereinfachung eine Zusammenfasssung der Ziffern nach Quartalen, wodurch sehr leicht eine unerwünschte Abflachung des vorhandenen Wellenganges der Krankheit statistisch zustande kommt.

In mathematischer Verfeinerung werden ähnliche Kennziffern für Wellen erreicht durch „*harmonische Analyse*" der Saisonwellen mittels der *Fourierschen Reihen*. Dem Vorgehen liegt folgender Gedankengang zugrunde: Jede Kurve läßt sich ausdrücken durch eine Anzahl geeignet interferierender Sinuswellen, deren Wellenlängen zueinander feste Verhältniszahlen besitzen (wie die Schallwellen eines Klanges sich aus Grundschwingung und einer Anzahl „Oberschwingungen" zusammensetzen). Diese Sinuswellen lassen sich mathematisch berechnen und durch einfache Parameter kennzeichnen; die graphische Darstellung dieser Parameter etwa in einem Kreise, dessen Umfang den Jahreslauf darstellt, ergibt wiederum sehr eindrucksvolle Punktwolken, in denen die Werte für die Einzeljahre mehr oder minder eng zusammenliegen. Das Verfahren hat (mit solchen Zielen) namentlich durch ZIEZOLD Anwendung für das Studium von epidemischen Saisonkrankheiten gefunden. Es lassen sich dann Änderungen solcher Parameter während größerer Zeiträume zahlenmäßig verfolgen, also das, was der Statistiker den „*Trend*" einer Erscheinung nennt; es würden sich Korrelationen eines Trend mit Klimaelementen u. dgl. errechnen lassen. Diese Studien wurden in der Folge dann wieder Anlaß zur Bearbeitung eines reizvollen allgemeinbiologischen Problems, das uns später noch beschäftigen soll: die Frage nach der Form jahreszeitlicher Krankheitswellen und deren Zustandekommen.

Die Methoden der harmonischen Analyse erfordern durchweg Übung, so daß hier wiederum nur auf sie verwiesen werden soll.

Eine statistisch grundlegend andere Situation liegt vor, wenn die Häufigkeitsschwankung einer biologischen Erscheinung nur bei der Bildung eines **Summenjahres**, d. h. durch Superposition mehrerer Einzeljahre auftritt bzw. nachgewiesen ist, während z. B. das Ausgangsmaterial für gesonderte Betrachtung der Einzeljahre nicht ausreicht. Das Vorgehen sollte, *wo irgend möglich, vermieden* werden. Die Gefahr besteht darin, daß ein einzelnes Jahr mit einer vielleicht zufälligen Verteilung der Fälle das Resultat entscheidend beeinflußt.

Die Nichtbeachtung dieser Regel bzw. Möglichkeit hat zu mancherlei Mißverständnissen geführt. So kann es vorkommen, daß eindeutige Krankheitshäufungen zu allen Jahreszeiten vorkommen, daß aber diejenigen einer bestimmten Jahreszeit in ihrem Ausmaße etwas überwiegen. Das kann durch Zufall, aber auch durch wohl erkennbare, meist äußere Umstände erfolgen, wie spätere Beispiele zeigen werden. Bei der Summation über mehrere Jahre werden dann durch das quantitative Vorherrschen einzelner Gipfel die übrigen Steigerungen wegnivelliert und der Untersucher dadurch leicht zu falschen Schlüssen veranlaßt. So entstehen die **Pseudosaisonkrankheiten,** wie ich sie genannt habe, d. h. ein Saisonrhythmus wird einer Krankheit durch *gelegentliche* zufällige oder äußere Umstände aufgeprägt, ein Saisonrhythmus, der in nennenswerter Gesetzmäßigkeit gar nicht existiert. (Beispiele vgl. S. 152.)

Bei einem Summenjahr liegt also zunächst nur ein der n-Methode analoges Ergebnis vor, d. h. ein „Rhythmus" ist überhaupt durch ein Summenjahr nicht zu erweisen, was sehr zu beachten ist.

In diesem Falle muß zunächst nachgewiesen werden, *ob die im Summenjahr beobachtete Differenz signifikant überzufällig im Sinne der n-Methode ist.*

Diese Prüfung bezieht sich also auf die Aussage, ob die beobachtete Differenz noch als zufällig gelten kann, wenn man die Gesamtzahl der Krankheitsfälle nach Methoden des Zufalles auf 12 („Monats"-)Felder verteilen würde. Die Prüfung hat also nach dem bei der n-Methode erörterten Verfahren (s. S. 39) zu erfolgen, wobei die Zahl der Rubriken = 12, der Signifikanzfaktor also immerhin schon 3,67 wäre.

Erweist sich bei dieser Prüfung die größte Differenz als signifikant und ist die im Summenjahr zum Ausdruck kommende Schwankung leidlich harmonisch, d. h. ohne größere Sprünge der aufeinanderfolgenden Einzelwerte, so mag mit einiger Wahrscheinlichkeit ein wirklicher Jahresrhythmus angenommen werden – gesichert kann er überhaupt nicht werden.

Zeigt die Kurve aber, abgesehen von der als Wellenamplitude imponierenden größten Differenz, noch Unregelmäßigkeiten im Verlauf, so ist sie zum mindesten verdächtig, daß sie durch *singuläre Vorkommnisse oder Zufälle eines Einzeljahres* entstanden sein könnte. Darüber aber sagt die vorgenannte bisherige Prüfung überhaupt nichts aus.

In diesem Falle ist dann noch weiterhin *zu prüfen, ob der bloße Zufall an dem Beobachtungsgut von monatlich festliegenden Daten Differenzen oder evtl. Perioden hervorzubringen imstande ist, die der reell gefundenen gleichkommen.*

Für diese Situationen verdanken wir sehr durchdachte Methoden wiederum Bartels, der sie gelegentlich eingehender geophysikalischer Periodenforschung entwickelt hat. Das für den Nichtmathematiker einfachste Vorgehen ist die Prüfung auf *Phantasieperioden* durch sog. **„Schütteln"** des Materials nach Zufallsmethoden.

Hat man etwa ein Summenjahr aus den monatlichen Krankheitsziffern mehrerer Kalenderjahre gebildet und sind die Ziffern für die letzteren bekannt, so addiert man eine gleiche Anzahl von Phantasiejahren, die man aus den beobachteten Krankheitsziffern etwa dadurch bildet, daß man es dem Zufall überläßt, mit welchem Monat das einzelne Phantasiejahr beginnen soll.

Das wird am einfachsten an einem Beispiel klar: Die in aufeinanderfolgenden Monaten beobachteten Krankheitsziffern sind in einer Tabelle fortlaufend notiert; das zu prüfende Summenjahr war so entstanden, daß man die Ziffern aller Januare unter sich, aller Februare unter sich usw. addiert hatte. Auf diese Weise seien 7 Jahre zusammengezogen worden.

Unter den Zahlen 1 bis 12, welche die Monatsnummern repräsentieren sollen, wählt man nun nach einer reinen Zufallsmethode eine Folge von 7 Zahlen. Diese 7 Zahlen bestimmen dann ihrer Reihenfolge nach die Monatsnummern, welche für 7 Phantasiejahre als jeweils „Erster Monat" gelten sollen.

Die Zahlenfolge sei (etwa aus Tab. 12, Zeile 1) von links nach rechts: 4, 9, 6, 5, 12, 2, 6.

Dann beginnt das *1. Phantasiejahr* mit dem 4. Monat, das ist April des ersten Beobachtungsjahres, an den die Zahlen für die nachfolgenden Monate in ihrer natürlichen Reihenfolge, also Mai bis Dezember, dann folgend die zeitlich früheren Januar bis März des gleichen Jahres sich anschließen. – Das *2. Phantasiejahr* beginnt mit dem 9. Monat, das ist September, anschließend Oktober bis Dezember, dann wieder die früher liegenden Monate Januar bis August. – Analog das *3. Phantasiejahr*, beginnend mit dem 6. Monat, also Juni, anschließend Juli bis Dezember, dann wieder Januar des gleichen Jahres bis Mai usw. bis zum *7. Phantasiejahr*. Die Addition aller 1., aller 2. usw. Monate der 7 Phantasiejahre ergibt ein *Phantasiesummenjahr*.

Ergibt das mehrfach wiederholte Schüttelexperiment einmal innerhalb eines Phantasiesummenjahres eine Amplitude (größte Differenz) von annähernd dem wirklich beobachteten Ausmaß, dann ist damit bewiesen, daß eben diese Differenz am Beobachtungsmaterial auch durch reinen Zufall entstehen kann, daß also die Realität der beobachteten Differenz in dem Material zum mindesten fragwürdig und daher wissenschaftlich nicht haltbar ist.

Es ist nicht ganz einfach, eine garantiert zufällig arbeitende Lotterie oder sonstige Einrichtung anzufertigen. So gibt es beispielsweise nur sehr selten Würfel, welche ihren Schwerpunkt genauestens in der Mitte haben, was Voraussetzung für reines Walten des Zufalles beim Würfeln sein würde. Erst nach vielen Hunderten von Würfen und statistischer Auswertung der Ergebnisse wäre die Güte eines Würfels zu garantieren.

Daher hat BARTELS[1] für solche Zufallsexperimente Tabellen mit bestimmt zufälligen Zahlenfolgen mitgeteilt (von denen S. 11 schon in anderem Zusammenhange die Rede war). Für die hier erörterten speziellen Zwecke der Prüfung von Jahreszeitenrhythmen hat Verf. Zufallsreihen der Zahlen 1–12 (für die 12 Kalendermonate) in 10 · 10 Zeilen bzw. Rubriken aus den BARTELSschen Tabellen abgeleitet, die in Tab. 12 wiedergegeben sind.

Diese Tabelle liefert Zufallsfolgen, ob man sie fortlaufend vorwärts, rückwärts, horizontal, vertikal, diagonal, mäanderförmig, kreisend, überspringend, im Rösselsprung oder nach irgendeiner sonstwie ausgedachten Reihungsmethode liest, was eine für unsere Zwecke hinreichende Zahl von Möglichkeiten für Zufallsexperimente ergeben dürfte.

Um den Zufallscharakter der Tab. 12 beurteilen zu können, sei ihre Gewinnung kurz angeführt.

Aus der Tab. 3 von BARTELS, der Zufallsfolge von 25 Zahlen, wurden durch paarweises Zusammenziehen 12 Zahlen gebildet. Für die übrigbleibende „25" – im

[1] BARTELS: Ann. Meteorol. 1948, 209.

benutzten Teil übrigens nur einmal vorkommend – wurde durch Los die Zugehörigkeit zu einer der 12 Zahlen entschieden.

Tabelle 12. *Zufallsfolge der Zahlen 1–12 für „Schüttelversuche“* (s. Text).

	1	2	3	4	5	6	7	8	9	10
1	4	9	6	5	12	2	6	10	11	4
2	4	12	12	10	2	5	7	5	12	6
3	9	3	3	12	6	3	12	10	8	2
4	3	11	9	11	2	6	8	9	4	3
5	8	3	2	1	7	12	4	7	3	9
6	10	3	3	7	4	9	7	11	12	7
7	6	11	6	7	11	8	5	11	12	6
8	7	9	3	12	9	10	8	5	8	9
9	7	9	6	10	3	6	12	8	7	4
10	6	12	4	11	2	4	4	7	6	4

Steht aus Publikation nur ein Summenjahr allein zur Verfügung, das durch einen etwas wenig harmonischen Ablauf eine gewisse Fragwürdigkeit zeigt, so kann man das Schütteln noch in Gestalt eines anderen Zufallsexperimentes durchführen, nämlich indem man die einzelnen 12 Monate in ihrer Reihenfolge nach Zufallsgesetzen ändert und die neuen Reihenfolgen als Jahre liest. Treten dabei Verteilungen auf, die nach Art und Amplitude der ursprünglichen ähnlich sind, so spricht das erheblich für die vermutete Fragwürdigkeit. Wird dagegen die ursprüngliche Verteilung noch unruhiger in ihren Schwankungen, und zwar bei mehrfachem Schütteln, so spricht das einigermaßen dafür, daß das Ausgangsmaterial trotz seiner nicht sehr harmonischen Jahresschwankung nicht eigentlich dem Zufall zugeschrieben werden kann. Für solche Experimente sind in Tab. 13 noch 10 Zeilen von durch Zufall entstandenen *Folgen* von 12 Monaten (d. h. der als Monatsbezeichnung fungierenden Zahlen 1–12) wiedergegeben.

Sie sind aus den Zahlen der Tab. 12 dadurch entstanden, daß man diese längs irgendeines freigewählten Weges liest, bis eine volle Serie aller Zahlen 1–12 angetroffen ist. In dieser neuen Tab. 13 bildet also jede horizontale Zeile *für sich* eine komplette, in sich abgeschlossene Zufallsfolge, die von links nach rechts und umgekehrt gelesen werden kann; ein Verlassen der Zeile, wie das in Tab. 12 ohne weiteres gestattet ist, ist hier nicht mehr zulässig.

Für diese Art des Prüfens ein ganz lehrreiches *Beispiel:*

Henkel hat die in 4 Kalenderjahren beobachteten 118 Fälle von diabetischem Koma hinsichtlich ihrer Verteilung auf die Monate eines Summenjahres folgendermaßen angegeben: Es entfielen auf

Monat	1.	2.	3.	4.	5.	6.	7.	8.	9.	10.	11.	12.
Fälle	9	7	14	12	5	4	8	8	8	12	14	17

Die in dieser Reihe auftretende größte Schwankung d ist $17 - 4 = 13$; nach S. 41 ist $\sigma_d = \sqrt{\frac{2 \cdot 118}{12}} = \sqrt{19{,}7} = 4{,}44$; d ist also nur knapp dreimal größer als σ_d, während es zur Signifikanz (99,7% Wahrscheinlichkeit) bei 12 Rubriken 3,67mal größer sein sollte (vgl. Tab. 3, S. 41). Immerhin könnte man mit einer „Fast-Signifikanz" sich begnügen und von einer Winterfrühjahrshäufung zu sprechen geneigt sein. Was an der Verteilung etwas fragwürdig erscheint, ist die Senkung für Januar—Februar; sie kann bei den kleinen auf die Einzelmonate treffenden Zahlen natürlich zufällig sein. Oder, so fragt man sich aber nun unwillkürlich, *ist etwa die ganze Verteilung doch nur zufällig.* Um darüber ein gewisses Urteil zu gewinnen, führt man mehrfache Schüttelungen der Monate des Summenjahres nach Zufallsgesetzen unter Verwendung der Tab. 13 durch. Um dabei noch obendrein ganz „unparteiisch" vorzugehen, entschließt man sich, die zugrunde zu legenden Zeilen der Tab. 13 nicht frei zu wählen, sondern darüber die ersten 4 Zufallszahlen der 1. Zeile der Tab. 12 entscheiden zu lassen. Diese lauten 4, 9, 6, 5. Unter Zugrundelegen der 4., 9., 6., 5. Zeile der Tab. 13 erhält man nun nachfolgende 4 Phantasiejahre:

1.	2.	3.	4.	5.	6.	7.	8.	9.	10.	11.	12.
17	7	4	8	12	14	8	14	8	8	5	9
14	12	17	8	9	5	7	4	12	8	14	8
8	9	12	14	4	14	7	8	17	8	12	5
7	4	8	17	8	12	5	8	12	14	14	9

Ohne jeden Zwang wird man feststellen, daß durch jede der 4 Schüttelungen, d. h. *in jedem der 4 Phantasiejahre die Unruhe der Zahlen,* ihr Auf- und Niedergehen *gegenüber dem obigen Summenjahr nur noch zugenommen hat.* Das gilt sogar noch, wenn man die 4 Phantasiejahre zu einem Phantasiesummenjahr addiert, was an sich ausgleichend auf kleine Schwankungen wirkt, wovon sich jeder leicht überzeugen kann. *Es spricht also doch einiges dafür, daß die ursprüngliche Verteilung trotz manchen Mangels keine bloß zufällige war, d. h. ein Winterfrühjahrsgipfel von diabetischem Koma,* wie er in der Kurve von HENKEL sich ausdrückte, *scheint doch wohl vertretbar.*

Tabelle 13. *Zeilenweise abgeschlossene Zufallsfolgen aller Zahlen von 1–12 (jeweils als horizontale Zeile) zur Anstellung von Schüttelversuchen mit monatlichen Morbiditätsziffern* (s. Text).

	1.	2.	3.	4.	5.	6.	7.	8.	9.	10.	11.	12.
1	4	9	6	5	12	2	10	11	7	3	8	1
2	12	4	7	3	9	10	11	6	8	5	2	1
3	4	9	3	8	10	6	7	12	11	2	1	5
4	12	2	6	7	4	11	9	3	10	8	5	1
5	2	6	7	12	8	4	5	9	10	11	3	1
6	7	1	4	11	6	3	2	9	12	8	10	5
7	4	12	3	11	7	9	5	6	8	1	2	10
8	12	10	2	5	7	6	8	3	9	11	4	1
9	11	10	12	7	1	5	2	6	4	9	3	8
10	8	3	2	1	7	12	4	9	11	10	6	5

Diese BARTELSschen Schüttelmethoden sind ganz allgemein für ernsthafte Rhythmenforschung sehr zu empfehlen und auch medizinisch schon bewährt.

Mit ihnen konnte HOSEMANN sämtliche in der Literatur immer wieder aus Summenlunationen erschlossenen angeblichen Mondeinflüsse auf Geburt oder Menseseintritt ad absurdum führen, d. h. er konnte nachweisen, daß in einem konkreten Beobachtungsmaterial durch „Schütteln" Perioden auftreten, welche von der real beobachteten Größe sind, obwohl sie eben garantierten Zufallscharakter haben. Die einfache statistische Prüfung hatte indes durchaus eine überzufällige Gesamtschwankung ergeben, was sogar einen SVANTE ARRHENIUS irregeführt hatte.

In der Literatur aber findet man mancherlei schlechtfundierte angebliche Jahresrhythmen. Da jeder gesicherte Jahresrhythmus ein allgemeinbiologisches Problem darstellt, muß unsere Kenntnis vom jahreszeitlichen biologischen Geschehen möglichst freigehalten werden von ungenügend begründeten Rhythmen.

Daß *sämtliche Saisonwellen von Krankheiten prinzipiell gleiche mathematische Form* haben, ist, wie wir sehen werden, kein bloß formales, sondern ein biologisches Problem, das uns daher später noch beschäftigen wird.

Zuweilen finden sich beim Vergleich der Saisonrhythmen ätiologisch oder epidemiologisch ähnlicher Krankheiten interessante Gesetzmäßigkeiten im feineren Ablauf der Wellen, indem etwa die eine Welle gegenüber der anderen (unabhängig von etwaigen Unterschieden der Amplitude) regelmäßig kleine Gangunterschiede (Verspätungen oder Verfrühungen), sog. **„Phasenverschiebungen"** aufweisen.

Mit welch großer Gesetzmäßigkeit und Konstanz solche Phasenverschiebungen vorkommen können, soll Abb. 13 zeigen. Jahr für Jahr lief in den Vereinigten Staaten die Diphtheriewelle dicht vor der Scharlachwelle ab.

Eine weitere Verbreiterung unserer zunächst formalen Kenntnisse

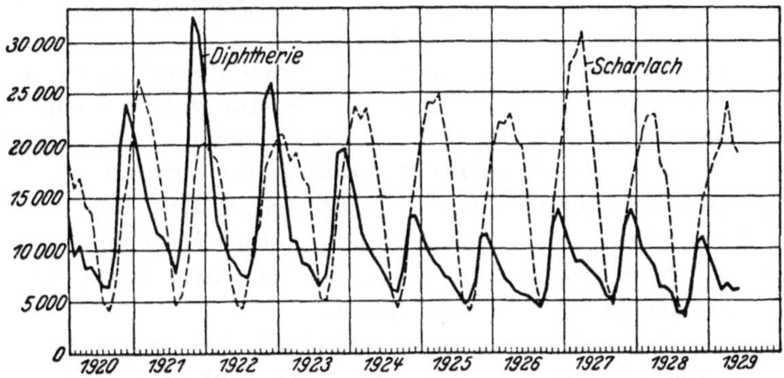

Abb. 13.
Zahl der monatlich gemeldeten *Diphtherie*- und *Scharlachfälle* in den Vereinigten Staaten von Amerika für die Jahre 1920–1929. (Aus Epidem. Monatsber. d. Hygienesektion des Völkerb. Nr. 127.) Sie zeigt die erstaunliche Konstanz einer leichten Phasenverschiebung beider Wellen gegeneinander.

über Gesetzmäßigkeiten bei Saisonkrankheiten erreichen wir endlich durch Untersuchungen zur **Pathogeographie,** aus denen u. U. wertvolle Anregungen für die kausale Analyse kommen können [DE RUDDER (4)].

Einigermaßen zuverlässige Quellen für solche Erhebungen stehen allerdings fast ausschließlich für Infektionskrankheiten zur Verfügung, besonders für jene, die in vielen Ländern meldepflichtig sind (wobei allerdings die Zuverlässigkeit, mit der die Meldepflicht befolgt wird, nach Staat und Zeit nicht unwesentlich schwankt und oft nur sehr allgemeingehaltene Schlüsse aus verfügbaren Zahlen abgeleitet werden dürfen; doch wird man für das hier interessierende Problem hinzufügen können, daß die Meldungszuverlässigkeit keine wesentlichen jahreszeitlichen Änderungen aufweisen, die Art eines Saisonrhythmus also nicht beeinflussen wird). Wertvolles statistisches Material findet sich hierzu vor allem in den epidemiologischen Monatsberichten der Hygienesektion des Völkerbundes. Es wird durch gelegentliche, meist weitverstreute Berichte in der Literatur etwas ergänzt. Doch hat sich seit HIRSCHS auch heute noch recht interessantem Handbuch der historisch-geographischen Pathologie (Erlangen 1886) meines Wissens kein Autor mehr gefunden, der die zweifellos ungeheure Last des subtilen und kritischen Sammelns von Einzelnachrichten auf sich zu nehmen gewillt war, um ein solches Werk zu schreiben. Ein wertvoller Ansatz hierzu war der im 2. Weltkrieg nur unter erschwerenden Bedingungen erhältliche und daher höchst selten gewordene „Seuchenatlas" von ZEISS (erschienen bei Petermann in Jena). Doch war ja auch die zivilisierte Menschheit in den letzten Jahrzehnten von anderen zwischenstaatlichen Aufgaben stärkstens beansprucht.

Legt man sich für die einzelnen Krankheiten Erdkarten der Saisongipfel an, so kommt man zunächst zu einigen, schon auf Grund unserer Vorstellungen von den Jahreszeiten im voraus zu erwartenden Regeln:

1. Die für Europa festgestellten Rhythmen gelten, soweit es sich um echte Saisonkrankheiten handelt, im allgemeinen für die gesamte Zone etwa nördlich des Wendekreises des Krebses (nördl. Wendekreis) — „*Nordzone der Saisonkrankheiten*".

2. Etwa südlich des Wendekreises des Steinbockes (südl. Wendekreis) findet sich eine genaue Umkehrung des europäischen Krankheitsrhythmus, entsprechend der bestehenden Jahreszeitenumkehr auf der Südhalbkugel — „*Südzone der Saisonkrankheiten*".

3. In der äquatorialen Zone zwischen beiden Wendekreisen häufen sich in auffallender Weise jene Landstriche, für welche nichts oder nichts Sicheres von einem Rhythmus bei einer Reihe von Krankheiten festzustellen ist — „*Indifferente Äquatorialzone der Saisonkrankheiten*".

Von besonderem Interesse sind nun aber gerade die pathogeographischen „*Ausnahmen*" *von dem nach der klimatologischen Zone erwarteten Saisongipfel*, denn hier dürfte am ehesten ein Ergebnis von genauer meteorologischer Analyse zu erhoffen sein.

Einige bei diesen Untersuchungen auffallende Beispiele solcher Ausnahmen werden wir später noch kennenlernen. Obwohl Verf. auf diese bereits 1931 hinweisen konnte, ist anscheinend nichts Weiteres zu dem Thema erfolgt.

Im Interesse einer klaren Verständigung muß hier noch eine Nomenklaturangelegenheit besprochen werden. Wir benennen festgestellte Gipfel nach Monaten oder Jahreszeiten. Die *Kalenderjahreszeiten* sind bekanntlich astronomisch durch die vier Zeitspannen Wintersonnenwende – Frühjahrsnachtgleiche – Sommersonnenwende – Herbstnachtgleiche – Wintersonnenwende festgelegt. Da diese zeitlichen Fixpunkte nicht mit Monatsanfängen zusammenfallen, lassen sich niemals einer Kalenderjahreszeit bestimmte Monate zuordnen, was für statistische Untersuchungen der hier behandelten Art schon eine allerdings kleine Ungenauigkeit mit sich bringt. Eine sehr viel größere Schwierigkeit begegnet uns aber, wenn wir bedenken, daß für alles Lebende auf der Erde der Sonnenlauf von besonderer Bedeutung ist. Würden wir aber das Sonnenjahr unter dieser biologischen Betrachtungsweise in vier jahreszeitliche Abschnitte zerlegen wollen, so würden wir als biologischen „Winter" die Zeit geringster Strahlung, also die Zeit etwa von $1^1/_2$ Monate vor bis $1^1/_2$ Monate nach der Wintersonnenwende benennen; als „biologisches Frühjahr", die Zeit merklich zunehmender Sonnenstrahlung, also etwa von Anfang Februar bis Anfang Mai usw.

Diese Verhältnisse hat erstmalig Moro klar ausgesprochen und betont, daß eben bald nach der Wintersonnenwende für die Lebewesen bereits das *„biologische Frühjahr"*, d. h. die Zeit zunehmender Sonnenstrahlung beginnt. Für unsere Probleme ist die Benennung nach **biologischen Jahreszeiten** tatsächlich sehr viel vorteilhafter, weil wir damit diesen Jahreszeiten biologisch wichtige und entscheidende Eigenschaften einer Zeitspanne zuordnen können, was bei den Kalenderjahreszeiten nicht gelingt. Biologischer *Winter* sind dann die 3 Monate *geringster Sonnenstrahlung*, biologischer *Sommer* die 3 Monate *intensivster Sonnenstrahlung*. Dazwischen liegen die beiden *„Umschaltungszeiten"* von je 3 Monaten Dauer: der *Frühling* mit deutlich *anwachsender*, der *Herbst* mit deutlich *abnehmender Sonnenstrahlung*. Diese Namengebung ist um so mehr berechtigt, als für die Biologie ja zwischen den Jahreszeiten überhaupt keine scharfen astronomischen Zäsuren liegen, sondern die Jahreszeiten *fließend* ineinander übergehen.

Um also Mißverständnisse und Vorbeireden zu vermeiden, wollen wir für bioklimatische Zwecke festsetzen:

1. Die *Jahreszeitenbenennungen* Winter – Frühling – Sommer – Herbst werden *im biologischen Sinne* so gebraucht, daß die astronomischen Fixpunkte etwa jeweils sie halbieren, anstatt – wie im Kalender – sie begrenzen. Mit anderen Worten: im biologischen Sinne beginnt eine bestimmte Jahreszeit stets etwa $1^1/_2$ Monate vor und endet daher auch jeweils etwa $1^1/_2$ Monate vor der gleichlautenden astronomischen Jahreszeit (= Kalenderjahreszeit).

Das nachfolgende Schema, Tab. 14, mag das nochmals klarmachen.

Tabelle 14. *Schema für die Benennung nach „Kalenderjahreszeiten" und „Biologischen Jahreszeiten".*

Kalender-jahreszeit				Biologische Jahreszeit
Winter	Dezember		Dezember	Winter
		21. Sonnenwende		
	Januar		Januar	
	Februar		Februar	
	März		März	Frühling
		21. Nachtgleiche		
Frühling	April		April	
	Mai		Mai	
	Juni		Juni	Sommer
		21. Sonnenwende		
Sommer	Juli		Juli	
	August		August	
	September		September	Herbst
		23. Nachtgleiche		
Herbst	Oktober		Oktober	
	November		November	
	Dezember		Dezember	Winter
		21. Sonnenwende		

2. Wenn von dieser Regel abgewichen werden soll, sprechen wir *ausdrücklich* von *„Kalenderjahreszeit"* oder wir geben noch besser die gemeinten Kalendermonate direkt an.

Dieses Abgehen von der herkömmlichen Benennung mag manchem zunächst überflüssig oder verwirrend erscheinen. Wer aber mit bioklimatischen Fragen vertraut ist, wird es nicht nur als sehr viel zweckmäßiger und für die Verständigung angenehmer empfinden, sondern er wird auch feststellen, daß diese Namengebung – unscharf und meist nicht besonders definiert – schon viel gebräuchlich ist. Wenn wir von „biologischen Jahreszeiten" sprechen und sie demgemäß durch klimatische Eigenarten definieren, so hat das außerdem den Vorteil, daß diese dann für Nord- und Südhalbkugel der Erde ohne weiteres gelten und hier Mißverständnisse ausgeschlossen sind.

Diese vom Kalender abweichende Jahreszeitenbenennung steht keineswegs vereinzelt.

Wie wechselvoll die Jahreszeitenbenennung je nach dem zugrunde gelegten Zweck sein kann, ist daraus ersichtlich, daß in der *Kurortklimatologie* folgende Bezeichnungen üblich sind:

Frühling:	das Klima vom 1. März bis 31. Mai
Sommer:	das Klima vom 15. Mai bis 14. September
Herbst:	das Klima vom 1. September bis 31. Oktober (!)
Winter:	das Klima vom 1. Dezember (!) bis 31. März

Der November fällt also für die Kurortklimatologie überhaupt aus, und einige Zeitspannen werden für 2 Jahreszeiten gezählt.

Zuweilen wird auch eine Zusammenfassung von Monaten zu *Quartalen* vorgenommen, offenbar da diesbezügliche statistische Unterlagen namentlich aus staatlichen und kommunalen Berichten besonders leicht zugänglich sind. Für eine Bewertung von Quartalsziffern muß man sich dann nur loslösen von der geläufigen Jahreszeitenfolge, welche den Winter stets an vierter Stelle zu nennen pflegt, und eben daran denken, daß das *1. Quartal* fast genau unserem *Kalenderwinter* entspricht.

B. Allgemeines zur kausalen Analyse von Saisonschwankungen.

Ist für ein Krankheitsgeschehen oder einen sonstigen biologischen Vorgang eine Saisonschwankung *formal* gesichert, so ergibt sich als nächste Aufgabe ihr *kausales Zustandekommen* zu klären, d. h. jenen „*Saisonfaktor*" aufzusuchen, der letzten Endes die Schwankung hervorruft. Von solchen Faktoren werden den Meteorobiologen naturgemäß in erster Linie die atmosphärischen oder zum mindesten die geophysikalischen interessieren und von diesen wieder ganz besonders solche, welche unmittelbar am Menschen angreifen.

Bei derartigen Bestrebungen besteht zunächst die besondere Gefahr, in irgendeiner Form wieder *irrtümlich automatische Korrelationen als Ursachen heranzuziehen*. Handelt es sich um eine *Infektionskrankheit*, so muß man sich zudem speziell für diese geltende Umstände vor Augen halten. Über diese beiden Aufgaben soll zunächst einiges gesagt werden, bevor wir uns den eigentlichen Saisonkrankheiten zuwenden können.

1. Die Irreleitung durch „automatische Korrelationen".

Ist eine jahreszeitliche Abhängigkeit im Vorkommen einer bestimmten Krankheit festgestellt, so kann sich die *Ermittlung des „Saisonfaktors"* besonders schwierig gestalten, wenn die Pathogenese der Krankheit noch unklar oder sehr verwickelt ist. Zunächst ist überhaupt darauf zu achten, ob nicht eine *indirekte Beeinflussung der Krankheitshäufigkeit* erfolgt *durch Faktoren*, welche in der *Lebensweise der Menschen* bedingt sind. Irrtümer in dieser Hinsicht sind bis in die neueste Zeit unterlaufen und können auch heute noch vorkommen. In den späteren Abschnitten über die verschiedenen Saisonkrankheiten werden wir viele Beispiele dieser Art kennenlernen und zeigen, auf wie vielen Wegen und Umwegen ein solcher indirekter Saisoneinfluß zustande kommen kann. Davon abgesehen stoßen wir *bei der statistischen Ermittlung eines Saisonfaktors auf eine Schwierigkeit allgemeiner Art*, die nur nach genauer Klarlegung der Pathogenese einer Krankheit bzw. durch andere Beobachtungen über das Auftreten der Krankheit überbrückt werden kann und die *in der Literatur eine fast unversiegliche Quelle von Irrtümern bis in die allerletzte Zeit* bildet.

Eine ganze Reihe meteorologischer Elemente zeigt vor allem in ihrem Monatsmittel ausgesprochenen Jahreszeitenrhythmus. Das gilt in unserer gemäßigten Zone z. B. für Temperatur und Abkühlungsgröße (Abkühlungsgeschwindigkeit), Sonnenscheindauer, Gesamtstrahlung, Ultraviolettstrahlung, Niederschlagsmenge, Luftfeuchtigkeit und Dampfdruck, Windstärke, Häufigkeit der Windstillen, Potentialgefälle des elektromagnetischen Erdfeldes, magnetische Deklination und Inklination u. a. *Was wir mit dem Worte „Jahreszeit" benennen, ist ja einfach die Summe all dieser Änderungen*, und in dem Namen einer Jahreszeit ist jedes Glied dieser Summe implizite enthalten. In Tab. 15 sind die wichtigsten meteorologischen und geophysikalischen Elemente zusammengestellt, welche einen Jahresrhythmus besitzen, mit denen also alle Saisonkrankheiten in irgendeiner „automatischen Korrelation" stehen müssen.

Man ist leicht versucht, einen solchen Rhythmus, dessen Wirksamkeit für Krankheitsgeschehen man auf Grund irgendeiner Überlegung als wahrscheinlich annimmt, herauszugreifen und in Beziehung zu setzen zur Kurve der monatlichen Krankheitsfälle. Wie ein Blick auf die Tab. 15 zeigt, ist die Auswahl sehr groß. Eine solche Gegenüberstellung, die ungemein häufig erfolgt ist, wirkt zunächst graphisch scheinbar sehr überzeugend.

Vgl. z. B. bei AMMANN, der die Jahreskurve epileptischer Anfälle den Jahreskurven der magnetischen Deklination und Inklination gegenüberstellt. Ähnliche Beispiele werden wir in späteren Abschnitten noch zahlreich kennenlernen.

Bei genauerer Überlegung erkennt man aber sofort, daß ein *übereinstimmender oder reziproker Verlauf der Monatsmittel eines meteorologischen Elementes einerseits und der Krankheitshäufigkeit andererseits nicht das mindeste für oder gegen die Wirksamkeit des betrachteten meteorologischen Elementes* beweist. Er stellt vielmehr nur eine *völlig selbstverständliche Umschreibung eben dieser jahreszeitlichen Abhängigkeit der Krankheit dar; selbst bei erwiesener Belanglosigkeit des betrachteten meteorologischen Elementes für Krankheitsgeschehen würde die gezeigte Beziehung nach wie vor bestehen bleiben*. Es ist die genannte „Poliomyelitis-Strohhutkorrelation", oder die „Typhus-Sommerfahrplankorrelation", an die viele Autoren um keinen Preis denken wollen. *Denn es liegt eben im Wesen dessen, was*

Tabelle 15. *Jahresgang der meteorologischen und geophysikalischen Elemente* (nach E. FLACH)[1].

Lfd. Nr.	Element	Der Jahreslauf besitzt sein Minimum	Maximum
1.	Sonneneinstrahlung		
	a) Solarkonstante	Juni	Dezember
	b) wirksame Wärmestrahlung auf der Erdoberfläche	Dezember	März–April
	c) wirksame Ultraviolettstrahlung	Dezember	Mai–Juni
	d) wirksame Wärmestrahlung von Sonne und Himmel	Dezember	Juli
	e) Ultraviolettstrahlung von Sonne und Himmel	Dezember	Juli
2.	Bodentemperaturen		
	a) Erdoberfläche	Jan.–Febr.	Juli–Aug.
	b) in 10 cm Tiefe	Jan.–Febr.	Juli–Aug.
	c) in 40 cm Tiefe	Januar	August
3.	Wassertemperaturen (Meeres- und Seetemperatur)	Februar	August
4.	Lufttemperaturen		
	a) in 1–3 m Höhe über dem Erdboden		
	1. äquatorialer Typ	Aug. u. Dez.	April u. Okt.
	2. tropischer Typ	Jan. u. Dez.	Mai u. Sept.
	3. Typ der gemäßigten Zonen	Januar	Juli
	4. polarer Typ	Febr.–März	Juli
	b) Temperaturabnahme mit der Höhe	Januar	Juni
	c) Veränderlichkeit der Temperaturmonatsmittel	September	Januar
5.	Luftdruck		
	a) kontinentaler Typ	Juli	Januar
	b) ozeanischer Typ	November	Juli
	c) arktischer Typ	Jan.–Febr.	April–Mai
6.	Dampfdruck (absolute Feuchtigkeit)	Januar	Juli
7.	Äquivalent-Temperatur (Lufttemperatur plus zweimal Dampfdruck)	Kombination aus 4a und 6	
8.	Relative Feuchtigkeit in Prozenten	Mai–Juni	Januar
9.	Zahl der Nebeltage	Juni–Juli	Dez.–Jan.
10.	Wolkenformen		
	a) Nebelschichtwolke (Stratus)	Juni–Juli	Dez.–Jan.
	b) Haufenwolke (Kumulus)	Dez.–Jan.	Juni–Juli

[1] Herr Reg.-Rat Dr. FLACH war 1938 so liebenswürdig, mir diese Tabelle auf meine Bitte aufzustellen. Wenn nicht besonders vermerkt, gelten die angegebenen Rhythmen für Mitteleuropa; grundsätzliche Änderungen dieser Verhältnisse sind seit Aufstellung der Tabelle wohl kaum erfolgt.

(Fortsetzung Tab. 15)

Lfd. Nr.	Element	Der Jahresverlauf besitzt sein Minimum	Maximum
11.	Bewölkungsgrad		
	a) Mitteleuropa		
	Niederung	August	Dezember
	Alpengipfel	Januar	Mai
	b) äquatoriales Klima	Januar	Juli
12.	Sonnenscheindauer (wirkliche Dauer)	Dezember	August
13.	Niederschlagsmenge (kontinentale Orte)	Februar	Juni
14.	Wind		
	a) am Erdboden	Aug.–Sept.	Nov.–Dez.
	b) auf Bergen	Sommer	Wintermitte
15.	Abkühlungsgröße (Dorno-Frigorimeter)	Juli–Aug.	Jan.–Febr.
16.	Gewitter (Anzahl)	Nov.–Dez.	Juni–Juli
17.	Luftkörper		
	a) mittlere Häufigkeit 1924–1930 in Frankfurt a. Main		
	1. polare Luftmassen	Januar	April
	2. tropische Luftmassen	Dezember	April
	3. maritime Luftmassen	April	Juli
	4. kontinentale Luftmassen	Oktober	Februar
	5. polar-maritime Luftmassen	Februar	Juni
	6. polar-kontinentale Luftmassen	Juli–Aug.	März
	7. tropisch-maritime Luftmassen	Juni	Oktober
	8. tropisch-kontinentale Luftmassen	Mai–Sept.	Dezember
	9. indifferente Luftmassen	Februar	November
	10. Mischluft	September	Januar
	b) Tage mit Luftkörperwechsel (1936 in Bad Elster)	Juni und November	Februar und Oktober
18.	Luftelektrisches Potentialgefälle	Juni	Januar
19.	Luftleitfähigkeit	Januar	Juli
20.	Vertikaler Leitungsstrom	Sommer	Winter
21.	Kleinionen	Januar	Juli–Aug.
22.	Großionen	Juli	Januar
23.	Kerne	Sommer (Herbst)	Winter (Frühling)
24.	Emanation	Winter	Sommer
25.	Kosmische Höhenstrahlung	Dezember	Juni

wir als „Jahreszeit" zusammenfassen, daß diese meteorologischen Elemente sich sämtlich rhythmisch ändern müssen. Die erkenntnistheoretische Klippe, die hier auftaucht, ist, wie schon andernorts erwähnt, folgende:

Die Änderungen eines meteorologischen Elementes erfolgen niemals allein, niemals aus inneren Gründen dieses Elementes heraus, sondern sie selbst sind wieder bedingt durch weitere Vorgänge. Sind letztere zahlenmäßig faßbar, so liegen die Verhältnisse noch einfach; sind sie es nicht oder bis heute nicht, so komplizieren sich die Fragen noch mehr. Die Schwierigkeit ist dann *von mehreren Vorgängen, deren paralleler Ablauf festgestellt wird, zu bestimmen, ob diese Vorgänge* (meteorologisches Element und Krankheitshäufigkeit) *einer höheren gemeinsamen Ursache subordiniert und also unter sich koordiniert sind oder ob einzelne dieser Vorgänge subordiniert sind, evtl. in Kausalnexus stehen.*

Nicht selten wird eine solche Scheinlösung durch einen zunächst kaum auffallenden *Sprachgebrauch* vorbereitet oder *unterstützt.* Wir sind sehr gewohnt, den Sommer die „warme" oder auch die „sonnenreiche" Jahreszeit zu nennen und den Winter die „kalte", „sonnenarme" Jahreszeit. Wir greifen zu dieser Bezeichnung das für unsere Sinnesorgane fühlbarste Charakteristikum der Jahreszeit heraus, wogegen sprachlich nichts einzuwenden ist. Nach Verfeinerung unserer Sinneswahrnehmung durch Meßapparate gewöhnen wir uns sogar bald daran, Ergebnisse dieser Verfeinerung ebenso im Sprachgebrauche zu verwenden, namentlich wenn solche Ergebnisse bereits popularisiert sind. So sprechen wir heute bereits gerne von der „ultraviolettarmen" Zeit des Winters. Niemandem aber wird es vorerst einfallen, eine Jahreszeit nach dem elektromagnetischen Erdfeld oder der magnetischen Inklination zu benennen, obwohl diese Variablen zunächst ziemlich gleichberechtigt mit den Vorgenannten sind. *Gefährlich wird dieser Sprachgebrauch, wenn wir solche Benennungen in einem Satz verwenden mit dem Vorkommen einer Krankheit*, über deren Saisonschwankung die Diskussion noch nicht geschlossen ist. Der Satz „die Poliomyelitis ist eine vorwiegend in der warmen Jahreszeit auftretende Krankheit" ist an sich richtig; es ist aber von da nur ein kleiner Schritt und in diesem Falle ein völlig unbewiesener Schritt, zu glauben, daß die Wärme mit der Poliomyelitisverbreitung irgend etwas zu tun habe. Was würden wir heute von einem Autor halten, der sagte, „die Rachitis ist eine vorwiegend in der kalten Jahreszeit sich entwickelnde Krankheit". „Der Charakter, den Wetter und Jahreszeit tragen, beruht hauptsächlich auf der Lufttemperatur, sie macht die Hauptdifferenz aus zwischen Sommer und Winter" – diese Argumentation aus einer Arbeit des Jahres 1902 ist heute tatsächlich noch nicht überwunden bzw. kehrt in analoger Form noch heute wieder. Aus diesem Grunde erscheint es daher auch nicht *unbedenklich*, einfach von *„heliophilen"* Infektionen mit Sommergipfel und *„heliophoben"* Infektionen mit Winter-Frühjahrs-Gipfel zu sprechen, wie Woringer es tat; denn mit diesen Bezeichnungen werden unbewiesene Zusammenhänge präjudiziert und der Anschein erweckt, als wären die Jahreszeitenschwankungen bereits als direkte Folge eines Wechsels in der Sonnenintensität erkannt, wovon vorerst generell nicht im mindesten die Rede sein kann.

Die geschilderten Scheinlösungen können sogar noch in einer ganz anderen, für den weniger Vertrauten noch schwerer durchsichtigen Form auftreten. So ist C. M. RICHTER zu der Feststellung gelangt, daß Influenza-Pandemien vorwiegend in Zeitperioden hohen Luftdruckes fallen. Nun ist die Influenza, wie S. 243 noch auszuführen sein wird, rein statistisch betrachtet, eine Erkrankung, welche den Spätwinter bevorzugt. Andererseits weiß man meteorologisch, daß in diesen Monaten relativ konstante Hochdruckgebiete gar nicht so selten vorkommen, und so muß naturgemäß automatisch eine Korrelation zwischen Influenza-Epidemien und Hochdruckwetterlagen zustande kommen, ohne daß kausale Beziehungen zwischen beiden vorzuliegen brauchen. Wenigstens glaube ich, daß sich die sonst nicht recht verständlichen Befunde RICHTERs in einfacher Weise so erklären. In diesem Sinne halte ich es für verfrüht, wenn nun WOLTER die RICHTERsche Feststellung einfach erweitert auf den Wintergipfel der Diphtherie und diesen Wintergipfel beider Krankheiten nun seinerseits mit hohem Luftdruck erklärt. Ich sehe hier voreilige Schlüsse, welche uns in den ganzen Fragen auf Irrwege führen, da sie nicht selten bei Untersuchungen, die wieder in anderer Richtung gehen, einfach literarisch weitergeschleppt werden.

Die Möglichkeiten für Scheinlösungen sind mit den angedeuteten Methoden noch nicht erschöpft. Passen etwa zwei Kurven zunächst schlecht zusammen, z.B. der jährliche Gang der Temperaturmonatsmittel mit seinem Sommergipfel und der Frühjahrsgipfel irgendeiner Krankheit, und will man „zeigen“, daß beide Dinge doch miteinander zu tun haben, so kann man das erreichen durch eine einfache „Korrelationsbastelei“ — ein Begriff, den WAGEMANN in seinem vortrefflichen „Narrenspiegel der Statistik“ geprägt hat. Man braucht nämlich nur den Temperaturverlauf in anderer Form darstellen, nämlich die monatlichen *Änderungen* des Temperaturmittels wiedergeben. Auf diese Weise entsteht sozusagen eine Kurve des Differentialquotienten des jährlichen Temperaturganges. Diese besitzt dann wunschgemäß einen Frühjahrsgipfel — die Temperatur*unterschiede* werden ja vom Winter zum Frühling mit jedem Monat größer, vom Frühling zum Sommer dann wieder kleiner. Die nunmehr erreichte Übereinstimmung ist frappant; nur besagt sie erneut, daß eine Krankheit mit Frühjahrsgipfel einen Frühjahrsgipfel hat. Es gibt auch für dieses Vorgehen Beispiele in der Literatur, etwa die Feststellung aus neuerer Zeit, daß die Poliomyelitis um die Zeit der Herbsttag- und -nachtgleiche ihren Gipfel hat.

Es erscheint fraglich, ob feinere meteorologische Analyse hier überhaupt weiterführen kann. Auch die vor allem bei anglo-amerikanischen Autoren schon sehr gebräuchlich gewordene **Korrelationsrechnung** versagt, sofern sie in einer Form zur Anwendung kommt, die im Grunde jene soeben skizzierten Scheinlösungen auf mathematischem Wege wiederholt.

Für den mit der Methode nicht vertrauten Leser sei auf die gute, kurz orientierende Darstellung von G. WOLFF (Kliwo 1927, 2025) oder auf Leitfaden für statistische Methoden z. B. den von HOSEMANN verwiesen. Die Korrelationsrechnung gestattet die zahlenmäßige Bearbeitung der Frage, ob zwei Kollektivgegenstände, die beide einem Wechsel unterliegen (z. B. Zahl der Krankheitsfälle und Klimaelement), so miteinander verknüpft sind, daß mit der *Zunahme oder Abnahme* der Größe des einen Kollektivgegenstandes der andere sich im gleichen Sinne ändert (*positive Korrelation*) oder sich im Gegensinne ändert (*negative Korrelation*). Im ersteren Falle nähert sich der Korrelationskoeffizient dem Werte + 1 (absolute Parallelhäufigkeit), im letzteren Falle dem Werte — 1 (absolute Gegenläufigkeit); besteht keine Verknüpfung im angegebenen Sinne, so wird der Korrelationskoeffizient nahe oder gleich Null. Wie jede formal-statistische Berechnung sagt eine bestehende Korrelation niemals mehr aus als eben diese *statistische* Verknüpfung beider Vorgänge. Ob ein *kausaler* Zusammenhang zwischen beiden Kollektivgegenständen vorhanden ist oder beide von einem unbekannten dritten Vorgang abhängen, ist formal-statistisch niemals zu entscheiden. Man tut gut, sich diese Tatsache stets gegenwärtig zu halten.

Es besagt für das Wirken eines klimatischen Faktors also gar nichts, wenn eine stark positive oder negative Korrelation zwischen der monatlichen Zahl der Krankheitsfälle und etwa den in dieser Zeit herrschenden Temperaturmitteln oder ähnlichen meteorologischen Elementen errechnet wird, denn es liegt hier der gleiche erkenntnistheoretische Denkfehler zugrunde; wie wenn Kurven einander gegenübergestellt werden, deren kongruenter Verlauf von vornherein vorauszusagen ist, da er in den Definitionen „Jahreszeit“ und „Saisonkrankheit“ bereits enthalten ist. Alle meteorologischen Elemente, welche etwa die Jahreszeit „Winter“ bestimmen, müssen ja definitionsgemäß mit Winterkrankheiten eine positive Korrelation ergeben.

In der Literatur sind *mehrfach Korrelationskoeffizienten* mitgeteilt, *welche diese Scheinlösung mathematisch ausdrücken,* wie man sofort erkennt, wenn man die ihrer Berechnung zugrunde gelegten Kollektivgegenstände nachsieht.

Allerdings kann die Korrelationsrechnung — bei Zugrundelegung *richtig* gewählter Kollektivgegenstände — sehr wohl erfolgreich zu rechnerischer Prüfung der Wirksamkeit eines ätiologisch angeschuldigten Saisonfaktors herangezogen werden. Dieser richtige Weg ist von vereinzelten Autoren auch beschritten worden (vgl. S. 170, GIBSON, BROWNLEE und YOUNG). Es handelt sich hierbei um folgende Feststellung: Die in den einzelnen *Jahren* schwankende *Amplitude* der Krankheitswelle müßte im großen und ganzen kongruent verlaufen den in den einzelnen *Jahren* schwankenden Amplituden eines meteorologischen Elementes (*Korrelation der Saisonamplituden von Morbidität und Klimaelement*). Krankheiten, die man als Kälteschäden anspricht, müßten in kalten Wintern also häufig, in wärmeren Wintern dagegen seltener sein u. dgl. Naturgemäß kann eine solche Kongruenz dann auch mittels der Korrelationsrechnung zahlenmäßig ermittelt bzw. geprüft werden. Man müßte also rechnerisch etwa vergleichen die Kollektivgegenstände: Morbidität verschiedener *Winter* mehrerer Jahre einerseits und mittlere *Winter*temperaturen dieser Jahre oder Wintertemperaturabweichung vom langjährigen Mittel andererseits. Dieses Ergebnis wäre dann ganz anders zu werten, wie die als erkenntnistheoretischer Irrtum gezeigte Korrelationsermittlung von Krankheitsfällen innerhalb eines Jahreslaufes oder innerhalb korrespondierender *Monate* mehrerer Jahre (was rechnerisch oder graphisch ja letzten Endes nur ein „Summenjahr" darstellt).

Eine derartige Korrelation konnte bis heute nur bei ganz vereinzelten Saisonkrankheiten ermittelt werden, sofern es sich um Krankheiten handelt, die nicht durch andere belebte Zwischenträger auf den Menschen übertragen werden.

2. Kausale Analyse bei Infektionskrankheiten. (Lokalismus-Kontagionismus-Neolokalismus.)

Wenn die Häufigkeit einer Infektionskrankheit eine Jahreszeitenschwankung besitzt, so sind die vorliegenden Möglichkeiten ihres Zustandekommens vielgestaltiger als bei anderen Krankheiten. Während nämlich bei nichtinfektiösen Krankheiten der Einfluß der Jahreszeit auf den Menschen erfolgt – wenn wir offensichtlich indirekte Einflüsse durch Änderung der Lebensweise (vgl. S. 159) ausgeschlossen haben –, ist bei Infektionskrankheiten folgendes zu bedenken. Für das Zustandekommen einer Infektionskrankheit müssen *drei Bedingungen* erfüllt sein: Vorkommen der spezifischen Erreger – Bestehen hinreichender Übertragungsmöglichkeiten auf den Menschen – Gegenwart empfänglicher Menschen in hinreichender Anzahl. STALLYBRASS nennt dies die „*primären*" Bedingungen („the seed" – „the sower" – „the soil").

Auf jeden dieser primären Faktoren kann der „sekundäre" Faktor der Jahreszeit einwirken und ihn quantitativ abändern. Bei der Analyse einer Saisonschwankung müssen wir daher stets nachfolgende *drei Möglichkeiten* vor Augen haben:

1. Die Jahreszeit kann *Änderungen im Vorkommen oder in der Virulenz des Erregers bedingen.*

2. Die Jahreszeit kann *Übertragungsmöglichkeiten schaffen, begünstigen oder erschweren.*

3. Die Jahreszeit kann die *Empfänglichkeit,* die Erkrankungsbereitschaft des Menschen *verursachen, erhöhen oder schwächen.*

Dabei ist weiterhin zu bedenken, daß das Bestehen eines Einflusses die anderen nicht ausschließt, daß im einzelnen Falle die Krankheitshäufung durch *gleichzeitige Änderung mehrerer primärer Faktoren* entstehen kann. Endlich kann auch hier wieder in jedem Falle der atmosphärische Faktor auf Umwegen wirken, d. h. er braucht weder unmittelbar am Erreger, noch an den Übertragungsverhältnissen, noch am Menschen anzugreifen. So können sich im Einzelfalle sehr verwickelte Ursachenketten ergeben, die nicht selten nur Schritt für Schritt aufzuklären sind. Wir werden noch Beispiele dieser Art kennenlernen. Für das Auffinden solcher Ursachenketten sind weder Meinungen noch Prinzipien geeignet, sondern vorurteilslose Beobachtung einwandfreier Tatsachen, naturwissenschaftliche Forschungsmethoden und Einbeziehung aller sonstigen Erfahrungen aus der Epidemiologie der Krankheit.

Mehrere epidemisch vorkommende *Infektionskrankheiten* zeigen dann in aufeinanderfolgenden Jahren nicht selten noch einen Wechsel zwischen steilen und flacheren Schwankungen. *Über die Jahreszeitenwelle lagert sich die echte epidemische Welle* (z. B. Verdichtungswellen GOTTSTEINS), d. h. die Jahreszeitenwellen sind bald steil (Epidemie), bald flacher (ruhige Endemie). Bei den echten Saisonkrankheiten scheinen auch diese epidemischen Wellen an die bevorzugte Jahreszeit gebunden, das Wirken eines Saisonfaktors also zur Voraussetzung zu haben. Beispiele dafür liefern die Abb. 20 und 21 für Poliomyelitis (S. 179), die Abb. 46 für epidemische Genickstarre (S. 242) und besonders sinnfällig die Abb. 13 für Diphtherie (S. 133).

Die **Frage einer zeitlichen Änderung der Disposition** des Menschen gegenüber Infektionskrankheiten steht in engster Beziehung zu allgemein-epidemiologischen Problemen, zu den Grundlehren vom Kommen und Gehen der Seuchen. Das hat vor allem historische Gründe; denn über diese Fragen wurden schon Vorstellungen entwickelt zu einer Zeit, als von Infektionserregern noch nichts bekannt war. Mit der Auffindung der letzteren spielten sich in dieser Frage ganz besonders heftige Kontroversen zwischen verschiedenen Denkrichtungen und Auffassungen ab.

Es ist im Rahmen dieses Buches naturgemäß unmöglich, das ganze Thema hier darzustellen. In historischer Hinsicht verweise ich dazu auf eine ausgezeichnete Darstellung von RIMPAU: „Zur Geschichte der Geoepidemiologie." Da aber selbst manche bis in die letzte Zeit reichende Diskussionen zu dem Thema nur historisch begreifbar sind, muß Wesentlichstes hier angefügt werden.

Die Medizin ging ursprünglich stets von der Beobachtung des Kranken und seiner Leiden aus. Diese Beobachtung lehrte — um gleich auf unsere engeren Probleme zu kommen — seit je, daß ähnliche Erscheinungsbilder des Krankseins in ihrer Häufigkeit einem zeitlichen Wechsel unterliegen; verschiedene Jahre ebenso wie verschiedene Jahreszeiten brachten verschiedene und sich zuweilen in gleicher Weise wiederholende Bilder. Bekanntlich finden sich schon bei HIPPOKRATES eine Fülle guter Beobachtungen in dieser Richtung.

Die *Deutung* dieser Tatsachen unterlag stets dem geistigen Gesetze, sie einzuordnen in die Kenntnisse und Vorstellungswelt der eigenen Zeit. Diese Vorstellungswelt erhielt, um der uns interessierenden „Jetztzeit" möglichst rasch nahe zu kommen, ganz neue Antriebe durch die mit der Renaissance und dem Barock machtvoll einsetzende Naturwissenschaft im heutigen Sinne. *Noch ahnt man nichts von Krankheitserregern* – was sehr wichtig ist, sich einzuprägen; noch sieht man in den heutigen Seuchen Krankheiten vom Typus aller anderen, hat keinerlei Grund sie abzutrennen. – In dieser Zeit belebt der Londoner Arzt **Thomas Sydenham** (1624–1689) hippokratische Beobachtungen über den zeitlichen Wechsel von Krankheiten mit neuen Gedanken. Er bestätigt und erweitert diese Beobachtungen und erfüllt sie mit dem medizinischen Denken, den Theorien seiner Zeit. Es ist die Zeit der Säftelehre, die – beeinflußt durch die aufkommende Atomistik – sehr spekulative Vorstellungen entwickelt. Kennzeichnend ist der Satz eines Zeitgenossen: Friedrich Hoffmann, der Hallenser Medikochemiker (bekannt als der Erfinder der „Hoffmannstropfen"), sagt: „Krankheiten entstehen im allgemeinen, wenn die dreieckigen Elemente der Säure und die zackigen Elemente des Schleimes den runden Elementen im Kreislaufe sich entgegenstellen." Das kennzeichnet die Situation. Sydenham prägt den Begriff der „constitutio epidemica" und der „constitutio annorum". Constitutio ist hier allerdings nicht etwa mit „Konstitution des Menschen" in unserem Sinne gleichbedeutend, sondern besagt etwa soviel wie „zeitliche Eigenart des Krankheitsgeschehens"; d. h. der „Zeit" haftet sozusagen eine bestimmte Konstitution an. Das Adjektiv „epidemica" dagegen bedeutet das gehäufte Auftreten von Krankheit ganz allgemein.

Sydenham stellt „Jahreskonstitutionen" auf nach der zur Zeit des Herbstaequinoctiums herrschenden Krankheit. Er *denkt* aber erstmalig dabei *an äußere Einflüsse, an Einflüsse der Luft*, die zeitenweise mit Teilchen erfüllt sei, welche manchmal zum Stoffwechsel des menschlichen Körpers passen, ein andermal ihm entgegengestellt seien. Atomistische Gedanken der Zeit spiegeln sich auch hier wieder.

Ich übergehe alle Einzelheiten. Vielleicht vergegenwärtige man sich nur noch, daß Newton und Leibniz die beiden gewaltigen geistigen Exponenten dieser Zeit sind. Sydenhams Verdienst liegt trotz aller Spekulation darin, daß er den *Zeitfaktor im Krankengeschehen* betonte und sich über den zeitlichen Wandel des „Erkrankens überhaupt" seine Gedanken machte. Nicht immer in diesem Sinne wird er heute wieder viel zitiert. Aber anknüpfen können wir heute nicht mehr an diese Zeit und ihre Gedanken, soweit wir uns nicht mit sehr allgemeinen Redensarten begnügen wollen.

Erst 200 Jahre später erfolgt ein neuer Schritt in unserem Fragenkomplex durch **Max von Pettenkofer** (1818–1901). Auch jetzt kennt man zunächst noch keinen Krankheitserreger, wenn sich auch deutliche Ahnungen bereits zeigen.

Pettenkofer, der große Münchener Hygieniker in der zweiten Hälfte des vorigen Jahrhunderts, wird heute mit Vorliebe unmittelbar mit SYDENHAM zusammen zitiert. Aber er baut nicht etwa auf SYDENHAM auf oder führt dessen Gedankengänge weiter, wie RIMPAU sehr mit Recht hervorhebt. Er steht wiederum in *seiner* Zeit und 200 Jahre getrennt von SYDENHAM. Die unmittelbare Beobachtung von der *örtlichen* Gebundenheit epidemischer Krankheiten, besonders der damals Mitteleuropa heimsuchenden Cholera, verknüpft er gedanklich mit der unmittelbaren Beobachtung der Verunreinigung des Bodens durch den Menschen, die er in Höfen seiner Heimatstadt erlebt. *Dieser verunreinigte Boden wird ihm zum Träger der Krankheit.* Er knüpft an weitere Beobachtungen örtlich *und* zeitlich gebundener Krankheiten an: die *Milzbrandwiesen*; das „Sumpffieber", „Marschfieber", „Paludisme" – die heutige *Malaria.* Ausbrüche dieser Seuchen schienen ihm von der Höhe des Grundwasserspiegels abzuhängen; dieser ist zeitlich variabel, aber auch örtlich verschieden. PETTENKOFER wird damit zum Begründer des Suchens nach örtlichen, „lokalistischen" Krankheitsursachen. Er stellt Beobachtungen über Grundwasser und Krankheitshäufigkeit an. Er findet bei hohem Grundwasserstande *Malaria*, bei niedrigem *Typhus.* Zwar werden seine Beobachtungen nicht allerorts bestätigt, immerhin finden seine Gedanken größte Beachtung.

Die Gründe für den zeitlichen Wechsel und die räumliche Gebundenheit von Krankheiten werden also nunmehr in den Boden verlegt, und zwar *in den menschlich verunreinigten Boden*, was immerhin zu beachten ist. Aus diesen Gedankengängen heraus wird PETTENKOFER zum Begründer der modernen Städtehygiene, ein Mann, dessen Größe niemand schmälern wird, der ihn in seiner Zeit stehend betrachtet, was bekanntlich der einzig zulässige Maßstab ist.

Die Einflüsse des Bodens denkt PETTENKOFER sich über Zersetzungsvorgänge, welche „miasmatische", gasförmige, krankheitserzeugende Produkte liefern. Man muß sich erinnern, daß JUSTUS VON LIEBIG damals ebenfalls in München und auf PETTENKOFER wirkte. Der Ärztegeneration zu Beginn der zweiten Hälfte des vorigen Jahrhunderts wurde diese Theorie zu einer hochinteressanten Erklärung vieler Beobachtungen, die gerade für die Malaria sich ausgezeichnet zu bewähren schien.

Da diese vorerst nicht genauer erkennbaren Zersetzungsvorgänge im Boden mit dem Grundwasserspiegel und dieser wieder mit atmosphärischem Geschehen in Verbindung stehend gedacht wurden, interessiert diese Bodentheorie unmittelbar für unser Thema. Es darf aber nicht vergessen werden, daß PETTENKOFERs Annahmen diese Zersetzungsvorgänge im Boden zur Grundlage haben, daß der *heutige* Begriff „lokalistisch" damit nicht gleichgesetzt werden darf. Davon wird noch die Rede sein.

Diese *Pettenkofersche Lehre erster Prägung* hat WOLTER, wohl in Verehrung für seinen großen Lehrer, bis in unsere Zeit bewahrt, und er verfocht diese Lehre, ohne von einem gewaltig angewachsenen, neuen Tatsachenmaterial nennenswert Gebrauch zu machen.

Kurz nach diesen PETTENKOFERschen Lehren erster Prägung setzt nämlich die große Zeit der Schlag auf Schlag sich folgenden *Entdeckungen von Krankheitserregern* ein.

Immerhin wird man erstaunt sein, wenn man hört, daß sich die Idee des Infektionserregers und der Infektion mit klarsten Worten bereits bei dem römischen Polyhistor MARCUS TERENTIUS VARRO (116–27 v. Chr.) ausgesprochen findet. In seinem Werke Rerum rusticarum (I, 12) findet sich der Satz: . . . crescunt animalia quaedam minuta, qua non possunt oculi consequi, et per aera intus in corpus per os ac nares perveniunt atque efficiunt difficiles morbos. (Es wachsen gewisse Kleinlebewesen, welche unsere Augen nicht wahrnehmen können und welche aus der Luft durch Mund und Nase in den Körper dringen und schwere Krankheiten hervorrufen.) (Zit. n. CELLI, Die Malaria, Leipzig 1929.)

ROBERT KOCH (1843–1910) findet die Milzbrandsporen, in denen die Krankheit im Boden überdauern kann und die Lehre vom „Miasma" eine klare, jetzt ganz andere Formulierung findet. Die vielen anderen Erreger folgen; das Experiment findet Eingang in die Seuchenforschung. Das Studium der Verbreitungswege der Erreger, der Nachweis, wann und wo Infektionsgelegenheit besteht oder bestand, bricht sich Bahn. Diese Errungenschaften dürfen niemals, auch heute nicht, außer acht gelassen werden, denn die neue große Erkenntnis besteht darin, *eine* Krankheitsursache für Infektionskrankheiten, und zwar eine sehr entscheidende gefunden zu haben. Diese Lehre steht auf sehr solidem Boden. Ihr Fehler, in der ersten Zeit begreiflich, war nur, daß manche dazu neigten, in ihr die *alleinige* Krankheitsursache zu sehen. Das aber trifft für eine Mehrzahl typischer Infektionskkrankheiten nicht zu. *Niemals aber entsteht eine Infektionskrankheit ohne Gegenwart der zugehörigen Erreger.* Auch die moderne Variabilitätsforschung in der Bakteriologie ändert daran nichts, denn niemals geht der Erreger einer Krankheit in den einer *anderen* über. Das erkannte selbst PETTENKOFER in der Folge an, und damit wandelte sich seine Theorie. Er versucht, die neuen Tatsachen in seine Bodentheorie einzubauen, denkt an die Wachstumsbedingungen, die die Erreger im Boden finden und ähnliches. Schwierigkeiten dieser *Theorie späterer Prägung* mußten dort entstehen, wo der Krankheitserreger mit Bodenverhältnissen überhaupt nichts zu tun hat; und das trifft für viele Infektionskrankheiten nachweislich zu (Masern, Pocken, Pertussis, Diphtherie, Syphilis und Gonorrhoe u. a., um nur wenige zu nennen); es trifft besonders dann zu, wenn die Krankheit von Mensch zu Mensch oder Tier zu Mensch übertragen wird. Schwierigkeiten mußten auch dort auftreten, wo das Experiment ein Erkranken auf Infektion und *nur* auf diese hin zeigte. PETTENKOFER blieb bei seinen Vorstellungen. Das mußte ROBERT KOCH als „*Kontagionisten*" zum Gegner PETTENKOFERscher Ideen machen.

Was seither einsetzte und an Überzeugungskraft rapide gewann, war eine fortschreitende Einengung der Bodentheorie. Gerade die besten Stützen der letzteren gingen bald darauf Stück für Stück verloren, was PETTENKOFER nicht mehr erlebte. Das dem Boden entströmende *Miasma* bei Malaria klärte sich in ungeahnter Weise auf.

Man vergegenwärtige sich nur kurz die Kette von Großtaten in der *Malariaforschung.* LAVERAN entdeckt den Erreger, RONALD ROSS den Übertragungsmodus durch Stechmücken. GRASSI engt die Überträger auf die Art Anopheles ein. Man studierte die Biologie der Anophelesarten, besonders diejenige der bei uns gefährlichsten „maculipennis". Man lernte ihre Brutstätten in stehenden Wässern kennen, aber auch das optimale Sauerstoffbedürfnis und den optimalen Säuregrad des Wassers für ihre Larven, welch letzteren bestimmte „Leitkräuter" in den Sümpfen oft geradezu anzeigen. Strenge örtliche Gebundenheit war damit auf einen ganz neuen Nenner zu bringen. Man erkannte die klimatischen Minimal- und Optimalbedingungen für die Entwicklung zur Mücke, aber auch für die Entwicklung der Erreger in der Mücke und so manches mehr. Die regionäre und geographische Verbreitung der Krankheit klärte sich damit in völlig neuer Weise auf, und die neuen Anschauungen bewährten sich oft in den feinsten Einzelheiten umschriebener Epidemiegebiete (vgl. bei MARTINI).

Ein vorzügliches Beispiel einer ortsgebundenen Seuche mit jahreszeitlicher Abhängigkeit ist weiter das *„Felsengebirgsfleckfieber"*. Ich entnehme die Angaben MARTINI. Es war den Indianern der Gegend längst bekannt, daß gewisse schluchtartige Quertäler des Bitter-Root-Tales in den Rocky Mountains zu bestimmten Zeiten nicht vom Menschen betreten werden dürfen, da dort „böse Geister" umgingen und man sich eine schwere, oft tödliche Krankheit dort hole. *Ein Schulbeispiel für die Vorstellung einer bodengebundenen „miasmatischen" Krankheitsursache.* Die Forschung hat sie als *Virus*krankheit (Rickettsia rickettsi) aufgeklärt mit einem höchst komplizierten Verbreitungsmodus. Überträger auf den Menschen sind gewisse Waldzecken (*Dermacentor*arten). Diese leben im Erwachsenenstadium auf *Wildziegen.* Das „Reservoir" für die Seuche, wo sich die Jugendformen von Dermacentor das Virus holen, bilden hingegen *Wildkaninchen*; unter diesen wird das Virus aber durch eine andere Zeckenart (*Haemaphysalis*) übertragen, die ihrerseits den Menschen nicht befällt.

Und ähnlich ging es mit der Aufklärung der Epidemiologie des *Gelbfiebers*, jener gefürchteten Krankheit, welche kriegerische Unternehmungen vereitelte, den Bau des Panamakanals zur Hölle machte („Ohne Gelbfieberbekämpfung kein Panamakanal" sagt MARTINI wörtlich) und welche ebenfalls örtlich und jahreszeitlich gebunden auftritt. Der „Gelbfieber-Moskito", die *Stegomyia fasciata,* lebt in stehendem Wasser, das keine natürlichen, erdigen Ränder hat (Wasser in hohlen Bäumen, in Zisternen, Eimern und Blechbüchsen). Man zog daraus die Konsequenzen. „Während früher alle Städte am mexikanischen Golf bis Rio schwer zu leiden hatten, ist es heute aus den größeren Orten ausgefegt."

Ich brachte diese wenigen lehrreichen Beispiele aus der Tropenmedizin, weil gerade in diesen und vielen weiteren, neuentdeckten Zusammenhängen ein *Allgemeines*, *Richtungweisendes* erblickt werden muß.

Zu diesen prachtvollen Erkenntnissen der modernen Medizin führte nämlich eine Zusammenarbeit zwischen Medizin und nicht selten abgelegen und unnütz erscheinenden Gebieten naturwissenschaftlicher Einzelforschung. Es war dazu neben guter, vorurteilsfreier ärztlicher Beobachtung eine bis in letzte Feinheiten aufgespaltene zoologische Systematik von Würmern, Flöhen, Mücken, Käfern, Krebsen, Fischen u. ä. nötig; ein Studium der oft verwirrend komplizierten Biologie zahlreicher Lebewesen und ihrer Verwandlungen; die Kenntnis aller Umstände des Wohlbefindens des und jenes Tieres; meteorologisch-klimatologische Studien und Messungen vom Typus der modernen Kleinklimatologie; es war der freiwillige und unfreiwillige Selbstversuch nötig, der manches schwere Todesopfer forderte, ebenso wie die Beherrschung einer subtilen Laboratoriumstechnik – mit kurzen Worten –, *es war „Naturwissenschaft" nötig in ihrem ganzen Umfange und in ihrer ganzen Differenzierung.* Synthese von Einzelforschung letzten Endes; aber nachdem die so gerne belächelte Einzelforschung die Teile geliefert hatte, deren man zur Synthese bedurfte.

Jedenfalls aber muß man heute bekennen: es gibt gegenwärtig keine Krankheit mehr, bei der die Bodentheorie in ihrer PETTENKOFERschen Fassung sich bewährt hätte oder wo eine solche Betrachtungsweise durch die vorliegenden Tatsachen zwingend gefordert würde. In ganz besonderem Maße gilt das auch für die jahreszeitlichen Schwankungen von Infektionskrankheiten.

Es ging daher für uns heutige Ärzte nicht mehr an, immer dann, wenn eine Krankheit an einem Orte oder in einer Gegend auftrat oder eine „neue Krankheit" beobachtet wurde, einfach von den „miasmatischen (gasförmigen) Ausdünstungen eines siechhaften Bodens" zu sprechen, wie es WOLTER noch in den 30er Jahren, und zwar in sehr maßgeblichen Fachzeitschriften tat. Die von WOLTER dabei immer wieder zugrunde gelegte 35jährige BRÜCKNERsche Klimaperiode „muß ... heute als Irrtum gekennzeichnet werden und kann heute nur historisches Interesse beanspruchen" (A. WAGNER, Klimaänderung und Klimaschwankung, Braunschweig 1940, S. 196ff.). WOLTER müßte ja dann auch angeben, wann ein Boden „siechhaft" ist und wie er sich von einem „nichtsiechhaften" unterscheidet oder welche Gase denn nun die miasmatischen sind. Auch ist es, wie ich mit KÜSTER betonen möchte, nicht statthaft, in diesen Fragen LINKE zu zitieren, der als Meteorologe erklärt hat, daß Boden*gase* aus dem Erdboden austreten *können.*

Diese heutige Stellungnahme zu den Pettenkoferschen Gedankengängen darf nicht mißverstanden werden. Was nämlich keineswegs beendet ist, das ist ein „Lokalismus" in einer neuen, durch das Fortschreiten der Naturwissenschaften klarer definierten und vor allem *erweiterten Form.* Die örtliche Gebundenheit von Krankheiten erlebt jeder Arzt, sie ist zeitenweise wenig beachtet, nie aber ernsthaft bestritten worden. Und gerade die kurz skizzierten Erfolge der Tropenmedizin zeigten ja, was ein so verstandener *„Neo-Lokalismus"* mit modernen Methoden leisten kann. *Aber „ortsgebunden" darf heute nicht mehr gleichgesetzt werden mit „Boden" und noch viel weniger mit „Zersetzungsvorgängen im Boden".*

Es sind schon Bodeneinflüsse in neuer Form zutage getreten — man denke etwa an Fragen der Bodenradioaktivität, an die Wirkung von Inversionen (vgl. oben), an lokalklimatische Einflüsse z. B. bei Rheumatismus oder Asthma bronchiale. Wir werden noch mancherlei neue Einflüsse kennenlernen. Wir wissen eben heute, daß wir bei lokalistischen Erklärungsversuchen eines Krankheitsgeschehens beim Boden und ihm „entströmenden" Einflüssen nicht haltmachen dürfen. Und diese Erkenntnis ist ein Gewinn, denn sie weist in die Zukunft, ein Gewinn, der das bisher an den PETTENKOFERschen Gedanken Verlorene durchaus aufwiegt.

Das *unbestreitbare Verdienst* PETTENKOFERs muß man m. E. heute folgendermaßen sehen: Für die damals vorliegenden Beobachtungen schien eine Theorie, welche in Zersetzungsvorgängen des menschlich verunreinigten Bodens Krankheitsursachen sah, ein entschiedener Fortschritt. Sie wurde sogar zum Ursprung moderner Städtehygiene. Zwar können wir heute eine Wirksamkeit dieser enggefaßten Ursachenkomplexe auf Infektionskrankheiten nicht mehr erkennen, oder es ist wenigstens bis heute keine Tatsache bekannt, die diese Annahmen erforderlich machte. Die PETTENKOFERschen Gedankengänge wiesen aber überhaupt erstmalig auf die *Möglichkeit* „lokaler", örtlich gebundener Krankheitsfaktoren hin. Und *in diesem Sinne ist* PETTENKOFER *der Vater „lokalistischer" Lehren erweiterter Form überhaupt.* In einen so verstandenen „Neo-Lokalismus" haben wir wieder die Denkrichtungen, vor allem aber die exakt-naturwissenschaftlichen Errungenschaften und Erkenntnisse *unserer* Zeit einzubauen, dann wird auch Neues entstehen.

Daß das Kapitel der Infektionskrankheiten nicht nur nicht abgeschlossen, sondern im Gegenteil heute hochaktuell ist, zeigt die Fülle neuer Erkenntnisse etwa über die große Gruppe der Leptospirosen (s. b. GSELL), die differenzierte Lehre tierischer Krankheitsüberträger und Reservoire (s. b. CARLÉ), die zunehmende Typendifferenzierung von Bakterienarten, ganz besonders aber die moderne Virusforschung.

Damit können wir nach dieser notwendigen Abschweifung zu unserem engeren Thema zurückkehren. Da wir nämlich heute längst wissen, daß örtliche Verhältnisse die Vorgänge in der Atmosphäre beeinflussen oder abwandeln, das „Lokalklima" bestimmen, so spielen diese lokalistischen Problemstellungen auch in die speziellen, hier behandelten Fragen herein, und sie werden mit fortschreitender Erkenntnis eine zunehmend größere Rolle spielen. Wir werden im nachfolgenden auch noch Beobachtungen kennenlernen, welche dafür sprechen, daß bei Infektionskrankheiten auch ein *jahreszeitlicher Wechsel in der Erkrankungsbereitschaft des Menschen* eine Rolle spielen kann. Diese Vorstellungen sind um so weniger überraschend, als ja das Vorkommen jahreszeitlicher, dispositioneller Änderungen des Menschen als Tatsache schon demonstriert wird durch jahreszeitliche Schwankungen im Vorkommen nichtinfektiöser Krankheiten.

3. Täuschungen durch das „Summenjahr". „Pseudosaisonkrankheiten."

Verfolgt man einen zeitlich schwankenden Vorgang (z. B. Krankheitshäufigkeit) über mehrere Jahre, so können die *Maxima seines Vorkommens sehr inkonstant* ohne feste Bindung an eine Jahreszeit liegen. Bildet man aber aus den Einzeljahren das *Summenjahr*, so erscheint in diesem ein *eindeutiges jahreszeitliches Maximum;* dieses kommt dadurch zustande, daß die in diese Jahreszeit fallenden Maxima der Einzeljahre stets größer sind als Maxima, welche in anderen Jahren auf andere Jahreszeiten trafen. Es sind also die Gipfelbildungen zwar zeitlich inkonstant, es überwiegen aber „im Mittel" diejenigen einer bestimmten Jahreszeit. Verf. hat für dieses Vorkommnis die Bezeichnung „*Pseudosaisonkrankheiten*" vorgeschlagen, weil in diesen Fällen eine jahreszeitliche Bevorzugung erst bei Superposition mehrerer Jahre zutage tritt, eine Saisonkrankheit also eigentlich mehr vorgetäuscht wird.

Für Mitteleuropa lassen sich bei genauerem Studium der Verhältnisse einige *Infektionskrankheiten* als ausgesprochen „*pseudosaisonbedingt*" in dem soeben genannten Sinne aufzeigen, für welche ein echter Winter-Frühjahrs-Gipfel in der Literatur vielfach behauptet wurde. Solches gilt namentlich für Masern, Keuchhusten, Pocken und Varicellen, Krankheiten, für welche das tatsächliche Bestehen einer echten, d. h. direkt klimatisch bedingten Saisonabhängigkeit schon aus epidemiologischen Gründen äußerst merkwürdig und schwer verständlich wäre. Handelt es sich doch gerade hier um die epidemiologisch so gut studierten „*obligat-kontagiösen*" Erkrankungen im strengsten Sinne, d. h. um Krankheiten, bei welchen auf Infektion nahezu mit 100% Wahrscheinlichkeit ein Erkranken folgt, sofern der Infizierte die Krankheit nicht früher durchgemacht hat.

SCHADE hat auf Grund von Statistiken des deutschen Friedensheeres einen Wintergipfel der **Masern** regelmäßig gefunden und Masern zu den durch „Kälte" bedingten bzw. begünstigten Krankheiten im weitesten Sinne gerechnet.

Aber es haben verschiedene Beobachtungsbecken verschiedene Typen dieses wellenförmigen Verlaufs. Schon im vorigen Jahrhundert sprach LÖSCHNER von einer Bevorzugung der warmen Jahreszeit für die Masernausbreitung, und FÖRSTER fand für Dresden den Beginn der Epidemien vorwiegend Juni bis September. SCHÜTZ hat den Jahreszeitengipfel der Masern in verschiedenen Gegenden sehr eingehend studiert. Er kam zu folgendem Ergebnis: „Es gibt Städte und Länder, bei denen die Häufung im Frühjahr, meist im Mai, eintritt, andere, die nur in den Wintermonaten Dezember und Januar Masernepidemien haben." Ja es gibt nach SCHÜTZ sogar Gegenden mit einer Doppelwelle im Jahr (Schleswig-Holstein) und solche, in denen ein Wellengang sehr schwach ausgeprägt ist (Hamburg). Jedes Beobachtungsbecken hat hier sozusagen seine eigene Gesetzmäßigkeit.

Diese *Variabilität des Maserngipfels* in den verschiedenen Gegenden ist also charakteristisch. Sie *spricht allein schon absolut gegen das Vorliegen eines echten*, d. h. direkten *Einflusses der Jahreszeit* auf die Masernhäufigkeit, da ein solcher sich in weiten Landstrichen allerorts gleichmäßig auswirken müßte.

Dazu kommt ein weiteres, was ebenfalls mit dem Typus einer echten Saisonkrankheit unvereinbar ist. Die Saisonabhängigkeit der Masern zeigt sich nämlich, wie SCHÜTZ nachwies, nur im „Durchschnitt", d. h. bei der Zusammenfassung vieler Jahre. Untersucht man den Verlauf Jahr für Jahr, so finden sich viele Ausnahmen, und SCHÜTZ sowohl wie frühere Untersucher (PRINZING) haben eine befriedigende Erklärung dieser Erscheinung abgelehnt.

Die Erklärung dieser Tatsachen ist jedoch, wie bereits andernorts ausgeführt, nicht so schwierig: Ungemaserte werden durch den Geburtennachschub in ziemlich gleichmäßigem Tempo geliefert, und es wird nach einer gewissen Zeit ihre Menge eine hinreichend große geworden sein, um einen epidemischen Anstieg von Erkrankungen überhaupt zu ermöglichen. Im gleichen Tempo werden auch Kinder, die bisher im Elternhause behütet waren, durch den Schuleintritt sozial und damit einer Ansteckung zugänglicher. Die *Initialentzündung* geht von einem der stets irgendwo vorhandenen sporadisch endemischen Fälle aus. Sie wird zunächst „zufällig" erfolgen. Dieser Zufall wird aber zu verschiedenen Jahreszeiten wahrscheinlicher, zu anderen unwahrscheinlicher sein. Wahrscheinlicher ist er etwa in Zeiten der Einschulung, wo der Kontakt von Kindern plötzlich ansteigt, unwahrscheinlicher etwa in Zeiten der Ferien. So wird jeder Monat des Jahres seine eigene, statistisch aus dem Durchschnitte vieler Jahre sich ergebende Wahrscheinlichkeit für Masernepidemien besitzen, die vorwiegend bestimmt wird durch die im Laufe eines Jahres zyklisch sich ändernden Kontaktverhältnisse der Menschen (Jahreszeiten — Witterung — Schule — Ferien — Feste u. v. a.). *Ob der Zufall nun aber im Einzelfalle der vorhandenen Wahrscheinlichkeit recht gibt oder nicht, wird einmal so, im anderen Jahre anders entschieden werden.* Ja, in manchen Jahren wird dieser Zufall sogar zu einer Zeit geringerer Wahrscheinlichkeit sich ereignen und so eine Durchbrechung der Regel vortäuschen.

Die entstehende *„mittlere" monatliche Masernhäufigkeit* wird damit einfach *zum Ausdruck der in den verschiedenen Monaten „durchschnittlich" bestehenden Übertragungswahrscheinlichkeiten.* Aber selbst der Nachweis eines einheitlichen Masernwintergipfels spräche in keiner Weise zwingend für die Wirkung echter, d. h. unmittelbarer Momente. WAGENER war auf Grund sehr sorgfältiger Beobachtungen in seinem Praxisbezirk zu dem Ergebnis gekommen, daß Masern nur bei Kontakt mit Kranken in Räumen, dagegen nicht im Freien ansteckend seien. Ob solches ganz streng zutrifft, stehe dahin, der sicher richtige Kern ist aber offenbar der, daß die *Infektion in geschlossenen Räumen gegenüber einer Freiluftinfektion* jedenfalls *viel leichter möglich* ist. Die *Winterklausur der Menschen leistet* also *einer Masernübertragung Vorschub.*

Damit werden *Winterepidemien* als solche schon *wahrscheinlicher* oder sie werden zum mindesten stärker um sich greifen als Sommerepidemien; bei der statistischen Zusammenfassung mehrerer Jahre werden die Winterfälle dann die Sommerfälle zahlenmäßig überwiegen.

Es ist nicht uninteressant, daß diese Erklärung bereits MÖLLER 1897 als die wahrscheinlichste schien. Er beruft sich auf RANKE, der betont hatte, daß „enges Zusammenleben in geschlossenen Räumen bei der Ausbreitung der Masern eine wichtige Rolle spielt", und sieht darin infolge jahreszeitlich „veränderter sozialer Verhältnisse" die wahrscheinlichste Ursache für den so häufig anzutreffenden Wintergipfel. Diese Auffassung war dann wieder völlig in Vergessenheit geraten.

Und zu einer ähnlichen Auffassung hat sich neuerdings auch GOTSCHLICH bekannt, wenn er auch noch an die unterstützende Wirkung dispositioneller Faktoren denkt: „Rein kontagiöse Infektionen, deren Erreger außerhalb des Organismus keine Stätte finden, zeigen eine Winterakme, weil in der kälteren Jahreszeit die Menschen dicht gedrängt in ihren Wohnungen verweilen und dadurch die Übertragung durch Kontakt leichter erfolgt, ferner weil die Disposition zu entzündlichen Erkrankungen der als hauptsächliche Eintrittspforte dienenden oberen Atemwege im Winter erhöht ist (Erkältung)."

Es gibt in der Literatur eine einzige Mitteilung, welche im Sinne jahreszeitlich geänderter Disposition für Masern gedeutet werden könnte, bezeichnenderweise aber eine *gegenteilige* Dispositionsänderung anzeigte, nämlich eine winterliche Resistenz. CH. HERRMAN hat drei Kinder beobachtet, welche auf Masernkontakt im Herbst und Winter nicht, wohl aber auf Kontakt im Frühjahr erkrankt sind. HERRMAN lehnt es aber selbst ausdrücklich ab, aus dieser Einzelbeobachtung Schlüsse zu ziehen. Und in der Tat erlebt man als Kliniker reichliche Beispiele, wo eine Kindergruppe auf Masernkontakt im Sommer prompt erkrankte.

Nach allem, was wir sonst von den epidemiologisch so genau bekannten Masern kennen, würde ein anderer als der hier vertretene Saisoneinfluß aller Erwartung widersprechen.

Legt man aber für Masern die *monatlichen Sterbeziffern* zugrunde, so kann es sehr leicht zu einem *Wintergipfel* kommen. Da Kinder nämlich an Masern nur äußerst selten direkt, fast durchweg dagegen – wenigstens vor Einführung der modernen Antibiotika – an pneumonischen Komplikationen starben, so war die *Jahreskurve der Masernsterblichkeit bislang kongruent jener der Pneumoniesterblichkeit.* Die pneumonischen Komplikationen werden im Winter–Frühling „wahrscheinlicher", weil die Pneumonien hier an sich schon wahrscheinlicher sind.

Dazu kommt noch weiterhin die größere Häufigkeit florider Rachitis in der gleichen Jahreszeit, welche Erkranken und Tod an Pneumonie ganz außerordentlich begünstigt (W. MÖLLER, v. PFAUNDLER).

Auch für die epidemiologisch den Masern in vieler Hinsicht verwandten **Pocken** wird von manchen Autoren (STALLYBRASS) ein Winter-

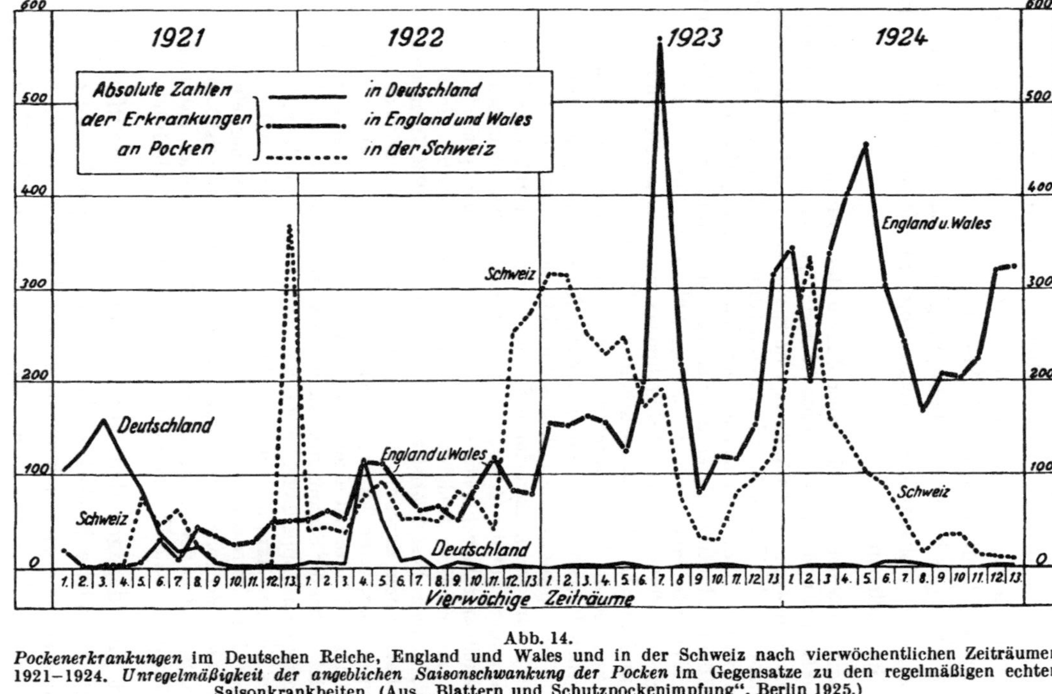

Abb. 14.
Pockenerkrankungen im Deutschen Reiche, England und Wales und in der Schweiz nach vierwöchentlichen Zeiträumen 1921–1924. *Unregelmäßigkeit der angeblichen Saisonschwankung der Pocken* im Gegensatze zu den regelmäßigen echten Saisonkrankheiten. (Aus „Blattern und Schutzpockenimpfung", Berlin 1925.)

Frühjahrs-Gipfel angenommen, und bei der Zusammenfassung mehrerer Jahre ergibt er sich tatsächlich für eine Reihe von Ländern (Rußland, USA., Schottland, Italien in der Arbeit von STALLYBRASS). Aber — und das ist *wieder der prinzipielle Unterschied gegenüber den echten Saisonkrankheiten* — bei Betrachtung der Pockenhäufigkeitskurven in mehreren sich folgenden Jahren und in verschiedenen Ländern ergibt sich ein ganz regelloser Verlauf, der zu den Kurven echter Saisonkrankheiten ungemein sinnfällig kontrastiert (vgl. Abb. 14).

Ganz Analoges kann man beim Vergleiche zahlreicher Untersuchungen über eine Jahreszeitenschwankung im Vorkommen des **Keuchhustens** herauslesen.

HIRSCH hatte bereits in den 80er Jahren des vorigen Jahrhunderts für verschiedene Länder und Städte Europas festgestellt, daß ein Maximum des Pertussisvorkommens entweder im Frühling oder im Herbst sich findet, daß dieses Maximum also variabel ist. Im Staate New York fand GODFREY für die Jahre 1913—1917 ein Wintermaximum ohne Andeutung eines Sommergipfels, HARMON für Cleveland 1915—1916 einen Pertussisgipfel im Frühling und Frühsommer, ähnlich COLLINSON und COUNCELL für Maryland in den Jahren 1921—1929. CRUM fand für Schottland, New York City, Philadelphia ein Frühjahrsmaximum und ein Minimum im Herbst; LUTTINGER findet das Pertussismaximum von New York City im Spätfrühling und Sommer und betont, daß die Kurven des Pertussisvorkommens sich mehr jenen der diarrhoischen Erkrankungen mit Sommergipfel (s. S. 171), als jenen der Krankheiten des Respirationstraktes nähere. Dabei ist zu betonen, daß nahezu sämtliche Untersucher ihre Statistiken durch Summation der Erkrankungsziffern mehrerer Jahre gewannen. Für die Mehrzahl der europäischen Staaten existieren so gut wie keine brauchbaren Keuchhustenstatistiken; ob die Grundlagen solcher Statistiken in USA. zuverlässiger sind, entzieht sich meiner Kenntnis. Jedenfalls kommt HARMON, welcher diese Statistiken für die Jahre 1922—1930 in neuerer Zeit verarbeitet hat, zu dem Ergebnis, daß sich, ganz ähnlich wie SCHÜTZ es für die Masern nachgewiesen hat, *keine Saisongesetzmäßigkeit für den Keuchhusten* aufstellen läßt, daß es vielmehr Städte mit einem Januar-April-Gipfel gibt, Städte mit einem April-Juli-Gipfel, wobei die Saisonamplituden sehr verschieden groß sein können, endlich Städte mit einem Doppelgipfel bei der Summation mehrerer Jahre, z. B. mit einem Gipfel im Februar-März und im Juni-Juli. Auch zwischen Nord- und Südstaaten ergab sich kein konstanter Unterschied im Vorkommen der einzelnen Typen. MADSEN hat an der sehr zuverlässigen dänischen Seuchenstatistik gezeigt, daß die Morbiditätsgipfel in den einzelnen Jahren regellos schwankan, daß bald Sommer-, bald Frühwinter-, bald Frühjahrsgipfel vorkommen (vgl. Tab. 16).

Legt man dagegen den Untersuchungen *Letalitäts*ziffern zugrunde, also Ziffern, welche die Anzahl der Gestorbenen pro hundert Krankheitsfälle angeben, so ergibt sich *mit ziemlicher Konstanz ein Winter-Frühjahrs-Gipfel der Keuchhustenletalität* (MADSEN, GRAMM). Die Erklärung dieser Diskrepanz liegt klar: der Keuchhusten forderte seine Opfer wiederum über die komplizierende Bronchopneumonie; diese Bronchopneumonie aber besitzt, wie schon bei den Masern erörtert, selbst einen ausgesprochenen Winter-Frühjahrs-Gipfel (vgl. S. 246). Für Keuchhustenfälle muß die Komplikation einer Bronchopneumonie und damit der „Tod an

Tabelle 16. *Zahl der Keuchhustenerkrankungen in der städtischen Bevölkerung Dänemarks.*

Jahr	1.	2.	3.	4.	5.	6.	7.	8.	9.	10.	11.	12.
1907	764	792	820	819	834	995	**1030**	740	686	634	657	635
1916	1386	1539	**1543**	1448	1472	1309	1028	1125	772	674	631	542
1919	217	352	395	634	1117	1157	1765	2301	2223	**2372**	1512	1330
1922	244	299	384	393	557	662	674	935	987	1913	**2657**	2123
	Letalität in den gleichen Jahren:											
1907	2,7	**5,4**	**7,3**	4,3	6,1	3,7	2,9	3,9	3,5	5,5	4,6	**6,8**
1916	3,5	3,6	**6,1**	**7,7**	4,6	5,0	2,1	3,1	2,2	2,8	2,5	2,6
1919	3,2	**6,0**	3,3	3,5	1,6	2,2	0,9	1,7	1,1	1,1	2,4	2,4
1922	**2,9**	2,0	**2,4**	2,3	2,2	1,2	1,0	1,8	1,6	0,8	1,1	2,1

Keuchhusten" somit automatisch in den Winter-Frühjahrs-Monaten wahrscheinlicher werden.

Auch für **Varicellen** als Saisonkrankheit finden sich einige Angaben in der Literatur, aber auch Varicellen gehören nach allgemeiner Auffassung, vor allem auf Grund der Erfahrungen in Kinderanstalten, zu den obligat-kontagiösen Krankheiten, d. h. der Ansteckung folgt die Erkrankung fast immer, sofern der Mensch nicht früher Varicellen überstanden hat. Damit wird eine echte Saisonabhängigkeit schon an sich sehr unwahrscheinlich.

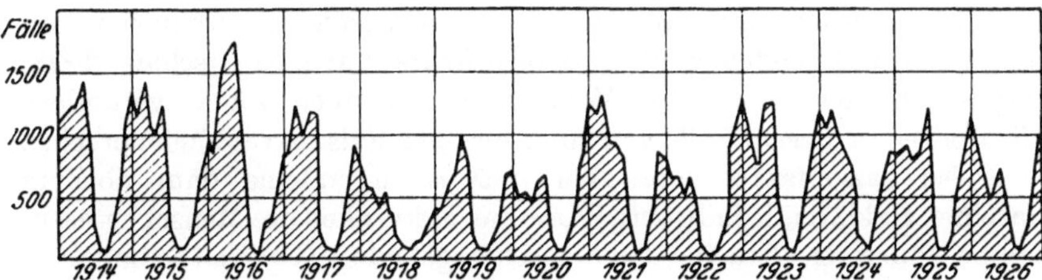

Abb. 15. Die Saisonschwankungen der *Varicellen* in New York City nach den monatlichen Erkrankungsziffern der Jahre 1914–1926 in der Statistik von 95994 Fällen von RIVERS und ELDRIDGE.

Brauchbare europäische Statistiken existieren so gut wie nicht. Aus Nordamerika findet sich eine fast 100000 Fälle und 13 Jahre umfassende Bearbeitung für New York City (RIVERS und ELDRIDGE). Sie zeigt, wenn man genau vergleicht, nicht sehr regelmäßige, breite Winter-Frühjahrs-Gipfel; es fehlt jedenfalls das so ungemein Präzise im Ablaufe echter Saisonkrankheiten (vgl. Abb. 15). Und schon für Toronto in Kanada ergab sich ein November-Januar-Gipfel (TISDALL, BROWN und KELLY).

Eine Berechtigung, die Varicellen unter die „echten" Saisonkrankheiten einzureihen, besteht bis heute also nicht, es scheinen auch hier *analog wie für Masern und Pocken jahreszeitlich sich ändernde Übertragungsverhältnisse* infolge geänderter Lebensweise eine entscheidende Rolle zu spielen.

Für die Gesamtheit dieser letztgenannten kontagiösen Krankheiten – Masern, Pocken, Keuchhusten, Varicellen – *ergibt sich somit eine einfache Begünstigung der Übertragung durch die Winterklausur der Menschen* und dadurch ein auf indirekte Weise ausgelöster – oft jährlich, oft aber erst nach der Summierung mehrerer Jahre sich ausprägender — Wintergipfel der Krankheitshäufigkeit.

C. Die echten Saisonkrankheiten.

Während bei den vorstehend behandelten Pseudosaisonkrankheiten sozusagen erst die gedankliche Zusammenfassung von Regellosigkeiten den Wesenszug einer Saisonkrankheit liefert, erwarten wir, wie schon oben ausgeführt, von einer echten Saisonkrankheit die rhythmische, an Jahreszeiten gebundene Wiederkehr der Krankheitshäufungen, wobei die Höhe des Wellenganges, die *Amplitude, großen zeitlichen Schwankungen* unterworfen sein kann. Ein Extrem in letzterer Hinsicht stellt eine (praktische) *Saisongebundenheit* dar, d. h. ein (fast) ausschließliches Auftreten einer Krankheit zu einer ganz bestimmten Jahreszeit, wofür es zahlreiche Beispiele gibt.

Für den nun aufzusuchenden Saisonfaktor, von dem S. 124 schon die Rede war, werden wir zweckmäßig zwei Möglichkeiten zu bedenken haben:

1. Der Saisonfaktor kann direkt am menschlichen Organismus angreifen und in irgendeiner Weise dessen Erkrankungsbereitschaft, dessen Disposition oder wie wir den Vorgang sonst nennen wollen, verändern. Wir werden in diesem Falle von einer **direkten Saisonkrankheit** sprechen.

2. Der Saisonfaktor kann aber auch auf irgendeine, dann noch im einzelnen zu klärende indirekte Weise das Erkranken des Menschen beeinflussen, indem er etwa für den Menschen geänderte Umweltbedingungen schafft, die abseits der bloßen atmosphärischen oder geophysikalischen Umwelt liegen. Wir werden dann von einer **indirekten Saisonkrankheit** sprechen, und wir werden — neben den oben schon genannten Beispielen aus der Tropenmedizin — viele und zum Teil verwickelte Kausalketten dieser Art kennenlernen.

Welche der beiden Wirkungen im Einzelfalle vorliegt, ist aus der Art der Saisonschwankung selbst meist nicht zu ersehen, es sei denn, daß eine gewisse Neigung zu zeitlichen oder örtlichen Unregelmäßigkeiten oder ausgesprochenen Ausnahmen der Gipfelzeiten auffällt. Solches bildet dann einen Indizienbeweis oder doch ein Verdachtmoment, daß es sich um eine indirekte Saisonkrankheit handelt. Aber erst die auf anderen Wegen ermittelte Ätiologie einer Krankheit pflegt in der Regel dann die Aufklärung ihrer Saisonabhängigkeit zu ermöglichen, wobei zuweilen sehr differente naturwissenschaftliche Erkenntnisse dieser Aufklärung vorausgehen müssen und das Ergebnis oft in völlig anderer Richtung liegt, als Jahrzehnte hindurch angenommen wurde.

Die *Vielgestaltigkeit der Entstehungswege indirekter Saisonkrankheiten* sei mit Rücksicht auf Späteres hier im Zusammenhange an einigen instruktiven Beispielen erläutert. Es spielen besonders häufig eine Rolle:

1. *Jahreszeitliche Ernährungsgewohnheiten.*

Hier wäre beispielsweise zu denken an die in Rußland zu Ausgang des vorigen Jahrhunderts in manchen Gegenden regelmäßig beobachteten *Frühjahrshäufungen von Hemeralopie und Xerophthalmie* bei Erwachsenen und von Xerophthalmie und Keratomalacie bei Kindern (Thalberg, Roussanow, Kubli, Ssaweljew, Toperow u. a.; s. bei György); diese konnten zurückgeführt werden auf eine während der Fastenzeit, vor allem während der Osterfasten regelmäßig einsetzende extrem A-Vitamin-arme Ernährung größerer Bevölkerungskreise.

Auf allgemeine Fragen der jahreszeitlichen Vitaminzufuhr wird im Abschnitt der Saisoneinflüsse von Winter–Frühjahr noch zurückzukommen sein.

2. Jahreszeitlich wiederkehrende *Änderungen der Lebensweise.* Hier wären in erster Linie zu nennen die Einflüsse regelmäßiger Bevölkerungsbewegungen, wie Wallfahrten, Feste, Märkte, Einschulung und Ferien.

Choleraepidemien wiederholten sich jährlich bei Gelegenheit der Mekkapilgerzüge. – Die Zunahme von *Scharlach*fällen mit Wiederbeginn der Schule ist bei uns in Epidemiezeiten sehr geläufig. – Der Sommergipfel des *Ulcus serpens corneae* erwies sich als Folge von Augenverletzungen mit Getreidegranen in der Erntezeit (Hinrichs). – In manchen Gegenden Rußlands kam es zu jährlichen Frühjahrshäufungen der *Tularämie*, weil die infektionstragenden Nager gelegentlich von Frühjahrsüberschwemmungen als Pelztiere vermehrt gejagt wurden und damit eine größere Anzahl von Menschen mit diesen in Berührung kam (Habs). – Bei der gleichen Infektionskrankheit sowie bei der ihr nahe verwandten *Pest* kann es aber auch zu Herbst-Winter-Epidemien kommen, wenn die sonst wildlebenden Nager infolge Frostes aus der Steppe gehäuft in menschliche Siedlungen eindringen, so daß der Mensch mit ihnen selbst oder ihren infektionsübertragenden Parasiten (Pestfloh u. a.) in erhöhten Kontakt kommt (viele, besonders zoologische Einzelheiten vgl. bei Carlé). – Auf Färöer beobachtete man herbstliche Häufung schwerster Pneumonien, wobei Frauen stärker als Männer befallen waren; sie erwiesen sich als eine der Papageienkrankheit (Psittakose) verwandte Rickettsieninfektion von Sturmvögeln (Fulmaris glacialis), welche in dieser Jahreszeit als Jungtiere gefangen und vorwiegend von Frauen gerupft werden („*Sturmvogelkrankheit*“ nach Rasmussen, Haagen und Maurer).

Recht lehrreich für die Art des gedanklichen Schließens in einer Zeit, in der eine Krankheit ätiologisch noch ungeklärt ist, scheint eine Episode aus der Geschichte der **Fleckfieberforschung,** auf welche Kisskalt hinwies:

Schon im vorigen Jahrhundert war ein Wintergipfel des Fleckfiebers namentlich bei Truppen mehrfach aufgefallen, so besonders während des Krimkrieges 1855. Als Erklärung, welche jahrzehntelang allgemein gültig blieb, wurde die Entstehung eines sich bildenden Miasmas angenommen, und zwar aus organischen Produkten, welche durch das dichtgedrängte Zusammenleben der Truppen in den Zelten sich angesammelt hatten. Gegen die Entstehung dieses Miasmas wurden in der englischen Armee gut ausgestattete Baracken errichtet und peinlichste Körperreinlichkeit durchgeführt, wogegen die Franzosen in engbelegten, schlechtgelüfteten Zelten verblieben und außerdem bei ihnen auf Reinlichkeit kein besonderer Wert gelegt wurde. Die englischen Truppen blieben nunmehr von Fleckfieber frei. Darin sah man hinwiederum einen Beweis für die Richtigkeit der aufgestellten Theorie und baute diese weiter aus. Immerhin war es bereits damals aufgefallen, daß die Verbreitung des Fleckfiebers in der Zivilbevölkerung diese jahreszeitliche Verteilung nur in sehr viel geringerem Grade zeigte. So verhielt sich in den Jahren 1838–1842 die Fleckfiebermortalität Englands im Winter zu jener des Sommers nur wie 24 : 18. Aus dieser Beobachtung zog damals bereits HIRSCH den richtigen Schluß, daß das Fleckfieber unabhängig von der Jahreszeit sei.

Erst seit wir wissen, daß die Kleiderlaus der Fleckfieberüberträger ist, erklärte sich der Wintergipfel des Fleckfiebers in den von der Krankheit noch betroffenen Ländern sehr einfach; er ist offenbar nur eine Folge eines *Maximums der Verlausung* während der Winterklausur und den winterlichen Lebensverhältnissen.

Daß die *Winterklausur mit ihrem erhöhten Kontakt der Menschen* sich auch bei anderen Infektionskrankheiten statistisch auswirkt, wurde soeben für die „Pseudosaisonkrankheit" Masern gezeigt.

Für die soeben genannte Art der Entstehung einer indirekten Saisonkrankheit über Vermittlung eines Zwischenträgers liefern übrigens die klassischen **Tropenkrankheiten** eine Unzahl von Beispielen, wo Vorkommen von Krankheitsüberträgern oder Entwicklungsbedingung der Erreger durch ganz bestimmte klimatische Mindestforderungen festgelegt wird, so daß diese Mindestbedingungen nur zu bestimmten Jahreszeiten in umschriebenen Gegenden erreicht werden. Ich verweise dazu auf die vorzügliche und allgemeinbiologisch hochinteressante kurze Darstellung von MARTINI: „Wege der Seuchen".

So braucht der *Gelbfiebererreger* ein Temperaturminimum von 20° C und der *Malariaerreger* ein solches von 16–17° C, wogegen die Mücke auch bei uns vorkommt. Auch für *Filaria Bancrofti* ist das Temperaturminimum nur südlich des 40. Breitengrades erreicht. Alle diese Verhältnisse seien hier nur kurz angedeutet, um auf die verschiedensten Möglichkeiten, wie es zu einer Saisonschwankung von Krankheiten kommen kann, hinzuweisen.

Wiederum eine andere Variante jahreszeitlich geänderter Lebensweise treffen wir beim **Heufieber,** jener bekannten, auf einer Überempfindlichkeit gegen Gräserpollen-Eiweiß beruhenden allergischen Reaktion.

In Tab. 17 gebe ich nach einer entsprechenden Zusammenstellung der Behringwerke die monatliche Verteilung der Blütezeiten von 29 der wichtigsten Heufieberpflanzen. Der typische Gipfel bei der Summe „Heufieber" liegt, wie erkenntlich, in den Monaten Mai bis Juli. Für die elektiven Überempfindlichkeiten spaltet sich der Gipfel je nach der zugehörigen Pollenart in verschiedene Monate auf. In Nordamerika gibt es sogar Heufieberpflanzen (Kompositen) mit Blütezeiten im Herbst (HOPMANN); auf diese Weise entsteht dann ein jährlicher *Doppelgipfel,* wenn man einfach alle Heufieberfälle summiert darstellt.

Tabelle 17. *Blütezeiten der wichtigsten Heufieberpflanzen. (Nach einer Zusammenstellung der Behringwerke.)*

	Februar	März	April	Mai	Juni	Juli	August	September
1. Agrostis / Straußgras					●	●		
2. Alopecurus pratensis / Fuchsschwanz				●	●			
3. Anthoxanthum odoratum / Ruchgras			●	●	●	●		
4. Arrhenatherum / Glatthafer					●	●		
5. Bromus / Trespe				●	●	●	●	
6. Chamomilla vulgaris / Kamille						●	●	●
7. Convallaria majalis / Maiglöckchen				●				
8. Corylus avellana / Haselnuß	●	●						
9. Cynosurus cristastus / Kammgras					●	●	●	
10. Dactylis glomerata / Knäuelgras					●	●		
11. Festuca / Schwingel				●	●	●		
12. Holcus lanatus / Honiggras				●	●			
13. Hyacinthus / Hyazinthe			●	●	●			
14. Ligustrum vulgaris / Liguster					●	●		
15. Lalium perenne / Lolch				●	●			
16. Phalaris arundinacea / Rohrglanzgras					●	●		
17. Philadelphus coronarius / Jasmin					●	●		
18. Phleum pratense / Lieschgras					●	●	●	
19. Poa / Rispengras					●	●		
20. Populus / Pappel			●	●				
21. Robinia pseudacacia / Akazie				●	●			
22. Salix / Weide		●	●					
23. Sambucus nigra / Holunder					●	●		
24. Secale cereale / Roggen				●	●			
25. Syringa vulgaris / Flieder				●				
26. Tilia / Linde					●	●		
27. Trisetum flavescens / gelber Wiesenhafer					●	●		
28. Tulipa / Tulpe				●				
29. Zea mays / Mais						●		
Monatssumme	1	2	4	13	21	17	4	1

3. *Eine besondere Art indirekter Saisoneinflüsse* auf die Häufigkeit bestimmter Krankheiten ist endlich gegeben, wenn eine Krankheit vielfach als *Nachkrankheit* oder *Komplikation* einer zweiten Krankheit auftritt und diese letztere selbst einen (evtl. direkten) Saisonrhythmus besitzt. Manche sonst kaum verständliche Rhythmen erklären sich so.

Der diphtherische *Kehlkopfcroup* wird so vielfach den gleichen Rhythmus wie die Diphtherie als solche aufweisen, wiewohl die absolute Crouphäufigkeit zeitweise groß, zeitweise kleiner sein kann, so daß kein konstantes Verhältnis von gesamten Diphtherieerkrankungen zu Erkrankungen an Croup besteht.

Ziemlich durchsichtig liegen in diesem Sinne auch die Verhältnisse beim Jahreszeitenrhythmus der meist unter dem Syndrom der „Pyurie" auftretenden **Cystitiden und Cystopyelitiden** des Säuglings- und Kleinkindesalters. (Lit. s. b. NOEGGERATH.)

Für diese Krankheitsgruppe wurde vielfach ein Sommergipfel (GÖPPERT, v. METTENHEIM) festgestellt, während andere Autoren an ihrem Material einen ziemlich ausgesprochenen Gipfel im Spätwinter fanden. Zieht man nunmehr beide Gruppen von Statistiken zusammen (NOEGGERATH), so erhält man eine Jahreskurve mit zwei Gipfeln, einem überragenden Maximum im Sommer und einem etwas niedrigeren im Winter[1]. Nun wissen wir, daß eine große Zahl frühkindlicher Cystitiden auftritt im Gefolge grippaler Infekte einerseits, im Gefolge von Ernährungsstörungen andererseits. Die erstere Krankheitsgruppe besitzt aber einen Wintergipfel (s. S. 243), die letztere (namentlich früher) einen Sommergipfel (s. S. 166). *Die Jahreskurve des Vorkommens von Pyurien wird also entscheidend bestimmt durch die Jahreskurve der beiden Gruppen von primären Erkrankungen, in deren Gefolge Pyurien besonders häufig auftreten.*

In ähnlicher Weise konnte gelegentlich ein Sommergipfel der **Empyem**häufigkeit beim Säugling als Folge von sommerlich gehäuften Ernährungsstörungen (vgl. S. 166) entstehen, wogegen die späteren Altersstufen einen Winter-Frühjahrs-Gipfel des Empyems zeigen, den deren Grundkrankheit, die Pneumonie, aufweist (ZYBELL).

In einer prinzipiell ähnlichen Weise klärten sich erst in der neuesten Zeit die ehedem sog. frühjahrlichen „*Provokationsepidemien*" der **Malaria.**

Man hatte wiederholt, insbesondere gelegentlich von Truppenverschiebungen beobachtet, daß im Frühjahr gehäufte Malariaerkrankungen – teils Rezidive, teils aber auch Ersterkrankungen – auftraten bei Menschen, welche nachweislich seit dem Vorjahr keine Infektionsgelegenheit mehr gehabt hatten. Es schien so, als ob irgendwelche besonderen Verhältnisse im Frühjahr entweder das Malariaplasmodium oder den Menschen verändern würden, so daß es eben zum Erkranken komme. Diese Annahme hat sich nicht bestätigt. Vielmehr zeigte sich, daß es neben den typischen und heute geläufigen Entwicklungsgängen des Plasmodiums (Schizogonie und Sporogonie) noch einen weiteren gibt, die sog. *E-Form*, welche das Retikuloendothel infiziert und dort einen 9 Monate währenden Prozeß (der Ruhe oder inneren Entwicklung?) durchmacht, um dann wieder ins Blut zu gelangen und Rezidive oder auch Ersterkrankung auszulösen. Da nun die Mehrzahl der Malariainfektionen wegen der für Erreger und Anopheles nötigen Temperaturbedingungen im Sommer erfolgt, müssen die über die E-Formen laufenden Erkrankungen 9 Monate später, d. i. ins Frühjahr fallen. Der beste Beweis für diese Auffassung ist die Erfahrung an der zu allen Jahreszeiten aus therapeutischen Gründen gesetzten Impfmalaria, deren E-Form-Rezidive dann auch zu allen Jahreszeiten erfolgen (vgl. VON HALLER).

Wir werden bei Besprechung der einzelnen Saisoneinflüsse noch eine Reihe weiterer Beispiele für das Auftreten indirekter Saisonkrankheiten kennenlernen.

[1] Es ist bekanntlich mathematisch berechtigt, von mehreren Maximas einer Kurve zu sprechen, da jeder Punkt einer Kurve, an welchem ein Übergang vom Steigen der Kurve zum Fallen stattfindet, ein Maximum (im Sinne der Analysis) darstellt.

Die Wege der Natur sind aber keineswegs so einfach, daß sie sich mühelos einem Einteilungssystem fügen; es kann sehr wohl vorkommen, daß für einzelne Situationen *beide Jahreszeitwirkungen interferieren.*

In Tab. 18 ist nun eine größere Anzahl von Saisonkrankheiten nach dem gegenwärtigen Stande unserer Kenntnis zusammengestellt. Für die einzelnen Krankheiten sind die Zeiten der Gipfelbildung eingetragen, wobei diese Festlegung natürlich nur eine abschätzende, keine mathematisch definierte sein konnte. Auf die Amplitudengröße, die, wie wir schon früher sahen, bei den verschiedenen Krankheiten sehr wechselt, wurde in der Tabelle keine Rücksicht genommen, um die Übersichtlichkeit nicht zu stören.

Wie schon auf den ersten Blick ersichtlich, enthält die Tabelle Infektionskrankheiten verschiedenster Erregertypen und verschiedenster Infektionswege in buntem Wechsel mit nichtinfektiösen Krankheiten, es finden sich direkte und indirekte Saisonkrankheiten, was insgesamt schon einen gewissen Hinweis auf die Fülle ätiologischer Einflüsse geben mag.

Man erkennt außerdem, daß die Verteilung der einzelnen Krankheitsbilder über den Jahreslauf keine ganz regellose ist, sondern, daß sich die Saisonkrankheiten doch merklich auf *zwei Prädilektionszeiten* zusammendrängen. Einer großen und vielgestaltigen Gruppe mit vorwiegendem *Winter-Frühjahrs-Gipfel* steht eine etwas kleinere Gruppe mit *Sommergipfel* gegenüber. Wir werden noch Umstände kennenlernen, die einen biologisch unscharfen Übergang gerade von Winter zu Frühjahr bedingen, worauf hier nur hingewiesen sei.

Die Tabelle erstrebt keine Vollständigkeit, sie enthält namentlich jene Krankheiten, deren Saisonbevorzugung oft seit Jahrzehnten aufgefallen ist, so daß auf Literaturbelege verzichtet werden kann, soweit sie sich nicht in den nachfolgenden Abschnitten finden; ferner sind besonders jene Gipfel verzeichnet, über welche dort noch im einzelnen zu sprechen sein wird.

Eine Anzahl der in Tab. 18 genannten Krankheiten kennen wir bereits als meteorotrop. Um so mehr mag man beachten, daß umgekehrt ausgesprochen *meteorotrope Krankheiten keinerlei Saisonbevorzugung aufzuweisen brauchen.*

Das gilt z. B. für die Lungenembolie, für die RAETTIG und NEHLS weder an ihrem eigenen Material von 489 Fällen noch an einer von ihnen aus der Literatur gewonnenen Sammelstatistik von 2155 Fällen Deutschlands und der Schweiz, irgendeine Jahreszeitenabhängigkeit fanden; auch WASMUTH betont dieses Fehlen jeglicher Jahresschwankung. Die von LISCHKA an seinem Material vermeinten jahreszeitlichen Schwankungen sind keinesfalls überzeugend und würden einem „Schütteln“ (vgl. S. 129) wohl nicht gewachsen sein.

Tabelle 18. *Die wichtigsten echten Saisonkrankheiten (nördl. gem. Zone) nach dem Stande von 1951* (DE RUDDER).

Als „Gipfelmonate" sind annähernd die Monate zwischen den beiden um das Maximum liegenden Wendepunkten der Kurve angegeben.

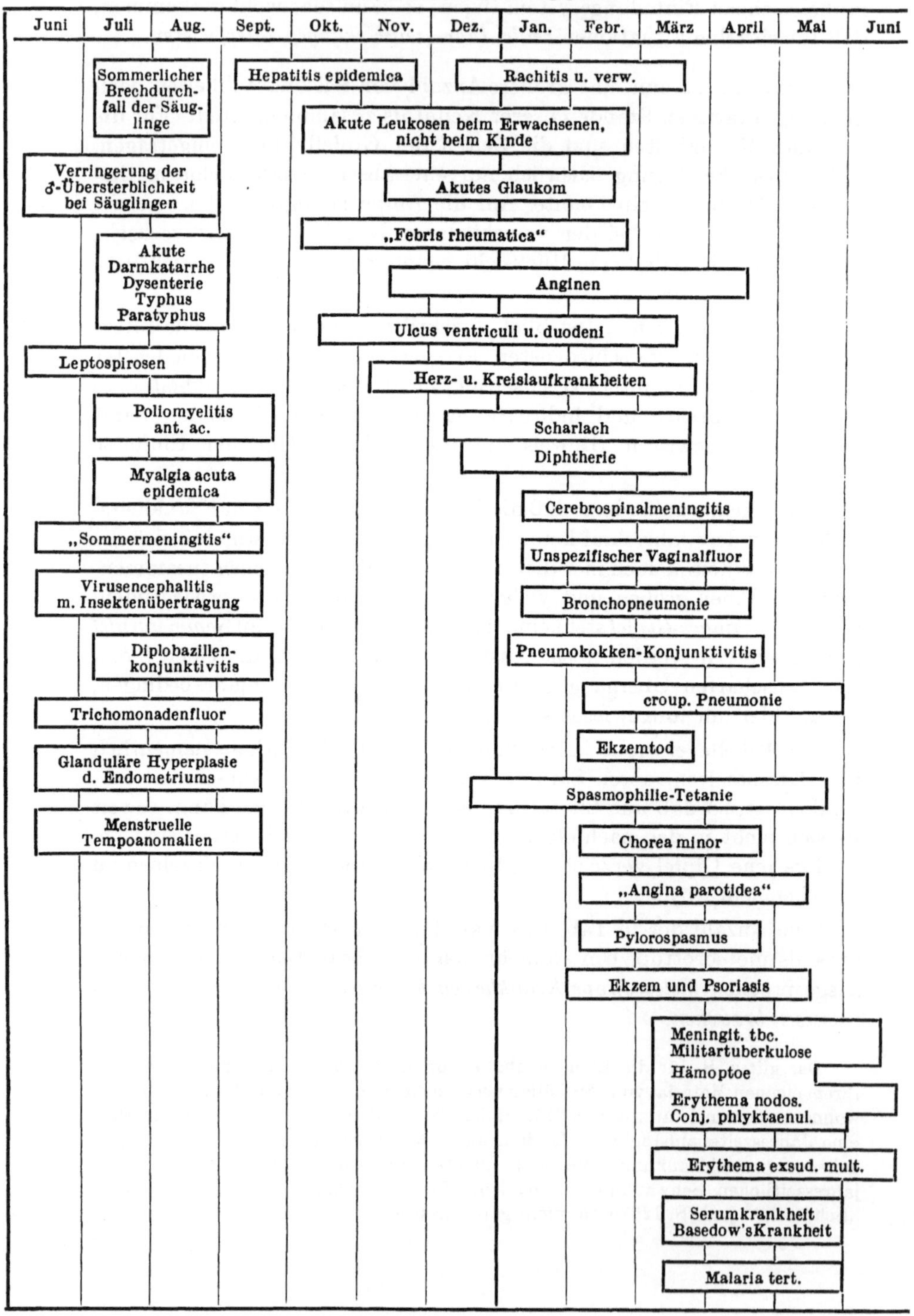

Wir sehen also, und es scheint wichtig, das hier schon hervorzuheben, daß eine Krankheit sich Wettereinflüssen gegenüber ganz anders verhalten kann als Jahreszeiteneinflüssen gegenüber; ein Beleg für die vom Verf. immer wieder verfochtene Auffassung, daß Jahreszeitenrhythmen von Krankheiten nicht durch wechselnde Frontenhäufigkeit zustande kommen. Es sind, wie wir noch sehen werden, ganz andere Einflüsse, welche die jahreszeitliche Häufung einer Krankheit bedingen oder das jahreszeitlich wechselnde menschliche Reagieren beeinflussen.

Im übrigen wird man sich vorerst mit einem rein phänomenologischen Einteilungsprinzip der Saisonkrankheiten nach den bevorzugten Jahreszeiten begnügen müssen, solange ätiologisch manches noch ungeklärt ist.

1. Die Sommergipfel von Krankheiten.

Eine Anzahl regelmäßiger und meist sehr ausgeprägter Sommergipfel von Krankheiten findet unschwer seine Erklärung in der sinnfälligsten klimatischen Eigentümlichkeit der Sommermonate, welche unmittelbar auf den Menschen wirkt: dem *Maximum der Sonnenstrahlung.* Dieses führt einerseits zur „Sommerwärme", der bekannten Steigerung der *Lufttemperatur*, andererseits zu den höchsten Intensitäten der chemisch wirksamsten *Ultraviolettstrahlung.* Erhöhte Lufttemperatur bedingt zunächst erhöhte Schweißproduktion; des weiteren führt sie zu einer Erschwerung der Wärmeabgabe durch die Körperoberfläche, also einer Erschwerung der so wichtigen physikalischen Regulation der Körpertemperatur. So treffen wir also zunächst Folgen **erhöhter Schweißbildung,** die *Dyshidrosis* an Händen und Füßen, das sich daraus evtl. entwickelnde *dyshidrotische Ekzem* mit dem Auffahren kleiner oder größerer Blasen; oder das Aufschießen winziger Bläschen im Zentrum kleiner, follikulär angeordneter roter Fleckchen am ganzen Stamme, die *Miliaria rubra („Schweißfriesel").* Sie alle zeigen einen Sommergipfel. Durch Begünstigung einer Pilzansiedlung auf derart geschädigter Haut können *Dermatomykosen* im Sommer sich häufen.

Um diese Zeit – Juli oder August – setzt manchenorts auch ein deutlicher Anstieg der chirurgischen Hautinfektionen ein: *Furunkel* und *Karbunkel* (WETTSTEIN, KLINK), *„Erysipeloid"* (HINDMARSH, PAWLOWSKI), sowie *Erysipel* (ERNST). Man könnte auch hier zunächst an eine Folge vermehrter Schweißsekretion denken. Aber diese Erkrankungen bleiben bis November/Dezember häufig, steigen nicht selten in dieser Zeit sogar weiter an. Auch soll erhöhte Schweißsekretion durch Bildung eines „Säuremantels" auf der Haut sogar schützend wirken (MARCHIONINI). Manche andere Erklärungsversuche für diese Saisonschwankung wirken aber ebenfalls nicht sehr überzeugend. Vielleicht handelt es sich um einen noch nicht im einzelnen aufgeklärten indirekten Einfluß.

Des weiteren finden wir eine sommerliche Häufung von Krankheitsbildern, welche durch eine **Überhitzung,** durch die Unmöglichkeit hinreichender Wärmeabgabe entstehen. Sehr geläufig und lange bekannt ist der **Hitzschlag** (nicht zu verwechseln mit dem weiter unten genannten „Sonnenstich"). Sein Sommergipfel ist so geläufig, daß er in Tab. 12 nicht besonders erwähnt wurde. Zum *Hitzschlag* kommt es dann, wenn infolge *Mißverhältnisses zwischen Wärmeproduktion und Wärmeabgabemöglichkeit* die Körpertemperatur infolge Wärmestauung hochgetrieben wird, bis sie für den Gesamtorganismus und vor allem für das Zentralnervensystem schädigende Ausmaße erreicht. Körpertemperaturen bis 43° und darüber wurden beobachtet. Es ist klar, daß Sommerhitze, welche die Wärmeabgabe des Körpers durch Abstrahlung erschwert, evtl. zusammen mit Schwüle (hohem Feuchtigkeitsgehalt der Luft) die Vorbedingungen für das Auftreten von Hitzschlag schafft. Daß diese Umstände entscheidend sind, geht daraus hervor, daß gleiche Schädigungen unabhängig von der Jahreszeit bei schwerer körperlicher Arbeit in überhitzten Räumen (Heizräumen auf Schiffen) beobachtet sind. Daß die infolge schwerer körperlicher Arbeit (marschierende Soldaten, Heizer) erhöhte Wärmeproduktion den Hitzschlag ihrerseits begünstigt, versteht sich von selbst.

Eine erhöhte sommerliche *Ödemneigung* in der Schwangerschaft (SCHWALM) und bei Herzkranken (SARRE und STEINEBACH) wird als Folge der Sommerwärme gedeutet; soweit auf hohe Korrelation mit den monatlichen Temperaturmitteln hingewiesen wird, handelt es sich offensichtlich um automatische Korrelation(!). Die Magensaftsekretion soll bei hohen Temperaturen und daher im Sommer ein Minimum besitzen (RISSE).

Einen, wie wir heute wissen, prinzipiell gleichen Vorgang treffen wir in besonderem Ausmaße und in einer dem Lebensalter zukommenden anderen Symptomatologie bei der **„Sommersterblichkeit der Säuglinge"**, deren Ausmaß noch vor wenigen Jahrzehnten bei uns den Nachwuchs buchstäblich dezimierte. Das Einhergehen dieser plötzlichen Todesfälle mit Durchfällen *(„Cholera infantum", „sommerlicher Brechdurchfall der Säuglinge")* veranlaßte zunächst an Folgen bakteriell zersetzter Nahrung zu denken. In der bakteriologischen Ära des ausgehenden vorigen Jahrhunderts war dies die allgemeine Erklärung. Sie erfuhr eine scheinbare Stütze in der Tatsache, daß die nachweislich auf Darminfektionen beruhenden Krankheiten (Ruhr, Typhus, Paratyphus und Enteritisinfektionen), von denen noch zu sprechen sein wird, ebenfalls einen Sommergipfel aufweisen, und zwar naturgemäß auch für das Säuglingsalter. Das hat JOÉ für die Sommerdiarrhöe des Säuglingsalters sogar in neuester Zeit nochmals zeigen können (30% Ruhrinfektionen unter 256 untersuchten Fällen).

Es war dann in Deutschland MEINERT, der seit 1887 gegen die Lehre von der bakteriell zersetzten Nahrung kämpfte und unermüdlich auf Grund zahlreicher gründlicher Untersuchungen immer wieder darauf hinwies, daß es sich bei diesem Krankheitsbilde um *direkte Auswirkungen* von *Hitzeschäden* (Überhitzung des Säuglingskörpers) handle. Diese Erkenntnis wurde in Amerika bereits in den 90er Jahren praktisch ausgewertet. In Deutschland setzte sich die neue Lehre erst seit etwa der Jahrhundertwende, namentlich durch die weiteren Untersuchungen von RIETSCHEL, sowie FINKELSTEIN, allgemein durch.

Es konnte der Nachweis erbracht werden, daß diese plötzlichen Erkrankungen nicht nur an besonders heißen Tagen sich ereigneten, sondern daß sie vorwiegend Kinder in heißen und schlecht lüftbaren Dachwohnungen, in überhitzten und wasserdampfgesättigten Küchen betrafen. Die dadurch begünstigte Wärmestauung mit Anstieg der Körpertemperatur führt beim Säugling rasch zu einem Zusammenbruch des Gesamtorganismus: Auftreten von Durchfällen als Allgemeinreaktion, wodurch ein Versagen des Kreislaufes, eine weitere Erschwerung physikalischer Wärmeabgabe durch den Wasserverlust und endlich eine Begünstigung des Auftretens toxischer Symptome erfolgt.

Seit dieser Erkenntnis ist der *Sommergipfel der Säuglingssterblichkeit in Deutschland und vielen anderen Ländern ganz verschwunden* – 1911 und 1914 waren die letzten Jahre, in denen er noch eine entscheidende Rolle spielte (vgl. Abb. 16). Dieser erstaunliche und in seinem Ausmaße die Gesamtsäuglingssterblichkeit entscheidend beeinflussende Rückgang der Sommersterblichkeit hat die Pädiatrie begreiflichweise vielfach interessiert.

Mit dem Verschwinden des sommerlichen Brechdurchfalles als Todesursache gewannen zahlenmäßig andere Todesursachen an Bedeutung, unter denen jene an Krankheiten der Respirationsorgane (Pneumonie) den ersten Rang einnahmen. Wie S. 246 noch ausführlicher dargelegt, besitzen Krankheiten des Respirationstraktes einen ausgesprochenen Wintergipfel. *Mit dem Nachlassen bzw. Verschwinden des Sommergipfels* der Säuglings-

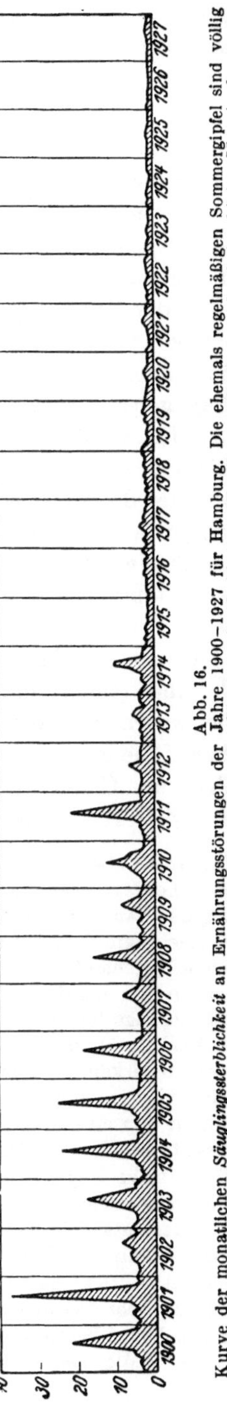

Abb. 16.

Kurve der monatlichen *Säuglingssterblichkeit* an Ernährungsstörungen der Jahre 1900–1927 für Hamburg. Die ehemals regelmäßigen Sommergipfel sind völlig verschwunden. (Nach MEYER-DELIUS.) (Die *Ordinaten* geben an: Wenn die „Säuglingssterblichkeit an Ernährungsstörungen" des betrachteten Monats das ganze Jahr über konstant geblieben wäre, so wären auf 100 Lebendgeburten dieses Jahres y [Höhe der Ordinaten] Säuglinge an Ernährungsstörungen gestorben.)

todesfälle kam somit mehr und mehr *ein Wintergipfel der Säuglingssterblichkeit* zustande (HECKER).

Es interessierte dann naturgemäß ein Studium der *Gründe für den Rückgang der Sommersterblichkeit.* Man könnte zunächst vielleicht an die Wirkung klimatischer Faktoren denken, an irgendwelche im Laufe der letztvergangenen Jahrzehnte eingetretene *klimatische Änderungen*, die sich an der Säuglingssterblichkeit in so hohem Ausmaße ausgewirkt hätten. Irgendwelche Anhaltspunkte in dieser Richtung haben sich jedoch nie ergeben. So war die zweite Möglichkeit wahrscheinlich, daß nämlich der Rückgang der Sommersterblichkeit des Säuglingsalters ein *Erfolg der* in den letzten Jahrzehnten so sehr an Ausdehnung und Intensität zugenommenen *fürsorgerischen Bestrebungen* sei. Stimmte die oben wiedergegebene Ansicht, wonach exogene (Wärme-) Schäden die Hauptursache für das Zustandekommen der Sommersterblichkeit bilden sollen, so könnte man sich gut vorstellen, daß eine Fürsorge erfolgreich gerade an diesen doch „vermeidbaren" Schäden angreifen und sich auswirken könne. Dazu kommt noch, daß indirekte Wirkungen dieses Vermeidbarwerden der Sommerschäden begünstigen konnten. So wußte man seit längerem, daß Flaschenkinder von diesen Schäden in höherem Maße als Brustkinder betroffen werden bzw. auf diese Schäden schwerer und lebensbedrohlicher reagieren. Mit dem Einsetzen einer Stillpropaganda und einem somit erfolgenden Ansteigen der Zahl der Brustkinder waren die Sommerschäden somit schon indirekt günstig beeinflußbar. Eine gute Begründung für die Auffassung eines fürsorgerischen Erfolges als Grund des Rückganges der Sommersterblichkeit gab in neuerer Zeit ELFRIEDE BUSCH in statistischen Untersuchungen.

Ihre recht überzeugende Argumentation ist etwa folgende: Eine in gewissen Bezirken hohe *Gesamt*säuglingssterblichkeit spricht dafür, daß die fürsorgerische Erfassung der Säuglinge in diesen Bezirken noch eine ungenügende ist. Dort werden also vermeidbare Schäden und damit vermeidbare Todesursachen noch am ehesten eine entscheidende Rolle spielen, somit wird man in diesen Bezirken noch am ehesten auch einen Sommergipfel der Säuglingssterblichkeit erwarten können. Je mehr die *Gesamt*säuglingssterblichkeit in einem Bezirke sinkt bzw. je niedriger dieselbe in einem Bezirke überhaupt ist, um so weniger werden vermeidbare Todesursachen in diesen Bezirken noch eine Rolle spielen, um so niedriger wird hier die Sommersterblichkeit der Säuglinge sein müssen. An einer Untersuchung der Säuglingssterblichkeit in den einzelnen Regierungsbezirken von Preußen haben sich diese Verhältnisse tatsächlich statistisch bestätigt gefunden.

Der einzige Regierungsbezirk, welcher in den Jahren 1925–1928 noch einen deutlichen Sommergipfel der Säuglingssterblichkeit aufwies (Stralsund), hatte die höchste Gesamtsäuglingssterblichkeit unter allen preußischen Regierungsbezirken. Die Bezirke mit seit Jahrzehnten niedriger Gesamtsäuglingssterblichkeit (Aachen, Wiesbaden, Aurich) haben einen in den Jahren 1907–1910 noch (mit Ausnahme von Aurich) sehr deutlich vorhandenen Gipfel der Sommersterblichkeit gegen einen ausgesprochenen Wintergipfel in den Jahren 1925–1928 vertauscht.

Auch für die ehedem in der Batschka (SW-Ungarn) lebende deutsche Bevölkerung konnte GRIMM bei hoher Gesamtsäuglingssterblichkeit noch einen deutlichen Sterblichkeitsanstieg im August—September bis in die letzten Jahrzehnte vor dem 2. Weltkrieg nachweisen.

Bei der praktischen Wichtigkeit dieses Fragenkomplexes mag allerdings erwähnt sein, daß ein *Rest* von „Sommersterblichkeit" in manchen heutigen Jahreskurven der Säuglingssterblichkeit noch *versteckt* liegt. Die Jahreskurven zeigen zwar im Sommer keine Erhebung mehr. Da aber die heute wichtigste Todesursache, die Bronchopneumonie, einen Frühlingsgipfel aufweist, müßte im *Sommer eine Senkung der Säuglingssterblichkeit* auftreten. Diese fehlt manchenorts: sie wird *„aufgefüllt" durch die* noch vorhandenen *Reste der Sommersterblichkeit*, deren Existenz jeder Arzt, der eine Säuglingsabteilung zu betreuen hat, kennt. Ein Grund mehr, alle Bestrebungen im Kampfe gegen diese Schäden fortzusetzen und darin nicht zu erlahmen.

Wenn wir somit durchaus mit Recht das praktisch fast völlige Schwinden der Sommersterblichkeit als Erfolg der Fürsorgearbeit buchen, so darf das nicht so verstanden werden, als wenn es sich dabei nur um die Vermeidung der genannten Hitzeschäden gehandelt hätte. Die Ausschaltung manch weiterer dispositionell wirkender Schäden (etwa durch Stillpropaganda, durch Rückgang der Milchüberfütterung und überhaupt Einführung besserer künstlicher Ernährungsformen für Säuglinge), endlich auch die im allgemeinen früher einsetzende und ungleich wirksamer gestaltete ärztliche Behandlungsmöglichkeit von Toxikosen in den letzten Jahrzehnten wirken zweifellos hier zusammen.

In Ländern mit geringerem Lebensstandard ihrer Bevölkerung und oftmals damit auch hoher Gesamtsäuglingssterblichkeit – es sind zudem vielfach Länder mit sehr hohen Sommertemperaturen („Sonnenländer") – findet sich übrigens auch heute noch ein sommerliches Maximum der Säuglingssterblichkeit (zuweilen neben einem zweiten im Winter).

So war es auch in Deutschland möglich, daß unter den Wirkungen der Jahre nach dem 2. Weltkrieg mit ihrem namenlosen Wohnungselend die Sommersterblichkeit zwar in Einzelfällen klinisch sehr wohl in Erscheinung trat, daß sie aber kaum irgendwo statistisch greifbare Formen mehr annehmen konnte.

Daß gelegentlich durch Sommerdiarrhöen Symptome von *A-Vitaminmangel* auftreten können, beweist der sog. Hikan in Japan (MORI), was hier nur nebenbei erwähnt sei (vgl. dazu auch S. 218f.).

Beim Verhalten der sommerlichen Säuglingssterblichkeit ist noch eine wenig beachtete, biologisch indes sehr merkwürdige Erscheinung zu erwähnen: die *sommerliche Änderung des Geschlechtsverhältnisses gestorbener Säuglinge*, wie sie erstmalig von BAKWIN nachgewiesen wurde.

Wir berühren hier einen außerordentlich komplexen Problemkreis, der an dieser Stelle nicht einmal in seinen wesentlichsten Zügen dargestellt werden kann; es kann hier nur auf die erschöpfende Darstellung des Gesamtthemas durch PFAUNDLER hingewiesen werden. Da die ebengenannte Erscheinung in ihrem Zustandekommen keineswegs befriedigend erklärt ist, mag hier eine ganz knappe Erläuterung des Wesentlichsten zu dieser Erscheinung genügen. Es ist ziemlich allgemein bekannt, daß in allen Bevölkerungen mehr Knaben als Mädchen geboren werden und daß sich dieser sog. Knabenüberschuß durch eine *„Knabenübersterblichkeit"* bis etwa zur Pubertätszeit auszugleichen pflegt. So hat man die auf je 100 Mädchentodesfälle treffende Zahl von Knabentodesfällen als *„Geschlechtsverhältnis"* quantitativ sehr eingehend studiert, und PFAUNDLER konnte dabei eine Anzahl sehr konstanter Gesetzmäßigkeiten feststellen. Dabei zeigte sich nun, daß dieses Geschlechtsverhältnis für Säuglingstodesfälle eine ausgesprochene Senkung in den Sommermonaten aufweist, von der nur der 1. Lebensmonat ausgenommen ist. Zu dieser Senkung kann es nur kommen, wenn entweder gegenüber den anderen Jahreszeiten relativ mehr Mädchen oder relativ weniger Knaben sterben (da es sich ja um eine Verhältniszahl handelt, die nur sinken kann, wenn entweder der Nenner größer oder der Zähler kleiner wird). Aus der Tatsache, daß das Geschlechtsverhältnis der Säuglingssterblichkeit in „Sonnenländern" niedriger als in sonnenärmeren Ländern zu sein pflegt, glaubte BAKWIN die sommerliche Senkung mit einer direkten sommerlichen Strahlenwirkung erklären zu können. Das würde dann bedeuten, daß die beiden Geschlechter im Säuglingsalter sich ganz allgemein gegen Sonnenstrahlung unterschiedlich verhalten müßten (PFAUNDLER), wofür weder aus der Säuglingspathologie noch aus der Strahlenbiologie ein Anhaltspunkt besteht. E. MEIER vermutet vielmehr sehr mit Recht für die „Sonnenländer" einen sexoneutralen Sommerschaden, welcher die Sterblichkeit *beider* Geschlechter erhöht, ihr gegenseitiges Verhältnis also senkt. Jedenfalls weisen die Sonnenländer — es sind vorwiegend europäische und afrikanische Länder um das Mittelmeer — hohe Sommersterblichkeit bei hoher Gesamtsäuglingssterblichkeit auf[1], sie sind also mit unseren Ländern der gemäßigten Zonen hinsichtlich Todesursachen gar nicht ohne weiteres vergleichbar. Solange also nicht nach Todesursachen *und* nach Geschlechtern differenzierte Spezialerhebungen für die verschiedenen Länder vorliegen, wird in der ganzen Frage der sommerlichen Senkung des Geschlechtsverhältnisses gestorbener Säuglinge kaum weiterzukommen sein.

Von jahreszeitlichen Unterschieden des *physiologischen Gewichtssturzes Neugeborener* und des weiteren *Gewichtsansatzes von Säuglingen* wird später im Zusammenhange mit Wachstumsrhythmen noch zu sprechen sein (s. S. 194f.).

Eine weitere Gruppe unmittelbarer Sommerschäden geht über die gesteigerte Licht- und Ultraviolettbestrahlung. Diese **Strahlenschäden** zeigen alle Übergänge vom leichten bis intensiven Bestrahlungserythem, dem „*Sonnenbrand*" über die „*Sonnendermatitis*" mit Ödem und Blasenbildung bis zum „*Sonnenstich*".

Beim letzteren treten Erscheinungen auf, wie wir sie teils von Verbrennungen überhaupt kennen, teils gesellen sich noch Folgen direkter Hitzeeinwirkung auf Kopf und Nacken, damit auf Gehirnhaut und Gehirn dazu. So kommt es zu Fieber, Kopfschmerzen, Benommenheit, Kreislaufkollaps und Tod.

Bei zu hoher Lufttrockenheit und Arbeit im Freien mit der dadurch bedingten intensiven Strahlenwirkung kommt es in Anatolien zu einer gehäuften *Cheilitis* (Entzündung der Unterlippe), wie MARCHIONINI und SADAN TOR berichteten.

Sommerliche Strahlungseinflüsse müssen naturgemäß sich noch besonders auswirken bei Menschen mit erhöhter Strahlungsempfindlich-

[1] Nach freundlicher brieflicher Mitteilung von Herrn Dr. E. MEIER (Robert-Koch-Institut Berlin) auf Grund der Rapports épidémiologiques et démographiques der Weltgesundheitsorganisation.

keit der Haut. Man trifft sie ohne bisher faßbare Ursache zuweilen bei Menschen mit *Lupus erythematodes*. Besonders bekannt aber ist die erhöhte Lichtempfindlichkeit bei Anomalien im intermediären Stoffwechsel, welche zur Bildung von Hämatoporphyrinen führen; es kommt dann zur *Hydroa vacciniformis* als Belichtungsfolge (vgl. besonders die Untersuchungen von HAUSMANN). Auch Nahrungsschäden spielen eine Rolle: Sommergipfel der *Pellagra* (C. H. LAVINDER, SEYDENSTRICKER und ARMSTRONG).

Mit vermehrten Strahlungs-, namentlich Ultraviolett-Strahlungseinflüssen hat dann KIRCHHOFF noch einen weiteren von ihm aufgefundenen Saisongipfel in Zusammenhang gebracht: die „*Follikelpersistenz mit glandulärer Hyperplasie des Endometriums*" bei Frauen. Es handelt sich hier um eine vom Follikelapparat ausgehende hormonale **Störung des Menstruationszyklus,** welche mit pathognomischen Veränderungen der Uterusschleimhaut einhergeht. Die Störung zeigte (an 486 histologisch gesicherten Fällen) einen ausgesprochenen Sommergipfel. Demgegenüber berichtet allerdings KLEINE, daß 70% seiner 206 Fälle einen Krankheitsbeginn im November bis März hatten, die Sonnenwirkung also keinesfalls gesichert sei.

KIRCHHOFF konnte in Tierversuchen (Maus) nachweisen, daß Ultraviolett- und Tageslichtbestrahlung zu Änderungen des Brunstzyklus führen gegenüber Dunkeltieren und mit Rotlicht bestrahlten Tieren als Kontrollen, und diskutiert solche Zusammenhänge.

Auch vorübergehende *Tempoanomalien des Menstruationszyklus* überhaupt oder Sistieren der Menses sollen einen Sommergipfel zeigen (KIRCHHOFF, GUTHMANN, BREIPOHL).

Hier wäre evtl. an die von zahlreichen Geburtshelfern bearbeitete Frage einer im Sommer möglicherweise *verlängerten Schwangerschaftsdauer* oder größeren Neigung zum Übertragen des Kindes zu denken (KÜSTNER, v. KRENNIGER-GUGGENBERG und SCHURRER, GUTHMANN und KNÖS). Die Feststellung solcher Schwankungen wird neuerdings methodisch angezweifelt (WAHL, v. KRENNIGER-GUGGENBERG, BERNHART).

Auch ein ausgesprochener Sommergipfel des *Trichomonadenfluors* wird von STÄHLER auf Strahlungsschäden bezogen.

Sehr gesetzmäßige Sommergipfel treffen wir dann aber bei einer Reihe scharf umschriebener und ätiologisch faßbarer Infektionskrankheiten. An erster Stelle stehen hier die **infektiösen Darmkatarrhe:** die „*Salmonella-Infektionen*" (*Typhus*, *Paratyphus*, die zahlreichen Formen *infektiöser Enteritis* mit weiteren Typen der Salmonella-Gruppe), sowie die echte *Ruhr* (vgl. Abb. 17 u. 18). Auch die europäischen Choleraepidemien des 19. Jahrhunderts waren vorwiegend Sommerepidemien (PERTL).

Die Aufklärung dieser Sommergipfel hat die Medizin über ein Jahrhundert beschäftigt. Die in dieser Richtung angestellten Untersuchungen bewegen sich auf ganz verschiedenen Ebenen.

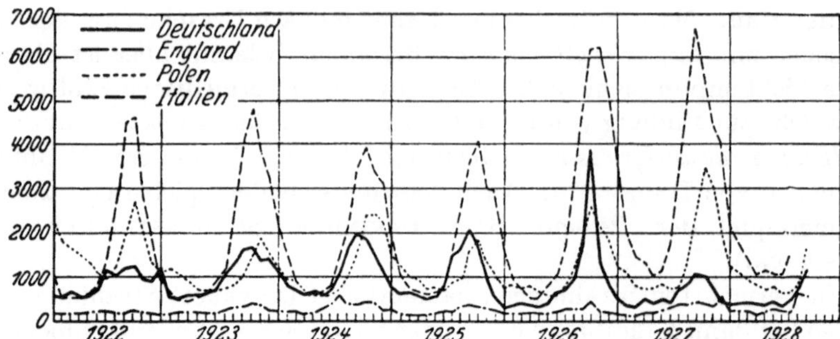

Abb. 17.
Sommergipfel der Typhuserkrankungen der Jahre 1922–1928 nach den monatlich gemeldeten Erkrankungsziffern in Deutschland, England, Italien und Polen. (Nach Epidem. Monatsber. der Hygienesektion d. Völkerbundes Nr. 122.)

Eine Anzahl von Autoren bemühte sich um Auffindung von *Korrelationen.* Dabei ist für eine Sommerkrankheit naturgemäß die *Gefahr automatischer Korrelationen* im obigen Sinne (S. 137) eine sehr große. Solche automatischen Korrelationen bestehen natürlich zwischen Sommergipfel und Sommerwärme (O. H. Peters), insbesondere wenn man etwa gar *Monats*erkrankungsziffern mit den mittleren *Monats*temperaturen in Beziehung setzt, wie Stallybrass es tut.

Ganz anders zu werten sind aber Korrelationskoeffizienten, welche etwa untersuchen, ob heiße *Jahre* mit hohen Krankheitsgipfeln einhergehen und umgekehrt. In dieser allein richtigen Weise hat Gibson untersucht, indem er die Krankheitsfälle an Durchfallserkrankungen der einzelnen Jahre 1871–1913 verglich mit dem Temperaturmittel des *dritten* Quartals (Sommerquartals) dieser einzelnen Jahre. Er kam rechnerisch zu dem beachtlich hohen Korrelationskoeffizienten von $+ 0{,}85$ ($\pm 0{,}04$). Ein fast gleiches Ergebnis lieferten Untersuchungen von Brownlee und Young. Danach würden heiße Jahre Krankheitsjahre sein.

Hier ist allerdings zu beachten, daß die Rechnung viele Jahre in sich schließt, in denen noch die hohe Sommersterblichkeit der Säuglinge herrschte, von der wir gesehen haben, daß sie eine ganz ausgesprochene positive Korrelation in diesem

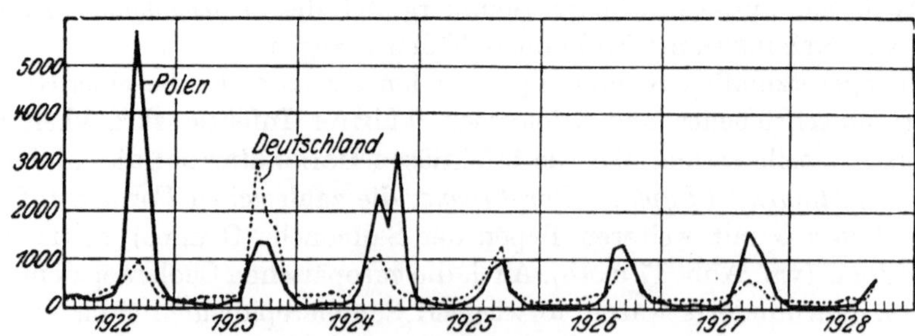

Abb. 18.
Sommergipfel der Ruhrerkrankungen der Jahre 1922–1928 nach den vierwöchentlich gemeldeten Erkrankungsziffern in Deutschland und Polen. (Nach Epidem. Monatsber. der Hygienesektion d. Völkerbundes Nr. 122.)

Sinne besitzt, da ja hier die Hitze sich als das unmittelbar schädigende Agens erwies. Da aber diese Todesfälle gerade unter Durchfall erfolgen, möchte ich vermuten, daß diese in den bearbeiteten Krankheitsstatistiken massenhaft vertreten sind. Dann aber *müssen* sich derart hohe Korrelationen ergeben.

Eine unmittelbare Korrelation zwischen Lufttemperatur (oder auch Bodentemperatur) und Krankheitshäufigkeit besteht bei den Darminfektionen durchaus *nicht*. Diese letztere zeigt nämlich durchweg eine *Phasenverschiebung* um einen Monat: die heißesten Monate sind bei uns Juni–Juli–August, die Monate des Krankheitsgipfels sind August–September. Das dürfte für eine Analyse zu beachten sein.

Die bisher genannten Korrelationen bewegen sich auf der Ebene einfacher Feststellungen; d. h. unter der Annahme einer ätiologischen Beteiligung der Sommerwärme am Sommergipfel infektiöser Darmerkrankungen bliebe als weitere Aufgabe die Entscheidung, wie diese Wirkung zustande kommt. Da es sich um Infektionskrankheiten handelt, d. h. um Krankheiten, welche jedenfalls das Vorhandensein definierter Krankheitserreger zur Voraussetzung haben, so könnte ein *Einfluß* – um das nochmals zu wiederholen – *auf drei grundverschiedenen Wegen* erfolgen:

1. Änderung der Erreger und ihrer Verbreitung;
2. Begünstigung gewisser Übertragungswege zum Menschen;
3. Änderung der Erkrankungsbereitschaft des Menschen.

Wir wissen heute, daß für Typhus und Paratyphus-B (der Typus A spielt bei uns keine Rolle) sozusagen „Reservoire“ für den Erreger in gewissen Menschen vorhanden sind, nämlich in den „Dauerausscheidern“, welche den Erreger in ihren Darmentleerungen abgeben und von denen alle Infektionen letzten Endes ausgehen. Es ist niemals festgestellt worden, daß die Zahl dieser Dauerausscheider oder die Menge ausgeschiedener Erreger sich jahreszeitlich ändert (Kisskalt). Wir können diese *Krankheitsreservoire also praktisch als konstant* ansetzen.

Dagegen sprechen viele epidemiologische Tatsachen für *sommerliche Änderung der Übertragungswahrscheinlichkeit*, wobei sich vielfache derartige Einflüsse statistisch summieren müssen:

1. Eine ganz entscheidende Rolle in der Übertragung der genannten Krankheiten spielen zweifellos *Mücken und Fliegen*. Kuhn hat darauf hingewiesen, daß die Typhuskurve sehr ähnlich der Kurve des Stechfliegenvorkommens (nicht aber des Stubenfliegenvorkommens) verlaufe, und denkt an Zusammenhänge. Dabei muß bedacht werden, daß Art und Bedeutung solcher Überträger regionär sehr wechseln kann.

Man erinnere sich, daß selbst bei der Malaria verschiedene Anophelenarten, je nach Örtlichkeit (d. h. Lebensbedingungen) eine verschiedene Rolle spielen; daß ferner die Gefährdung des Menschen entscheidend beeinflußt wird durch die Gegenwart anderer Nahrungsspender für die Mücken (Vieh). Ich verweise diesbezüglich auf die Darstellungen von Martini.

STALLYBRASS teilt eine interessante Beobachtung aus Mazedonien mit, die tatsächlich im Sinne dieser mittelbaren Entstehung des Sommergipfels von Durchfallserkrankungen spricht. Mazedonien nämlich besitzt einen Frühjahrs- und Herbstgipfel der Durchfallserkrankungen. Der Sommer ist zwar sehr heiß, jedoch trocken, Fliegen bedürfen aber zur Entwicklung nicht nur einer bestimmten Temperatur, sondern auch einer bestimmten Bodenfeuchtigkeit. Diese wird zwar im Frühjahr und Herbst, nicht aber im Sommer erreicht; *Fliegenplage und Durchfallskrankheiten verlaufen somit für Mazedonien völlig gleichsinnig.*

Eine Aufspaltung des Saisongipfels infektiöser Darmkrankheiten ist auch andernorts schon aufgefallen (im München des 19. Jh.s [RIMPAU], in Frankreich [HORNUS]).

Auch die eingehenden Erhebungen M. MAYERS bei Typhusepidemien während des 2. Weltkrieges in *Posen* und *Lodz* zeigten Gipfelbildungen der Krankheitsfälle, wenn das Wetter für Fliegenvermehrung und Insektenflug günstig war, und ein Nachlassen der Epidemie in längeren Perioden kühlen, feuchten Wetters.

2. Ein nicht zu unterschätzender Vermittler der Infektion ist weiterhin der *Genuß roher Nahrungsmittel*, die im Sommer reichlicher und billiger als zu anderen Jahreszeiten zur Verfügung stehen.

Zu erwähnen ist hier von Insekten oder unmittelbar durch Dauerausscheider infiziertes *Obst;* kurz vor der Ernte mit menschlichen *Fäkalien gedüngtes Gemüse:* hierher gehören auch die bekannten *Speiseeisepidemien* von Paratyphus oder infektiöser Enteritis, zumal seit Eisgenuß zu einem Sommersport geworden und die Herkunft des Speiseeises aus hygienisch fragwürdigen Quellen nicht behindert ist (vgl. dazu die zahlreichen Untersuchungen der Hygieniker über den „Colititer“[!] und die Bakterienfülle von Speiseeisproben, die unmittelbar aus dem Handel entnommen waren).

3. Sommerwärme begünstigt ihrerseits direkt die *Bakterienvermehrung* in geeigneten Medien (Speisen).

Sattsam bekannt sind in dieser Hinsicht die Epidemien durch vom Vortage stammenden Kartoffelsalat, durch Majonnaisen, die u. U. durch Verwendung roher Enteneier infiziert sein können.

4. Das sommerliche *Baden* in direkt durch Dauerausscheider oder durch Abwässer infiziertem Flußwasser kann in gleichem Sinne die Infektion fördern (vgl. dazu die Colititer in Großstadtflüssen oder nichtchlorierten Badebecken).

Bei *Änderung der Lebensweise* von Menschen und dadurch bedingter Änderung der Übertragungsverhältnisse scheinen Phasenverschiebungen vorzukommen.

So wurde unter oberschlesischen Bergarbeitern, welche in Schlafhäusern kaserniert waren, der Gipfel der Typhuserkrankungen in den November verschoben, während im übrigen Deutschland der Sommergipfel herrschte (JACOBITZ und KARLOWA).

Auf solche Unterschiede sind wohl auch die zahlreichen Atypien zurückzuführen, welche die Pathogeographie des Saisongipfels typhöser Erkrankungen aufweist:

Der für die Nordzone weitgehend charakteristische Sommergipfel *typhöser Erkrankungen* (vgl. Abb. 19) fehlt auf *Korea* vollkommen. Er scheint außerdem in manchen Städten in einen Herbstgipfel (Danzig, Odessa) oder Frühjahrsgipfel (Leningrad) sich zu wandeln, so daß gerade für den Typhus Länderkarten sehr interessant wären. – Australien zeigt in allen seinen Landstrichen (in Umkehrung zur Nordzone) einen ausgesprochenen November-Februar-Gipfel des Typhus. Das

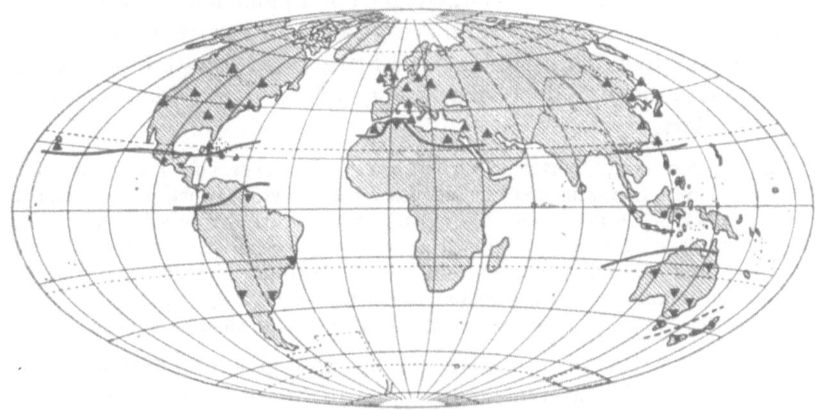

Abb. 19.
Verteilung des Saisongipfels typhöser Erkrankungen über die Erde. (Deutliche pathogeographische Zonen.)

benachbarte und statistisch sehr zuverlässige *Neuseeland* hat in seiner europäischen Bevölkerung keine Spur eines deutlichen Rhythmus von Typhus, während Tasmanien ihn wieder in charakteristischer Weise besitzt.

Unter besonderen Verhältnissen muß die Infektionswahrscheinlichkeit mit *mehreren* Erregern infektiöser Darmkatarrhe für eine Anzahl von Menschen sogar gleichzeitig ansteigen können. In diesem Sinne spricht eine Beobachtung von Kisskalt aus dem 1. Weltkriege, wo während einer Ruhrepidemie auch andere Patienten in 78% Shiga-Kruse-Bazillen agglutinierten, während diese Mitagglutination nach Abklingen der Ruhrepidemie auf 9,6% absank. Diese offenbar unterschwelligen Ruhrinfektionen wurden ganz besonders bei Thyphuskranken nachgewiesen. Das hatte aber wohl zum Teil den äußeren Grund, daß bei diesen eben überhaupt regelmäßig Agglutinationsproben angestellt wurden.

Es existieren also jedenfalls zahlreiche und sich statistisch summierende Einflüsse, welche die sommerlichen Darminfektionen als „*indirekte*“ Saisonkrankheiten erscheinen lassen; viele dieser Einflüsse sind durch klare naturwissenschaftliche Feststellungen begründbar und heute durchschaubar, und gerade ihre Vielgestaltigkeit muß es mit sich bringen, daß „lokale“ Besonderheiten auftreten. So hat Weigmann eine Epidemie von Kruse-Sonne-Ruhr in Schleswig-Holstein mit Gipfel im September bis Dezember beschrieben.

Man muß fragen, ob *neben* diesen Umständen Beobachtungen existieren, welche die Annahme *jahreszeitlicher Änderung der Empfänglichkeit des Menschen* diesen Darminfektionen gegenüber notwendig machen. Um diese Frage einer jahreszeitlich sich ändernden Krankheitsdisposition des Menschen wurde hier bekanntlich ganz besonders lebhaft diskutiert. Ja die Kämpfe zwischen den „Lokalisten" und den „Kontagionisten", von denen S. 144 ausführlich die Rede war, bewegten sich in den letzten Jahrzehnten speziell um die Epidemiologie des Typhus abdominalis. Aber auch hier muß gesagt werden: bezüglich dieses Sommergipfels konnten Bodeneinflüsse bis heute nicht ermittelt werden, es gibt bis heute auch keine Beobachtung, welche solche Einflüsse anzunehmen fordert.

Der Versuch von GLEITSMANN, für das Vorkommen von Ruhr maximale Bodenwärme und Senkung des Grundwasserspiegels verantwortlich zu machen, überzeugt nicht, wenn man seine Kurven näher betrachtet. Aber selbst wenn eine solche Korrelation „formal" nachgewiesen wäre, ist noch lange nicht der Beweis erbracht, daß sie „kausal" gedeutet werden darf. Es könnte sich hier sehr wohl um eine der obengenannten automatischen Korrelationen handeln, da ja doch „Sommerkrankheiten" mit „Wärme" in jedem Falle formal eine hohe Korrelation haben.

Eine jahreszeitlich sich ändernde Erkrankungsbereitschaft des Menschen ist unmittelbar (ohne Experiment) für diese Krankheiten naturgemäß sehr schwer zu untersuchen. Ich möchte aber auf zwei Beobachtungskreise hinweisen, welche wenigstens Illustrationen zu dieser Frage liefern bzw. entsprechende Experimente der Natur zeigen.

KISSKALT hat durch Umfragen die in bakteriologischen Arbeitsstätten vorgekommenen *Laboratoriumsinfektionen von Typhus* gesammelt und publiziert, also Fälle, in denen die Erkrankung auf orale Infektion mit bazillenhaltigem Materiale erfolgte. In 41 Fällen ist Jahreszeit bzw. Monat der Infektion angegeben. Obwohl in den Sommermonaten in allen solchen Laboratorien naturgemäß mehr mit Typhusbazillen gearbeitet wird (wegen der in dieser Zeit häufigeren Einsendungen von Proben), stehen 17 Fälle von April bis September 24 Fällen von Oktober bis März gegenüber. Das spricht jedenfalls *nicht* für eine verminderte Erkrankungsbereitschaft im Winterhalbjahre.

Die bekannten Typhus-Trinkwasserepidemien oder -Molkereiepidemien pflegen sich ebensowenig streng an die begünstigte Jahreszeit zu halten, obwohl dabei zu bedenken ist, daß Überschwemmungseinbrüche in eine städtische Wasserversorgung durch die sommerlichen Gewitter häufiger als zu anderen Jahreszeiten vorkommen werden und im Sommer sicher auch ein Milchgenuß erhöht ist.

Eine jahreszeitlich verschiedene Disposition des Menschen ist aus diesen Erfahrungen wenigstens nicht zu entnehmen.

Damit wird das Bestehen lokaler, oder wie manche lieber sagen „lokalistischer" Einflüsse nicht bestritten. Ja, die obengenannten sommerlichen Änderungen der Übertragungswahrscheinlichkeiten sind oftmals durchaus örtlich gebunden, also schon „lokalistisch" im wörtlichen, allerdings im erweiterten Sinne (vgl. S. 151). Ihr genaues Studium kann sehr von Vorteil sein. Bei diesen Einflüssen läßt sich auch klar angeben, wie man sie erkennt oder worin sie bestehen. Der gerade bei diesen Seuchen so eklatante Erfolg der Bekämpfung legt die Annahme nahe, daß die dieser Bekämpfung zugrunde liegenden kontagionistischen und immunbiologischen Vorstellungen sich bewährt haben. Dazu kommt heute die Tatsache, daß es der sehr erfolgreichen Wissenschaft der *„experimentellen Epidemiologie"* mittels der bekannten „Mäusedörfer" gelungen ist, viele Erscheinungen aus der menschlichen Epidemiologie mit entsprechend ausgewählten Tierseuchen experimentell nachzuahmen und in ihrer Gesetzlichkeit zu ergründen; auch dabei haben sich *keinerlei* Forderungen nach einer unbekannten Bodenursache ergeben.

Mit den infektiösen Darmerkrankungen haben wir eine Gruppe sommerlicher Infektionskrankheiten kennengelernt, bei denen Fluginsekten eine maßgebliche Rolle bei der Krankheitsübertragung spielen, so daß diese Krankheiten zum mindesten vorwiegend als *indirekte Saisonkrankheiten* erscheinen.

Ein vorwiegend durch geänderte Lebensweise zustande kommender sommerlich erhöhter Kontakt mit Infektionserregern findet sich dann bei der Gruppe der **Leptospirosen** (GSELL). Menschenpathogene Leptospiren haben in zahlreichen Säugetieren (Hund, Schwein, Ratte u. a.) ihre Reservoire. Vereinzelte Erkrankungen des Menschen, auch umschriebene Gruppenbildungen kommen zu allen Jahreszeiten vor.

Zu *sommerlichen Massenerkrankungen* kann es dann aber sehr leicht kommen, wenn eine größere Anzahl von Menschen etwa durch Baden, vor allem aber bei Erntearbeiten erhöhten Kontakt mit infiziertem Wasser hat, wobei die Ratte eine besonders große Rolle spielt. So kamen offenbar jene als „Erntefieber", „Sommergrippe", „japanisches Herbstfieber" und unter ähnlichen Namen beschriebenen Epidemien zustande, die zuerst überhaupt die Aufmerksamkeit auf diese Krankheitsgruppe lenkten und in der Folge vor allem durch die Arbeiten von GSELL und RIMPAU ihre ätiologische Aufklärung fanden (Lit. bei GSELL).

Nur der Vollständigkeit halber mag an dieser Stelle eine Gruppe insektenübertragener („arthropod born") Viruserkrankungen angeführt werden, welche in Mitteleuropa zwar nicht, immerhin aber in der gemäßigten Zone vorkommen und welche in der Virusforschung der letzten Jahrzehnte eine gewisse Bedeutung hatten: die durch jeweils spezifische unterscheidbare Viren bedingte *Encephalitis epidemica* vom Typ *St. Louis*, *japonica Typ B* und *sibirica*, die *„Sommerencephalitiden"*, wie man sie zusammenfassend nennt.

Als Überträger fungieren Mücken (vor allem der Gattungen Aedes und Culex) sowie Zecken (Ixodes, Dermanyssus) (Lit. bei BADER und HENGET).

Zum Unterschied von diesen hat die europäische epidemische Virusencephalitis vom *Economo*typ, deren letzte große Welle unmittelbar nach dem 1. Weltkrieg über Europa zog, einen mäßig ausgeprägten Wintergipfel. Über eine sommerliche, ätiologisch m. W. nicht geklärte Encephalitishäufung in Deutschland 1947–1949 liegt nur eine Mitteilung von BADER und HEUPEL vor.

Besonders eindrucksvoll in seiner Regelmäßigkeit erscheint endlich der in die Spätsommer- und Herbstmonate fallende Gipfel des Vorkommens der *Poliomyelitis anterior acuta* der **„spinalen Kinderlähme"** (Abb. 20 u. 21). Gerade die großen epidemischen Züge dieser Seuche über ganze Landstriche beschränken sich ausschließlich auf diese Monate.

Diese Feststellung ist allerdings nicht etwa so aufzufassen, daß Poliomyelitis in den Wintermonaten nicht vorkommen könne. Darauf hat WERNSTEDT in seinen grundlegenden epidemiologischen Studien über die Poliomyelitis bereits nachdrücklich hingewiesen; von den 9411 Fällen der von ihm studierten schwedischen Epidemien der Jahre 1911–1913 trafen 3242, d. h. 35,4%, auf die Monate Oktober bis März.

Aber in allen Ländern der gemäßigten Zonen sind die Spätsommergipfel der Poliomyelitis von ungewöhnlicher Amplitudenhöhe und von einer so seltenen Regelmäßigkeit des Ablaufes, daß man in einem bestimmten Zeitpunkt des Krankheitsanstieges den weiteren Ablauf geradezu im Sinne einer epidemiologischen Prognose voraussagen kann, wie die umfangreichen Erhebungen WINDORFERS zeigten.

Man hat die Morbiditätskurve der Poliomyelitis gern mit der Kurve mittlerer Monatstemperaturen in Parallele gesetzt, wiewohl das an sich nicht das mindeste für einen kausalen Zusammenhang beweist, da ja doch jede Krankheit mit Sommergipfel der Kurve mittlerer Monatstemperaturen annähernd parallel gehen muß (vgl. S. 138). Auch die Meinung von WULFF und H. PETERSEN, daß die Poliomyelitis zur Sonnenstrahlung Beziehungen haben müsse, weil ihr Gipfel der Herbst-Tagundnachtgleiche naheliege, ist eine typische Fehlinduktion auf Grund einer automatischen Korrelation. Ein klarer Zusammenhang zwischen Wärme und Poliomyelitisverbreitung besteht sogar keineswegs; das geht schon aus dem Umstande hervor, daß der Poliomyelitisgipfel fast durchweg im August bis September erreicht wird, während in unserer gemäßigten Zone der Juli fast stets der heißeste Monat ist. POCKELS hat ferner für Frankfurt, New York und Chicago Epidemiejahre mit epidemiefreien Jahren klimatologisch verglichen und konnte keinen klimatischen Faktor ermitteln, für welchen bis heute ein Zusammenhang mit der Poliomyelitishäufigkeit erkennbar wäre. Insbesondere fehlten Beziehungen zur jeweiligen Sommertemperatur oder zum Grundwasserspiegel. Daß die Verbreitung der Poliomyelitis eine bestimmte Temperatur keineswegs zur Voraussetzung hat, geht auch aus Beobachtungen von WERNSTEDT hervor, wonach kleine Epidemieherde im Winter durchaus vorkommen,

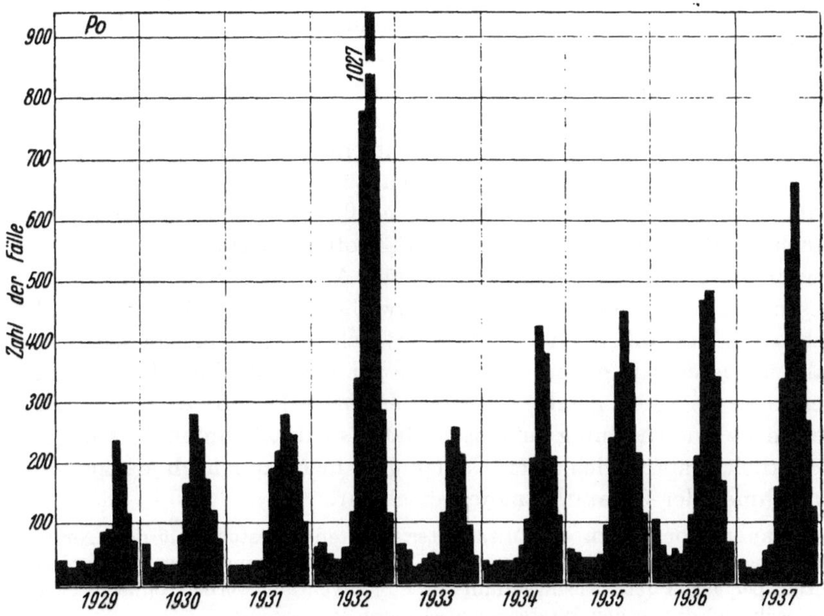

Abb. 20.
Sommergipfel der Poliomyelitis der Jahre 1929–1937 im Deutschen Reiche nach den vierwöchentlich gemeldeten Erkrankungsziffern (RGBl.).

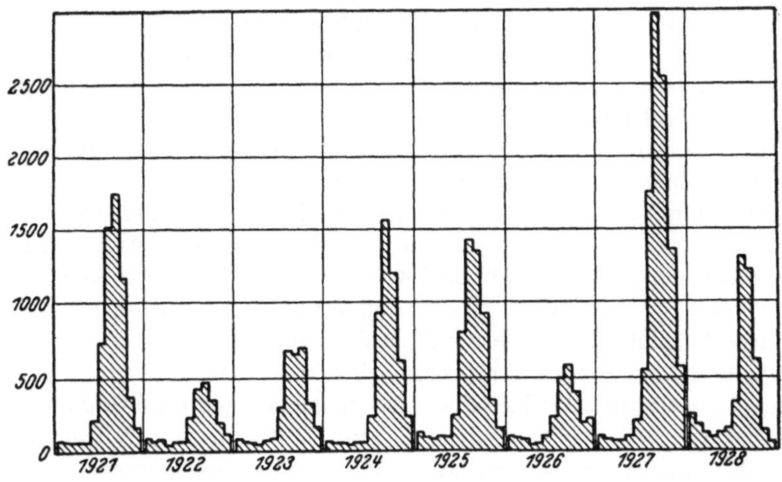

Abb. 21.
Sommergipfel der Poliomyelitis der Jahre 1921–1928 in den Vereinigten Staaten nach den monatlichen Erkrankungsziffern. (Aus Epidem. Monatsber. d. Hygienesektion d. Völkerbundes Nr. 122.)

ja sich sogar im Zusammenhange mit einer vorausgegangenen Herbstepidemie in einer Gegend entwickeln können, wo vorher überhaupt kein Fall von Poliomyelitis beobachtet worden war. Auch einer *viel zuwenig beachteten Tatsache der medizinischen Geographie* ist hier zu gedenken. Die Poliomyelitis ist eine Krankheit der gemäßigten Zone und dort der äquatorfernsten Länder. Schon in Deutschland werden Epidemien vom Ausmaße jener in den skandinavischen Ländern nicht mehr erreicht, in Italien spielt die Krankheit keine sehr große Rolle mehr. In den äquatornahen Ländern kommt zwar der Erreger offenbar vor, denn der Mensch erwirbt dort eine spezifische Immunität. Aber dieser Erwerb erfolgt in diesen „heißen Ländern" auf unterschwelligem, stillem Wege, d. h. ohne sichtbares Erkranken; die „Krankheit" fehlt fast völlig. Ja seit einigen Jahren wissen wir genau, daß schon bei uns auf einen Lähmungsfall sicherlich 10–20 „abgeschwächte", aber noch erkennbare Fälle kommen, welche nie eine Lähmung aufweisen, daß also die „Lähmung", welche der Krankheit ursprünglich ihren Namen gab, heute nur noch als Sonderfall im Rahmen der Gesamtkrankheit erscheint.

Turner, Hollander und Mitarbeiter konnten neuestens mit dem Neutralisationstest im Mäuseversuch zeigen, daß Kinder in den Sommermonaten sehr häufig Antikörper gegen den Lansingstamm der Poliomyelitis erwerben, ohne zu erkranken, während das in den Wintermonaten kaum je vorkommt.

Für das Problem einer mittelbaren oder unmittelbaren Beeinflussung der Poliomyelitis durch klimatische Faktoren ist die Beobachtung nicht uninteressant, daß manche größere Epidemien von dem die Regel bildenden August-September-Gipfel merklich abwichen. Epidemien mit Junibeginn, Juligipfel und Rückgang im August sind verschiedentlich beobachtet. (Auf Island 1924, im Elsaß 1927, sowie in Finnland.) Nach wie vor schiene es eine dankbare Aufgabe, diese „*regionalen Frühepidemien*", wie man sie nennen muß, klimatologisch mit den sonst üblichen Spätepidemien vergleichend zu analysieren.

Die genannten Feststellungen sind noch von besonderem Interesse, weil einige Zeit eine *Infektionsübertragung durch Insekten* bei der Poliomyelitis lebhafter diskutiert worden ist. Bei dieser Annahme ist dann weiterhin zu bedenken, daß sie mit jenen bereits andernorts gezeigten epidemiologischen Gesetzmäßigkeiten schwer vereinbar wäre, welche die Poliomyelitis in eindeutiger Weise den Zivilisationsseuchen zuordnen, die durch Tröpfcheninfektion von Mensch zu Mensch übertragen werden[1]. Krankheiten, bei deren Übertragung Insekten eine wesentliche Rolle spielen, haben nach allen bisherigen Erfahrungen auch *niemals diese* hier geradezu den Erdkreis umspannende *Regelmäßigkeit ihrer Saisongipfel.* Wir haben das soeben bei den Darminfektionen kennengelernt.

[1] Bezüglich genauerer epidemiologischer Belege muß ich auf meine monographische Darstellung „Die akuten Zivilisationsseuchen" (Leipzig 1934) verweisen.

„Die bedeutende Anzahl Fälle, welche während der kalten Jahreszeit auftreten, und das Vorkommen begrenzter Epidemien zu eben dieser Zeit, welche sogar ihren Höhepunkt im Winter erreichen können, verdienen Beachtung. Ein derartiges Verhalten spricht nämlich gegen die Richtigkeit der Annahme, fliegende Insekten seien die einzigen oder hauptsächlichsten Infektionsüberträger", so WERNSTEDT. Im gleichen Sinne spricht die Beobachtung, welche Verf. gelegentlich der Epidemie in Altbayern vom Jahre 1931 machen konnte, wo der Epidemieanstieg in ausgesprochene Regenwochen ohne Insektenflug fiel.

Im Hinblick auf diese und einige weitere Theorien, von denen gleich noch zu sprechen sein wird, ist eine neueste Mitteilung von RÉTHLY sehr wertvoll, welche für das räumlich nicht sehr ausgedehnte, meteorologisch also ziemlich einheitliche Ungarn den *Witterungscharakter des Monats des Poliomyelitisgipfels* von 17 Jahren (1931—1947) untersuchte. Diese Monate (ausgesprochene Epidemiejahre in Fettdruck) waren:

außerordentlich	sehr	mäßig	mäßig	sehr	außerordentlich
r e g	n e r	i s c h	t r	o c k	e n
1	3+**2**	4	1	3	1+**2**

Auch der größte statistische Optimist wird nicht behaupten können, daß der Poliomyelitis*gipfel* zwischen den Skalenextremen „außerordentlich regnerisch" und „außerordentlich trocken" einen bestimmten meteorologischen Typus bevorzugen würde.

Beispielsweise ergäbe eine einfache Punktwertung beider Seiten, in der die Intensitätsstufen mit 1, 2, 3 und die Epidemiejahre außerdem doppelt gezählt werden, für die Seite „regnerisch" 21 und für die Seite „trocken" 22 Punkte.

Und was die zwei Epidemiegipfel bei „außerordentlich trocken" betrifft (denen übrigens zwei Epidemiegipfel „sehr regnerisch" gegenüberstehen), so wollen wir uns erinnern, daß im benachbarten Jugoslawien sehr trockene Sommer insekten- und damit typhusfeindlich sich zeigten (vgl. oben).

Fehlt also ein direkter Zusammenhang des Poliomyelitisgipfels mit dem jährlichen Temperaturgange und hat außerdem die Insektentheorie keine Stütze gefunden, so veranlaßte die zeitliche Parallele der Poliomyelitisgipfel mit jenen der bakteriellen Darminfektionen gewisse Analogieschlüsse. Typhus und Ruhr, welche als „Krankheiten der Unkultur" (KISSKALT) in epidemiologischer Hinsicht einen gewissen Gegensatz zu den „Zivilisationsseuchen" darstellen, erfolgen nach allem, was wir wissen, durch Aufnahme der Erreger vom Munde her (Nahrungsinfektion) und besitzen ihrerseits einen Sommergipfel. Man glaubte in dieser (einzigen) Parallele zwischen der Poliomyelitis- und der Typhusepidemiologie eine Stütze für die Annahme zu sehen, daß die Poliomyelitisinfektion ebenfalls auf dem Magen-Darm-Wege erfolge (MADSEN, MAYERHOFER). In Fortbildung dieses Gedankens von der enteralen Infektion suchte man nach Anhaltspunkten für eine Nahrungsmittel- oder Wasserinfektion. Die letztere Annahme schien durch die sog. „Wassertheorie" von KLING eine gewisse Bestätigung zu erfahren. KLING hat mehrfach nachgewiesen, daß Poliomyelitis vorwiegend vorkommt „in der Nähe geographischer Gewässer" (in der Nähe von Küsten, Seen und Flüssen) und daß manche Epidemien im Stromgebiet eines Flusses sich im wesentlichen abspielten. Der heute wiederholte Virusnachweis in städtischen Abwässern wurde für diese Vorstellung angeführt.

Gegen diese Theorien einer enteralen Infektion und speziell gegen die KLINGsche Wassertheorie lassen sich jedoch sehr stichhaltige Einwände klinischer und epidemiologischer Natur erheben.

Verf. hat das schon an anderen Orten ausgeführt:

1. Keine der beiden Theorien ist imstande, die von allen Nachuntersuchern bestätigten Befunde über die Altersverteilung der Poliomyelitis zu erklären; jede würde somit zu Widersprüchen mit der sonst gutbelegten Vorstellung der Poliomyelitis als einer „Zivilisationsseuche" führen.

2. Bei einer auf enteraler Infektion beruhenden Krankheit wäre klinisch wohl anzunehmen, daß im Beginne der Erkrankung enterale Symptome einigermaßen im Vordergrunde stehen sollten. Nun kommen Erscheinungen von seiten des Magen-Darm-Kanals bei der Poliomyelitis zwar vor (WERNSTEDT, MAYERHOFER), aber diese Erscheinungen gehören keineswegs zum typischen Bilde der Krankheit, sie sind relativ selten, es sind ganze Epidemien beobachtet, wo solche Erscheinungen nahezu vollständig fehlten. Bereits WERNSTEDT sieht in solchen gelegentlich sich findenden Durchfällen einfache Komplikationen. Wir finden Durchfälle im Prodromalstadium ja auch bei anderen, an sich nicht den Darm betreffenden Virusinfektionen, z. B. bei Masern.

3. Gegen die Wassertheorie von KLING ist speziell einzuwenden, daß eine auf den Menschen beschränkte Infektionskrankheit naturgemäß dort gehäuft vorkommen muß, wo menschliche Siedlungen sich finden. Da diese letzteren aber bekanntlich meist in der Nähe geographischer Gewässer liegen, so muß man fragen, wo sich die Poliomyelitis denn finden sollte, wenn eben nicht in dieser „Nähe geographischer Gewässer".

Geographische Gewässer stellen vielfach natürliche Verkehrswege dar bzw. menschliche Verkehrswege folgen ihrem Zuge, und so ist es verständlich, wenn eine Infektionskrankheit längs der Verkehrswege und damit längs von Flußläufen, ja sogar im Raume eines hinsichtlich Verkehrs vielfach zusammengeschlossenen Stromgebietes sich ausbreitet. In guter Übereinstimmung mit dieser Vorstellung und unvereinbar mit der Theorie KLINGs ist beispielsweise auch die gelegentlich der elsässischen Epidemie vom Jahre 1927 gemachten Beobachtung, daß die Epidemie *stromaufwärts* wanderte.

So bleibt der Spätsommergipfel der Poliomyelitis bis heute völlig ungeklärt und kann nur als eine merkwürdige und höchst beachtenswerte epidemiologische Tatsache vorerst registriert werden. Zu einem gleichen Ergebnis kommt auch G. HORNUS in seiner ausführlichen Arbeit über dieses Problem.

Auch die von AYCOCK einmal ausgesprochene Vermutung, daß der jahreszeitlich wechselnde Jodgehalt der Schilddrüse dispositionell auf den Menschen einwirke, stellt vorerst nicht mehr als eine Vermutung dar, für die sich bislang keine weitere Stütze ergab.

Abschließend mag aber für weitere Gedankengänge und Arbeitshypothesen zum Spätsommergipfel der epidemischen Kinderlähme bedacht werden, daß es sich ganz so wie bei den Darminfektionen hier nicht nur um ein meteorobiologisches, sondern zugleich um ein *epidemiologisches Problem* von eminenter praktischer Bedeutung handelt. Beide Forschungswege müssen voneinander wissen. Aus diesem Grunde sei noch eines weiteren Wesenszuges dieser Krankheit gedacht, der sozusagen innerhalb ihres Sommergipfels spielt. Man darf epidemiologische Probleme bei manchen Infektionskrankheiten keinesfalls ausschließlich unter dem Fibelschema: Erreger → Übertragung → Erkrankung sehen, und das scheint für die Poliomyelitis speziell zu gelten. Selbstverständlich gibt es kein Erkranken ohne Gegenwart des spezifischen Erregers, hier eben eines Virus aus der Gruppe der Poliomyelitisviren. Daß dieses Fibelschema aber nicht den passenden Schlüssel für den Zugang zu den epidemiologischen Poliomyelitisproblemen liefert, zeigt eine immer wieder auffallende Tatsache: im Juni—Juli flammt jedes Jahr eine Poliomyelitisepidemie in einigen Gegenden Europas auf, nach wenigen Wochen ist das Gebiet aber räumlich abgesteckt, an das sich die Epidemie fast ausnahmslos bis zu ihrem Abflauen im Oktober hält – selbstverständlich mit gelegentlichen Randgrüppchen von Fällen, aber doch ungeachtet allen modernen Verkehrs, der doch einer praktisch ungehemmten Verschleppung von Infektionserregern alle Tore öffnet.

Daß irgendwelche Eindämmungsversuche gegenüber derartigen Virusinfektionen nur symbolische Handlungen bleiben, mag schon daraus erhellen, daß wir von unseren meisten chemischen Desinfektionsmitteln ihre Unwirksamkeit gegen Viren geradezu kennen.

Trotz allem Verkehr kommt es nun niemals vor, daß etwa im August oder September die Poliomyelitis von einer Gegend, einer Großstadt nach der anderen derart verschleppt wird, daß es nun dort ebenfalls zur Epidemie käme.

Herrscht etwa eine Epidemie in Köln, so zieht sie niemals später nach Frankfurt oder Hamburg oder dem Rhein folgend nach Holland; herrscht eine um Brüssel, so kann Antwerpen frei bleiben, und die Epidemie zieht weder nach Paris noch nach Rotterdam, wenn sie deren Gegend nicht von Anfang an einbezog. Bei den klassischen Seuchen des Mittelalters war dieses Wandern über Städte und Länder doch ganz geläufig.

Diese *frühe regionäre Determinierung* einer Epidemie scheint mir *eines der beachtenswertesten Rätsel der Poliomyelitisverbreitung*, inwieweit es zur jahreszeitlichen Limitierung direkte Beziehung hat, wissen wir nicht. Wichtig ist allein, solch wesentliche Tatsachen sich gegenwärtig zu halten.

Für die Poliomyelitis gibt es noch sozusagen eine Modellkrankheit, die **Myalgia acuta epidemica** (Sylvest), die sog. Bornholmer Krankheit. Sie ahmt die Poliomyelitis schon rein epidemiologisch so bis in alle Einzelheiten nach, daß sie „zum mindesten eine der Poliomyelitis engst verwandte Krankheit darstellt“, die „der gleichen Gruppe neurotroper Viruskrankheiten zuzuzählen ist“, so daß man sogar an eine Erregergemeinschaft beider Krankheiten, an eine „pathomorphe Variante“ des Poliomyelitisvirus bei der Myalgia denken kann (de Rudder 1937).

Als Argumente für diese Auffassung wurden damals angegeben:

1. Beide Krankheiten führen zu *klinisch ähnlichen Bildern,* die Myalgie nur nie zu Lähmungen, beide machen gleichartige Liquorveränderungen.

2. Beide Krankheiten haben den gleichen steilen *Spätsommergipfel* (Abb. 22), der auch (in kalendarischer Umkehrung) für die südliche Halbkugel gilt.

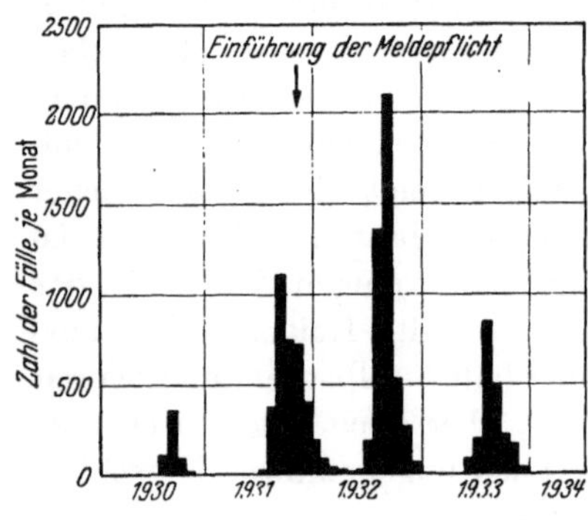

Abb. 22. *Spätsommergipfel* bei der *Myalgia acuta epidemica* nach den monatlichen Erkrankungsziffern in Dänemark in den Jahren 1930–1934 (vgl. damit Abb. 20, S. 179).

3. Bei beiden Krankheiten kennt man *regionäre Frühepidemien.*

Bei der Myalgie in Norwegen 1872 (Daae nach Josephson) und 1927 (Lindberg); eine Sommer 1951 in Frankfurt und Umgebung beobachtete umfangreiche Epidemie war gegen alle Erwartung mit Ende August fast schlagartig erloschen.

4. Beide Krankheiten *überschreiten* in Richtung Äquator *kaum den 40. Breitengrad.*

5. Beide Krankheiten zeigen eine „*Herdförmigkeit*“ des Auftretens, die oben sog. *regionale Determinierung.*

Es war eine volle Bestätigung epidemiologischer Prognose, als Dalldorf und Mitarbeiter 10 Jahre später (1947) gelegentlich ihrer Suche nach dem Poliomyelitisvirus bei einer kleinen Epidemie in der Umgebung New Yorks in der Ortschaft *Coxsackie* ein Virus isolierten, das zum Unterschied vom klassischen Poliomyelitisvirus nur auf säugenden Mäusen und Goldhamstern, nicht auf Rhesus- und Cercopithekusaffen züchtbar war, dort zu entzündlichen Muskelveränderungen führte, das sich als Virus der Myalgia epidemica, der Bornholmer Krankheit, erwies.

Es sind mittlerweile 10 unterscheidbare Viren der „*Coxsackiegruppe*“ isoliert, und wir kennen auch verschiedene Krankheitsformen, von denen besonders deutlich sich abheben: die Angina herpetica, die akute Pleurodynie mit quälenden Schmerzen auf der Brust beim Atmen und ausstrahlendem Schmerz bis zur Pseudoappendizitis, endlich eine meningitische Form mit gelegentlich recht schweren Bildern.

Zwar schützt das Überstehen der Bornholmer Krankheit nicht gegen Poliomyelitis (Lindberg [Klin. Wschr. **1938**, 532]), aber eine Coxsackieinfektion bei Mäusen erhöht die Überlebensrate bei nachfolgender Poliomyelitisinfektion ganz außerordentlich, was immerhin zu beachten.

An diese Krankheitsgruppe reihen sich jene mehrfach beschriebenen „*Sommermeningitiden*" an, die unter dem Bilde einer Meningitis serosa mit den geringen Liquorveränderungen verlaufen, wie sie seinerzeit WALLGREN beschrieben. Eine diesbezügliche Epidemie in Kassa (Ungarn) hat v. ENGEL eingehend beobachtet. Erst die virologische Untersuchung derartiger Epidemien wird klären können, ob es sich hier um spezifische Virusinfektionen oder um meningeale, aparalytische Verlaufsformen der Poliomyelitis- bzw. Coxsackietypen handelt.

Auch die „frühinfantile, interstitielle *Viruspneumonie*" besitzt eine nicht sehr starke, aber doch überzufällige Häufung im Juni—Juli (WEISSE), *die Endocarditis lenta* entgegen dem Wintergipfel sonstiger Herz- und Kreislauftodesfälle (KOLLER) eine bevorzugte Sterblichkeit im Sommer (WASMUTH, in dessen Material von 16 Fällen nur 1 Fall zwischen Oktober und April starb).

Dagegen hat eine andere entzündliche Erkrankung des Nervensystems, welche AUSTREGESILO als „*akute epidemische Neuromyelitis*" beschrieben hat, mit den vorgenannten sicherlich nichts zu tun; denn sie besitzt einen Augustgipfel auf der Südhalbkugel, also einen Wintergipfel.

Die ausgesprochene Bevorzugung der Spätsommermonate durch die Poliomyelitis ist umgekehrt ein *Prüfstein für eine ätiologische Theorie* einer nicht ganz seltenen Krankheit, welche eine eigentümliche Störung der vegetativen Innervationen zur Grundlage hat. Es ist das die in Deutschland meist als „**Feersche Neurose** *des vegetativen Nervensystems*", in den anglo-amerikanischen Ländern als „*Akrodynie*" oder auch „*Pink disease*" bezeichnete Krankheit des Kleinkindesalters.

Es ist die Ansicht ausgesprochen worden, daß es sich hier um eine Lokalisation des Poliomyelitisvirus im vegetativen Nervensystem handeln könnte. Die inkonstante Saisonverteilung dieser Krankheit, die nach FEER einen Dezember-Mai-Gipfel, nach den Zahlen von BRAITHWAITE und VERNON in England überhaupt keinen ausgeprägten Saisongipfel besitzt, spricht unbedingt gegen diese Annahme, wie LORENZ sehr mit Recht neuestens wieder betont hat.

Nur kurz sei der Sommergipfel einer anderen, zwar nicht bei uns aber doch in der nördlich gemäßigten Zone vorkommenden Krankheit erwähnt, nämlich jener der **Beri-Beri-Avitaminose.** Als Hauptursache der Erkrankung ist ganz allgemein das Fehlen des B_1-Vitamins festgestellt. Trotzdem zeigt in Japan diese typische Avitaminose einen steilen Gipfel im Juli bis September (K. MIURA, SCHEUBE, NIKAIDO, NAKAGAWA), ohne daß geänderte Vitaminzufuhr als Ursache dafür nachgewiesen werden konnte. Man dachte zunächst an einen Einfluß der „heißen" Jahreszeit, also an Wärmewirkung, jedoch kommt Beri-Beri gar nicht selten auch in der kalten Jahreszeit, in der Mandschurei und auf Sachalin sogar im Winter vor. Heute ist man geneigt, der *höheren Feuchtigkeit im Sommer* die Schuld zuzuschreiben. Diese zunächst einer typischen automatischen Korrelation entsprechende Erklärung ist indes durch eine Beobachtung ganz anderer Art gestützt.

Spinnereien dieser Gegenden besitzen vielfach zwei Abteilungen, die eigentliche Spinnerei, in der die Luft etwa 50—70% relative Feuchtigkeit besitzt, und die Weberei, deren Luft aus technischen Gründen feucht (70—100% relative Feuchtigkeit) gehalten wird. Die meist jugendlichen Arbeiter beider Abteilungen leben unter völlig gleichen Bedingungen, *die Beri-Beri-Erkrankungsziffern sind dagegen in der feuchten Weberei erheblich höhere*, wie folgende Tab. 19 nach SHIMAZONO zeigt.

Tabelle 19. *Abhängigkeit der Beri-Beri-Erkrankungsziffern vom verschiedenen Feuchtigkeitsgehalt der Luft.*

		Gesamtzahl der Arbeiter	Beri-Beri-krank in einem Jahre	Erkrankte %	Relative Feuchtigkeit %
Kyoto	Spinnerei	805	127	16	50—70
	Weberei	538	117	22	70—100
Wakayama	Spinnerei	324	2	0,6	48—52
	Weberei	195	18	9,2	85—95

Diese Beobachtungen über eine echte klimatische Abhängigkeit einer anerkannten Avitaminose sind *allgemeinbiologisch von* großem *Interesse*; sprechen sie doch dafür, daß der *Vitaminbedarf des menschlichen Körpers kein konstanter* ist, sondern daß dieser von äußeren Lebensbedingungen und Umweltverhältnissen abhängen kann.

Von dem durch rein äußere Umstände, also „indirekt“ zustande kommenden Sommergipfel des *Ulcus serpens corneae* war S. 159 schon die Rede.

Alles in allem sehen wir also, daß es *für den Sommergipfel von Krankheiten*, wie zu erwarten, *keinerlei gemeinsamen Nenner seiner Entstehungsweise gibt*, sondern daß schon hier eine Fülle von Möglichkeiten sich realisiert finden. Von den direkten Strahlenschäden oder Hitzeeinwirkungen über indirekte Sommergefahren durch krankheitsübertragende Insekten oder Infektionsbegünstigung durch die sommerliche Lebensweise gehen die Möglichkeiten bis zu jenen aus völlig unbekannten Gründen ablaufenden, selten regelmäßigen und steilen Krankheitsgipfeln, wie sie Poliomyelitis und Myalgie darbieten und bis zur Beeinflussung einer Disposition zu Avitaminosen, deren rein alimentäre Entstehung man sonst anzunehmen geneigt wäre.

2. Die Winter-Frühjahrs-Relation im biologischen Geschehen.

Betrachtet man die Tab. 18, so fällt, wie schon erwähnt, bei Zugrundelegung der „Kalenderjahreszeiten“ die Zusammendrängung vieler Saisonkrankheiten auf die Zeit des ausgehenden Winters und beginnenden Frühlings auf. Es ist klar, daß eine derart markante Erscheinung im *Mittelpunkte des Problems der Saisonkrankheiten* steht und man versucht sein wird, möglichst viele Beobachtungen auf *einen* gemeinsamen Nenner zu bringen.

A priori ist natürlich überhaupt niemals zu entscheiden, ob der Saisonfaktor für diese vielen und genetisch so verschiedenen Krankheiten mit Winter-Frühjahrs-Gipfel wirklich identisch ist. Das Vereinfachungsbestreben jeder Wissenschaft hat freilich manchen Autoren eine solche Annahme nahegelegt. Verfasser hat mehrfach betont, wie wichtig für die ganze Frage eine streng induktive Forschung für die Zukunft sein wird, um uns vor Fehlschlüssen zu bewahren. Auch BETTMANN warnt vor „schematisch-simplen Erklärungen“.

Der Winter-Frühjahrs-Gipfel bei so zahlreichen und z. T. lebensbedrohlichen Krankheiten (Infektionskrankheiten, Tuberkulose, Pneumonie u. a.) ist auch *praktisch* von großer Bedeutung. Er bringt, um das gleich hier zu erwähnen, die bekannte Erscheinung mit sich, daß *die Gesamtmorbidität und Gesamtmortalität in allen Kulturländern der nördlich gemäßigten Zone zum Spätwinter und beginnenden Frühling einen deutlichen Anstieg aufweisen* (vgl. als Beispiel Tab. 20). Ganz besonders ausgeprägt ist das Winter-Frühlings-Maximum der Mortalität im Kindesalter (DEMANT). Solches gilt namentlich seit dem fast völligen Aufhören der noch vor wenigen Jahrzehnten enorm hohen Sommersterblichkeit des Säuglingsalters (vgl. Abb. 16).

Tabelle 20. *Zahl der Sterbefälle im Deutschen Reich auf je 1000 der mittleren Bevölkerung und Jahr als Beispiel für die Sterblichkeitszunahme im Winter—Frühjahr* (nach ROESLE).

	Jahresmittel	1.	2.	3.	4.	5.	6.	7.	8.	9.	10.	11.	12.
1923	13,90	**16,69**	**17,37**	**16,64**	**14,99**	13,67	12,69	13,16	11,95	12,35	11,79	12,19	13,57
1924	12,22	**14,26**	**13,98**	**14,67**	**13,58**	12,31	11,18	10,84	10,80	10,47	10,47	11,58	12,29

Ähnliche Mortalitätssteigerungen im Frühjahr lassen sich fast für alle Länder unserer Breiten finden (vgl. z. B. PRINZING für Schweden).

Diese Mortalitätssteigerungen stellen naturgemäß *Summen* der verschiedensten Komponenten dar. Eine Analyse kann nur erfolgen durch Analyse der einzelnen Krankheiten und Krankheitsgruppen, aus denen sie zustande kommen. Wir werden sehen, daß sich für diesen Zeitabschnitt eines Jahres heute doch schon eine Reihe tieferer Einblicke und Synthesen geben lassen.

a) Bioklimatik der Dornostrahlung.

α) **Das Rachitisproblem.** Die entscheidende Befruchtung unserer Kenntnisse von Winter-Frühjahrs-Wirkungen verdanken wir den Rachitisforschungen der letzten 30 Jahre.

Eine große Bedeutung der „*Sonnenstrahlung*" für das Zustandekommen von Rachitis – bekanntlich die häufigste und praktisch wichtigste Stoffwechselstörung der ersten Lebensjahre – ergab sich aus mancherlei Beobachtungen über die *Pathogeographie der Rachitis.* Es ist nicht uninteressant, daß bereits 1890 Palm klare Schlußfolgerungen in dieser Richtung zog. Doch war eine lichtbiologische Erklärung des Rachitisproblems aus vielerlei methodischen Gründen damals noch nicht angehbar, und so konnte sich die Meinung über die Bedeutung der Sonnenstrahlung damals noch nicht Anklang verschaffen.

Die pathogeographisch wichtigen Tatsachen sind zunächst folgende:

1. Rachitis findet sich fast ausschließlich etwa zwischen dem 40. bis 60. Breitengrade[1].

Das muß schon im Mittelalter gegolten haben, wo Rachitis sich auf Kinderbildern deutscher und holländischer Maler ungemein häufig dargestellt findet und also als Typus der Körperverfassung, nicht als Krankheit empfunden wurde, da es sich ja durchweg um Darstellungen der Kinder Jesus oder Johannes handelt. Demgegenüber fehlen solche Darstellungen nahezu ganz bei italienischen Meistern.

2. Das *Fehlen* von Rachitis *in den Tropen* kennt *Ausnahmen*, wenn Kinder ihre ersten Lebensjahre in verdunkelten Räumen verbringen müssen.

Das gilt beispielsweise für die Kinder der Reichen Indiens, welche infolge eines Ritus im mohammedanischen Purdahsystem zusammen mit ihren Müttern die ersten Lebensjahre in dieser Art aufgezogen werden (Beobachtungen von Hutchison im Nasik-Bezirk). Die Kinder der unteren Volksschichten, welche nach der Hindureligion keinen Lichtabschluß kennen, bleiben dagegen frei von Rachitis.

3. Die Rachitis tritt besonders häufig und schwer in *Industriestädten* mit ihrer strahlenabschirmenden Dunsthaube auf.

Es ist kein Zufall, daß im frühest industrialisierten England (Glasgow) ihre erste Beschreibung als Krankheit durch Glisson 1650 erfolgte; sie heißt seitdem die „englische" Krankheit. Sogar in Japan, also zwischen dem 30. und 40. Breitengrade, soll sie seit der zunehmenden Industrialisierung vorkommen.

4. Die Rachitishäufigkeit nimmt mit zunehmender Höhe vom Meeresspiegel ab, sie *fehlt* bei Vorhandensein im umgebenden Tiefland in *Hoch-*

[1] Bezüglich der Polargegenden treffen wir Besonderheiten, auf die S. 192 noch zurückzukommen sein wird.

gebirgstälern. So im Engadin (NEUMANN, FEER) oder im Hochland von Colorado (FORBES).

5. Rachitis kommt in tief eingeschnittenen Alpentälern bei Kindern auf den Höfen der *Schattenseite* vor, wogegen sie auf der Sonnenseite fehlt (PFAUNDLER).

6. Die „floride" Rachitis findet sich vorwiegend in den *Wintermonaten*. Besonders exakte Untersuchungen längst vor der Ära eigentlicher Rachitisforschung verdanken wir SCHMORL, der bei 286 obduzierten Kindern zwischen dem 3. und 24. Lebensmonate die in verschiedenen Kalendermonaten verschiedene Häufigkeit nachweisbarer Heilungsvorgänge von Rachitis bearbeitet hat (1909!). Danach setzen Heilungsvorgänge mit Februar–März ein und erfahren mit Juli–August einen steilen Anstieg, wie die eindrucksvolle Verteilung auf Abb. 23 zeigt.

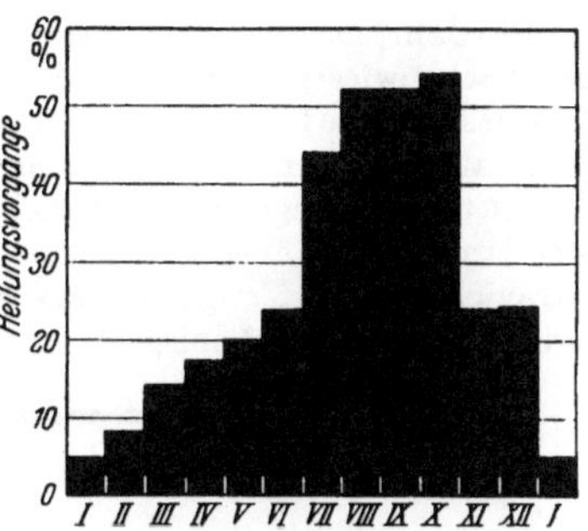

Abb. 23. Jahreszeitlicher Verlauf des Prozentsatzes von *Rachitikern* mit pathologisch-anatomisch nachweisbaren *Heilungsvorgängen* unter allen im jeweiligen Monat verstorbenen Rachitikern (nach den Zahlen von SCHMORL). Der größte Prozentsatz findet sich bald nach dem sommerlichen Strahlungsmaximum.

Wenn MARFAN noch 1931 meinte, daß das Vorkommen der rachitischen Schädelerweichung keine jahreszeitliche Abhängigkeit erkennen lasse, so steht er heute mit dieser Ansicht wohl isoliert.

Es gibt aber auch Beobachtungen, die dartun, daß die Sonnen*gesamt*strahlung *nicht entscheidend* sein kann. So verhält sich nach FREUDENBERG die Sonnenscheindauer während der 5 Wintermonate in den Städten

	London	Stockholm	Berlin	Paris	New York
wie	1	1,06	1,72	2,06	4,39.

Trotzdem war in New York Rachitis nicht nennenswert seltener als in London und Stockholm.

Eine Kette sich rasch folgender Untersuchungsergebnisse über die Entstehung der Rachitis verschaffte immer tiefere Einblicke in die strahlenbiologische Seite des Rachitisproblems. Es ist hier nicht der Ort, die ungemein interessante Rachitisforschung der letzten Jahrzehnte, die man mit Recht als geradezu „dramatisch" bezeichnet hat, hier im einzelnen darzustellen[1]. HULDSCHINSKY hatte zunächst 1919 nachgewiesen, daß die unter der Bezeichnug „Künstliche Höhensonne" in den Handel kommende Quecksilberdampf-Quarzlampe therapeutisch gegen Rachitis wirksame Strahlen aussendet. Das Wesentliche im Spektrum der künstlichen Höhensonne war ein starker Anteil an Ultraviolettstrahlen. Mit der

[1] Verf. hat dies versucht in Naturwiss. **1946**, 302.

Einführung des Rattenexperimentes in die Rachitisforschung konnte dann der als wirksam anzuerkennende Strahlenbereich in zahlreichen Arbeiten namentlich amerikanischer Autoren mehr und mehr auf bestimmte Wellenlängenbereiche eingeengt werden. Ich verweise hinsichtlich genauerer Literatur auf die ausführliche Darstellung von GYÖRGY. Wir wissen heute, daß Rachitis gehäuft auftritt, wenn der zwischen 313–297 mμ liegende Anteil ultravioletter Strahlung im Sonnenlicht fehlt, sofern nicht andere durch Strahlung ihrerseits aktivierte Stoffe (Biosterine) mit der Nahrung aufgenommen werden.

Das Ultraviolett im Sonnenlicht ist seit 150 Jahren bekannt.

Ein Jahr, nachdem der Astronom HERSCHEL im Ultra*rot* des Spektrums Strahlung nachgewiesen hatte, entdeckte der Physiker JOH. WILH. RITTER „auch auf der Seite des Violetts im Farbenspektrum, außerhalb desselben“ eine Strahlung an ihrer Silbersalze schwärzenden Wirkung. Er berichtet darüber im 7. Band der von L. W. GILBERT herausgegebenen „Annalen der Physik“, Halle 1801. Die große, heute noch längst nicht ausgeschöpfte wissenschaftliche Bedeutung der Bioklimatik des Ultravioletts rechtfertigt hier eine Faksimilewiedergabe dieses ersten Entdeckungsberichtes in seiner lakonischen Knappheit[1].

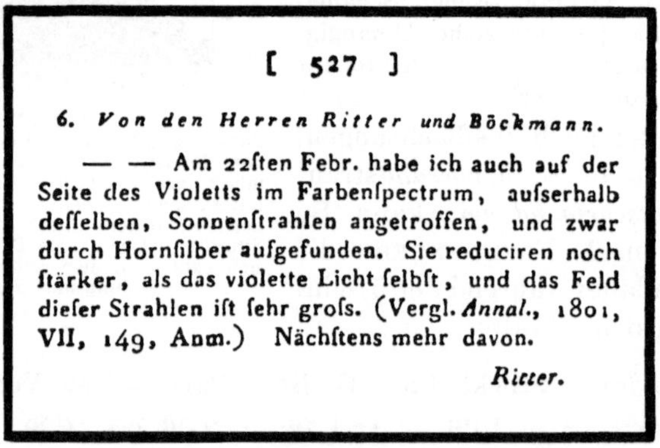

[527]

6. *Von den Herren Ritter und Böckmann.*

— — Am 22ften Febr. habe ich auch auf der Seite des Violetts im Farbenfpectrum, aufserhalb deffelben, Sonnenftrahlen angetroffen, und zwar durch Hornfilber aufgefunden. Sie reduciren noch ftärker, als das violette Licht felbft, und das Feld diefer Strahlen ift fehr grofs. (Vergl. *Annal.*, 1801, VII, 149, Anm.) Nächftens mehr davon.

Ritter.

Abb. 24.
Faksimilewiedergabe der ersten Mitteilung über die Auffindung von Strahlen im Ultraviolett durch JOH. WILH. RITTER aus Ann. der Physik, Band 7, Halle 1801.

Das etwa unter 400 mμ Wellenlänge liegende Ultraviolett wird heute nach internationaler Vereinbarung unterteilt in das *Ultraviolett A*, das manche gut adaptierte Augen noch als „lavendelgrau“ empfinden, von 400–320 mμ und das *Ultraviolett B* zwischen 320 und 290 mμ Wellenlänge.

Daß *kürzere* Wellenlängen des Sonnenlichtes — das *Ultraviolett C* — überhaupt nicht mehr zur Erdoberfläche gelangen, hat bekanntlich seinen Grund in ihrer starken Absorbierbarkeit durch Ozonschichten der Stratosphäre.

---

[1] Verf. verdankt diese Herrn Dr. MEYER-Hanau, der das Original auf der Ultraviolettagung Hanau 1951 demonstrierte.

Das Ultraviolett B der Sonnenstrahlung, das namentlich von C. DORNO in Davos eingehend studiert und gemessen worden war, wird seither auch als **„Dornostrahlung“** bezeichnet. In antirachitischer Hinsicht am wirksamsten erwies sich innerhalb dieses Strahlenbereiches die Wellenlänge um 300 mμ (302–297 mμ). Weder die Gesamtsonnenscheindauer noch die Sonnenstrahlenquantität, welche den Körper trifft, ist somit für die Entstehung von Rachitis entscheidend, sondern es kommt einzig und allein auf den Gehalt unseres Sonnenlichtes an diesen ultravioletten Strahlenbereichen an. Aus den erwähnten Untersuchungen von DORNO, die inzwischen durch eine Anzahl von Autoren ergänzt und vervollständigt wurden, von denen hier nur die ausgedehnten Messungen von HOELPER-Aachen aus neuester Zeit genannt seien, wissen wir, daß diese antirachitisch wirksame Dornostrahlung von der Erdatmosphäre unserer Breiten stark absorbiert wird. Während diese Strahlen in den Tropen sogar in den Wintermonaten vorhanden sind, gelangen in den gemäßigten Zonen im Winter wirksame Mengen kaum mehr bis in die tieferen Schichten der Atmosphäre; denn die durchstrahlte Luftschicht wächst mit abnehmender Sonnenhöhe über dem Horizont, da dann die umgebende Lufthülle der Erde zunehmend schräger durchstrahlt wird. Abb. 25 und 26 veranschaulichen in sehr eindrucksvoller Weise diese Ultraviolettarmut unseres Winterklimas. Namentlich die kürzeren Wellenbereiche um 300 mμ fehlen für mehrere Monate des Jahres zum mindesten im Tieflande unserer Breiten nahezu vollkommen. In Lagen des Hochgebirges

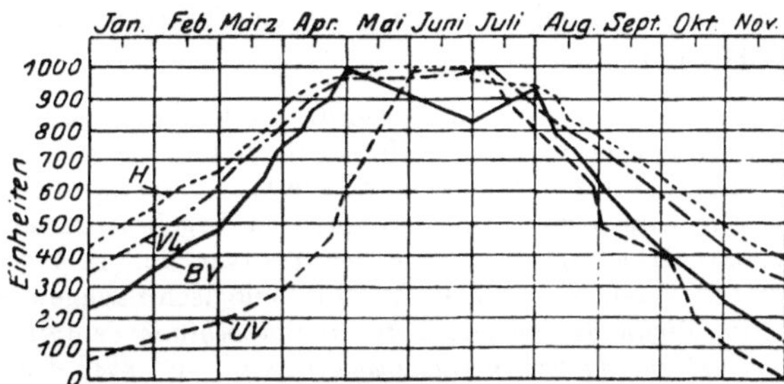

Abb. 25.
Jahreszeitliche Schwankung des Sonnenspektrums. *H* Wärme, *VL* sichtbare Strahlung, *BV* blauviolette Strahlung, *UV* ultraviolette Strahlung. (Nach A. F. HESS und STEPP-GYÖRGY.) Zeigt das Fehlen der Ultraviolettstrahlung im Winter.

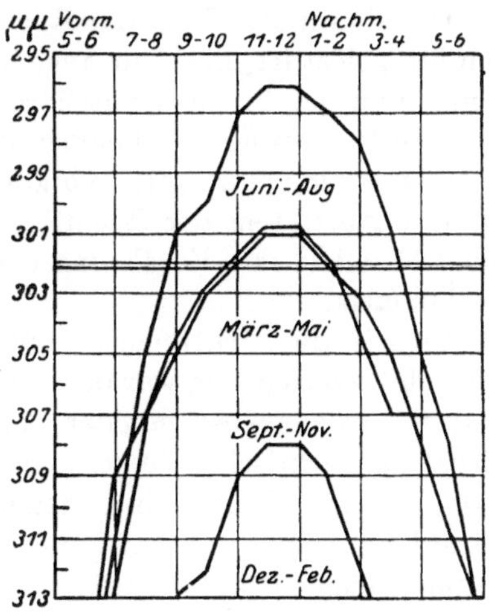

Abb. 26.
Jahreszeitliche und tägliche Schwankungen im „antirachitischen“ Bezirk des Sonnenspektrums. (Nach A. F. HESS und STEPP-GYÖRGY.) In den durch Abszissen angegebenen Zeitspannen des Tages sind die jeweiligen Wellenlängenbereiche (Ordinaten) in der Sonnenstrahlung vorhanden.

gelangen sie auch im Winter, in das Tiefland hingegen nur von Frühjahr bis Herbst.

In Baltimore z. B. (39,5° nördl.) verhält sich nach den Messungen von CLARK der antirachitisch wirksame Strahlenanteil an klaren Tagen im Dezember zu jenem im Juli: im *direkten* Sonnenlichte wie 1:14,5, im nördlichen *Himmels*lichte wie 1:7.

Wir wissen das nicht nur aus den Ergebnissen meteorologischer Messungen (DORNO, HOELPER u. a.), sondern TISDALL und BROWN haben das auch in dreijährigen Versuchen an 5000 Ratten biologisch nachgewiesen. Dabei zeigte sich für das *im Tieflande* liegende Toronto eine *beginnende antirachitische Wirksamkeit der Sonnenstrahlung bei Sonnenhöhen jenseits 35° über dem Horizont;* für das hochgelegene Denver dagegen war schon bei einer maximalen Sonnenhöhe von 29° eine Wirksamkeit erkennbar. In ähnlichen Versuchsreihen kamen MAYERSON und LAURENS für New Orleans zu analogen Feststellungen.

So deckt sich nach verschiedenster Richtung das Vorkommen von Rachitis mit dem Fehlen der genannten antirachitisch wirksamen Ultraviolettstrahlung.

Bekanntlich ist es dann der Zusammenarbeit von HESS, STEENBOCK und WINDAUS gelungen, auch jene die Strahlung in der Haut aufnehmenden Stoffe in Sterinen ganz bestimmter chemischer Struktur zu finden.

Die Industrie liefert nun seit über 20 Jahren solche körpereigene, durch Ultraviolettbestrahlung antirachitisch wirksam gemachte Sterine, das sog. D-Vitamin; oder wir aktivieren natürlich in der Milch vorkommende Stoffe dieser Art ebenfalls durch kurzdauernde Ultraviolettbestrahlung; die so möglich gewordenen Verfahren einer Rachitisverhütung und -behandlung sind heute in alle Kulturstaaten längst eingebürgert.

Daß damit allerdings das Rachitisproblem keineswegs nach allen Seiten hin gelöst ist, mag nur angedeutet sein. Gerade in neuester Zeit beginnt man der Frage rachitisfördernder Nahrungsstoffe oder -gemische erhöhte Beachtung zu schenken, nachdem trotz allseits geübter Prophylaxe nach wie vor Rachitis vorkommt. Auch das Problem des ersten gehäuften Auftretens der Rachitis im Abendland scheint mehr eine Frage eines Wandels von Ernährungsgewohnheiten zu sein als eine Frage der Bioklimatik.

Eine in die Lichttheorie zunächst auch nicht ohne weiteres einzufügende Beobachtung war das *Fehlen der Rachitis bei Völkern der Arktis.* Man hat es zunächst mit der angeblich an Rachitisschutzstoff reichen Ernährung arktischer Völker (Trangenuß) zu erklären versucht. PFAUNDLER wies auf Grund eines Studiums der ethnographischen Literatur darauf hin, daß diese Annahme keineswegs zutreffe und nichts für die Zufuhr reichlich antirachitisch wirksamer Nahrungsstoffe bei Kindern und Müttern jener Völker spräche. Dagegen wurde überraschenderweise festgestellt, daß bereits in Island jenseits des Polarkreises die Dornostrahlung wieder eine sehr lebhafte wird, ja sogar bei bedecktem Himmel schon vorhanden ist. KESTNER hat das durch die polare Abplattung der Atmosphäre erklärt, wodurch das Sonnenlicht viel dünnere Schichten zu durchdringen hat, somit eine geringere Absorption erfolgt. Außerdem wird man m. E. noch berücksichtigen müssen, daß die in diesen Gegenden stets lagernde Polarluft an sich stark durchlässig für Kurzwellenstrahlung ist, wogegen die in unseren Breiten häufig vorkommende Tropikluft eine stärkere Absorption bedingt (vgl. S. 24).

Daß selbst stärkerer Nebel ultraviolette Strahlen sehr wenig absorbiert, geht nicht nur aus der Bergsteigererfahrung hervor, wonach man in größeren Höhen auch bei trübem Wetter einen Sonnenbrand erleiden kann, sondern neuere Messungen von TOPERCZER auf dem Semmering (1030 m) haben das unmittelbar erwiesen. HAUSMANN und KRUMPEL haben auch im Experimente gezeigt, daß betaute oder verstaubte Quarzplatten kaum eine nennenswerte Schwächung ihrer Ultraviolettdurchlässigkeit zeigen, wenn sichtbare Strahlen bereits erheblich zurückgehalten werden.

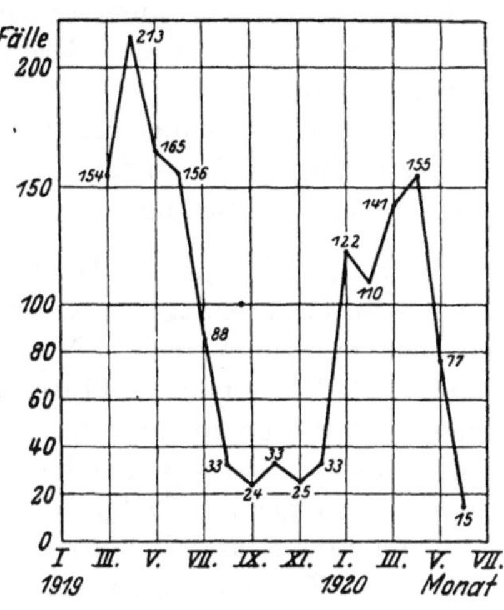

Abb. 27.
Die *jahreszeitliche Verteilung* der bei der Wiener *Hungerosteopathie*-„Epidemie" beobachteten Fälle. (Nach HUME-NIRENSTEIN aus STEPP-GYÖRGY, Avitaminosen.)

Ungeklärt bleibt trotzdem das Fehlen von Rachitis in Gebieten der *Polarnacht*. Jedoch betont FREUDENBERG, daß die Rachitisfreiheit der Arktis nur für die grönländischen Eskimos zuträfe, daß dagegen in Lappland und dem nördlichen Finnland, in Labrador, Alaska, auf Färöer Rachitis vorkomme (vgl. auch SCHASTIN und PETRJAJEFF). Es gewinnt damit die von PFAUNDLER vertretene Ansicht an Bedeutung, daß bei grönländischen Eskimos eine durch Selektion rachitisfrei gewordene Rasse vorliege. Daß für das Entstehen von Rachitis erbliche Faktoren mit maßgebend sind, steht heute in der Tat fest; es widerspricht das auch in keiner Weise den strahlenbiologischen Erkenntnissen.

Es ist nun sehr interessant, daß eine pathogenetisch engst verwandte, wenn auch im allgemeinen seltene Erwachsenenerkrankung, die **Hungerosteopathie (Hungerosteomalacie)** gleiche Saisonverteilung wie die Rachitis aufweist. Die unter gewöhnlichen Ernährungsverhältnissen einer Bevölkerung ziemlich seltene Erkrankung trat unter den Ernährungsschwierigkeiten der Nachkriegsjahre gehäuft in Wien auf; die Jahreszeitenverteilung dieser Fälle ist in Abb. 27 wiedergegeben und entspricht vollkommen der bei Rachitis gewohnten.

Die Erklärung dieser Erscheinung ist wohl die, daß bei der hinsichtlich Rachitisschutzstoff-Gehalt völlig unzureichenden Ernährung der Hunger- und Inflationsjahre nach dem 1. Weltkrieg, wo noch zudem die rachitisbegünstigende einseitige Kohlenhydratkost überwog, der Strahlenmangel der Wintermonate selbst von Erwachsenen nicht mehr ertragen wurde und diese doppelte Schädigung zur osteomalacischen Erkrankung führte.

Die sonstigen, in anderen Ländern über Osteomalacie gemachten Erfahrungen decken sich ganz mit dieser Auffassung und mit den bei Rachitis erörterten Bedingungen. HUTCHISON hat die Osteomalacie bei nach dem Purdahsystem lebenden Frauen in Indien gefunden, KRAJEWSKA hat schon 1900 in Bosnien die Beschränkung der Krankheit auf die mohammedanischen Frauen beobachtet und den Lichtmangel als Hauptursache erkannt. Ähnliche Beispiele liegen aus China und Japan vor (s. bei GYÖRGY).

Die in nachfolgenden Abschnitten behandelten Feststellungen über Winterschäden am Gesunden machen dieses Erkranken von Erwachsenen unter besonderen Bedingungen um so leichter verständlich.

β) Die physiologische „Winterruhe“ im Knochensystem. Eine entscheidende Feststellung verdanken wir den Messungen, die der Kopenhagener Taubstummenlehrer MALLING-HANSEN jahrelang an seinen Zöglingen anstellte und auf dem Internationalen Medizinischen Kongreß 1884 mitteilte. Sie sind in ihrer Exaktheit und Ausschließung aller Fehlermöglichkeiten klassisch und heute noch nicht überholt. Das Ergebnis dieser Messungen war folgendes: *das Wachstum des gesunden Kindes erfolgt im Jahreslaufe nicht gleichmäßig.* Bezeichnet man den Wachstumszuwachs im Kalenderherbst mit 1, so hat er vom Dezember bis März den Wert 2 und zwischen März bis Mitte August den Wert 2,5. Mit anderen Worten, *es findet sich eine ausgesprochene Winterruhe und eine starke Beschleunigung im Frühjahre,* die bis in den Sommer anhält.

Diese Feststellungen konnten von späteren Autoren, soweit sie exakt arbeiteten und die Studien an hinreichend vielen Kindern vornahmen, nur bestätigt werden (W. CAMERER, SCHMID-MONNARD, NYLIN).

Auch Messungen über das Wachstum einzelner Körperteile lieferten gleiche Ergebnisse. So zeigten anthropologische Messungen von CARLIER eine stärkere Zunahme des Brustumfanges im Sommer gegenüber dem Winter (soweit hier nicht Übung infolge erhöhter Körpertätigkeit eine Rolle spielt).

Insbesondere aber ergab sich ein gleicher Rhythmus bei röntgenologischer Bestimmung des Längenwachstums der Tibia bei Säuglingen (WIMBERGER).

Bestimmungen über das jahreszeitliche Gesamtlängenwachstum von *Kleinkindern* und *Säuglingen* (HILDEGARD FRANK, K. LANGE) zeigen zuweilen gewisse uneinheitliche Abweichungen, wenn sich auch *stets die Wachstumssteigerung im Frühjahr* ergab, die das prinzipiell Wichtige dieser Befunde darstellt. An den Abweichungen mögen teils die größeren Schwierigkeiten bei der Messung und die damit wachsenden Fehlermöglichkeiten, teils auch andere Lebensbedingungen der ersten Lebensjahre schuld sein. Jedenfalls können die MALLING-HANSENschen Befunde als bestfundiert betrachtet werden.

Wie es für einen echten Saisonrhythmus zu fordern ist, geht aus Untersuchungen von GRIEG und FITT an Schulkindern in *Australien*, über welche KERR berichtet, hervor, daß sich dort eine *Phasenverschiebung um genau ein Halbjahr* entsprechend den dortigen Jahreszeiten findet.

Die Ursache dieses MALLING-HANSENschen Wachstumsrhythmus wurde – entsprechend den jeweiligen Vorstellungen – in verschiedenen Umständen gesucht, wenn auch nicht erklärt. Man dachte an

1. Wirkung niedriger Außentemperatur (MALLING-HANSEN), was für Säuglinge, bei denen später ja gleiche Befunde erhoben worden sind, ja nicht zuträfe;

2. endogene Periodizität ohne eigentliche Jahreszeitenwirkung (W. CAMMERER), wofür keinerlei Anhaltspunkte vorliegen;

3. Vitaminarmut der Nahrung (H. FRANK). Sie würde den bereits im *März* einsetzenden Wachstumsimpuls nicht erklären, da um diese Zeit noch keine erhöhte Vitaminzufuhr einsetzt (besonders nicht bei der Ernährung in den 80er Jahren vorigen Jahrhunderts in einem Waisenhause).

Die definitive *Erklärung* konnte NYLIN geben: es ist auch hier die *mangelnde Ultraviolettzufuhr im Winter*, die zur Wachstumsruhe führt. NYLIN konnte sie durch Ultraviolettbestrahlung beheben und die wachstumsbeschleunigende Wirkung bei Gegenüberstellung mit unbestrahlten Kontrollkindern zeigen.

Mit dieser Feststellung ist ohne weiteres ein Anschluß an die obigen Rachitisforschungen gegeben. Die durch Ultraviolettmangel bedingte winterliche Wachstumsruhe ist offenbar noch physiologisch. Unter bestimmten Bedingungen (Alter, und zwar im wesentlichen wirkend als Wachstumstempo; Erbanlage; Ernährung) kann sie sich bis zur rachitischen Stoffwechselstörung steigern. Daß diese Auffassung zutrifft, geht aus einer Reihe weiterer Befunde hervor, die ganz unabhängig von dieser Problemstellung erhoben wurden. So fand STETTNER bei röntgenologischen Studien an etwa 1000 gesunden Kindern aller Altersklassen, daß **osteoporotische Vorgänge** im wesentlichen einen Wintergipfel, also annähernd gleiche jahreszeitliche Verteilung wie Rachitis haben.

Daß auch jenseits des Rachitisalters solche Vorgänge noch innerhalb physiologischer Breite möglich sind, nimmt nicht wunder, sobald man sich vergegenwärtigt, daß unser Knochensystem niemals im Leben jenes ruhige und fertige Gebilde darstellt, als das es uns infolge Gewöhnung an das anatomische Präparat „Skelettsystem" so gern erscheint. Noch beim Erwachsenen ist das Skelettsystem zeitlebens infolge dauernder Änderung statischer Beanspruchung in fortgesetztem Umbau (Abbau und Anbau) begriffen, es werden unausgesetzt neue HAVERSsche Systeme errichtet und teilweise wieder abgebaut. In diese lebhafte Tätigkeit greift der „Jahreszeitenwechsel" dann seinerseits ein und modifiziert sie.

Die *Neugeborenenlängen* zeigen nach den eingehenden Erhebungen HOSEMANNS (Auswertung mittels Hollerithkarten) keine jahreszeitliche Abhängigkeit (briefliche Mitteilung).

In engstem Zusammenhange mit diesen Vorgängen am Knochensystem interessiert aber dann der *Saisonrhythmus des anorganischen Phosphatspiegels im Blutserum.* Aus den umfangreichen Untersuchungen über die Pathogenese der Rachitis wissen wir, daß die **anorganischen Serumphosphate** bei Verknöcherungsvorgängen engst beteiligt sind und daß bei Rachitis der Serumphosphatspiegel unter eine Normalgrenze von etwa 5 mg/100 cm³ absinkt. HESS und LUNDAGEN sowie GRASSHEIM und LUKAS haben jahreszeitliche Schwankungen dieses Spiegels anorganischer Phosphate nachgewiesen, wobei ein Minimum in den Monaten des ausgehenden Winters (um die Zeit des Februars) nachgewiesen wurde. Da unter den von den erstgenannten Autoren untersuchten Kindern sich zahlreiche Fälle von Rachitis befinden und da das Vorkommen von Rachitis seinerseits ein Maximum in diesen Monaten aufweist, so könnte die genannte Jahreszeitenschwankung der Serumphosphate mit der Jahreszeitenschwankung der Rachitis erklärt werden, wie HESS und UNGER bereits 1921 ausgeführt haben.

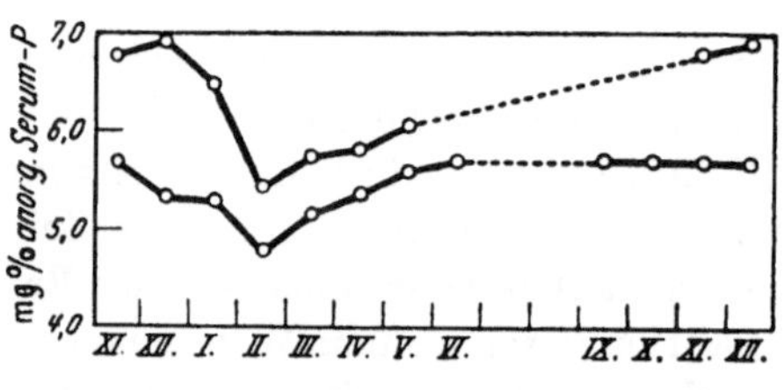

Abb. 28.
Saisonschwankung des Spiegels anorganischer *Phosphate* im Blutserum (nach WILLIAMS).
Untere Kurve: Mittelwerte aus Untersuchungen an 100 Kindern.
Obere Kurve: Mittelwerte, nach Fortlassung aller Kinder, deren Phosphatspiegel in einem Monat die Normalgrenze von 5 mg/100 cm³ unterschritt. („Jahreskurve des physiologischen Phosphatspiegels".)
Punktiert: Interpolierter Kurvenverlauf in Monaten ohne (Juli, August) oder mit zur Mittelbestimmung unzureichenden Phophatbestimmungen.

Dieser Einfluß läßt sich indes eliminieren, indem man Kinder mit Phosphatwerten unter 5 mg/100 cm³ ausscheidet.

An dem Material von WILLIAMS ist das geschehen; von den untersuchten 100 Kindern, deren Phosphatmittelwerte in der unteren Kurve der Abb. 28 dargestellt sind, unterschreitet bei 73 der Phosphatspiegel in keinem Monat den Grenzwert von 5 mg/100 cm³. Der für letztere allein sich dann ergebende Mittelwert ist in der oberen Kurve der Abb. 28 wiedergegeben. Wie ersichtlich, bleibt auch bei diesen rachitisfreien Kindern ein gleichartiges Minimum.

STETTNERS röntgenologische Befunde lassen sich also blutchemisch durchaus bestätigen.

Zusammenfassend läßt sich somit sagen: durch den winterlichen Ultraviolettmangel des Sonnenlichtes kommt es beim wachsenden Organismus zu regressiven Vorgängen am Knochen mit Absinken des anorganischen Blutphosphors, also zu Veränderungen, welche sich von der rachitischen Stoffwechselstörung nur graduell unterscheiden; *diese Störungen finden ihren äußeren Ausdruck in einer winterlichen Verlangsamung des Körperwachstums.*

γ) **Die„ Winterruhe“ im Stoffwechsel.** Die bisher angeführten Feststellungen beschränken sich auf Vorgänge im Knochensystem. Es zeigte sich eine Tendenz zu regressiven Vorgängen am Knochen während der Ultraviolettarmut des Winters. Man kann sie als eine Drosselungserscheinung gewisser Lebensvorgänge auffassen, und man wird die Frage aufwerfen, ob sich solche Drosselungsvorgänge nicht auch am Gesamtkörper zeigen. Die netzartige Verflechtung aller Lebensvorgänge, die wir heute mehr und mehr kennenlernen, die aber auch die Aufstellung einfacher Kausalketten von Stoffwechselvorgängen so sehr erschwert, läßt solche Wintereinflüsse erwarten.

Das Suchen nach einer winterlichen **Grundumsatzerniedrigung** beim gesunden Erwachsenen taucht bereits um die Mitte des vorigen Jahrhunderts noch vor Ausbau entsprechender Untersuchungsmethoden auf. Der Ausschluß von Fehlerquellen scheint hier besonders schwierig, da einmal die Außentemperatur den Grundumsatz beeinflußt (Mc Connel, Yagloglou und Fulton) und ferner die Lebensweise (körperliche Bewegung) in den beiden Jahreszeiten meist eine sehr unterschiedliche ist. So lauten einige Ergebnisse sehr widerspruchsvoll. Die Untersuchungen von Lindhard, Young, Gessler sind untereinander kaum vergleichbar (Kritik s. b. Nylin). Griffith und Mitarbeiter fanden eine Jahresperiodik des Grundumsatzes nach sorgfältigem Ausschluß von Fehlermöglichkeiten nur angedeutet. Sehr exakte Bestimmungen liegen dann von Nylin vor, welcher fand, daß der *Grundumsatz bei Kindern dem Längenwachstum weitgehend parallel* verläuft, d. h. mit diesem steigt und fällt, so daß eine winterliche Grundumsatzverminderung nachweisbar ist.

Daß starke Sonnenbestrahlungen zu leichten Grundumsatzsteigerungen führen, haben Kestner, Peemöller und Plaut im Experiment nachgewiesen. Dieser Befund ist zwar logisch nicht einfach umkehrbar, d. h., er belegt nicht etwa das Zustandekommen einer Stoffwechselwinterruhe durch Ultraviolettmangel. Er fügt sich aber immerhin in diese Vorstellung ein.

So liegen heute zum mindesten Anhaltspunkte für eine winterliche Grundumsatzverminderung beim Gesunden vor.

Bei der experimentellen Rachitis im Tierversuche haben dann Seel, sowie Nelson und Mc Donald eine Grundumsatzerniedrigung nachgewiesen; bei der menschlichen Rachitis gelang Gleiches Nitschke und Schneider, die im Mittel eine Verminderung um 17,5% feststellten. *Dort also, wo die Winterruhe das physiologische Ausmaß überschreitet, tritt die Drosselung des Gesamtstoffwechsels besonders deutlich in Erscheinung.* Hier wäre dann auch das jedem Friseur geläufige geringere *Haarwachstum* im Winter zu vermerken.

Von dieser an den Ultraviolettmangel gebundenen winterlichen Stoffwechseldepression führt, wie NITSCHKE gezeigt hat, eine Brücke zum tierischen **Winterschlafe,** der biologisch als exzessive Steigerung dieser Depression erscheint. NITSCHKE konnte bei Igeln das Eintreten des Winterschlafes verhindern durch Verfütterung des Akzeptors und Trägers der Ultraviolettenergie, des Vitamin D. Wogegen D-frei ernährte Kontrolltiere bei gleich niedriger Außentemperatur normal in Schlaf verfielen.

Schon durch diese Tatsache wurde es nahegelegt, daß die Dornostrahlung bzw. die durch sie aktivierten Biosterine Beziehungen zum **innersekretorischen System** haben werden, das ja an der Regelung des Grundumsatzes maßgebend beteiligt ist und bei Winterschläfern typische morphologische Veränderungen zeigt.

Daß solche Beziehungen tatsächlich existieren, haben jedoch schon vor der Erkenntnis dieser Zusammenhänge Untersuchungen dargetan, welche BERGFELD im ASCHOFFschen Institute durchgeführt hat. BERGFELD fand, daß bei unter Lichtabschluß lebenden Ratten in der Schilddrüse degenerative Veränderungen (Follikelvermehrung und Proliferation des Follikelepithels, Kolloidschwund) im Sinne kropfiger Entartung auftritt. Er konnte zeigen, daß *lang*welliges Licht bis zu 310 mμ in gleichem Sinne wie Dunkelheit wirkt, daß dagegen Bestrahlung mit Wellenlängen von 320—280 mμ diese Veränderungen hemmt. Durch den Nachweis, daß diese Wirkung von Ultraviolettstrahlen durch Verfütterung von Extrakten bestrahlter Haut ersetzbar ist, d. h. ebenfalls die Degeneration der Schilddrüse bei Dunkeltieren gehemmt wird, war schon die Wirksamkeit der von der Rachitisforschung her bekannten Sterine als Träger dieser Ultraviolettwirkung fast bewiesen. NITSCHKE hat dann das letztere im Experiment direkt gezeigt: die Verfütterung bestrahlten Ergosterins verhindert das Auftreten der genannten Degenerationserscheinungen der Schilddrüse im Dunkeln.

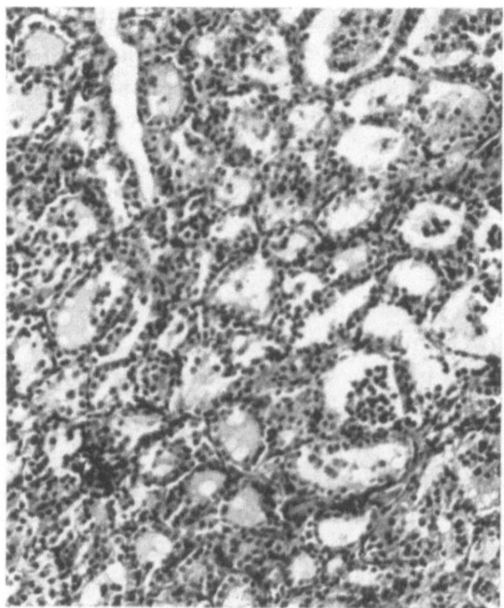

Abb. 29. Schilddrüse von „*Dunkelratten*“ mit Unruhe im Parenchym, Follikelvermehrung, hohem Follikelepithel und Kolloidschwund.

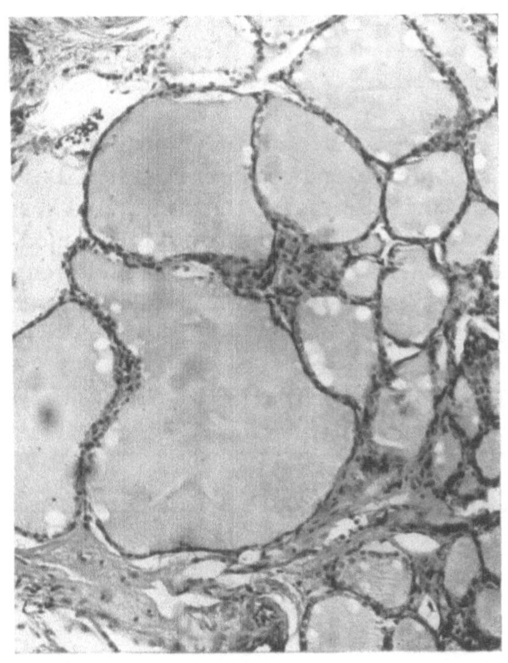

Abb. 30.
Schilddrüse von „*Höhensonnenratten*", in allem gegenteiliges Bild wie Abb. 29 zeigend. Besonders eindrucksvoll die Follikelverminderung mit Kolloidansammlung.

Meine früheren Mitarbeiter BENNHOLDT-THOMSEN und WELLMANN konnten gelegentlich anderer Untersuchungen, auf die ich gleich noch zu sprechen komme, diese Befunde voll bestätigen. Die Abb. 29, 30 und 31 sollen die sinnfälligen Unterschiede zeigen.

Erwähnt sei hier, daß die in Abb. 29–31 gezeigten mikroskopischen Schilddrüsenbilder offenbar die *Pole* der überhaupt *möglichen* Reaktionen dieses Organes darstellen. Denn viele neueste Untersuchungen über Beeinflussung der Schilddrüse durch Hormone zeigen immer wieder gleiche Gegenüberstellungen. So führt Follikelhormon oder thyreotropes Vorderlappenhormon zu Parenchymunruhe (wie Abb. 29), Luteinisierungshormon oder Hypophysenexstirpation zu Parenchymruhe (wie Abb. 30 und 31). Aus gleichen Wirkungen darf also auch hier nicht auf gleiche Ursachen geschlossen werden.

Es läßt sich aber aus all dem jedenfalls der allgemeine Schluß ziehen, daß der *Jahreszeitenwechsel in der Dornostrahlung die Schilddrüsenmorphe beeinflußt.*

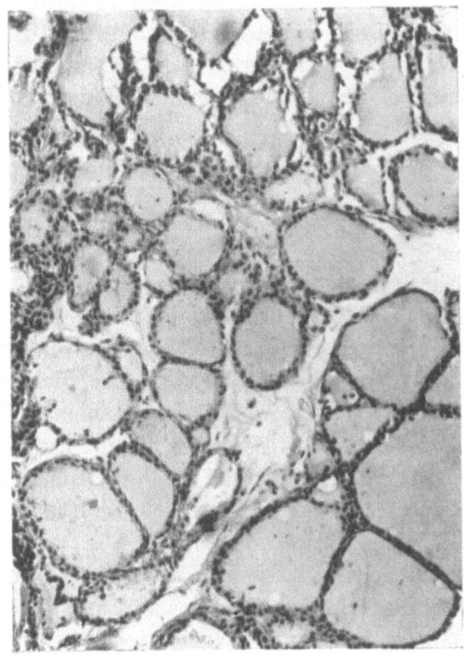

Abb. 31.
Schilddrüse von „*Vigantolratten*" mit prinzipiell gleichem Aufbau wie in Abb. 30. (Abb. 29–31 nach BENNHOLDT-THOMSEN und WELLMANN in Bestätigung der BERGFELDschen Befunde.)

Da die Ratte ein Dunkeltier ist, lassen sich freilich die Befunde nicht im einzelnen auf den Menschen übertragen, aber schon die Tatsache einer Beziehung zwischen Schilddrüsenbau und Ultraviolett ist als solche wertvoll.

Naturgemäß sind Änderungen des Schilddrüsenbaues nur der Ausdruck für Änderungen ihrer Funktion. Das konnte in der schon genannten Arbeit von BENNHOLDT-THOMSEN und WELLMANN unmittelbar bewiesen werden durch Bestimmung der Organjod- und Blutjodänderungen, die sich gleichlaufend mit den geschilderten morphologischen Änderungen vollziehen. Es zeigte sich in quantitativer Hinsicht die in Tab. 21 ausgedrückte Beziehung.

Tabelle 21. *Beziehungen zwischen Schilddrüsenbau, Schilddrüsenjodgehalt und Blutjodgehalt bei Versuchsratten* (nach BENNHOLDT-THOMSEN und WELLMANN).

	Morphologisch	Jod in Schilddrüse	Blutjod
Ultraviolett oder D-Vitamin	Kolloidreichtum mit Parenchymruhe	niedrig	hoch
Dunkelheit	Kolloidarmut mit Parenchymunruhe	hoch	niedrig

Ziel dieser Untersuchungen war es, wenigstens in qualitativer Hinsicht eine Brücke zu schlagen zu Befunden an Menschen und Tieren über den Jahresgang des *Jodgehaltes* von *Schilddrüse*, anderen *Organen* und *Blut*, die verschiedentlich untersucht worden waren. Denn dadurch konnte der Jahresgang des Jodstoffwechsels und mit ihm jener der Schilddrüsentätigkeit in die Biologie der Dornostrahlung einbezogen werden. Damit soll selbstverständlich nicht behauptet werden, daß der Jodstoffwechsel oder gar die Schilddrüsenpathologie etwa ausschließlich durch die Dornostrahlung gesteuert würde. Außerdem mag hier nochmals betont sein, daß beim Menschen sowohl wie bei am Lichte lebenden Tieren manche quantitative Verhältnisse anders als bei der Ratte liegen können und auch heute noch keineswegs definitiv geklärt sind.

Über eine jahreszeitliche Schwankung des **Jodgehaltes der Schilddrüse** liegen eine Reihe von Untersuchungen heute vor. Teils fanden dieselben ihre Anregung in dem mehrfach (FREUND, ADLER, HÄCKER) nachgewiesenen Jahreszeitenrhythmus im anatomischen Aufbau innersekretorischer Organe, teils in der Beobachtung eines Frühjahrsgipfels der Hyperthyreosen, namentlich der Basedowschen Krankheit, auf den ich noch zu sprechen komme. Die ersten Untersuchungen über diesen Jahreszeitenrhythmus des Jodgehaltes der Schilddrüse von SEIDELL und FENGER erfuhren eine Erweiterung durch die Untersuchungen von KENDALL und SIMONSON, welche zeigten, daß alle Anteile des Gesamtjods der

Schilddrüse eine gleichmäßige Jahreszeitenschwankung aufweisen, und zwar erfolgt nach einem Tiefstande des Jodgehaltes im Dezember bis April ein Anstieg um das Vielfache, der im Juli–August sein Maximum erreicht und dann zum Dezember wieder abfällt (bei Rind, Schaf, Schwein). In guter Übereinstimmung dazu stehen Bestimmungen an 44 Pferdeschilddrüsen von KLEIN, welcher zusammenfassend fand, daß der Jodgehalt in allen Altersstufen vom Winter zum Sommer ansteigt.

In Zusammenhang damit stehen dann Bestimmungen über den **Gesamtjodgehalt** *der Organe*, den STURM und BUCHHOLZ beim Hund untersucht haben und welcher danach im März ein Maximun besitzt. Auch ein Jahreszeitenrhythmus des **Blutjodgehaltes** wurde festgestellt (VEIL und STURM, NITZESCU und BINDER), nachdem durch FELLENBERG eine enorm verfeinerte Jodbestimmungsmethode ausgearbeitet war. Es zeigte sich beim Menschen ein winterlicher Blutjodgehalt (mit 8,3 γ-% im Mittel) von nur $^2/_3$ der Sommerwerte (12,8 γ-% im Mittel) (vgl. Tab. 22). Eine jahreszeitliche Schwankung des Blutjodspiegels wurde aber auch bestritten (LEIPERT, LÖHR, FASHENA).

Tabelle 22. *Blutjodwerte in γ-% von 60 Normalpersonen* (nach STURM und BUCHHOLZ).

Jan.	März	Mai	Juli	Sept.	Nov.
9,9	11,8	15,0	14,1	12,1	10,4

Nun steigt die Jodzufuhr bei Kühen mit dem sommerlichen Übergang zu Grünfütterung allerdings an, und das aufgenommene Jod geht in die Milch über (FELLENBERG). Danach konnte daran gedacht werden, daß die Schwankungen des Jodspiegels im Blut und den Organen alimentär, also exogen bedingt seien. Gegen diese Annahme spricht indes die Beobachtung, daß bei kropfiger Entartung der Schilddrüse diese jahreszeitlichen Jodschwankungen geringer sind (VEIL und STURM) oder ganz fehlen (NITZESCU und BINDER); auch hat STURM beobachtet, daß der Jodanstieg in Organen im Spätfrühjahr bereits einsetzt *vor* Beginn der Grünfütterung. Es scheint sich also bei den Jodspiegelschwankungen im Organismus um Regulationsmechanismen im Körper selbst zu handeln, die sogar nach Exstirpation der Schilddrüse noch stattfinden können (STURM), wenngleich der Blutjodspiegel in diesem Falle sich stärker durch das Nahrungsjod beeinflussen läßt.

Welche Legion von feinsten Umstellungen aber eine jahreszeitliche Änderung der Schilddrüsentätigkeit im Körper nach sich ziehen muß, wird sofort klar, wenn man sich an den so komplizierten Einbau der Schilddrüse in das innersekretorische Gesamtsystem erinnert. Jedes moderne Lehrbuch der inneren Sekretion gibt darüber Auskunft.

Von den geschilderten Eingriffen des Ultravioletts in Schilddrüsentätigkeit und Blutjodspiegel, vielleicht auch in Grundumsatz hat dann NITSCHKE engere Beziehungen zurück zur Rachitisentstehung gesucht, von der wir hier ausgegangen sind. Er fand beim rachitischen Säugling gesenkte Blutjodwerte (im Mittel 2,9 γ-% gegen 9,3 γ-% normal), er glaubte ferner einen rachitisheilenden Einfluß des Schilddrüsenhormons

(Thyroxin) nachweisen zu können. Diese Befunde sind nicht unwidersprochen geblieben, aber einer sorgfältigen Nachprüfung wert. Daß zwischen Schilddrüse und Ossifikation Beziehungen bestehen, geht auch aus Befunden von KUNDE und CARLSON hervor, auf welche NITSCHKE hinweist. Diese Autoren konnten in ausgedehnten Versuchen am Kaninchen nach Schilddrüsenexstirpation das Auftreten von Knochenentkalkung und Störungen im Epiphysenwachstum, sowie Absinken des Blutphosphors beobachten. Dabei war diese „thyreoprive Rachitis" durch D-Vitaminzufuhr nicht mehr heilbar. Auch in diesen Fragen befinden wir uns anscheinend wieder in jenem Netze biologischer Verstrickungen, wo die Störung einer Masche einen Umbau des ganzen Netzes nach sich zieht, ohne daß wir sagen können, daß dieser Umbau überhaupt in einer einfachen kausalen Reihenfolge geschieht.

Mit den winterlichen Stoffwechselverhältnissen scheint endlich der Wintergipfel von Fällen „*unspezifischen Vaginalfluors*" zusammenzuhängen, den STÄHLER nachgewiesen hat. Daß dieser zur Sonnenscheindauer umgekehrt (invers) verläuft, wäre dafür kein Beweis; das liegt schon in der Aussage des „Wintergipfels". Jedoch spricht für diese Auffassung der Umstand, daß Ultraviolettbestrahlung oder D-Faktorgaben sich therapeutisch gut wirksam erwiesen haben sollen.

Sind die Rhythmen des Längenwachstums des Körpers und damit des Knochenwachstums in ihrer Ätiologie gut aufklärbar, so ist es schwieriger, den mit diesen Vorgängen anscheinend invers gekoppelten Rhythmus des Gewichtsansatzes aufzuklären.

Die *Frage des Gewichtsansatzes* interessierte nicht nur den Schulhygieniker, sondern namentlich auch die Erholungsfürsorge. Obwohl ein **Gewichtsansatz** sicherlich sehr stark von einer Reihe anderer Faktoren (Ernährungsweise, Schulferien, verschieden starke körperliche Bewegung in den verschiedenen Jahreszeiten, Krankheiten) abhängt, hat sich für den Gewichtsansatz bei gesunden Kindern doch nahezu stets die ebenfalls von MALLING-HANSEN festgestellte *genaue Umkehr des Längenwachstumsrhythmus* ergeben (CAMERER, NYLIN, KERR, FRANK).

Der Gipfel des Gewichtsanstieges fällt also in die Spätsommer- und Herbstmonate. Das gilt sogar schon für das Säuglingsalter, wie A. BLEYER durch Bestimmungen der wöchentlichen Gewichtszunahmen bei etwa 1000 Säuglingen festgestellt hat (Tab. 23).

Ein Zusammenhang mit der Ernährung ließ sich nicht feststellen.

Tabelle 23. *Der mittlere wöchentliche Gewichtsansatz in Gramm betrug nach Bleyer in den einzelnen Kalendermonaten:*

	1.	2.	3.	4.	5.	6.	7.	8.	9.	10.	11.	12.
Gramm	129	126	118	114	136	132	139	**151**	**141**	**145**	133	137

Unwillkürlich wird man hier an eine von ABELS bei Neugeborenen festgestellte jahreszeitliche Periode erinnert (s. Abb. 32). Die *Kurven des auf die einzelnen Kalendermonate berechneten mittleren* **Geburtsgewichtes von Neugeborenen** *zeigten* in den Jahren nach dem 1. Weltkrieg in Wien eine sehr deutliche und anscheinend gesetzmäßige *Senkung in den Frühjahrs- und Wintermonaten.*

Um das tatsächliche Vorkommen dieser Erscheinung ist im Anschluß an die Arbeit von ABELS eine lebhafte Diskussion entstanden, da manche Autoren dieselbe nicht feststellen konnten.

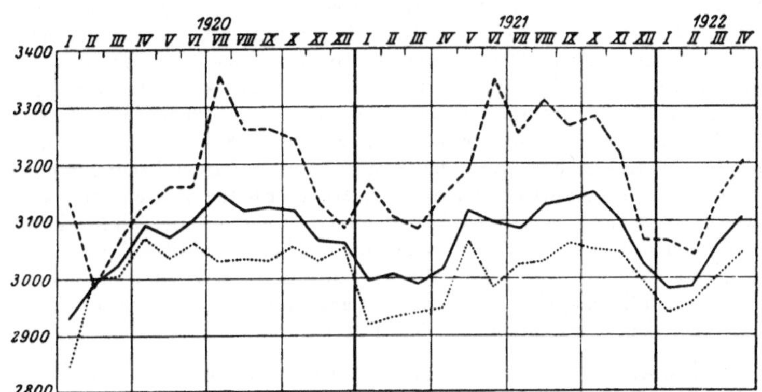

Abb. 32.
Schwankungen des Geburtsgewichtes Wiener Kinder in den Jahren 1920–1922. (Nach ABELS.)

Mittleres Geburtsgewicht: { der Kinder Erstgebärender ··········· / der Kinder Mehrgebärender - - - - - - - / sämtlicher Kinder ———— }

HELLMUTH hat an einem sehr großen Materiale zweier Hamburger Anstalten diese Schwankungen unter Anwendung der variationsstatistischen Fehlerrechnung nicht feststellen können. Auch HANS SCHLOSSMANN fand diese Schwankungen nicht. Andererseits wurde die Angabe von ABELS durch PELLER, sowie PELLER und BASS bestätigt und auch für statistisch einwandfrei erklärt. Auch KATZ und KÖNIG, welche ihre Untersuchungen ebenfalls an Wiener Neugeborenen durchführten, fanden sowohl für die Vorkriegsjahre 1910–1912 als auch für die Jahre 1917 bis 1920 im Ausmaße zwar kleine, aber dafür in den einzelnen Jahren sehr konstant nachweisbare Geburtsgewichtssenkungen in den Wintermonaten. Ihren Berechnungen lagen die Geburtsgewichte von 14425 Neugeborenen (nach Fortlassung gewisser Krankheitsformen, welche das Material getrübt hätten) zugrunde. Von Interesse ist besonders die Feststellung, daß diese winterlichen Senkungen des Geburtsgewichtes bereits in den Vorkriegsjahren nachweisbar sind. Die von ABELS festgestellten Schwankungen sind, selbst wenn die Schwankungsbreite, wie zu erwarten, nicht sehr groß ist, durch ihre Wiederholung in jedem der untersuchten Jahre sehr sinnfällig, und ABELS ist wohl durchaus recht zu geben, wenn er diesem Umstande besondere Beweiskraft zumißt. Der Umstand, daß die gesamten Schwankungen nicht allerorts nachweisbar sind, spricht nicht gegen die Realität ihres Vorkommens. Wie schon die Wiener Nachkriegsepidemien von Hungerosteopathie (D-Vitamin, vgl. S. 193) und Hungerödem bewiesen, war die Ernährung der Wiener Bevölkerung in der Nachkriegszeit, über welche die Untersuchungen von ABELS sich erstreckten, eine zweifellos wesentlich insuffizientere als in anderen deutschen Städten. Daß freilich solche winterliche Senkungen des Geburtsgewichtes bereits im Wien der Vorkriegszeit nachweisbar sind (KATZ und KÖNIG), ist immerhin beachtenswert; ob die diesen Schwankungen durch ABELS gegebene Erklärung (A-Faktormangel in der Nahrung) somit in ihrem ganzen Umfange zutrifft, muß hierdurch etwas fraglich erscheinen. In diesem Sinne äußert sich auch DULITZKY, welcher unter Zugrundelegung des Geburtsgewichtes von 25388 Neugeborenen die genannten winterlichen Senkungen des Geburtsgewichtes bestätigt, die Vitaminlehre von ABELS aber ablehnt und an Wirkungen von Licht und Sonne auf die Mutter und damit indirekt auf das Kind denkt. Dieser Vorstellung schließt sich A. O. GERSCHENSON in einer neueren Arbeit an. GERSCHENSON konnte für die von ihm bearbeitete Gegend und Zeit (Odessa, 12065 Neugeborene der Jahre 1921–1926) eine jahreszeitliche Geburtsgewichtsschwankung in dem Sinne feststellen, daß zwar das mittlere Geburtsgewicht in den einzelnen Monaten nur wenig schwankt, daß hingegen die Minusvarianten (Geburtsgewicht 2500–3000 g) in den Wintermonaten ein Maximum aufweisen, wogegen die Plusvarianten (Geburtsgewicht 3500–4000 g und darüber) sich umgekehrt verhalten und im August bis Oktober ihr Häufigkeitsmaximum besitzen. Da in der Bevölkerung von Odessa die A-vitaminreichen Nahrungsmittel Eier, Milch, Butter an sich sehr wenig genossen werden und frisches, grünes Gemüse erst von Mai ab auf den Markt kommt, aber die Kinder mit niedrigem Geburtsgewichte schon von Mitte April ab seltener werden, denkt GERSCHENSON ebenfalls an indirekte Licht- und Sonneneinflüsse im Sinne einer allgemeinen Stoffwechselsteigerung. Ein Sommermaximum des Geburtsgewichtes fand auch UTHEIM-TOVERUD KIRSTEN in Skandinavien bestätigt.

So wird man zu der Frage einer jahreszeitlichen Schwankung des Geburtsgewichtes zusammenfassend sagen können, daß *winterliche Senkungen des Geburtsgewichtes* zwar *vielenorts nachgewiesen* sind, daß aber ihre alimentäre oder aber indirekt-aktinische Genese noch diskutiert wird.

Ob die von H. und R. M. BAKWIN festgestellte sommerliche Verringerung des **„physiologischen Gewichtssturzes“** Neugeborener und die damit in Verbindung stehende größere Seltenheit des **transitorischen Neugeborenenfiebers** hierzu Beziehungen haben, muß vorerst dahingestellt bleiben. Wir können diese an immerhin 3000 Neugeborenen studierte Erscheinung zunächst nur registrieren.

Über *jahreszeitliche Gewichtsschwankungen beim gesunden Erwachsenen* ist meines Wissen nichts bekannt.

Dagegen wurde ein jahreszeitlich verschiedener Gewichtsansatz von Patienten in Lungenheilstätten eingehend studiert, in letzter Zeit namentlich von STRANDGAARD. Auch hier ergab sich ein eindeutiger Gipfel des Gewichtsansatzes in den Spätsommer- und Herbstmonaten auf beiden Hemisphären der Erde, d. h. auf der Nordhalbkugel ein Gipfel im August bis November, auf der Südhalbkugel (Argentinien) ein Gipfel im Januar bis Mai. Allerdings wird man die Frage aufwerfen müssen, ob dieser Saisonrhythmus bei Tuberkulosekranken noch als „physiologische Erscheinung“ zu betrachten ist; denn er kommt doch wohl zustande durch den Frühjahrsgipfel der Tuberkulosemanifestationen, der einen Heilerfolg im Frühjahr verschlechtert und somit indirekt den Gewichtsansatz in den nachfolgenden Monaten begünstigt (vgl. dazu S. 223).

Man mag sich zunächst erinnern, daß für das gesunde Kind ein Wechsel von Streckung und Gewichtsansatz eine gewisse allgemeine Regel auch abseits des Jahreszeitenrhythmus darzustellen scheint. Bereits STRATZ unterteilt die Kindheit in Perioden der Streckung und Perioden der Körperfülle, die wenigstens bei einem Teile der Kinder in – oft individuellem – Turnus sich ablösen. Es scheint also Regel zu sein, daß vielfach *ganz allgemein ein Gewichtsansatz in Zeiten geringeren Längenwachstums* erfolgt. Zufuhr von Kalorien scheint also zum Ansatz zu führen, wenn die Energie nicht für Wachstumsleistung verbraucht wird.

Denkbar wäre aber auch, daß der inverse Jahresverlauf von Längenwachstum und Gewichtsansatz überhaupt keine innere Beziehung besitzt, die Gegenläufigkeit beider Vorgänge also ein „Scheinproblem" darstellt. Es könnte sehr wohl sein, daß der erhöhte Gewichtsansatz im Spätsommer eine Folge der automatisch im Jahreslaufe um diese Zeit vitaminreichsten Ernährung darstellt, während der Frühjahrsantrieb des Längenwachstums eben die geschilderte strahlenbiologische Erklärung findet.

Man wird geneigt sein, mit der gewissen Winterruhe des Stoffwechsels die bei *Diabetikern* eindeutig im kalendarischen Spätherbst und Winter festgestellte Verschlechterung der Stoffwechsellage, den größeren Insulinbedarf, die stärkere *Neigung zu Acidose und Koma* (CHROMETZKA, HENKEL, vgl. dazu auch S. 131) in Verbindung zu bringen, deren hormonale Bedingtheit CHROMETZKA schon vermutet. Auch daß in dieser Zeit mehr Diabetesfälle erstmalig zum Arzt kommen (PANNHORST und RIEGER), paßt gut zu diesen Befunden.

Zu registrieren bleibt dann noch der von KOLLER sowie WASMUTH eindeutig nachgewiesene häufigere *Tod an Atmungs-, Herz- und Kreislaufkrankheiten* in den Wintermonaten mit einem Maximum im Februar, worüber im Abschnitt E noch einiges zu sagen sein wird.

δ) Heilung der Winterschäden im Frühjahr und deren Folgen. (Das Tetanieproblem.) Was wir bisher betrachtet haben, waren nachweisbare Folgen des winterlichen Ultraviolettmangels, die zu Abwandlung von Stoffwechselvorgängen im Körper führten. Mit zunehmender Mittagshöhe der Sonne, im Tieflande etwa mit Ende Januar—Anfang Februar gelangen nach dieser ultravioletten Winternacht wieder meßbare Mengen von Dornostrahlung zu uns. Für ihre Wirkung gibt uns auch hier die Rachitis, von der wir oben ausgegangen sind, einen ersten Einblick.

Im engsten Zusammenhange mit der Rachitis steht nämlich noch eine andere Stoffwechselstörung, die man wegen der bei ihr vielfach auftretenden Krampfreaktionen als **Spasmophilie** oder **Tetanie** des Säuglings- und Kleinkindesalters bezeichnet.

Für den mit der Nomenklatur nicht ganz Vertrauten mag hier eingeflochten sein, daß das Bestehen dieser Stoffwechselstörung an sich keine Krankheitssymptome zu machen braucht. Man spricht dann von der **latenten Spasmophilie** (Tetanie), die sich nur *blutchemisch* (*Calciumverminderung* bei normalen oder leicht erhöhten Phosphatwerten) oder durch die mechanische oder galvanische *Überregbarkeit peripherer Nerven* nachweisen läßt. In diesem Zustande besteht aber eine „Krampfbereitschaft", die durch verschiedenste Anlässe „manifest" werden, d. h. zu klinischen Krankheitsbildern führen kann (*Eclampsia infantum, Laryngospasmus, Carpopedalspasmen, Bronchotetanie*). In diesem Falle spricht man von *manifester Spasmophilie* (vgl. hierzu auch S. 60).

Bei dieser Spasmophilie war ein ausgesprochener Frühjahrsgipfel schon Autoren um die Mitte des vorigen Jahrhunderts aufgefallen (DE LA BERGE 1835, HERALD 1847, BARTHEZ und RILLIET 1853, KERR, FLESCH 1878), er wurde aber erst in neuerer Zeit von BAAR, BEHRENDT, CASSEL, LOOS, ESCHERICH, JAPHA, MORO, MOOS, SIWE für Mitteleuropa, von TISDALL, BROWN und KELLY u. a. auch für Nordamerika zahlenmäßig belegt (s. Abb. 33).

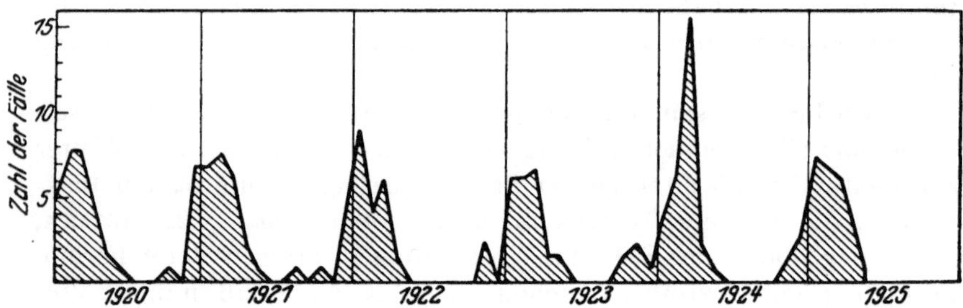

Abb. 33.
Regelmäßige Frühjahrsgipfel der Erkrankungsziffern an Säuglingsspasmophilie. Monatliche Erkrankungsziffern. (Nach MORO.)

Von diesem Frühjahrsgipfel der Tetanie hatten dann die Beobachtungen MOROS über den Frühjahrsgipfel von Krankheiten überhaupt und über das biologische Frühjahr ihren Ausgang genommen. Es war aufgefallen, daß *Spasmophilie fast stets mit Rachitis vergesellschaftet* auftritt. Durch die in engstem Zusammenhange mit dem Rachitisproblem ebenfalls im letzten Jahrzehnt vielfach studierten Stoffwechselverhältnisse bei Spasmophilie sind wir über die Pathogenese der Krankheit heute weitgehend unterrichtet.

Es führte hier zu weit, das ganze Stoffwechselproblem des Rachitis-Spasmophilie-Komplexes zu behandeln, wie es in den letzten Jahrzehnten bearbeitet wurde. Als für die hier interessierenden Fragen wesentlich knüpfen wir an die obenerwähnte winterliche Phosphatverarmung im Blut bei Rachitis an. Sie kann aus stoffwechselchemischen Gründen allmählich zu einer Senkung des Calciumspiegels im Blut führen, der normal etwa 10 mg/100 cm^3 beträgt.

Bereits H. und R. M. BAKWIN und in der Folge viele weitere Untersucher haben einen *Tiefstand des Blutkalkes im Februar–März* nachgewiesen (Mittelwert im Februar–März 8,5 mg/100 cm³, im August 11 mg/100 cm³ Serum). Ein Teil des Calciums findet sich im Blut in ionisierter Form, und diese ist entscheidend für die Erregbarkeit des peripheren Nervensystems.

Aus Gründen des Blutionengleichgewichtes, wie es in der bekannten Formel von RONA-TAKAHASHI-FREUDENBERG-GYÖRGY ausgedrückt wird, müssen plötzliche Phosphatanstiege im Blut zu Entionisation von Calcium führen. Sinken dabei die evtl. an sich schon verminderten Calciumionen unter einen bestimmten Spiegel, so kommt es zu *manifest tetanischen Symptomen*.

Da bei der Rachitisheilung solche plötzliche Phosphatanstiege, „*Heilkrisen der Rachitis*" (ROMINGER) in der Tat erfolgen und da die spontane Rachitisheilung im Frühjahr mit der Wiederkehr des Ultravioletts in der Sonnenstrahlung einsetzt, muß es dabei gehäuft zum Auftreten manifester Tetanie kommen. Diese Ergebnisse stoffwechselchemischer Forschungen stehen in bestem Einklange mit alten klinischen Erfahrungen, wonach sogar gerade nach frühjahrlichen Sonnenbestrahlungen oder Bestrahlung mit der künstlichen Höhensonne, ja sogar nach unmittelbaren D-Vitamingaben bei Säuglingen ein tetanischer Anfall auftreten kann (GERSTENBERGER, HULDSCHINSKY, LUST, ROMINGER und Mitarbeiter, eigene Erfahrungen).

PROPPE und GERAUER meinten neuerdings, der frühjahrliche Calciumanstieg im Blut könne deshalb nicht ultraviolettbedingt sein, weil sie in Düsseldorf 1940 bis 1949 den Ca-Anstieg um 2 Monate gegenüber Kiel 1949—1950 verspätet antrafen, wogegen Kiel später als Düsseldorf sein Frühjahr habe. Sieht man ganz davon ab, daß der Calciumanstieg an beiden Orten nicht einmal in gleichen Jahren verfolgt wurde und bestimmt jahrweise Unterschiede an sich schon bestehen, so darf man „Frühjahr" mit Ultraviolettwirkung keineswegs identifizieren.

Für die Benennung des Frühlingseintrittes einer Gegend sind im allgemeinen botanische Maßstäbe üblich; die Klimatologen haben diesen Brauch sogar in ihre phänologischen Karten übernommen, etwa in der Form des mittleren Beginnes der Schneeglöckchenblüte, des Kartoffelaufgangs u. dgl. Für diesen Sektor des biologischen Frühlings sind aber vorwiegend die *Temperaturverhältnisse* einer Gegend, der Schneereichtum, die Schneeschmelze, die Frosttiefe u. dgl. entscheidend. Für den animalischen Sektor des biologischen Frühlings sind diese Verhältnisse bestimmt nicht gleichgültig, für sie treten aber speziell Ultraviolettwirkungen, die von den Temperaturverhältnissen weitgehend unabhängig sind, eben hinzu.

Es wurde oben erwähnt, daß die pathogenetisch der Rachitis entsprechende *Hungerosteopathie* und *Osteomalacie des Erwachsenen* die gleiche Saisonverteilung wie die Rachitis aufweist. Es ist nun sehr interessant, daß es in ganz analoger Weise auch bei diesen Störungen beim Erwachsenen zu einer **„idiopathischen" Tetanie** kommen kann, welche nun die gleichen Saisonschwankungen besitzt, wie v. FRANKL-HOCHWART gezeigt haben (s. Abb. 34).

Man wird wohl kaum fehlgehen, diese Saisonschwankung pathogenetisch ganz im Sinne der soeben ausgeführten Verhältnisse zu erklären, zumal BROCKMÜLLER ganz unabhängig vom Tetanieproblem einen Calciumanstieg im Blut vom Januar bis Mai unmittelbar nachweisen konnte (von 8,98 mg/100 cm³ auf 9,53 mg/100 cm³ im Mittel).

Mit diesen durch den jahreszeitlich bedingten Wechsel der Dornostrahlung gesteuerten Stoffwechseländerungen dürfte auch das jahreszeitlich schwankende *Kohlensäurebindungsvermögen* des Blutes im Zusammenhange stehen. Es hat sein Maximum um die Zeit des kürzesten, sein Minimum um die Zeit des längsten Tages, wie STRAUB, GOLLWITZER-MEIER und SCHLAGINTWEIT bereits 1923 feststellten.

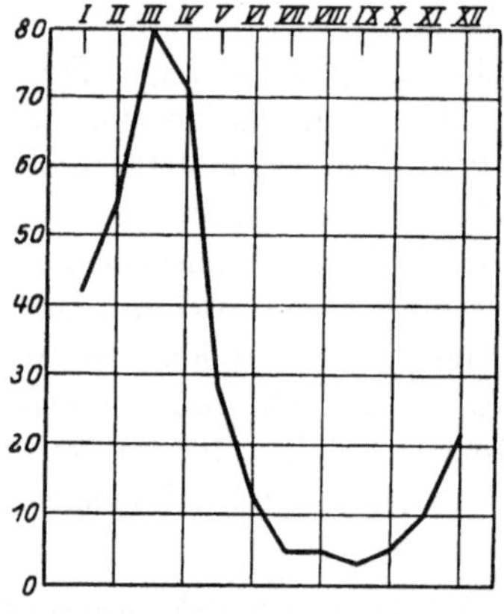

Abb. 34. Graphische Darstellung der Aufnahmen an *Erwachsenentetanie* im allgemeinen Krankenhause in Wien vom Jahre 1880 bis 1895. (Nach v. FRANKL-HOCHWART aus STEPP-GYÖRGY, Avitaminosen.)

Der so sehr charakteristische *Frühjahrsgipfel* tetanischer Stoffwechselstörung *setzt* aber *zu einer Zeit* bereits *ein, wo von einer Wiederkehr der Dornostrahlung noch nicht gesprochen werden kann,* nämlich Ende Dezember. Diese Tatsache, auf die hier noch besonders eingegangen werden muß, scheint der obengegebenen Erklärung zu widersprechen. Sie läßt sich aber, wie ich andernorts schon gezeigt habe, sehr wohl erklären, wenn man die vielfachen klinischen Beobachtungen bei Tetanie heranzieht. Wir wollen zunächst festhalten, daß die Grundlage für das Auftreten von Tetanie durch die winterliche rachitische Stoffwechselstörung geschaffen wird; denn erst ihr Vorhandensein ermöglicht es dem wiederkehrenden Ultraviolett, in der geschilderten Weise zu wirken. Diese Grundlage ist aber natürlich im Dezember, ja zum Teil sogar schon früher ausgebildet.

In dieser Stoffwechselsituation reagiert der Körper ungemein labil auf *alle* Reize, welche zu einer Verminderung von Kalkionen, allgemein zu einer *alkalotischen Ionenschwankung* führen. Neben dem Ultraviolett, z. B. auch der direkten Höhensonnenbestrahlung kennen wir zahlreiche *gleichsinnig wirkende Reize.* Zu diesen gehören, wie oben schon erwähnt, Bäder, Wickel und Packungen, Fieberanstiege, Hyperventilation beim Schreien und Weinen, Schreck, welche nach klinischer Erfahrung alle den tetanischen Anfall auslösen können, welche in dieser Hinsicht dem Frühjahrs-Ultraviolett also gleichstehen. Von diesen Reizen wird der eine oder andere Rachitiker in seinem privaten Leben getroffen – er erkrankt, weil seine rachitische Stoffwechselstörung den Boden für eine derartige Wirkung dieser „*privaten*" Reize liefert. Zu diesen Reizen im privaten Leben des einzelnen tritt dann der die Gesamtheit treffende Reiz der wiederkehrenden Dornostrahlung: die Erkrankungsziffern schwellen stark an. Die Jahreskurve des Tetanievorkommens, die wir klinisch feststellen, ist also einfach die *Summe* aller Tetaniker, die sich zusammensetzt aus jenen aus „privater“ Ursache und jenen aus „allgemein-strahlenbiologischer“ Ursache Erkrankten.

Damit wird es auch erklärlich, daß nach extrem sonnenarmen Sommern, nach denen die rachitische Stoffwechselstörung früher und zahlenmäßig häufiger eintreten muß, auch die Tetanie bereits früher und zahlenmäßig häufiger zur Beobachtung kommen kann.

Nach den Messungen des Frankfurter Universitäts-Institutes für Meteorologie und Geophysik, deren Zahlen ich seinem Leiter Prof. Dr. LINKE verdankte, war 1936 das sonnenwärmste Jahr seit 9 Jahren. Es blieb mit 87,4 Sonnenscheinstunden gegenüber dem „29jährigen Mittel“, um 152—412 Sonnenscheinstunden gegenüber den 8 Vorjahren zurück; und zwar war der Ausfall gerade in den „ultraviolett-entscheidenden“ Monaten Mai bis Oktober ganz besonders stark (von den obigen 87,4 Stunden entfielen 72,1 auf diese Monate). In guter Übereinstimmung damit beobachteten wir an der Universitäts-Kinderklinik Frankfurt a. M. im Oktober bis Dezember 1936 das Dreifache an Tetanien gegenüber 1935, und ähnliches ist auch in anderen Kliniken aufgefallen.

Wenn wir uns endlich daran erinnern, daß selbst der Gesunde Winterschäden an der Grenze des Physiologischen aufweist, die im Prinzip auf dem Wege zur rachitischen Störung liegen, so wird es verständlich, daß auch beim Erwachsenen **„tetanoide Reaktionen“** im Frühjahr gehäuft vorkommen. So bestimmte HOPMANN die Schwellenwerte galvanischer Erregbarkeit des peripheren Nervensystems (gemessen am Kathodenschließungstetanus) sowie die mechanische Erregbarkeit am Nervus facialis (CHVOSTEKsches Phänomen) und fand eine deutliche Steigerung im Frühjahr. HULDSCHINSKY fand bei Kindern das Maximum im Februar. Auch auf Säurebelastung schien die reaktive Alkalose im Frühjahr ausgeprägter.

Mit dieser vielfach latenten tetanischen Überrregbarkeit, die aus den geschilderten Gründen im Frühjahr gehäuft auftreten muß, hat v. KISS andere Vorkommnisse in der Pathologie des Kindesalters in Verbindung gebracht, die hier deshalb noch kurz gestreift werden müssen, weil sie gleiche jahreszeitliche Verteilung aufweisen. Man kennt seit langem jene rätselhaften, unter dem Bilde der Herz-Synkope sich ereignenden „*plötzlichen Todesfälle*“ bei Kindern aus vollster Gesundheit. Sie treten ohne jede erkennbare äußere Ursache oder bei so geringfügigen Anlässen (bei einer Injektion, bei Mundinspektion mit Spatel u. ä.) auf, daß die Annahme einer besonderen Körperverfassung als alleiniger Ausweg zur Erklärung bleibt. Man spricht von der **„Mors subita infantum“**, von „*Mors thymica*“, auch vom **„Ekzemtod“**, da bei Ekzemkindern (aber nicht nur bei solchen) sich findend.

Man hat lange geglaubt, die abnorme Körperverfassung in einer Hyperplasie des Thymus und der lymphatischen Apparate, einem „Status thymico-lymphaticus" morphologisch fassen zu können. Diese Annahme muß heute als unhaltbar gelten[1]. v. KISS nimmt nun an, daß eine latente Tetanie mit ihrem Überwiegen der Kaliumionen („Kaliumherz" bei Tetanie) jene disponierende Körperverfassung darstelle. Diese Arbeitshypothese scheint sehr beachtlich, auch GARSCHE, der sich neuestens mit diesen Fragen beschäftigte, läßt sie zum mindesten für einen Teil der Fälle gelten (Erg. inn. Med. N. F. **1** [1949]). Zumal, wenn man bedenkt, daß diese Todesfälle einen *ausgesprochenen Frühjahrsgipfel* besitzen (MORO) und daß auch beim älteren Kinde Stoffwechselumstimmungen in tetanischer Richtung vorkommen, wie ich oben dargelegt habe, ist diese Annahme sehr plausibel.

In diese Vorstellung würden sich auch weitere Beobachtungen gut einfügen, worauf ich hier nochmals besonders verweisen möchte. Einmal kommt bei nachgewiesener latenter Tetanie ganz plötzlicher Tod durchaus nicht selten vor („Herztetanie"). War aber das Bestehen solch tetanischer Stoffwechselstörung vorher nicht festgestellt, so unterscheiden sich solche Todesfälle in nichts von der „Mors subita" ursprünglichen Sinnes. Insbesondere wird jeglicher pathologisch-anatomische Befund auch bei ihnen vermißt. Außerdem ist für die Mors subita auch eine Frontenauslösbarkeit mehrfach vermutet worden (vgl. S. 80 in Tab. 7); bei den Manifestationen der Spasmophilie ist dieser Meteorotropismus aber besonders ausgeprägt, wie S. 60 erörtert.

Mit ähnlichen „Mineralverschiebungen" hat STOLTE übrigens auch die im Frühjahr gesteigerte Disposition des Menschen zu sog. „*Erkältungskatarrhen*", bei denen sooft eine nachweisbare eigentliche Erkältungsursache vermißt wird, dem Verständnisse näherzubringen versucht.

Durch diese Mineralverschiebungen werde der Organismus „exsudativer", d. h. anfälliger im Sinne der exsudativen Diathese. STOLTE schlägt vor, dem durch eine antiexsudative, nicht mästende Winterkost und durch Kalkgaben vorzubeugen.

Man kennt solche Mineralverschiebungen auch nach experimentellen Quarzlampenbestrahlungen oder nach starken Besonnungen, nach denen andererseits ebenfalls solche Katarrhe auftreten (KLARES „Sonnenbronchitis"). Die Neigung zu Erkältungen wird durch winterliche Ultraviolettbestrahlungen allerdings *nicht* verringert, wie umfangreiche Untersuchungen gegenüber unbestrahlten Kontrollpersonen gezeigt haben (DOULL und Mitarbeiter, Amer. J. Hyg. **13**, 460 [1931]).

Wir sehen also an den bisher behandelten Frühjahrsfolgen jedenfalls ganz allgemein das Ausheilen der Winterschäden, wobei vorübergehend

[1] Auf die zwingenden Gründe hier einzugehen, welche die Aufgabe dieser Lehre veranlassen, würde zu weit führen. Verf. hat diese andernorts (Med. Klin. **1929**, 838, und Med. Welt **1937**, 945) ausführlicher erörtert.

Krankheitsprozesse als stoffwechsel-chemische Folgen dieser Heilungsvorgänge auftreten können. Wir sehen aber auch bei allen diesen Fragen, wie *Physiologisches und Pathologisches fließend ineinander übergehen.*

Vielleicht gehören gerade diese Erkenntnisse auf dem Grenzgebiete zwischen beidem zum ärztlich Interessantesten der Meteorobiologie. Für den diesen Stoffwechselproblemen ferner Stehenden mag erwähnt sein, daß die genannten Änderungen im Phosphat- und Kalkstoffwechsel nur wesentliche Symptome, keineswegs aber alle in der Winter-Frühjahrs-Relation erfolgenden Mineralverschiebungen darstellen. Auch hier liegen ja insgesamt Eingriffe in außerordentlich komplizierte Vorgänge des Mineralstoffwechsels vor.

ε) Die wiederkehrende Dornostrahlung als hormonaler Reiz. Schon bei Besprechung des Zustandekommens der Tetanie wurde die Bezeichnung „Reiz" zur Kennzeichnung der ausgelösten Reaktion gebraucht. Immerhin wirkte der Reiz nur als vorübergehende Auslösung einer pathologischen Reaktion, nämlich einer kompensatorischen Stoffwechselschwankung im Sinne der Tetanie. Sie führte dann zur Ausheilung der Grundkrankheit bzw. der Winterschäden.

An diesen Wirkungstyp schließen sich allerdings unscharf begrenzt eine Vielzahl von Frühjahrswirkungen an, deren vorübergehender Charakter weniger durch das Ausheilen von Winterschäden erklärt erscheint. Hier erfolgt vielmehr ein *Zurückpendeln* in eine der Winterlage im ganzen ähnliche „Sommerlage". Diesen Vorgängen gegenüber wird man also vielmehr die Vorstellung vom Reiz und seiner nach Gewöhnung abklingenden Wirkung anzuwenden haben. *Auch hier ist es allerdings die winterliche Strahlenarmut, welche die Grundbedingung für die Reizwirkung schafft.* Das zu bedenken ist deshalb von allgemeinem, meteorobiologischem Interesse, als damit eine ganz **neue Form jahreszeitlicher Wirkung** sich kundgibt, eine Form, die man bisher viel zu wenig beachtet hat. Für die Aufklärung des jahreszeitlichen Gipfels einer Krankheit war man bisher allgemein geneigt, eine klimatische Eigenart eben *dieser* Jahreszeit zu suchen und sie für den Gipfel verantwortlich zu machen.

Was hingegen – unter solchen Gesichtspunkten – dem Frühling seine meteorobiologische Eigenart gibt, ist keineswegs eine irgendwie schwerfaßbare, klimatische Besonderheit, sondern lediglich sein *Kontrast* zum Klima des Winters. Es ist zwar die im Frühling wiederkehrende Dornostrahlung, die ihre große biologische Wirkung entfaltet; aber sie kommt nur dadurch zur Wirkung, daß die winterliche Strahlenarmut voraufgeht. Oder, wie Verf. es einmal banal ausdrückte: „*Ein Frühling kann niemals ‚an sich', sondern nur in seinem Gegensatze zum vorausgehenden Winter existieren.* Ein ewiger Frühling würde sich selbst töten, er würde ein Dauerklima darstellen, mit dem der Organismus sich bald in einer Ruhestellung abfinden würde."

In der einfachsten Form scheint die Vorstellung der „Reizwirkung“ der wiederkehrenden Dornostrahlung sich darin zu zeigen, daß die **Erythemempfindlichkeit der Haut** auf Sonnen- und künstliche Ultraviolettstrahlung im Frühjahr ein *Maximum* besitzt (Untersuchungen von ELLINGER an über 600 gesunden Erwachsenen). Doch schon hier bestehen verwickeltere Beziehungen zu den nächsterörterten Frühjahrswirkungen; sie beweisen, daß schon bei dieser einfachen Reaktion die Verhältnisse nicht so einfach sind, wie etwa bei lichtempfindlichem Papier, als das die Haut für den wenig biologisch Denkenden leicht erscheint.

Die Erythemschwelle ist nämlich kleiner bei Menschen mit übererregbarem vegetativem Nervensystem (den „*Vegetativ-Stigmatisierten*“, „*Basedowoiden Typen*“, kurz „*B-Typen*“ genannt). Diese vegetative Erregbarkeit aber steigt, wie wir noch sehen werden, selbst im Frühjahr an. Endlich verringert sich diese Erythemschwelle bei *Tuberkulösen* mit zunehmendem Grade der Tuberkuloseaktivität, und auch dieser steigt vielfach im Frühjahr seinerseits an (vgl. ebenfalls später).

Als weitere greifbare Folge der wiederkehrenden Dornostrahlung muß es zu einer Umstellung der **Schilddrüsentätigkeit** kommen, wie oben schon dargelegt wurde. Zweifellos gehen von hier in erster Linie Beziehungen zum Jahresgange der typischen Hyperthyreose, der **Basedowschen Krankheit.**

Dazu möchte ich allerdings betonen, daß damit nicht etwa die „Ätiologie“ dieser Krankheit, an deren Entstehung ja sicherlich eine verwirrende Vielzahl von Faktoren beteiligt ist, eine einfache Aufklärung finden soll. Wie ich ganz allgemein vor Einseitigkeit und Übertreibung meteorobiologischer Erkenntnisse auch hier wieder warnen möchte. Was wir anstreben, ist die langsame und vorsichtige Herausschälung atmosphärischer Einflüsse *neben* den vielen weiteren, bekannten und unbekannten Faktoren, die am Leben angreifen.

Ein Sommerminimum und ein Anstieg im Winter-Frühling wurde bei der Basedowschen Krankheit vielfach beobachtet (BREITNER, HUTTER, RUSZNYAK, OEHME und PAAL, JACOBOWITZ [über 900 Hyperthyreosen, besonders Basedowfälle der Jahre 1908–1930 der Medizinischen und Chirurgischen Universitätsklinik Heidelberg], HAUBOLD). Wichtig erscheint, daß bei sämtlichen verarbeiteten Fällen der Erkrankungs*beginn* zugrunde gelegt wurde, nicht die Zeit der Klinikaufnahme. An der so ermittelten Jahresverteilung ist am eindrucksvollsten eine tiefe Einsenkung in den Sommermonaten im Anschluß an einen Gipfel im Mai. JACOBOWITZ ebenso wie BREITNER konnte auch zeigen, daß diese Kurve der Erkrankungsbeginne sich keineswegs mit jener der Klinikaufnahmen deckt. Dies scheint wichtig.

HIRSCH hatte nämlich an Hallenser Fällen einen Juli-August-Gipfel der Basedowschen Krankheit festgestellt, und zwar sowohl hinsichtlich Zahl als auch Schwere der Erkrankung, die sich namentlich auch in der stärkeren Steigerung des Grundumsatzes ausdrückte (+ 45,2% im Juli—August gegen 16,6% im November—Dezember im Mittel von 106 Fällen). HIRSCH hat diesen Untersuchungen aber den Monat der Krankenhausaufnahme zugrunde gelegt, so daß sein Krankengut mit jenem von JACOBOWITZ nicht ohne weiteres vergleichbar ist, wenngleich pathogeographische Unterschiede zwischen Halle und Heidelberg das verschiedene Ergebnis mitbedingen könnten (OEHME). Weiß man ja auch seit langem, daß das Vorkommen von Basedowscher Krankheit regionär große Unterschiede aufweist.

Krankheiten, welche zur vegetativen Innervation jedenfalls Beziehungen haben, zeigen ebenfalls einen Winter-Frühjahrs-Gipfel: *Magen- und Duodenalgeschwüre* (mit nicht ganz einheitlichen Befunden HUTTER, EINHORN, ELLINGER, GEBHARDT und RICHTER), *Pylorospasmus* der Säuglinge (BAYER im Gegensatz zu WIEDHOPF und BRÜHL), *akutes Glaukom* (H. FISCHER), *Chorea minor* (KRÖNIG, WIDENBAUER).

In engstem Zusammenhange mit den angedeuteten hormonalen Umstimmungen steht ohne Zweifel jener seit bald 100 Jahren von Psychologen und Psychiatern, Juristen und Soziologen in ungezählten Belegen studierte Mai-Juni-Gipfel der Sexualität, der sich in der *Zahl der Konzeptionen und Sexualdelikte* ausprägt, aber auch der gleichzeitige Gipfel der *Selbstmordhäufigkeit*. In Tab. 24 sind einige Beispiele für diese frühjahrlichen **Änderungen des Seelenlebens** zusammengestellt, die seinerzeit MORO geradezu veranlaßten, vom Frühjahr als der „Zeit der inneren Sekretion" zu sprechen. Und „der Frühling erweist sich als die echte Brunstzeit der Hominiden", wie HELLPACH in seiner „Geopsyche" sagt, die viele Einzelheiten zu dem ganzen Problem enthält. An dieser Stelle mag nur noch an *Schillers „Frühjahrstraurigkeit"* mit Bezug auf die Selbstmorde erinnert sein, diese sicherlich wieder in mancher Korrelation zu Liebeserlebnissen in dieser Jahreszeit und zu einer durch die gesteigerte Frühjahrsaktivität erleichterten Enthemmung, die ja erfahrungsgemäß nicht selten bei Gemütskranken auch bisherige Selbstmordhemmungen beseitigt. Th. LANG hat zahlenmäßig gezeigt, daß anscheinend die frühjahrlich gesteigerte Sexualität ganz besonders stark bei biologisch primitiveren Menschengruppen im Sinne einer Brunstzeit in Erscheinung tritt, bei Menschen mit einer Neigung zu Affekthandlungen. Psychopathen und — was für die Familiarität solcher Brunstzeit spricht — auch deren Geschwister; aber auch Sittlichkeits- und Tätigkeitsverbrecher entstammen in einer den Zufall übertreffenden Weise und häufiger als andere Kriminelle Frühjahrskonzeptionen (d. h. Geburten im 1. Quartal).

Auf die Frage weiterer Einflüsse des Geburts- bzw. Konzeptionsmonats soll S. 222 im Zusammenhange noch etwas eingegangen werden.

Über innersekretorische Einflüsse gehen ganz sicherlich Änderungen in der gesamten (vegetativen) **Gefäßinnervation** und damit im Verhalten des Kreislaufsystems. Ein leichtes *Blutdruckmaximum* gesunder Erwachsener im Januar bis April (HOPMANN und REMEN) dürfte mit dieser innersekretorischen Umstimmung in Verbindung stehen, obgleich die Monatsmittelwerte nur um wenige Millimeter schwanken. Deutlicher

Tabelle 24. *Jahreszeitliche Änderungen des Seelenlebens in ihrer Auswirkung auf Konzeptionen, Sexualdelikte, Selbstmorde.*

Verteilung von 2 250 011 Geburten in Bayern 1905–1914[1]				Konzeptionen in Frankreich 1827–1869[2]	Verteilung von je 1200[3]		
Geburtsmonat	Geburtenzahl je 1200 pro Jahr	Geburten %	Zeugungsmonat		unehelich. Konzeptionen in Deutschland 1872–1883	Sexualdelikten in Deutschland 1883–1892	Selbstmorden in Preußen 1876–1878 1880–1882 1885–1889
1	2	3	4	5	6	7	8
Oktober	95,79	7,97	*Januar*	7,84	92	65	74
November	93,88	7,84	*Februar*	8,02	95	64	80
Dezember	94,48	7,68	*März*	7,85	105	79	94
Januar	99,49	8,27	*April*	8,69	**109**	111	119
Februar	**106,15**	8,89	*Mai*	**9,21**	**115**	**131**	**125**
März	**105,32**	8,78	*Juni*	**9,08**	107	**152**	**127**
April	103,65	8,61	*Juli*	8,76	103	**142**	118
Mai	101,05	8,43	*August*	8,25	100	134	110
Juni	99,95	8,30	*September*	8,46	95	107	101
Juli	100,79	8,42	*Oktober*	7,91	92	85	94
August	98,26	8,18	*November*	7,89	87	67	84
September	101,71	8,45	*Dezember*	8,02	100	63	74

[1] Nach Theo Lang: Arch. Rassenbiol. 25, 42 (1931).

[2] Nach W. Hellpach: Geopsyche, 6. Aufl., Stuttgart 1950; maßgebend die Monate der Spalte 4.

[3] Nach O. Bumke: Gedanken über die Seele, Berlin 1941; die Zahlen z. T. umgerechnet auf je 1200 Ereignisse; maßgebend die Monate der Spalte 4.

steigt der *präkapillare Blutdruck* an: er schwankt im Januar zwischen 20 und 40 (Mittel 30) mm Hg, im Mai zwischen 50 und 65 (Mittel 55) mm Hg (Vogt). Das *Hautkapillarbild* zeigt im Vorfrühling und Frühling ganz besonders starke Schwankungen (Hagen, Bettmann). Die Erregbarkeit der *Hautvasomotoren*, gemessen am *Dermographismus*, nimmt zu (Kirsch).

Der besonders von Moro sowie Memmesheimer gezeigte Frühjahrsgipfel des **Ekzems** mag hier angefügt sein, obwohl sein Zustandekommen sicherlich auf noch viel komplizierteren Umstimmungen im Körpergeschehen beruht. Die *Leinersche Erythrodermie* junger Säuglinge hat übrigens ein vom Ekzem völlig getrenntes Saisonverhalten (Kammer, Salm).

Der **Tod an Kreislaufkrankheiten,** der in der nördlich-gemäßigten Zone allerorts nach sorgfältigen statistischen Erhebungen von S. Koller einen sehr ausgeprägten Dezember-März-Gipfel hat, ist wahrscheinlich hier anzureihen. Dieser gilt insbesondere auch für die *Apoplexie* (Hans Schmidt, Hanse, Kaufmann), wobei sich gelegentlich noch ein schwächer ausgeprägter Oktobergipfel zu zeigen scheint (Hanse, Bartel).

Der gehäuften „tetanoiden Reaktionen" wurde oben schon gedacht; sie könnten ebensogut hier genannt werden, da sie sicherlich nicht allein Beziehungen zum Mineralsalzstoffwechsel haben.

Aber nicht nur Gefäßsystem und elementare chemische Blutbestandteile zeigen jahreszeitliche Änderungen. Das Blut scheint überhaupt nach mannigfacher Hinsicht jahreszeitliche Verschiedenheiten im Stoffwechsel widerzuspiegeln, deren Genese (innersekretorische oder über Organinnervationen?) wir noch kaum ahnen, deren Kenntnis indes für eine wirkliche Jahreszeitenphysiologie von großem Interesse sein müßte.

Seit Jahrzehnten wird da und dort darauf hingewiesen, daß vom Winter zum Frühjahr bzw. Sommer ein **Hämoglobin**anstieg erfolge (FINSEN, OERUM).

Bei gesunden Säuglingen konnte FAXÉN das nicht bestätigen bzw. lagen die Unterschiede bei statistischer Auswertung durchweg innerhalb der Fehlergrenze. FAXÉN weist auch darauf hin, daß winterlich gehäufte Infekte bei Säuglingen einen „physiologisch" erscheinenden Hämoglobinabfall über die bekannte leichte sekundäre Anämie vortäuschen können.

Für den Organismus jenseits des 3. Lebensjahres ist neuerdings das Vorkommen jahreszeitlicher Schwankungen des Hämoglobins und des Serumeiweißes durch mehrjährige systematische Untersuchungen an über 68000 Städtern gesichert worden, über welche DEPNER berichtet hat.

In den Jahren 1946–1948 wurden durch die Medizinalabteilung des hessischen Innenministeriums an über 68000 Personen jenseits des 3. Lebensjahres aus 10 größeren Städten Hessens durch besondere Untersuchergruppen systematische Blutuntersuchungen durchgeführt. Es handelte sich um Routineuntersuchungen mit der für solche Zwecke besonders von LOEWY ausgearbeiteten Methode der Bestimmung des spezifischen Gewichts eines Serumtropfens als Test für das Serumeiweiß und eines Bluttropfens als Test für Hämoglobin, was für die Beurteilung der festgestellten Schwankungen zu wissen wesentlich scheint.

Die Meßresultate wurden dann quartalsweise zunächst nach Altersklassen und darin wieder nach Geschlecht arithmetisch gemittelt; jeder dieser Bevölkerungsklassen kam außerdem ein gewisser Anteil an der Gesamtbevölkerung zu; dieser Anteil war maßgebend für das „Gewicht", mit dem der zugehörige Mittelwert in das arithmetische „standardisierte" Quartalmittel einging. Die großen Ausgangszahlen ermöglichten eine statistische Sicherung selbst sehr kleiner Differenzen. (Die statistische Bearbeitung des Gesamtmaterials erfolgte unter Leitung von K. FREUDENBERG.)

Das eindrucksvolle Ergebnis ist in Abb. 35 und 36 wiedergegeben.

Wie ersichtlich ergaben sich *sehr regelmäßige Jahresschwankungen sowohl des Hämoglobins wie des Serumeiweißes* mit jeweils kalendermäßigem Tiefpunkt im Spätsommer (3. Quartal), einem leichten Anstieg vom 3. zum 4. Quartal, einem stärkeren Anstieg vom 4. zum 1. Quartal. In den Jahren 1946 – 1948 steigt dabei der Trend des Hämoglobinminimums, der des Serumeiweißminimums sowohl wie -maximums hingegen fällt. DEPNER betont, daß es sich hier wohl um physiologische Schwankungen handelt und nicht um bloße Ernährungseinflüsse der Nachkriegsjahre, da sonst ein gleichlaufender Trend für beide Werte, nämlich ein gleichzeitiges Absinken oder Steigen von Hämoglobin *und* Serumeiweiß zu erwarten gewesen wäre.

Über die Genese dieser Schwankungen ist bis heute nichts bekannt. Schon früher hatten sich keinerlei Anhaltspunkte für Strahleneinflüsse ergeben, an die man wegen eines Hämoglobinanstieges vom Winter zum Frühling (das wäre vom 1. zum 2. Quartal) gedacht hatte.

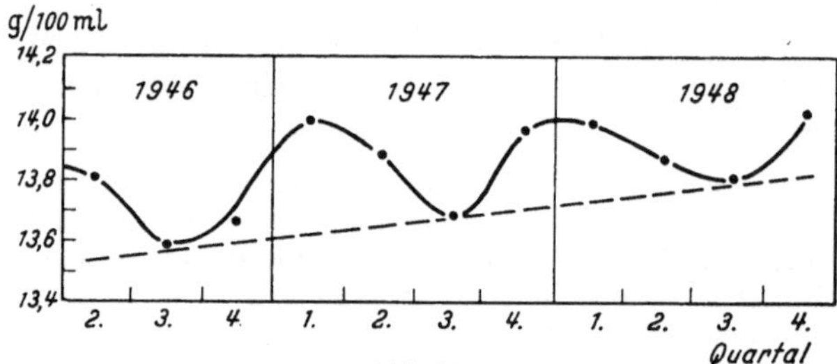

Abb. 35.
Standardisierte Vierteljahresdurchschnitte der *Hämoglobinwerte* (in g/100 ml Blut) der Bevölkerung Hessens auf Grund von 68000 Bestimmungen (nach DEPNER).

Die Versuche, durch Dunkelheit ein Absinken des Hämoglobins oder durch Bestrahlung (einschl. Ultraviolettbestrahlung) einen Anstieg zu erreichen, sind völlig widersprechend (OERUM, ASCHENHEIM und MEYER, vgl. besonders die Zusammenstellung bei FAXÉN). GROBER und SEMPELL haben auch an Bergwerkspferden, die jahrelang unter Tag arbeiten, bewiesen, daß Lichtmangel beim Säugetierorganismus zu keinem Hämoglobinabfall führt.

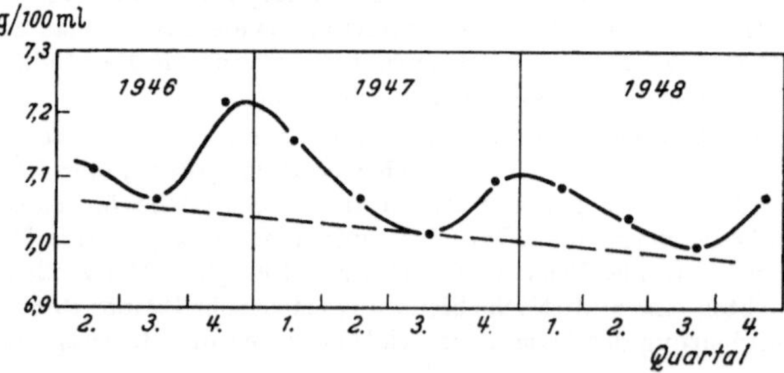

Abb. 36.
Standardisierte Vierteljahresdurchschnitte der *Serumeiweißwerte* (in g/100 ml Blut) der Bevölkerung Hessens auf Grund von 68000 Bestimmungen (nach DEPNER).

Nach den von DEPNER berichteten Befunden wird man den sommerlichen Tiefpunkt *beider* Blutbestandteile, des Hämoglobins und des Serumeiweißes beachten, was jedenfalls auch gegen die einfache Vorstellung von hämoglobinförderlicher Strahlung spricht. Man wird aber auch daran zu denken haben, daß beide Blutbestandteile vom einfachen Wassergehalt des Blutes abhängen, d. h. bei stärkerer Hydrämie automatisch eine Senkung beider Bestandteile erfolgen würde. Die Vorstellung einer *sommerlichen Hydrämie*, die durchaus physiologisch sein kann, würde immerhin gestützt durch die oben bereits erwähnten klinischen Erfahrungen einer sommerlich gesteigerten Ödembereitschaft bei abnormer Belastung des Kreislaufes (Gravidität [SCHWALM], Herzleiden [SARRE und STEINEBACH]), ja die pathologischen Vorgänge würden durch die Annahme einer gewissen physiologischen sommerlichen Hydrämie sogar verständlich. Für weitere Urteile wird man weitere Befunde abwarten müssen.

BÁNOS fand ein Minimum des *Prothrombins* im Blut (an 840 Kindern aller Altersstufen in Debrecen-Ungarn) im Herbst (September bis Dezember), dessen Zustandekommen nicht bekannt ist.

Auch jahreszeitliche Änderungen zellulärer Blutbestandteile sind bekannt.

Mein ehemaliger Mitarbeiter ROMEYKE hat laufende Blutuntersuchungen an 33 Gesunden von Januar bis Juni 1933 durchgeführt und konnte nachweisen, daß die Mittelwerte für *eosinophile Zellen* vom Winter zum Frühjahr deutlich ansteigen, um im beginnenden Sommer wieder nahe bis zu den Ausgangswerten zurückzupendeln (Abb. 37). Die gleichsinnige Wirkung von Ultraviolettbestrahlung nach vorausgehendem Dunkelleben hat dann mein Mitarbeiter TONACK in Tierversuchen nachgewiesen. Den gleichen Gang — Anstieg im Frühjahr, Rückgang zum Sommer — weisen die *Blutretikulozyten* auf (FRIEDLÄNDER und WIEDEMER, LEVINE, GRUNKE und DIESING). Die Zahl der *Polynucleären* soll von einem Januarminimum zu einem Septembermaximum ansteigen (MACLEOD).

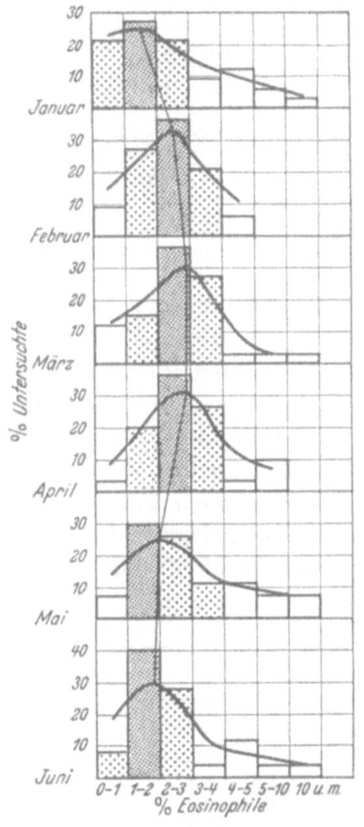

Abb. 37. Häufigkeitsverteilung der verschiedenen Prozentanteile *eosinophiler Zellen* im Blutbilde von Januar bis Juni bei Gesunden (nach DE RUDDER und ROMEYKE).

Mancherlei Versuche scheinen außerdem dafür zu sprechen, daß das Ultraviolett auch den *Immunkörperbestand des Organismus* beeinflußt (vgl. S. 240). Beachtenswert ist hier auch das im Frühling häufiger erfolgende *Positivwerden der Wassermannschen Reaktion* bei Syphilitikern (SPILLMANN). An dieser Stelle mag

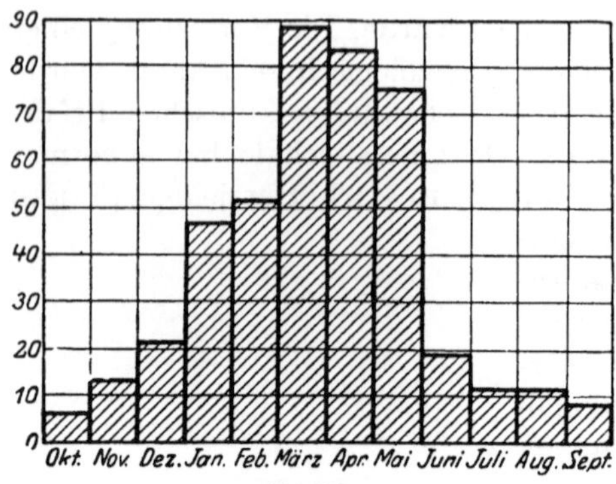

Abb. 38.
Die Verteilung der in der großen dänischen Statistik (Dr. Blegvad) registrierten 434 *Xerophthalmie-Keratomalacie*-Fälle auf die Monate des Jahres. (Nach Stepp-György, Avitaminosen.)

noch ein Befund von Lambin und Gerard angefügt sein, wonach *akute Leukosen* des Erwachsenen einen Oktober-Februar-Gipfel besitzen; für kindliche Leukosen trifft das nicht zu. Naturgemäß kann solches vorerst nur registriert werden.

ζ) Grenzgebietliche Fragen zur Winter-Frühjahrs-Biologie. Mit den genannten Erscheinungen einer Frühjahrseosinophilie und einer Frühjahrsretikulozytose sind wir nahe an Fragen allgemeiner Reaktionsbereitschaften und Reaktionslagen des Körpers herangelangt, zu denen sicherlich Beziehungen bestehen und die größtes praktisches Interesse beanspruchen.

Wir werden auf solche Einflüsse gleich noch zurückkommen. Es wäre vorher nur noch einer theoretischen Interpretation des Frühjahrsgipfels von **A-Avitaminosen** zu gedenken, welche sich unmittelbar an die Fragen der frühjahrlichen Wachstumsbeschleunigung und der Reizwirkung der wiederkehrenden Dornostrahlung anschließt. C. Bloch hat die Vorstellung entwickelt, daß das Auftreten einer Avitaminose nicht nur abhängt von der Zufuhr, sondern auch vom Verbrauch an Vitaminen. Da nun die A-Avitaminosen **Hemeralopie** (Nachtblindheit), **Xerophthalmie** und **Keratomalacie** (Abb. 38) ein Maximum zur Zeit des stärksten Längenwachstums zeigen (Abb. 39), sah Bloch in dem frühjahrlich gesteigerten Vitaminverbrauch (bei noch mangelnder Zufuhr) die Ursache dieses Zusammentreffens.

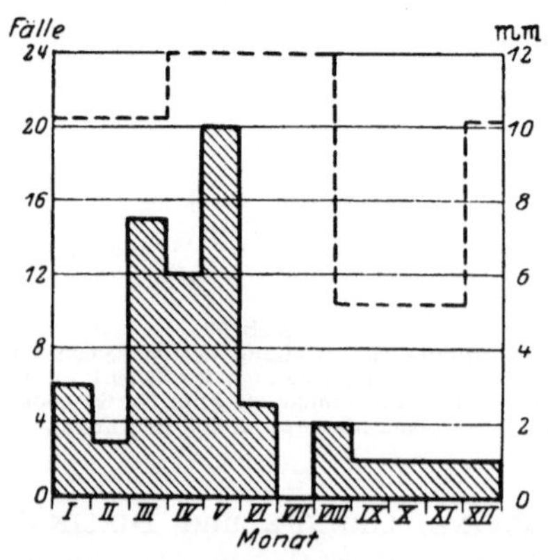

Abb. 39.
Die jahreszeitliche Schwankung der *Xerophthalmie-Morbidität in Beziehung zu der des Wachstums* (Nach C. Bloch.) Die nicht ausgezogene Linie entspricht dem durchschnittlichen Längenwachstum in Millimeter; die schraffierten Säulen geben die Zahl der von C. Bloch beobachteten Xerophthalmiefälle an. (Aus Stepp-György, Avitaminosen.)

Das zeitliche Zusammentreffen wäre dafür kein Beweis, es könnte sich hier wieder um eine der obengenannten Scheinkorrelationen handeln.

Aber es gibt andere Beobachtungen, welche für die Blochsche Theorie sprechen. So hat R. Wagner in Tierversuchen gezeigt, daß Gaben von Schilddrüsen, die zu einer Stoffwechselsteigerung führen – man erinnere sich hier der obengeschilderten Beziehungen –, das Auftreten von Xerophthalmie beschleunigen. Und AYKROYD glaubte beim Menschen nach intensiven Sonnenbestrahlungen ein vermehrtes Auftreten leichter A-Avitaminosen feststellen zu können.

Hier eröffnen sich neue Beziehungen zwischen Vitaminen – innerer Sekretion – Dornostrahlung.

Bei den sich gerade überstürzenden Entdeckungen auf dem Gebiete der Vitamine ist diese Frage heute noch ganz im Flusse, trotzdem zeigen sich schon wenigstens weitere grundsätzliche Beziehungen.

So konnte WENDT zeigen, daß bei Basedowkranken – an den Frühjahrsgipfel des Basedow sei hier erinnert – das A-Vitamin aus dem Serum verschwindet und mit Abheilung wieder auftritt. Es scheint also unter Tyroxinwirkung ein erhöhter A-Verbrauch zu erfolgen, und außerdem scheint die Schilddrüse die Bildung von A-Vitamin aus den entsprechenden Carotinen zu fördern.

Aber auch zwischen Schilddrüse und C-Vitamin haben sich eindeutige Beziehungen gezeigt. Schon IPPEN hat solche vermutet. OEHME sowie PAAL und BRECHT konnten in Tierversuchen nachweisen, daß von der Nebennierenrinde, die ja C-Vitamin (Ascorbinsäure) in besonders hohem Maße enthält, ein Antagonismus zum Thyroxin ausgeht. Der eine dieser antagonistisch wirkenden Stoffe hat sich als die Ascorbinsäure erweisen lassen.

Da hier die Beziehung zum Vitaminstoffwechsel nur als Tatsache interessiert, soll auf zahlreiche Einzelheiten hier nicht weiter eingegangen werden (umfangreiche weitere Literatur findet sich in den genannten Arbeiten angegeben).

Wieder treffen wir also hier, nachdem die Analyse von Lebensvorgängen eine Reihe von Tatsachen gezeigt hat, beim Versuch einer Synthese jene fast unentwirrbare, netzförmige Verflechtung aller Lebensvorgänge. Schon vor eineinhalb Jahrhunderten hat kein Geringerer als KANT diese für biologische Vorgänge geltende wechselseitige Beziehung mit klaren Worten ausgedrückt, „welches eine ganz andere Art der Verknüpfung ist als die, welche nur im Verhältnis der Ursache zur Wirkung angetroffen wird". Die Teile in einem Körper seien „einander koordiniert, nicht subordiniert, so daß sie einander nicht einseitig wie in einer Reihe, sondern wechselseitig als in einem Aggregat bestimmen". Auf diese fast seherische Erkenntnis KANTS hat F. HOFF (auf dem Wiesbadener Kongreß 1937) hingewiesen.

Fragen einer jahreszeitlichen Schwankung der **Vitaminzufuhr** sind natürlich überhaupt ganz besonders beim Problem des Winter-Frühjahrs-Gipfels von Krankheiten diskutiert worden. In einer Zeit, in der von 20 und mehr chemisch streng definierten Substanzen der verschiedensten

Konstitution der Vitamincharakter, d. h. die für den Organismus bestehende Notwendigkeit äußerer Zufuhr feststeht, ist natürlich mit allgemeinen Redewendungen von „Vitaminarmut", „Vitaminzufuhr" u.dgl. nicht mehr auszukommen. Vergegenwärtigt man sich das, dann zeigt sich, daß für die hier erörterten Probleme überhaupt nur einige der klassischen Vitamine übrigbleiben, nämlich der A-Faktor, der C-Faktor und der B-Komplex (die D-Faktorfragen sind oben schon erörtert). Es sind das auch die Faktoren, die der Laie annähernd meint, wenn er von „Vitaminen" spricht. Die Zufuhr dieser Stoffe erfolgt unter physiologischen Verhältnissen durchweg durch die Nahrung. Dabei treten allerdings innerhalb verschiedener Bevölkerungsgruppen je nach den in ihnen üblichen Ernährungsverhältnissen große Unterschiede auf. Das gilt ganz besonders für das antiskorbutische Vitamin, den C-Faktor; darauf hat namentlich BRAUER schon vor Jahren hingewiesen. Es steht heute fest, daß die *C-Faktorzufuhr* in den Frühjahrsmonaten ihr Minimum erreicht, und TRIER konnte unmittelbar an über 800 Patienten nachweisen, daß der Ascorbinsäuregehalt des Blutes im April bis Juni ein Minimum hat.

Bekanntlich kommt diese C-Faktorabsenkung im Frühjahr durch die nunmehr weitgehend C-verarmte Nahrung zustande, das Fehlen von pflanzlichen Frischnahrungsmitteln in der Nahrung des Menschen aber auch in der unserer milchliefernden Tiere. Selbst die Kartoffel, für das Gros der Bevölkerung der geläufigste, regelmäßigste und billigste C-Faktorspender, hat um diese Zeit ihren Gehalt an diesem Vitamin ziemlich vollständig eingebüßt.

So zeigt die klassische Avitaminose, dort wo sie überhaupt vorkommt, der *Skorbut* dann auch in der Regel einen Frühjahrsgipfel (DISQUÉ). In unserer Bevölkerung spielte der Skorbut höchstens in Notzeiten (Nachkriegsjahren) eine Rolle, und selbst dann blieb diese noch sehr bescheiden. Etwas häufiger sind sicher präskorbutische Zustände mit nur angedeuteten Symptomen.

Sie sind beispielsweise in gemeinschaftsverpflegten Volksteilen (Truppen Lagern, Krankenhauspersonal) nicht ganz selten für den aufmerksamen Beobachter zu erkennen.

Um aber die Bedeutung einer spätwinterlichen C-Verarmung des Organismus auf Saisonschwankungen anderer Krankheiten zu erweitern, wie das versucht wurde, ist mancherlei zu beachten. Schon die physiologisch „notwendige" Menge scheint eine ziemliche Breite zu besitzen, deren Bestimmung durch Vitaminspeicherung sehr erschwert wird. Über die gegenseitigen Beeinflussungen, die Korrelationen der einzelnen Faktoren wissen wir erst Andeutungen. Die Übertragung von Tierversuchserfahrungen auf den Menschen ist hier besonders schwer, da schon in der Säugetierreihe der Bedarf an den einzelnen Faktoren ungemein starkem Wechsel unterliegt. Daß ein Rat reichlicher Zufuhr von Reinstvitaminen und Kombinaten von der pharmazeutischen Industrie aufgegriffen und zur Reklame kräftig benutzt wird, weiß jeder Arzt, was sicherlich zu den zeitweise stärksten Übertreibungen der ganzen Vitaminfragen beigetragen hat.

Es gibt zudem auch *andere jahreszeitliche Schwankungen in der Ernährung*, z. B. hinsichtlich der sauren und basischen Valenzen der Gesamtkost. Bei Laboratoriumstieren ist darüber einiges bekannt (etwa von MAYER und SULZBERGER), beim Menschen hingegen kaum Exaktes.

In sehr exakten Messungen an 2 Versuchspersonen hat dann DRESLER eine jahreszeitliche Änderung des Maximums der *spektralen Helligkeitsempfindung* festgestellt; das Maximum liegt im Winter bei einer längeren Wellenlänge als im Sommer.

„Praktisch hat das zur Folge, daß zwei unmittelbar benachbarte Flächen, von denen eine mit Tageslicht, die andere mit Glühlampenlicht beleuchtet wird, wenn sie im Sommer auf gleiche Leuchtdichte eingestellt werden, im Winter unter den genau gleichen Beleuchtungsverhältnissen verschieden hell aussehen müssen, und zwar wird die vom Glühlampenlicht beleuchtete Fläche etwas heller aussehen als die vom Tageslicht beleuchtete.“

DRESLER vermutet Beziehungen zum A-Faktor, wobei allerdings auffällt, daß im August schon wieder Werte vom März erreicht werden.

Von einer merkwürdigen Abhängigkeit der klassischen B_1-Avitaminose, der *Beri-Beri*, von Umweltbedingungen war S. 186 schon die Rede.

Irgendwie greifbare Zusammenhänge zwischen jahreszeitlich schwankender Zufuhr eines der klassischen Vitamine (A, B-Komplex, C) und dem Vorkommen anderer Krankheiten als den entsprechenden Avitaminosen und Hypovitaminosen sind bis heute jedenfalls nicht bekanntgeworden. Es ist aber durchaus zuzugeben, daß im Rahmen einer bisher ja insgesamt kaum bearbeiteten Jahreszeitenbiologie des Menschen auch manche Erkenntnisse in dieser Richtung lägen.

Nur *anhangsweise*, rein deskriptiv, d. h. ohne vorerst die Tatsachen in ein allgemeines Geschehen pathogenetisch einbauen zu können, sind dann noch jahreszeitliche Schwankungen einiger Krankheiten anzuführen: einen Frühjahrsgipfel besitzen nach BETTMANN einige seltenere Hautkrankheiten, nämlich *Lichen ruber planus*, *Prurigo simplex* und *Prurigo chronic. Hebra*. Ein deutlicher Wintergipfel des *Asthmas* scheint ebenfalls zu bestehen (WIECHMANN und PAAL). Ein Frühjahrsgipfel der *Appendicitis* (KROGIUS für Helsingfors, DUKS für Winterthur) scheint zu inkonstant, als daß man schon von einer echten Saisonkrankheit sprechen könnte; ein Gipfel fehlt, z. B. für Würzburg (SEIFERT), und ist ganz unregelmäßig oder fehlend in Wien (RAPPERT). Auch für tödliche Appendicitis-Komplikationen fand JÁKI keine Jahreszeitenabhängigkeit. Ebenso unsicher oder inkonstant sind die Angaben für *epileptische Anfälle* (AMMANN, DRETLER), sowie für *Gestationseklampsie*.

Die von NORDMEYER vermutete winterliche Verlängerung der *Geburtsdauer* konnte von HOSEMANN an dem großen Material der MARTIUSschen Klinik nicht bestätigt werden.

Diesen Abschnitt beschließend noch einige Worte zu der nach S. 213 zu streifenden Frage eines *Zusammenhanges des* **Geburtsmonats** mit bestimmten (meist seelischen) Erkrankungen oder auch Begabungen. Es gibt dazu einige zunächst jedenfalls merkwürdig anmutende Angaben in der Literatur (BLONSKY für Intelligenzleistung von Kindern; TH. LANG für Kropfbefallensein; TRAMER für Geisteskrankheiten; W. F. PETERSEN für Mißbildungen, Tuberkulosesterblichkeit, Begabungen [„Men of science"], Schwachsinn; McKEOWN und RECORD für bestimmte, keineswegs alle Mißbildungen). Die angeblichen Geburtsmonatsunterschiede bei verschiedenen Geisteskrankheiten (TRAMER, W. F. PETERSEN) konnte übrigens TH. LANG nicht bestätigen.

Soweit es sich hier nicht um Folgen der S. 213 erörterten Frühjahrsbrunstzeit handelt, die an gewissen Trägern erblicher Eigenschaften stärker als an der Durchschnittsbevölkerung zum Ausdruck kommen kann, müssen diese Angaben mit modernsten statistischen Methoden gesichert sein, bevor man sie als Tatsachen bucht, für die ja dann eine wissenschaftliche Interpretation gesucht werden muß.

Es ist solchen Feststellungen gegenüber zu bedenken, daß es sich ausnahmslos um Fragen handelt, die sich jeder unmittelbaren, ja selbst jeder eindrucksgemäßen Beobachtung entziehen, Fragen, die nur durch statistische Erfassung in der Art von Summenjahren zu gewinnen sind, für die S. 129 Methodisches ausgeführt ist.

Verf. hat *methodische Versuche* zur Frage des Geburtsmonates an 3300 Kindern durchgeführt, für deren Krankheit eine irgendwie geartete Korrelation zum Geburtsmonat bestimmt von vornherein auszuschließen war. Als Test dienten nämlich Masernkranke und z. T. auch Diphtheriekranke. Masern machen bekanntlich 95% aller Menschen 14 Tage nach ihrem ersten Kontakt mit einem Kranken durch, und da dieser Kontakt stets ganz unabhängig vom Geburtsmonat stattfindet – sogar in Epidemiezeiten sind Masern im 1. Lebensjahr wegen des geringen Kontaktes von Säuglingen mit anderen Kindern selten –, sind sie als Test ganz besonders geeignet.

Bei diesen Versuchen wurden die Auszählungen in verschiedenen Stadien unterbrochen und jeweils vorläufige Ergebnisse durchgerechnet. Ich verzichte auf Wiedergabe dieser Ergebnisse, empfehle aber jedem, der über solche Fragen zu arbeiten gedenkt, zunächst dieses oder ein ähnliches Experiment, zu dem sich auch Zickzackwege auf Tab. 15 und daran angeschlossene Schüttelversuche sehr eignen. Man erkennt dann rasch, daß noch bei einem Material von 2000 Fällen erstaunliche zufällige Schwankungen auftreten.

Die bisher mitgeteilten, durch einfache Summation gewonnenen Befunde erinnern sehr an die schon erwähnten mondperiodischen Rhythmen, für deren Nichtexistenz HOSEMANN den statistischen Beweis unlängst erbringen konnte.

η) Jahreszeitliche Allergieschwankung und verwandte Probleme. Seit Jahrzehnten ist eine Frühjahrssteigerung der Tuberkulosesterblichkeit in Ländern der nördlich-gemäßigten Zone mit einem Maximum etwa im März–Mai eine geläufige Erscheinung. Die Abb. 52 (S. 250) zeigt denselben in sehr schöner Ausprägung.

In Krankenanstalten fällt ein Frühjahrsgipfel ganz besonders bei akuten Tuberkuloseformen auf. Dieser war daher besonders häufig Gegenstand der Bearbeitung. HARTWICH fand den Frühjahrsgipfel unter Obduktionen bei der *Miliartuberkulose*; gleiches zeigte die Häufigkeit der **Meningitis tuberculosa** in fast allen Städten bzw. Gegenden der nördlich gemäßigten Zone (REDLICH, H. KOCH, HOLT, ALBINGER, v. WANGENHEIM u. v. a.) (vgl. Abb. 40 a). Nur STELLING konnte ihn für Kiel nicht bestätigen. PÉHU und DOUFORT sprachen von „véritables vagues de meningite", welche im Frühjahr die Krankenhäuser überfluten. Für das *tuberkulöse „Frühinfiltrat"* sind die Angaben widersprechend, REDEKER fand einen Gipfel im April bis Juni, HRISS im Dezember–Januar; das mag einmal an der bekannten diagnostischen Unsicherheit des sog. Frühinfiltrates liegen, zum anderen daran, daß Zeitpunkt des Auftretens und Zeitpunkt der Feststellung sich bei dem schleichenden Charakter des Frühinfiltrates wohl nur selten decken, für eine Saisonkrankheit aber die Zeitpunkte des Erkrankens entscheidend sind.

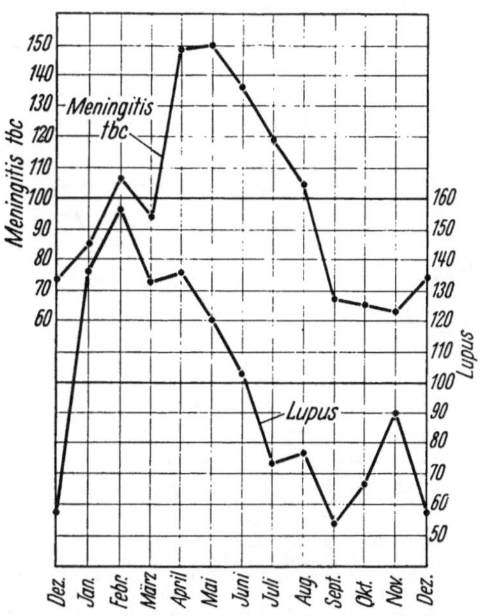

Abb. 40 a.
Frühjahrsgipfel *tuberkulöser Erkrankungen:* Monatlicher Erkrankungsbeginn (umgerechnet auf einen Monatsdurchschnitt von 100 Fällen) von *Meningitis tuberculosa*, 1580 Fälle (nach REDLICH sowie KOCH-Wien; ALBINGER sowie MOLL-Frankfurt/Main; v. WANGENHEIM-Hamburg; SIMON-Rheinland; HOLT-USA). Klinikaufnahmen von *Lupus*, 1531 Fälle des Rheinlandes (nach v. MALINCKRODT-HAUPT).

Für 1531 Lupusfälle der Jahre 1920–1929 aus den Kliniken Bonn, Köln und Düsseldorf hat v. MALINCKRODT-HAUPT eine eindeutige Zunahme der Klinikaufnahmen in den Winter–Frühjahrs-Monaten festgestellt (Tab. 25 und Abb. 40 a). Wenn es sich bei diesem Material auch nicht um Krankheitsbeginne handelt, so wird bei einem sichtbaren Krankheitsprozeß die Klinikaufnahme doch stark teils mit Krankheitsbeginn, vor allem aber mit Verschlimmerung korrelieren, so daß man insgesamt wohl nicht fehlgeht, wenn man auch für *Hauttuberkulosen eine Zunahme im Winter—Frühling* ansetzt, was sich zwanglos den übrigen Tuberkuloseerfahrungen einfügt.

Tabelle 25. *Monatliche Aufnahmen an Lupus 1920—1929 in Kliniken der Rheinprovinz* (nach v. MALINCKRODT-HAUPT).

1.	2.	3.	4.	5.	6.	7.	8.	9.	10.	11.	12.	Summe
173	194	171	173	153	131	94	98	67	86	116	75	1532
136	156	133	136	120	102	73	76	53	67	90	58	1200 (umgerechnet)

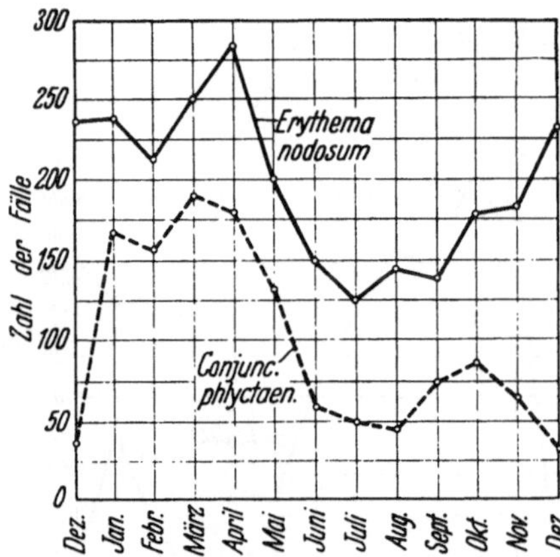

Abb. 40 b.
Frühjahrsgipfel *paratuberkulöser Erkrankungen:* Monatliche Erkrankungsbeginne (absolute Zahlen) von *Erythema nodosum*, 2345 Fälle Skandinaviens (nach NILS LEWIN) und von *Conjunctivitis phlyktaenulosa*, 1257 Fälle Vorpommerns (nach HINRICHS).

Ein eindeutiger Frühjahrsgipfel findet sich weiterhin bei den sog. *paratuberkulösen Krankheitsformen,* nämlich bei der *Conjunctivitis phlyktaenulosa* (WESSELY, GIALLOMARDO, PEYRER, WERNER, HINRICHS[1]) und beim *Erythema nodosum* (WALLGREN, NILS LEWIN, PEYRER u. a.) (vgl. Abb. 40 b); hinsichtlich der *tuberkulösen Pleuritis* liegen diesbezügliche zahlenmäßige Angaben nicht vor. Eine Überprüfung der Frage an Hand der Krankenblätter mehrerer Jahre unserer Klinik zeigte keine jahreszeitliche Abhängigkeit der spezifischen Pleuritis. Dagegen erwähnt SCHRÖDER eine leichtere Exsudatbildung bei Pneumothoraxpatienten im Frühjahr.

Die enge Zugehörigkeit der *Phlyktäne* zum Formenkreis der Tuberkulose (Skrofulose) ist wohl unbestritten. Die Phlyktäne stellt zwar, wie bekannt, keine „tuberkulöse" Erkrankung dar; sie tritt aber als *Folge von Allergieschwankungen,* und zwar in der weit überwiegenden Mehrzahl der Fälle eben gerade bei Schwankungen der tuberkulösen Allergie auf — an ihre Tuberkulinempfindlichkeit sei nur erinnert —, in einer Minderzahl der Fälle können zweifellos andere, d. h. nicht-tuberkulöse allergische Phänomene ausschlaggebend sein. In besonders eindrucksvoller Weise haben das namentlich die Untersuchungen RIEHMS gezeigt.

Auf die *„Ätiologie" des Erythema nodosum,* insbesondere die Frage seiner Beziehungen zur Tuberkulose muß hier kurz eingegangen werden. Bekanntlich besteht in dieser Frage eine eigentümliche Diskrepanz der Meinungen. Einigkeit besteht heute nur darüber, daß das *Erythema nodosum keine „tuberkulöse"*, d. h.

[1] Das schon sehr tropennahe Schanghai mit einem Juligipfel der Phlyktänen*häufigkeit* (CHENG-LIEH-WANG) zeigt sicherlich besondere, mit unserer Zone nicht mehr ohne weiteres vergleichbare klimatische Verhältnisse.

keine mit spezifischen, bacillären Gewebsveränderungen im Sinne des Tuberkels einhergehende *Krankheit* darstellt. Ein – übrigens zunehmend wachsender – Teil der Autoren tritt aber mit Entschiedenheit für *engste Beziehungen des Erythema nodosum zur Tuberkulose* ein. Und zwar in der namentlich von WALLGREN durch zahlreiche gründliche Untersuchungen und vorzügliche klinische Beobachtungen belegten Auffassung, wonach *plötzliche hyperergische Zustände* das Erythema nodosum als Teilsymptom einer Allgemeinreaktion auslösen; Zustände, wie sie *im Gefolge der tuberkulösen Primärinfektion* oder *im Stadium der abklingenden Anergie* nach Masern und anderen Infektionskrankheiten vorkommen. Dabei wird niemals bestritten, daß *in einem kleinen Teil* der Fälle diese „parallergische" Reaktion *auch auf anderem, d. h. „nichttuberkulo-allergischem" Wege* entstehen kann. Die Verhältnisse liegen also völlig analog der ebenfalls paratuberkulösen „Phlyktäne".

Dieser heute besonders von Pädiatern vertretenen Auffassung stellen andere Autoren (namentlich Internisten und Dermatologen) die Ansicht gegenüber, daß es sich um eine „rheumatische" oder eine jedenfalls *nichttuberkulöse Noxe* handle. Daß eine der beiden Ansichten schlankweg auf Irrtum oder Unbelehrbarkeit beruhte, halte ich für sehr unwahrscheinlich. Ich möchte vielmehr glauben, daß sich leicht eine Brücke beider Auffassungen schlagen läßt. Hält man fest, daß das *Erythema nodosum*, wie erwähnt, *eine parallergische Erscheinung* ist, d. h. seiner Natur nach *nicht zwangsläufig* an tuberkulöses Geschehen gebunden ist, so besteht keine Kluft mehr zwischen den verschiedenen Meinungen, sondern die *Unterschiede der Auffassung liegen wohl in Unterschieden des Beobachtungsmateriales* begründet. Wer das Erythema nodosum vorwiegend bei *Kindern* zu beobachten Gelegenheit hat, findet die engen Beziehungen zur Tuberkulose deshalb, weil in diesem Lebensalter das Neuauftreten der Tuberkuloseallergie im Gefolge der Erstinfektion schon nahezu „physiologisch" ist und die zahlenmäßig häufigen Infektionskrankheiten zudem noch reichlich Gelegenheiten zu abrupten Schwankungen dieser Allergie geben. Mit zunehmendem Lebensalter werden die *„anderen"* Allergien zunehmend häufiger. Man erinnere sich, daß nach heutiger Auffassung gerade auch der „Rheumatismus" engste Beziehungen zu diesen Phänomenen aufweist. Wer also vorwiegend *Erwachsene* ärztlich beobachtet, dem werden diese auf anderen allergischen Schüben und Sprüngen beruhenden Fälle des Erythema nodosum im allgemeinen häufiger vorkommen, und er wird von der tuberkulo-toxischen Genese nichts wissen wollen, weil er sie viel zu selten erlebt. Unter sämtlichen Fällen von Erythema nodosum überwiegen allerdings prozentual gerechnet jene mit der genannten Beziehung zu Tuberkulose ganz eindeutig; denn das *Erythema nodosum* ist *im Kindesalter*, für welches diese Beziehungen ganz vorwiegend gelten, *ungleich häufiger* als bei Erwachsenen (vgl. bei WALLGREN).

Engste Beziehung zu diesen Frühjahrsgipfeln im Tuberkulosegeschehen hat zweifellos die oft betonte Sanatoriumserfahrung, daß die *Kurerfolge im Frühjahr* am schlechtesten, im Sommer und Herbst am besten sind (ORSZÁG, STRANDGAARD); daß andererseits wegen der Mehrgefährdung Sanatoriumskuren im Frühjahr ganz besonders ratsam sind (ERNST rät zu „Wiederholungs- und Sicherungskuren") oder ihre Unterbrechung besonders zu widerraten ist (STEPHANI und TROUARD-RIOLLE); daß mit Reiztherapie im Frühjahr besondere Vorsicht zu üben ist und daß nichtdringliche operative Eingriffe besser aufgeschoben werden (ERNST). Von besonderem Interesse sind hier die umfangreichen Erhebungen STRANDGAARDS über die wechselnden *wöchentlichen Gewichtszunahmen* in verschiedenen Jahreszeiten und Gegenden. Dabei zeigte sich eine deutliche *Phasenverschiebung des Optimums nach zunehmend späterer Jahreszeit mit abnehmendem Breitengrad* (vgl. Tab. 26). Diese Phasenverschiebung ist, wie wir sehen werden, *im entgegengesetzten Sinne wie die Verschiebung des Gipfels der Tuberkulosemanifestationen.* Ich möchte daher glauben, daß sie einfach durch die mit südlicherem Breitengrade steigende Sommerhitze bedingt ist, welche eine Erholung beeinträchtigt.

Tabelle 26. *Die aus den Untersuchungen Strandgaards sich ergebende „Phasenverschiebung" optimaler Gewichtszunahmen Tuberkulöser in verschiedenen Breitengraden der nördlichen Hemisphäre.*

In Sanatorien in:	Geographische Breite der Orte	Maximale Gewichtszunahmen im Monat
Norwegen	63—61°	August
Finnland, Dänemark, England, Holland, Österreich, Massachusetts	60—43°	September
Pennsylvanien	40°	Oktober
Süd-Indien	13°	November

Die Aufklärung der Genese dieser sämtlichen Erscheinungen hat bei einer Volkskrankheit von der Verbreitung der Tuberkulose größte praktische Bedeutung. Da es sich bei der Tuberkulose um eine Infektionskrankheit handelt, scheinen zunächst alle S. 144 eingehender erörterten Möglichkeiten hier gegeben; insbesondere könnten entweder Änderungen der Erreger oder aber Änderungen am Menschen für Jahreszeitenschwankungen im Krankheitsvorkommen maßgebend sein. Daß jahreszeitliche Änderungen des Tuberkelbacillus entscheidend seien, ist schon deshalb sehr unwahrscheinlich, weil gerade bei der Tuberkulose als einer chronischen Infektionskrankheit der Erreger gegen äußere (klimatische) Einflüsse im Körper doch vollkommen abgeschirmt und solchen Einflüssen damit weitgehend entzogen ist. So werden *Änderungen in der Reaktionslage, der „Disposition" des Menschen* schon aus diesem Grunde sehr wahrscheinlich.

Diese Auffassung findet zahlreiche Stützen:

1. Man erinnere sich der in den vorangehenden Abschnitten erörterten, nachweislichen „Umstimmungen" des Körpers, die eine geänderte Reaktionslage auch gegenüber dem Tuberkelbacillus sehr gut verständlich machen.

2. Wir werden noch bei weiteren, sogar akuten Infektionskrankheiten davon hören, daß Dispositionsänderungen des Menschen für jahreszeitlich geänderte Krankheitshäufigkeit nach unseren heutigen Kenntnissen verantwortlich gemacht werden müssen.

3. Weiterhin kennen wir aber gerade eine *jahreszeitlich schwankende Tuberkulinallergie* des Menschen. Von KARCZAG bereits vermutet, fiel

ARNFINSEN die geringe cutane Tuberkulinempfindlichkeit im Herbst, HAMBURGER die Steigerung derselben im Frühjahr auf. PEYRER hat diesen Frühjahrsgipfel an cutanen und intracutanen Tuberkulinreaktionen zahlenmäßig zweifelsfrei nachgewiesen.

Die von BROCK erwähnte Steigerung der *Blutkörperchensenkungsgeschwindigkeit* im Frühjahr gilt offenbar auch nur für Tuberkuloseinfizierte; wenigstens konnten wir sie bei tuberkulinnegativen Kindern nicht finden.

Aber auch diese *Änderung der Tuberkuloseallergie steht nicht isoliert.* Wir wissen, daß auch **andere allergische Reaktionen** einen Frühjahrsgipfel zeigen. Das gilt für das schon erwähnte *Ekzem, für Serumkrankheit* (MAKAI, HOPMANN, BEER, nur SELTMANN hat den Frühjahrsgipfel der Serumkrankheit nicht bestätigt).

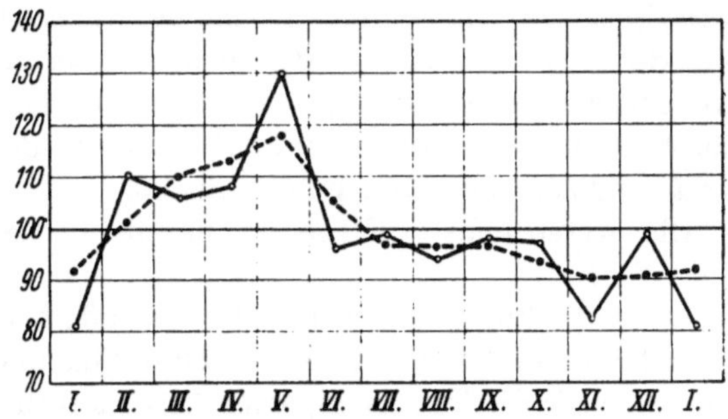

Abb. 41.
Bereinigte Ziffern der relativen monatlichen *Disposition zu Serumkrankheit* (der Durchschnitt aller Monate = 100 gesetzt); punktiert die nach $a + 2b + c$ ausgeglichenen Monatswerte (berechnet aus dem Material BEERS von über 12000 Diphtheriefällen).

BEER hat das selten große Diphtheriematerial von 12282 serumbehandelten Fällen des Wiener Wilhelminenspitals hinsichtlich des Vorkommens von Serumkrankheit nach verschiedenster Richtung ausgewertet. Da ein größeres Urmaterial nirgends mitgeteilt ist, lohnt es sich, daraus die monatliche Schwankung der Disposition zu Serumkrankheit einmal genau zu ermitteln (s. Abb. 41).

Dazu ist das Urmaterial noch entsprechend umzurechnen, was auf folgende Weise geschah: BEER gibt an die absolute Verteilung aller 12282 Diphtheriefälle auf die einzelnen 12 Monate (a); die für jeden Monat beobachtete absolute Zahl von Serumkrankheiten (b) und den für jeden Monat sich errechnenden Prozentanteil c von Serumkrankheit bei den a-Fällen; die Zahl der in jedem Einzelmonat beobachteten Fälle schwerer Diphtherie (d), welche im Durchschnitt eine höhere Serumdosis erhalten hatten, von deren Höhe bekanntlich die Häufigkeit der Serumkrankheit ebenfalls abhängt. Aus d läßt sich c bereinigen hinsichtlich gleicher Anteile an schweren Diphtheriefällen; letztere (d) schwankten in den einzelnen Monaten zwischen 9,1 und 13,8%; man kann also c umrechnen, wie groß es jeweils sein würde bei 10% Anteil schwerer Diphtherie (e). Dann bereinigt man alle e auf gleiche Monatslängen von 30 Tagen (f), um in einer Summe aller f jedem Summanden das ihm zukommende Gewicht zu geben (wobei der Februar zunächst zu 28,25 Tagen gezählt wird, da jeder 4. 29 Tage zählt). Setzt man nun die Summe $f = 1200$, so ergeben sich Kennziffern g für die Disposition zu Serumkrankheit in jedem Kalendermonat unter der Annahme, daß im Mittel aller Monate die Disposition $= 100$ wäre. Diese bereinigten Kennziffern g sind in Abb. 41 dargestellt.

Man erkennt den deutlichen Frühjahrsgipfel der Bereitschaft zu Serumreaktionen mit seinem Höhepunkt im Mai, aber auch wie erheblich an einem so großen Material doch noch die Zufallsschwankungen sind, die allerdings durch die hier gut begründete Ausgleichsrechnung verschwinden.

Die Beziehungen des Ekzems zu allergischen Phänomenen („Eiklarempfindlichkeit") sind gerade durch die Untersuchungen MOROS und seiner Mitarbeiter gezeigt worden. Hier wäre auch die oben schon genannte „*Frühjahrseosinophilie*" zu erwähnen, die wohl zweifellos Beziehungen zu diesen Phänomenen haben dürfte (ROMEYKE).

Aus allem Bisherigen ergibt sich also als Tatsachenkreis ein *Frühjahrsgipfel der akuten und subakuten Tuberkulosemanifestationen, aber auch der Tuberkulinallergie des Menschen und parallergischer* (*paratuberkulöser*) *Krankheitsformen*, sowie von allergischen Phänomenen überhaupt, so daß wir *jahreszeitliche Änderungen des Menschen als Grundlage für diese Phänomene* annehmen müssen.

Die wesentlichste Frage ist nunmehr die nach dem auslösenden *Saisonfaktor.*

Die Tuberkuloseliteratur bietet besonders viele Beispiele für jene in einem früheren Abschnitte behandelten Scheinlösungen, von denen jeder Autor jeweils die ihm „sympathischste" automatische Korrelation wählen kann.

Einer Kurve des Frühjahrsgipfels der Tuberkulose stellt ERNST den Verlauf der *Abkühlungsgröße* gegenüber, BARTEL *Luftdruck und Windrichtung*, LUND die *relative Feuchtigkeit* und die dazu „umgekehrt proportionale" *Häufigkeit akuter Katarrhe*, JESSEN die letztere, HEERUP die *Sonnenscheindauer*, ICKOCK sowie PAQUET die *Feuchtigkeit* und *Regenmenge*, ALBINGER endlich die monatlichen *Änderungen* der Lufttemperatur und die monatlichen *Änderungen* der Sonnenscheindauer[1], sowie die Jahreskurven des *Luftdruckes*, der *Windstärken* und *Windstillenhäufigkeit.*

Der Vergleich mit irgendwelchen Jahresrhythmen kann für unsere Fragestellung zunächst also nichts leisten. Ein *Urteil* über einen möglicherweise wirksamen Saisonfaktor muß somit *aus anderer Quelle* entnommen werden. Einige der obengenannten Autoren lassen dieses Bedürfnis auch zuweilen erkennen.

Hier kann die *klinische Erfahrung* vielleicht eine *Entscheidung innerhalb der Vielzahl von Möglichkeiten geben.* Dabei wird man beachten müssen, daß derselbe Faktor nach Möglichkeit auch die Frühjahrsgipfel der allergischen und parallergischen Phänomene überhaupt erklären soll. Denn wir haben gesehen, daß der Frühjahrsgipfel paratuberkulöser Prozesse und der Tuberkulinempfindlichkeit höchstwahrscheinlich nur einen

[1] Auf diese Weise entstehen sozusagen *Kurven des Differentialquotienten* des Jahreslaufes von Temperatur bzw. Sonnenscheindauer, die natürlich den Tuberkulosekurven optisch ganz außerordentlich ähnlich werden.

Spezialfall in der frühjahrlichen Steigerung allergischer Prozesse überhaupt bildet.

Die wiederholt diskutierte Frage, ob etwa die im Frühjahr gehäuften unspezifischen *Erkältungskatarrhe* sozusagen *auf einem Umwege* den Tuberkulosefrühjahrsgipfel bedingen, erscheint als Erklärung zu eng.

Daß solche Katarrhe bei Tuberkulösen gelegentlich eine Rolle spielen, sei damit nicht bestritten. Aber daß diese entscheidend für Phlyktänen, Erythema nodosum, Tuberkulinempfindlichkeit usw. seien, entspricht weder der Erfahrung am Krankenbett noch jener der Statistik. Insbesondere KOLLER hat in sehr umfangreichen Erhebungen eindeutig zeigen können, daß *weder die Tuberkulosesterblichkeit noch das Auftreten von tuberkulöser Meningitis oder von Miliartuberkulose durch Grippeepidemien nennenswert beeinflußt wird.*

Gleiches dürfte für direkte Einflüsse von *Kälte* auf den Menschen gelten. Gerade die Erfahrungen mit selbst winterlicher Freiluftbehandlung hat wohl gezeigt, daß Kälte keineswegs generell allergiesteigernd wirkt.

Diese Annahmen wurden denn auch in den letzten Jahren nur mehr ganz gelegentlich und kaum ernsthaft diskutiert.

Dagegen ist gerade die *Wirksamkeit des Sonnenlichtes*, speziell seines ultravioletten Anteiles auf tuberkulöse Prozesse, immer wieder aufgefallen. Es liegt daher nahe, auch den Tuberkulosefrühjahrsgipfel in die Bioklimatik der Dornostrahlung einzubeziehen. Die von ELLINGER nachgewiesene erhöhte Ultraviolettempfindlichkeit der Haut Tuberkulöser im Frühjahr wurde schon erwähnt.

Diese stieg zudem mit der Aktivität des Prozesses. Der Frühjahrsgipfel der *Phlyktänenhäufigkeit* weist, wie ROHRSCHNEIDER zeigen konnte, mit abnehmenden Breitengraden eine *Phasenverschiebung* auf, er fällt im allgemeinen um so früher, je früher im Jahre die Sonne einen gewissen Hochstand (von 45°) erreicht. Man erinnere sich auch der bekannten Beziehung Rachitis (Ultraviolettmangel)—„Pauperismus“ und „Pauperismus“—*Skrofulose*, wogegen letztere in den Tropen selbst in der Armenbevölkerung ebenso wie im Hochgebirge fehlt (STEINER). Seit unserer erhöhten Luft- und Sonnenkultur ist die „typische Skrofulose“ übrigens auch bei uns so gut wie ausgestorben, worauf ich schon andernorts hingewiesen habe.

Durch die Gesamtheit dieser Beobachtungen erscheint es heute am besten begründet, wenn man der wechselnden Sonnenstrahlung, speziell der wechselnden Ultraviolettfülle eine entscheidende Bedeutung für die Genese des Tuberkulosefrühjahrsgipfels zuschreibt, wie denn auch manche Autoren schon seit längerem angenommen haben (WORINGER; HEERUP, der in 27jährigen Beobachtungen den Frühjahrsgipfel auf Färöer und in Dänemark-Land findet, ihn dagegen in Kopenhagen vermißt, was er mit der Filterwirkung des Großstadtdunstes erklärt. Auch MARCHESANI hat sich dieser Erklärung angeschlossen).

Es bleibt dann noch zu entscheiden, ob die *Ultraviolettnacht des Winters oder der Reiz* des im *Frühling wieder*kehrenden *Ultraviolettes die eigentliche „Schädigung"* darstellt.

Dabei wird man natürlich bedenken müssen, daß für den Reiz im letzten Falle die vorausgehende Ultraviolettnacht Grundbedingung ist; gerade der *Frühling wirkt* nicht als „Jahreszeit an sich", wie Verf. an anderer Stelle ausgeführt hat, sondern besonders *als Gegensatz zum Winter* („ein ewiger Frühling würde sich selbst töten").

Die Annahme des Ultraviolettreizes in diesem Sinne im Frühling hat zweifellos etwas Bestechendes, gerade wenn man sich der Schädigungsgefahren bei der Tuberkulose durch überdosierte Reize erinnert.

Schall denkt sich diese Reizwirkung durch Entstehung der wahrscheinlich mit Histamin identischen „H-Substanz" von Lewis in den Basalschichten der Haut auf Ultraviolettbestrahlung und durch Reaktion der tuberkulösen Lunge auf diese Substanz.

Demgegenüber hat jedoch Rohrschneider sehr mit Recht gezeigt und betont, daß der *Anstieg der Phlyktänenhäufigkeit eindeutig zu einer Zeit* des Kalenderwinters einsetzt, *wo von einer Wiederkehr des Ultravioelettes noch keine Rede sein kann.* Das gilt, wie ich bestätigen kann, für mehrere typische „Frühlingskrankheiten", deren enge Beziehung zur Ultraviolettbiologie außer Zweifel steht, und es läßt sich auch auf den obigen Kurven erkennen. Rohrschneider betont infolgedessen, daß die *Ultraviolettnacht des Winters das „Schädigende"* sein müsse. Dann aber bleibt es freilich zunächst ungeklärt, warum der *Gipfel* dieser Krankheiten *nicht früher* fällt, eben in den ausgehenden „biologischen Winter", der im Tiefland etwa mit der Wende von Januar/Februar schließt, sondern *doch* in eine Zeit bereits intensiver Ultraviolettstrahlung (April bis Mai).

Es ist sehr wohl denkbar, daß die Verhältnisse hier ähnlich liegen wie bei der Spasmophilie (s. S. 208), wo zunächst die privaten Reize des individuellen Lebens, dann der die Gesamtheit treffende Reiz des Ultraviolettes wirksam ist. Dabei ist es durchaus nicht notwendig, daß diese „privaten Reize" bei Spasmophilie und Phlyktänulose die gleichen sind.

Daß *auch bei Tuberkulose und Paratuberkulose* das *Ansprechen auf „Reize"* sich findet und demzufolge – da nicht alle Fälle reagieren – ein vorausgegangenes Stadium der erhöhten Ansprechbarkeit angenommen werden muß, ist eine geläufige Beobachtung.

Man erinnere sich an das Aufflammen von Phlyktänen oder Erythema nodosum nach Tuberkulinisierungen oder nach Abklingen der Masernanergie (v. Petheö sah sieben Fälle von Erythema nodosum nach Masern), das Auftreten von Lungeninfiltraten nach überdosierten Höhensonnenbestrahlungen oder Sonnenbädern (Romberg), die bekannte Aktivierung von Tuberkulosen nach Infektionskrankheiten (unter denen Masern und Pertussis die bekannte und berüchtigte Rolle spielen).

Die primäre Schädigung wäre also in der Tat, wie ROHRSCHNEIDER annimmt, die winterliche Ultraviolettnacht. Der „Kontrast" des Frühjahrs wäre dann aber auch hier wieder der vorwiegend die Krankheitsauslösung bringende Reiz, der aber nur nach eben dieser Ultraviolettnacht als solcher wirken kann.

STUB-CHRISTENSEN hat dann noch auf den *Frühjahrsgipfel von Avitaminosen* (A und C) als *Erklärung für den Tuberkulosefrühjahrsgipfel hingewiesen*, und KÜHNAU unterstreicht diese Möglichkeit. Solange man dabei einfach an die winterlich ungenügende Vitaminaufnahme, besonders der Faktoren A und C in der Nahrung denkt, die bis zu einem gewissen Grade zweifellos besteht, sieht man das Problem sicherlich viel zu einfach. Es wäre kaum verständlich, daß dieser Umstand den Erfahrungen von Tuberkuloseärzten so lange entgangen wäre und man nicht längst durch vitaminreichere Winternahrung dem vorgebeugt hätte. Erinnert man sich jedoch der Beziehungen des Ultravioletts zum D-Faktor, insbesondere aber der obenerwähnten Möglichkeit erhöhten Vitaminverbrauches im Frühjahr, so würde auch diese Ansicht, wenn sie sich weiter bewährt, mit der vorstehend gegebenen Auffassung durchaus vereinbar sein.

Jedenfalls scheint heute *die lichtbiologische Erklärung des Tuberkulosefrühjahrsgipfels* nach mancher Hinsicht *fundiert*, man kann tatsächlich letzten Endes *in dem jahresrhythmischen Wechsel des Ultravioletts das auslösende Moment* mit großer Wahrscheinlichkeit sehen. Von solcher heute derart verbreiterter Basis aus wird man SCHALL nur beipflichten können, wenn er vorschlägt, *die ultraviolette Winternacht bei tuberkuloseinfizierten Kindern* und wohl auch bei Tuberkulösen überhaupt durch vorsichtige Ultraviolettbestrahlung zu überbrücken (vgl. dazu im letzten Abschnitt S. 265).

Die Frage des Frühjahrsgipfels des ***Erythema exsudativum multiforme***, das zweifellos gewisse Beziehungen zum Erythema nodosum aufweist, hat ZWECKER neuerdings untersucht. Zunächst ist ein gehäuftes Auftreten an belichteten Hautstellen aufgefallen. Die Saisonschwankung der genannten Hautreaktion scheint außerdem örtliche Unterschiede aufzuweisen; so wird für Kopenhagen ein ausgesprochener Sommergipfel gefunden. ZWECKER glaubt aber nicht an eine direkte ätiologische Beteiligung der Sonnenstrahlen, wie es für die echten Lichtdermatosen (Hydroa vacciniformis u. ä.) namentlich durch die Untersuchungen von HAUSMANN und seiner Schule nachgewiesen wurde[1]. Was die Saisonschwankung des Erythema exsudativum multiforme betrifft, so muß dieselbe heute wohl noch durchaus als ätiologisch unklar gebucht werden; ZWECKER glaubt zwar durch Vergleich der

---

[1] Die zahlreichen, heute immer noch im Flusse befindlichen Fragen der Lichtklimatologie und Lichtbiologie hier auch nur zu streifen, würde über den Rahmen dieser Schrift hinausgehen; hierzu sei vor allem auf die monographische Bearbeitung von HAUSMANN und HAXTHAUSEN, sowie auf die Arbeiten des Schweizerischen Forschungsinstitutes für Hochgebirgsklima und Tuberkulose in Davos (DORNO-MÖRIKOFER) und auf die Veröffentlichungen der „medizinisch-klimatischen Aktionen der österreichischen Sanitätsverwaltung" (CONRAD-HAUSMANN) hingewiesen.

Häufigkeit dieser Erkrankung mit den Kurven einiger meteorologischer Elemente, daß ein Temperaturmittel zwischen 7 und 15° bei niedrigen Werten der Feuchtigkeit begünstigend wirke; doch kann Verf. sich des Eindruckes nicht erwehren, daß hier ebenfalls wieder jene oben mehrfach erwähnte Gegenüberstellung erfolgte, der eine gewisse Willkür innewohnt, und Zwecker hat seine Befunde auch selbst mit größter Reserve mitgeteilt.

b) Der Wintergipfel akuter Infektionskrankheiten.

Da eine Anzahl von Infektionskrankheiten in den zivilisierten Staaten meldepflichtig ist, liegen gerade über solche besonders umfangreiche Aufstellungen über jahreszeitlich schwankende Krankheitshäufigkeit vor.

Einwände gegen die Güte und Zuverlässigkeit solcher Meldungen scheiden für das Jahreszeitenproblem aus. Denn eine Krankheit mag in einem Lande gut, im anderen unzuverlässig gemeldet werden, der Fehler wird innerhalb jedes Landes in den verschiedenen Monaten eines Jahres ziemlich gleichbleiben. Es wäre nicht einzusehen, warum zu den einen Jahreszeiten schlechter gemeldet werden sollte als zu anderen. Da es beim Problem der Saisonkrankheiten aber nur auf Relativzahlen ankommt, sind diese aus vorliegenden Infektionsmeldungen ohne weiteres zu gewinnen.

Bei den mit regelmäßigen Winter-Frühjahrs-Gipfeln verlaufenden Infektionskrankheiten handelt es sich durchweg um Krankheiten, für welche nach allgemeiner Erfahrung die Infektion für das Erkranken nicht allein ausschlaggebend ist, sondern dispositionelle Faktoren des Körpers stark mitsprechen. Das sei schon hier vorangeschickt, da es manches Licht auf spätere Fragen wirft.

Unter diesen meldepflichtigen Krankheiten findet sich ein sehr ausgesprochener Winter-Frühjahrs-Gipfel bei **Scharlach und Diphtherie.** Er ist für Europa in Abb. 42 u. 43, für die Vereinigten Staaten in Abb. 13 (S. 133) dargestellt. Vergleicht man diese Kurven, so ergeben sich zunächst einige feinere Unterschiede, welche wegen der Konstanz ihres Auftretens wohl nicht zufällig sind (vgl. Tab. 27).

Tabelle 27. *Jahreszeitliche Maxima und Phasenverschiebung des Scharlach- und des Diphtherievorkommens in Mittel- und Westeuropa und den USA.*

	Mittel- und Westeuropa		USA	
	Maximum	Amplitude	Maximum	Amplitude
Scharlach	Oktober—November	mittelgroß	November—März	sehr groß
Diphtherie	Oktober—Februar	mittelgroß	Oktober—Dezember	mittelgroß bis sehr groß

Für Diphtherie findet sich die typische *geographische Verteilung* als „echte Saisonkrankheit“ mit der Jahreszeitenumkehr auf der Südhalbkugel sehr ausgesprochen (vgl. Abb. 44).

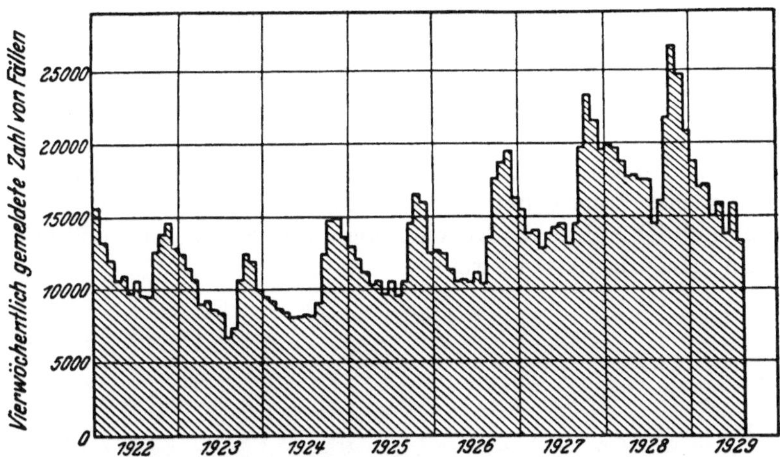

Abb. 42.
Jahreszeitenwellen des *Scharlachs* in Europa nach den vierwöchentlich gemeldeten Erkrankungsfällen in England, Deutschland und Polen der Jahre 1922–1929. (Aus Epidemiolog. Monatsber. d. Hygienesektion d. Völkerbundes Nr. 128.)

Für Scharlach lassen sich solche Erdkarten nicht aufstellen, da dieser schon in den Subtropen ungemein selten ist, die Festländer der Südhalbkugel aber bekanntlich kaum mehr bis in Breiten reichen, die mit unseren vergleichbar sind.

An der „Echtheit" dieser Gipfel ist nicht zu zweifeln, sie wird schon durch die Konstanz des Vorkommens bewiesen.

Die bioklimatische Analyse dieser Saisonwellen bildet naturgemäß seit langem ein viel diskutiertes Problem, wenn man dabei auch kaum

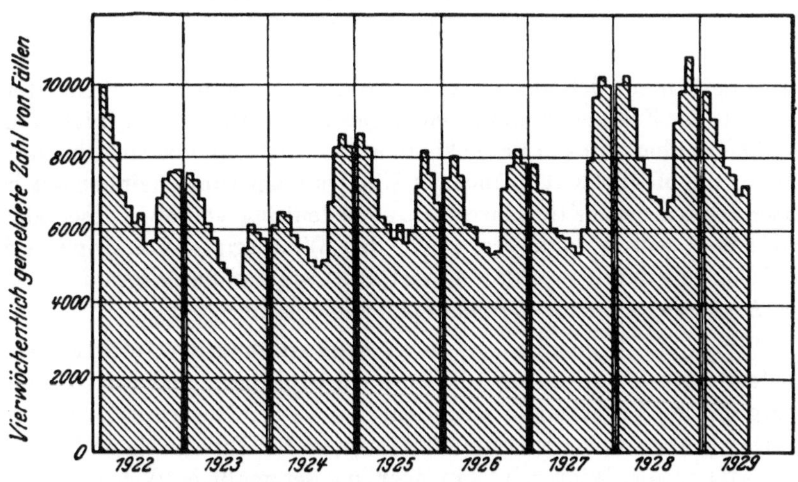

Abb. 43.
Jahreszeitenwellen der *Diphtherie* in Europa nach vierwöchentlichen Ziffern der in England, Deutschland und Polen gemeldeten Diphtherieerkrankungen der Jahre 1922–1929. (Aus Epidemiol. Monatsber. d. Hygienesektion d. Völkerbundes Nr. 127.)

je versucht hat, die Gesamtheit epidemiologischer und bioklimatischer Tatsachen gleichmäßig heranzuziehen. Wegen der großen epidemiologischen Ähnlichkeit von Scharlach und Diphtherie können beide Krankheiten fast durchweg zusammen behandelt werden, ja es sind viele an der einen Krankheit gewonnene Erkenntnisse zumeist auf die andere weitgehend wenigstens im Prinzip übertragbar. Bezüglich gewisser epidemiologischer Fragen, deren breitere Erörterung hier zu weit führen würde, muß ich auf meine Monographie über „die akuten Zivilisationsseuchen" (Leipzig 1934) verweisen.

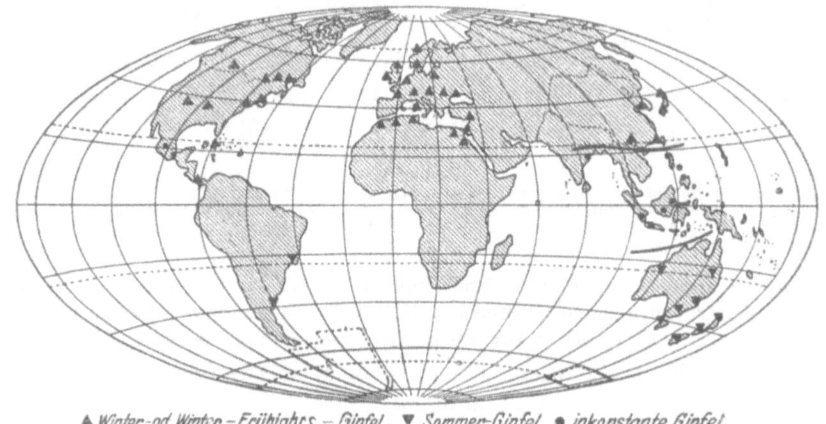

▲ Winter- od. Winter-Frühjahrs-Gipfel ▼ Sommer-Gipfel ● inkonstante Gipfel

Abb. 44.
Verteilung des Saisongipfels von *Diphtherie*erkrankungen über die Erde (Deutliche pathogeographische Zonen.)

Erinnert man sich der S. 144 zusammengestellten Möglichkeiten, welche für das Zustandekommen einer Saisonschwankung bei Infektionskrankheiten überhaupt in Frage kommen, so wird man vielleicht in erster Linie an die Möglichkeit **geänderter Übertragungswahrscheinlichkeit im** Winter denken, wie er für Masern als so bedeutungsvoll oben geschildert wurde; man würde dann versuchen, den Wintergipfel von Diphtherie bzw. Scharlach damit zu erklären, wie CHURA es getan hat. *Gegen diese einfache Erklärung* sprechen *Gründe* epidemiologischer Art:

1. Würde die *Winterklausur* durch Begünstigung der Infektion entscheidend wirksam sein, so müßte man bei Diphtherie und Scharlach im Prinzip gleiche Verhältnisse antreffen, wie sie für Masern erörtert wurden. Damit aber wäre unverständlich, warum bei Diphtherie und Scharlach die jährlichen Wintergipfel in einer so gesetzmäßigen Weise konstant zustande kommen. Handelt es sich hier doch um Krankheiten geringerer Empfänglichkeit des Menschen, während die Winterklausur selbst bei den

hochkontagiösen Masern nicht zu gesetzmäßigen, jährlichen Wintergipfeln hinreichte.

2. Daß eine *Änderung der Kontaktverhältnisse* bei Diphtherie und Scharlach *nicht* von durchgreifendem Einfluß ist, fiel oftmals auf beim Studium des *Einflusses der Schule auf die Diphtherie- und Scharlachverbreitung.* Während die Einschulung sich für Masernepidemien stets als ein nicht unwesentlicher Faktor erwies, ist ihre geringe Einwirkung auf Scharlach- und Diphtherievorkommen stets aufgefallen (GOTTSTEIN, HÜLS, SIEGERT). Vergleicht man die Verteilung von Diphtheriefällen auf die einzelnen Schulklassen im Sommer und im Winter, so zeigt sich ein deutlicher Unterschied: während der Sommermonate weisen sowohl während der Unterrichtszeit als während der Ferien die Diphtheriefälle annähernd gleiche Verteilung auf und zeigen eine geringere Abweichung von der Zufallserwartung als in den Wintermonaten, wo nunmehr die Neigung zu stärkerer Gruppenbildung in der Klasse sich durch stärkere Abweichung von der Zufallserwartung kundgibt (DE RUDDER und DITZEN). Nicht erhöhter Kontakt kann somit für den Diphtheriewintergipfel maßgebend sein, sonst würde das auch im Verhältnis Unterrichtszeit—Ferien in den Sommermonaten zum Ausdruck kommen.

Die Befunde von STALLYBRASS, daß Scharlachheimkehrfälle gehäuft im Februar—März (aber zudem auch im Mai vorkommen), oder von KLAIBER, daß Hausinfektionen an Diphtherie und Scharlach in einer Kinderklinik im Winter häufiger als sonst erfolgen, sind wiederum mehrdeutig, da das durch die eben im Winter höhere absolute Zahl der ansteckenden Primärfälle bedingt sein könnte, diese Wirkung jedenfalls nicht auszuschließen war.

3. Dementsprechend findet sich ein Diphtherie*wintergipfel*, ganz *gleichartig* sowohl in Gegenden mit *Frühjahrseinschulung* (Deutschland) als in solchen mit *Herbsteinschulung* (Prag, Preßburg).

So erscheint der Wintergipfel dieser Seuchen durch Änderung der Kontaktverhältnisse der Menschen nicht befriedigend erklärbar.

Eine Änderung der Ansteckungswahrscheinlichkeit würde in einer Bevölkerung auch zustande kommen, wenn die *Zahl der Bacillenträger* als Streuer der Infektion *sich ändert.* Man hat daher verschiedentlich untersucht, ob der Prozentsatz von Diphtheriebacillenträgern jahreszeitliche Schwankungen aufweist. Die bisherigen Ergebnisse waren sehr widersprechend.

Aber diese ganze Fragestellung — einheitliche Befunde vorausgesetzt — hat überhaupt etwas Mißliches. Diphtherieerkrankungen werden nicht nur häufiger werden, wenn die Zahl der Bacillenträger in der Bevölkerung steigt, sondern umgekehrt eben diese Zahl der Bacillenträger muß ihrerseits stets ansteigen, sobald die Diphtherieerkrankungen häufiger werden. Man denke nur an die Inkubationsbacillenträger und die Kontaktbacillenträger. *Ein nachgewiesener Wintergipfel von Bacillenträgern würde daher die Frage nach der Entstehung des Diphtheriewintergipfels keineswegs beantworten.*

Es ist daher gar nicht notwendig, die widersprechenden Befunde über jahreszeitliche Änderungen der Diphtheriebacillenträger-Quote hier im einzelnen anzuführen.

So bleiben zur Erklärung der Saisonschwankung von Diphtherie und Scharlach die beiden anderen Möglichkeiten: *entweder ändert sich der Erreger oder es ändert sich die menschliche Konstitution* (Empfänglichkeit) *im Rhythmus der Jahreszeiten.* Nachdem Krankheit uns doch als der Kampf zweier Organismen – Erreger und Mensch – erscheint, müssen beide Möglichkeiten eng ineinandergreifen.

Man hat auch in der Tat an **Virulenzschwankungen der Erreger** gedacht, ein Gedanke, der von RUHEMANN bereits 1898 vertreten wurde: „Nicht der Mensch, sondern die die Krankheit bedingenden Bakterien unterliegen den Witterungs-, besonders den Besonnungseinflüssen und sind deshalb verschieden gefährlich.“ CLAUBERG und MARCUSE, sowie neuerdings WILDFÜHR haben das jahreszeitliche Verhalten von Diphtheriebacillen untersucht. Das Ergebnis kann deshalb nicht eindeutig sein, weil solche Untersuchungen stets das Verhalten des Menschen als zweite Unbekannte zwangsläufig in den Versuch miteinbeziehen; „Winterkeime“ stammen ja eben von Menschen im Winter, sie können also eine erhöhte Virulenz, Toxinbildung, Wachstumstendenz, Resistenz gegen Desinfizientien oder was sonst zu ihrer Prüfung verwendet wird, eben dadurch gewonnen haben, daß sie auf „Wintermenschen“ als günstigem Nährboden gewachsen waren. Wir kennen ja doch die Virulenzsteigerung von Erregern durch Wachstum auf günstigem Nährboden.

Es mag nur kurz erwähnt sein, daß die Verwendung von Tieren zur Testung eine weitere Unbekannte in den Versuch bringen würde, da jahreszeitlich unterschiedliches Verhalten von Tieren gegenüber Diphtherietoxin schon von NEUFELD und KUHN, vor allem aber durch die ausgedehnten Untersuchungen PRIGGES einwandfrei nachgewiesen ist.

Bei diesen Schwierigkeiten hat man die Frage einer jahreszeitlichen **Dispositionsänderung des Menschen** gegenüber der Diphtherie zunächst durch *epidemiologische Gründe* zu belegen versucht.

Soweit Analogien in solchen Fragen zulässig sind, könnte man für die Annahme solcher Dispositionsänderungen all jene Tatsachen anführen, welche zeigen, daß der menschliche Organismus nachweislich in mannigfachen sonstigen Funktionen jahreszeitlichen Änderungen unterliegt und sich sein Verhalten auch gegenüber dem Tuberkelbacillus als im wesentlichen dispositionell bedingt erwies, wie das in den vorausgehenden Abschnitten erörtert wurde.

SELIGMANN hat festgestellt, daß die *Letalität* der Diphtherie im Sommer bei sinkender Erkrankungsziffer *sich nicht ändert.* Das spricht gegen die Annahme einer Virulenzschwankung, denn es wäre merkwürdig, wenn eine geringere Virulenz im Sommer gleichschwere Diphtherien hervorriefe. Umgekehrt zeigen die winterlichen Häufungen der Diphtherie keinen Anstieg der Bösartigkeit; ja die Letalität zeigt nach sehr genauen statistischen Erhebungen von P. H. ANDRESEN sogar einen leichten Frühjahrsgipfel, Diphtheriehäufigkeit und Verlaufsschwere dissoziieren also in ihrem Jahresrhythmus.

Ein wohl ziemlich schlüssiger Beweis für das tatsächliche Bestehen jahreszeitlicher Dispositionsänderungen beim Menschen schien dann gegeben, wenn sich zeigen sollte, daß *Menschen verschiedener Altersklassen sich in ihrem jahreszeitlichen Erkranken quantitativ verschieden verhalten;*

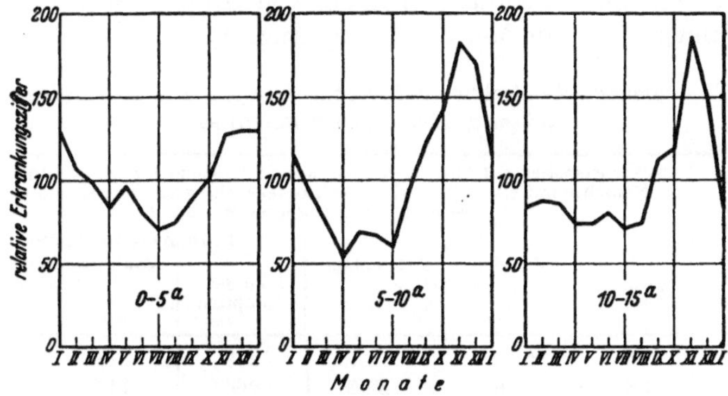

Abb. 45.
Der aus insgesamt 7005 Diphtheriefällen ermittelte, in verschiedenen *Altersklassen unterschiedliche Jahresgang der Diphtherieerkrankungen* (nach GALLENKAMP). Die „Saisonamplitude" ist bei den jüngeren Altersstufen kleiner als bei den höheren.

denn es wäre kaum zu erwarten, daß ein virulenterer Erreger eine Auswahl nach Altersklassen träfe (DE RUDDER). Mein Mitarbeiter GALLENKAMP konnte diesen Nachweis an der Diphtheriestatistik (über 7000 nach Alter genau bekannte Fälle) in der Tat führen. Es ergab sich eine geringere Amplitude im Diphtheriejahresgang bei den jüngeren Altersstufen (Abb. 45).

Eine vorwiegend dispositionelle Bedingtheit des Diphtherie- und wohl auch des Scharlachwintergipfels schien damit schon sehr wahrscheinlich.

Eine Anzahl *immunbiologischer Befunde* stützt diese Auffassung, ja hat sie nunmehr fast zur Gewißheit erheben lassen.

Schon W. LOEW hatte im menschlichen Serum ein Minimum des Komplementgehaltes im Februar–März und ein Maximum im Sommer festgestellt. HARRIES hatte im Frühjahr 44% Schickpositive gegen 73% im Herbst festgestellt. WILDFÜHR berichtet, daß der Diphtherieantitoxinspiegel im Blut jahreszeitlich schwankt und daß in größeren Menschenkollektiven die Zahl der Menschen, welche weniger als $^1/_{20}$ AE je cm^3 Serum enthalten, im Winter etwa 2–3mal so groß als im Sommer sei.

Ganz besonders eindrucksvolle Unterschiede ergeben sich nach WILDFÜHR bei der Prüfung der Immunisierbarkeit des Menschen gegen Diphtherie. Zwar hatte CHODZKO eine schlechtere Immunisierbarkeit im Sommer angegeben, was bereits von VANICEK bestritten wurde. WILDFÜHR fand nun in mehrjährigen Testungen an insgesamt etwa 2500 bereits teilimmunisierten Personen, daß die anamnestische Reaktion auf erneute Antigenzufuhr gesetzmäßig im Winter eine ungleich viel langsamere als im Frühling und Sommer zu sein pflegt (vgl. Tab. 28, wobei die Abgrenzung der Jahreszeiten in folgender Weise geschah: Winter von Ende November bis Ende Februar; Frühling von Anfang März bis Anfang Mai; Sommer von Ende Mai bis Anfang August).

Tabelle 28. *Anamnestische Reaktion auf Diphtherieimpfung zu verschiedenen Jahreszeiten* (gekürzt nach WILDFÜHR).

Zeitpunkt der Impfung (s. a. Text)	Antikörperanstieg auf über $^1/_2$ AE/cm^3 jeweils 15 Stunden nach Diphtherieimpfung bei Menschen mit einem vorherigen Antitoxingehalt zwischen 0,05 und 0,1 AE/cm^3, welch letzterer erworben war durch:					
	Stille Feiung			Di-Impfung vor 18 Monaten		
	Zahl der Geimpften	Von diesen zeigten obige Reaktion		Zahl der Geimpften	Von diesen zeigten obige Reaktion	
		Zahl	%		Zahl	%
Winter	555	26	4,7	279	14	5,0
Frühling	566	182	32,5	264	115	43,6
Sommer	608	233	38,3	271	129	47,6

Mit dem Nachweis, daß dispositionelle Gründe für den Wintergipfel der Diphtherie jedenfalls entscheidend sind, ergibt sich als nächste Frage die nach dem maßgebenden **Saisonfaktor.**

Es mag auch hier erneut darauf hingewiesen sein, daß gerade bei einem „Wintergipfel" wieder eine Fülle automatischer Korrelationen auftreten müssen, die kausal nichts besagen (Beispiel s. etwa RASCHDORF).

GOTSCHLICH und dessen Schüler GUNDEL glauben an eine mittelbare Dispositionssteigerung für Diphtherie im Winter durch Erkältungskrankheiten der oberen Luftwege, welche eine gleiche Saisonschwankung aufweisen. Diese Auffassung findet sich schon in der älteren Literatur vielfach vertreten, so bei HEUBNER, FEER, v. ROMBERG (s. b. OCHSENIUS).

GUNDEL stützt diese Erklärung damit, daß nach der Marinestatistik *beide Erkrankungsgruppen* – Diphtherie sowohl wie Erkältungskatarrhe – *an Bord nur etwa halb so häufig vorkommen wie an Land.* Danach wäre es wahrscheinlich, daß *sowohl Diphtherie als auch akute Erkältungskatarrhe durch eine gemeinsame übergeordnete Ursache an Bord seltener* werden, da hier besondere, vorerst völlig ungeklärte epidemiologische Verhältnisse vorzuliegen scheinen.

Gegen den genannten Erklärungsversuch sprechen noch andere Gründe:

1. Der *Diphtheriegipfel* fällt, wie oben gezeigt, in den beginnenden *Kalenderwinter*, der *Gipfel von Erkältungskatarrhen hingegen in das Winterende.* Die Gipfel beider Krankheiten sind also weder synchron, noch folgen sie einander in der Reihenfolge, welche man nach der genannten Abhängigkeit erwarten würde.

2. In den *Anamnesen Diphteriekranker* werden vorangegangene *Erkältungskatarrhe keineswegs auffallend häufig* angegeben, obwohl eine solche Aufeinanderfolge dem Kausalitätsbedürfnis des Kranken sehr entgegenkäme und der Beobachtung sicherlich nicht entgehen würde. Wenn aber eine gegenseitige Dispositionssteigerung statistisch vorliegen würde, müßte sie doch auch bei Einzelindividuen klinisch häufig zu beobachten sein.

3. *Jahre mit Diphtheriehäufungen* zeigen *keineswegs regelmäßig auch Häufungen von Erkältungskatarrhen*, wie es nach obiger Annahme doch zu erwarten wäre. GUNDEL gibt das selbst zu; bei dem Vergleiche der jährlichen Erkrankungsziffern beider Krankheitsgruppen aber die Jahre besonderer Diphtheriehäufung unberücksichtigt zu lassen und dadurch eine Korrelation zu erzwingen, scheint mir nicht zulässig.

Die Annahme einer mittelbaren Dispositionssteigerung zur Erklärung des Wintergipfels der Diphtherie befriedigt somit wenig.

Des weiteren wurde vielfach eine Erklärung dieses Wintergipfels auf dem Wege einer Dispositionsänderung durch *Kältewirkung* versucht.

Aus Untersuchungen von PASTEUR und STROUSE ging hervor, daß künstliche Abkühlung Tiere für Infektion empfänglicher macht; ein Rückschluß auf die menschlichen Lebensverhältnisse scheint aber hier nicht zwingend. SCHADE hat dann an *Kältefolgen im weitesten Sinne* gedacht — Kälte wirkt auf den Organismus im Sinne einer *Reizung des sympathischen Nervensystems.*

Es wäre dann aber doch wohl anzunehmen, daß *zwischen der Intensität der Kältewirkung verschiedener Winter und der Diphtheriemorbidität eine gewisse Parallele* (Korrelation) besteht. Von einer solchen ist in Wirklichkeit nichts wahrzunehmen. Aber auch *andere Gründe* sind mit *der Annahme* eines zur Diphtherie disponierenden *winterlichen Kälteschadens schwer vereinbar.* Beim Studium der Pathogeographie des Diphtheriesaisongipfels, dessen Ergebnis in Abb. 44 gezeigt wurde, treffen wir nämlich „Ausnahmen" von der Regel, welche besonderes Interesse besitzen.

Die *Diphtherie* besitzt in der ganzen „*Nordzone*" den typischen *Wintergipfel.* Die *Insel Formosa* zeigt diesen Gipfel in gleicher Ausprägung, Winter und Sommer unterscheiden sich auf Formosa aber *nur minimal* hinsichtlich ihrer mittleren Temperatur. In ganz gleichem Sinne äußert sich STALLYBRASS, der für *Britisch-Guyana* einen *Herbstgipfel* der Diphtherie fand, während dort ebenfalls ein äußerst gleichmäßiges Klima herrscht. Diese Feststellungen allein bilden wohl eine Widerlegung der Kältetheorie.

Nicht uninteressant ist die Mitteilung von G. E. HARMON und R. G. PERKINS, daß in den Südstaaten der USA der Diphtheriewintergipfel sowohl wie der Scharlachwintergipfel gesetzmäßig 1–3 Monate vor jenem der Nordstaaten einsetzt. Allerdings macht der Befund, daß für Masern Gleiches zutreffe, hier etwas skeptisch, da Masern überhaupt keine „echten“ Saisoneinflüsse zeigen (s. S. 152).

WILDFÜHR hat außerdem an 71 Personen zeigen können, daß mannigfache Kälteeinwirkungen bis zur Dauer von einer Stunde mit Kontrolle des Abkühlungsaffektes durch Messung von Mund- und Fußhauttemperaturen den spezifischen Antitoxinbestand des Organismus nicht wesentlich verändern.

Nach Ablehnung des Kältefaktors könnte man weiterhin an die Wirksamkeit von *Strahlungseinflüssen*, etwa an die im Winter mangelnde *Ultraviolettstrahlung* denken. Dies um so mehr, als ja der winterliche Strahlenmangel allgemein-biologisch als typischer „Winterschaden“ bekannt ist und ihm sicherlich größte Bedeutung zukommt, wie oben auseinandergesetzt wurde.

Über die *Wirksamkeit von Ultraviolettbestrahlung auf Bildung und Bestand einer Immunität wissen wir bis heute erst sehr wenig.*

BLASI DOMENICO fand bei Kindern nach Ultraviolettbestrahlung eine Zunahme der Phagocyten und der Zahl phagocytierter Bakterien. Zu einem ähnlichen Ergebnis gelangte MARGINESU: nach zweimonatlicher Höhensonnenbestrahlung bei 10 Kindern zeigte das Serum einen Anstieg der bakteriziden Fähigkeit und des phagocytären Index gegen Typhusbacillen. ARRIGONI fand nach Ultraviolettbestrahlung oder Verfütterung bestrahlter Nahrung einen Anstieg des Komplementgehaltes kindlichen Serums. Nach SORRENTINO tritt auf solche Bestrahlung eine Abschwächung des Schicktestes ein (Versuche an 54 Kindern). WILDFÜHR berichtet, daß bei ultraviolettbestrahlten Personen die in Tab. 28 gezeigten jahreszeitlichen Unterschiede in der anamnestischen Reaktion „weniger in Erscheinung treten“, was zweifellos besondere Beachtung verdient.

Die Heranziehung des winterlichen Strahlenmangels zur Erklärung des Diphtheriewintergipfels würde *gut gestützt* durch die Erfahrungen über das seltene Vorkommen von Diphtherie und Scharlach *in den Tropen*[1].

Trotzdem führt auch diese Annahme auf Schwierigkeiten:

1. Der *Einfluß von Tropen und Subtropen* auf Scharlach- und Diphtherieverbreitung scheint *in ganz gleichem Sinne auch für die Poliomyelitis* zu gelten[1]. Während aber Diphtherie und Scharlach einen Wintergipfel besitzen, weist die Poliomyelitis einen Sommergipfel auf, geht also in dieser Hinsicht mit den beiden erstgenannten Krankheiten nicht konform.

2. *Wenn erhöhtes Strahlungsklima* (in unserem Sommer und in den Tropen) *zu einer Minderung der Diphtherie- und Scharlachmorbidität führte*, so müßte sich *Gleiches bei der Vertikalstufung des Klimas* mit zunehmender Höhe vom Meeresspiegel zeigen. Die einzig vorliegende ein-

[1] Bezüglich einzelner Belege zu diesen Fragen muß ich auf meine S. 180 angeführte Monographie verweisen.

wandfreie Untersuchung nach dieser Richtung hin spricht im gegenteiligen Sinne, wobei allerdings unterstellt, daß die Wirkung des Höhenunterschiedes auf die studierten Krankheiten nicht durch weitere Faktoren (Sauerstoffdefizit u. a.) nochmals verändert wird.

Die Diphtheriesterblichkeit und die Scharlachsterblichkeit (Morbiditätsziffern liegen leider nicht vor) waren in zwei nahe benachbarten Städten verschiedener Höhenlage in der hochgelegenen Stadt um ein Vielfaches höher als am Meeresspiegel (DOULL, s. Tab. 29).

Tabelle 29. *Unterschiede der Diphtherie- und Scharlachsterblichkeit benachbarter Orte verschiedener Meereshöhe* (nach DOULL und Mitarbeiter).

Es starben in den Jahren 1917–1923 pro 100000 Einw. an	in Santos a. Meeresspiegel	in San Paolo 2500 Fuß ü. d. Meeresspiegel	Verhältnis Santos : San Paolo
Diphtherie	3,1	10,8	1:3,5
Scharlach	0,3	7,6	1:25

So muß sowohl der Diphtherie- als auch der Scharlachwintergipfel bis heute als eine epidemiologisch außerordentlich interessante Tatsache zwar gebucht werden, seine völlig widerspruchsfreie Erklärung indes weiteren Untersuchungen vorbehalten bleiben, wenngleich die vom Verf. seit je vertretene Meinung einer entscheidenden Wirkung des winterlichen Ultraviolettmangels nach wie vor die wahrscheinlichste Erklärung bildet. Auf die große praktische Bedeutung dieser Frage werde ich S. 263 noch zu sprechen kommen.

Man hat selbstverständlich auch für diese winterlichen Dispositionsänderungen einen *Vitaminmangel* diskutiert.

Was Diphtherie und Scharlach im speziellen betrifft, so scheint schon der bereits im Kalenderherbst einsetzende Krankheitsanstieg und das häufige Erreichen des Gipfels noch im November oder Dezember gegen eine Erklärung durch Vitaminmangel zu sprechen. WILDFÜHR konnte (bei 321 Versuchspersonen) durch Vitamingaben während der Wintermonate (A-, B_2-, C- und D-Faktor jeweils einzeln oder in Kombination gegeben) keine Einflüsse auf den Diphtherieantitoxintiter feststellen. Aber auch sonst sind zu dieser Hypothese keinerlei irgendwie stichhaltige Argumente bekanntgeworden, aus denen sie weiter hätte sich stützen lassen.

Der Vollständigkeit halber sei hier noch angefügt, daß speziell *für den Scharlach noch andere klimatische Einflüsse* jenseits des eigentlichen Jahreszeitenrhythmus diskutiert wurden. So fand GLEITSMANN, daß *niederschlagsarme* Jahre mit relativ niederer Lufttemperatur „die eigentlichen Scharlachjahre" sind und daß der Scharlach sich hier sehr ähnlich dem Typhus verhalte (vgl. hierzu auch S. 172). BROWNLEE fand das aber nicht bestätigt. Wenn BENDA feststellt, daß *gute Kartoffeljahre gleichzeitig Scharlachjahre* seien und die Scharlachepidemiologie mit der Kartoffelverbreitung und dem Kartoffelkonsum in kausale Verbindung brachte, so ist das doch wohl nur ein absurdes Beispiel dafür, daß *die zeitliche Koinzidenz zweier verschiedener Vorgänge nicht im entferntesten etwas für ihren ursächlichen Zusammenhang beweist,* sondern daß beide Vorgänge eben auch von einer gemeinsamen dritten Ursache, hier wohl von meteorologischen Einflüssen abhängen.

Anzufügen bleibt zunächst noch der Frühjahrsgipfel der **epidemischen Meningitis** (Genickstarre), wie er aus Abb. 46 deutlich hervorgeht. Er ist in Epidemiejahren von ganz enormem Ausmaße, um in Jahren ruhigen Seuchenganges auf kleine, aber doch fast durchweg noch deutliche Wellen abzusinken. Über sein Zustandekommen ist im einzelnen nichts bekannt.

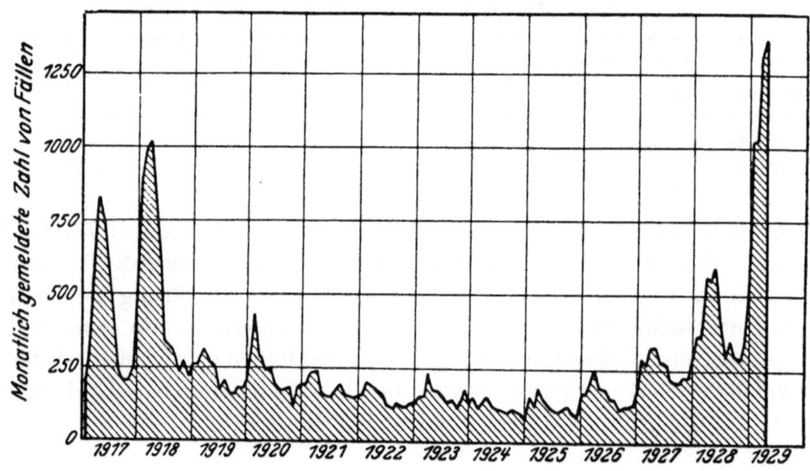

Abb. 46.
Jahreszeitenwellen und epidemische Wellen der Cerebrospinalmeningitis in den Vereinigten Staaten nach den monatlich gemeldeten Erkrankungsfällen der Jahre 1917–1929. (Aus Epidemiol. Monatsber. d. Hygienesektion d. Völkerbundes Nr. 125.)

Man muß die epidemische Meningitis aus epidemiologischen Gründen zu den Infektionskrankheiten vom Typ der „Zivilisationsseuchen" rechnen, wie ich andernorts ausgeführt habe — eine Ansicht, welcher sich ZEISS und RODENWALDT voll angeschlossen haben. Analogiegründe machen es damit immerhin wahrscheinlich, daß die Jahreszeitenwellen auch bei dieser Krankheit jedenfalls durch Schwankungen in der Anfälligkeit des Menschen zustande kommen. Denn zwischen jahreszeitlicher Beeinflußbarkeit und Erkrankungsbereitschaft des Menschen zeigt sich eine recht interessante, klare Beziehung:

Eine Maßzahl für die verschiedene Erkrankungsbereitschaft ist nämlich der sog. „Kontagionsindex", der die Erkrankungswahrscheinlichkeit des Menschen auf erfolgte Ansteckung hin angibt (Kontagionsindex 1 = 100%iges Erkranken). *Je größer der Kontagionsindex also, um so weniger Raum bleibt dispositionellen Einflüssen; je kleiner der Kontagionsindex, um so mehr entscheiden dispositionelle Momente über das Erkranken.*

Wir werden also eine *jahreszeitliche Beeinflußbarkeit mit fallendem Kontagionsindex in steigendem Maße erwarten müssen.* Das ist in der Tat der Fall, wie die Tab. 30 zeigt.

Tabelle 30. *Zunahme jahreszeitlicher Beeinflußbarkeit mit fallendem Kontagionsindex bei den Zivilisationsseuchen.*

Seuche	Kontagionsindex	Echte jahreszeitliche Beeinflußbarkeit
		Fehlt:
Masern	nahe an 1,0	Häufigkeitsgipfel kommen zu allen Jahreszeiten vor, es *fehlt* jeder echte Saisongipfel.
Pocken		
Keuchhusten	etwa 0,7	
		Ist deutlich vorhanden:
Scharlach	etwa 0,3	Typische Jahreszeitengipfel mit nicht sehr hohem Wellengang (Amplitude).
Diphtherie	0,1–0,2	
		Ist stärkst ausgeprägt:
Kinderlähme	unter 0,001	Typische Jahreszeitengipfel mit sehr hohem Wellengang, der geradezu „Prädilektionsjahreszeiten" bedingt.
Epid. Genickstarre		

Für die **Grippe** steht heute fest, daß es sich um eine Virusinfektion handelt, die besonders leicht von Mensch zu Mensch offenbar durch Tröpfcheninfektion weitergegeben wird. Erkrankungen, auch kleinere Epidemien, kommen zu allen Jahreszeiten vor, die Epidemien überwiegen aber an Zahl, Umfang und Ausdehnung im Winter. Für die Bewertung von Länderstatistiken ist allerdings zu bedenken, daß zuverlässige Morbiditätsziffern kaum existieren. Die Grippeverbreitung wird meist aus Sterbeziffern beurteilt, bei denen wieder die oben speziell für den Keuchhusten gezeigte Erscheinung eintritt, daß sie im Winter–Frühjahr infolge der um diese Zeit gehäufteren und bösartigeren Pneumonien ansteigen, da ja der Tod an Grippe fast durchweg durch die typische Grippekomplikation, eben die Pneumonie, erfolgt (vgl. auch bei WASMUTH). Es kommt hinzu, daß die Grippeerkrankungen eigentlich sich vorerst weder zeitlich noch räumlich abgrenzen lassen von jener Gruppe von Entzündungen der Atemwege, die man gewöhnlich als *Erkältungen (common colds)* bezeichnet, deren hohe Kontagiosität übrigens sie ebenfalls der klassischen Grippe an die Seite stellt.

Wertvoll für das Studium der Grippe sind bei dieser Unsicherheit daher Morbiditätserhebungen an gut beobachteten Menschengruppen, wie sie etwa JÄSCHOCK sowie SARGENT mitgeteilt haben (s. Abb. 47 u. 48).

Ein Vergleich der beiden Abbildungen zeigt große Regelmäßigkeit der – hier, übrigens synchron mit den Grippewellen Gesamtdeutschlands (KOLLER), in zweijährigem Abstande hohen – Frühwintergipfel im

Material von JÄSCHOCK, hingegen jährliche, aber zeitlich doch unregelmäßige Frühwintergipfel („a pseudo-seasonal trend") im Material von SARGENT (man beachte hier die Gipfel 1935–1936 und 1936–1937 im Januar–Februar, 1937–1938 im Dezember–Februar, endlich 1938–1939 im Dezember–März, diesmal mit Absenkung im Januar–Februar).

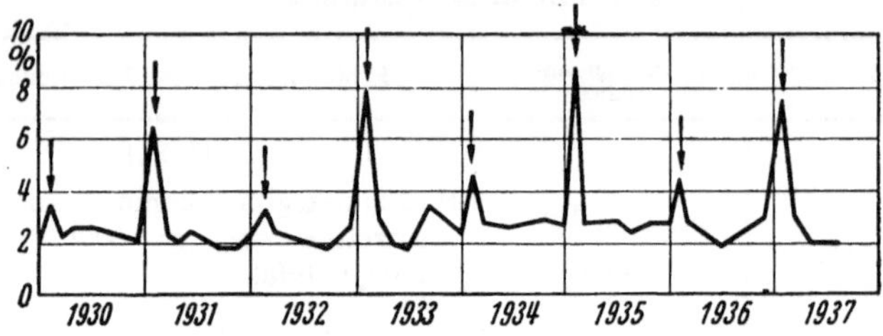

Abb. 47.
Monatliche Morbiditätsziffern an Grippe bei den Arbeitern eines Flachsverwertungsbetriebes 1930—1937 (nach JÄSCHOCK).

Ganz dementsprechend treten ortskonstante jahreszeitliche Häufungen vorwiegend bei Verwendung des Summenjahres in Erscheinung, und die geographische Verteilung der Jahreszeitengipfel der Grippe (Abb. 49) zeigt keineswegs die große zeitliche Konstanz der sozusagen klassischen Saisonkrankheiten, wenn auch Häufungen im Winter für die gemäßigte Zone die Regel bilden.

Man hat nach der ganzen Sachlage den Eindruck, daß bei der Grippe, wie Verf. es schon früher vertreten, eher eine Pseudosaisonkrankheit vorliegt oder vielleicht – auch hier sind die Wege der Natur, wie sooft,

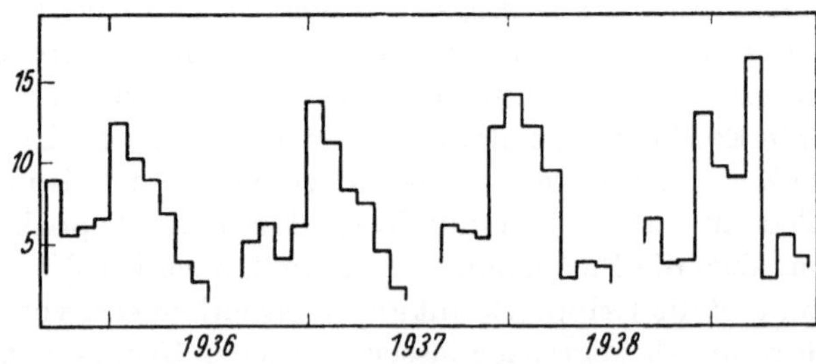

Abb. 48.
Monatsmittel der täglichen Erkältungskrankheiten in einer Gruppe von 2000 Studenten der Techn. Hochschule von Cambridge (Mass. USA) (nach den Ziffern von SARGENT).

wechselvoller als die Kästchen, in die wir ihre Erscheinungen einzuordnen versuchen –, daß gerade die Grippe eine Mittelstellung einnimmt, indem die Winterklausur ganz wie bei Masern die Übertragung einer Virusinfektion begünstigt, daß aber gleichzeitig eine winterliche Dispositionserhöhung des Menschen dem Umsichgreifen einer Epidemie auch ihrerseits entgegenkommt.

Um diese Dispositionsänderung und ihre evtl. meteorische Abhängigkeit ist gerade bei der Grippe viel gerätselt worden. In ihr sind nachweislich mehrere interferierende Komponenten zu scheiden:

1. Die *Wetterkomponente*, von der S. 75 schon die Rede war und die zuweilen extreme Wirkungsgrade im Sinne von „Epidemieschüben" (FLOHN [2]) erreichen kann, wie das aus Petersburg berichtete Beispiel zeigt.

2. Die *Saisonkomponente*, eben die winterliche Dispositionssteigerung, die sehr wahrscheinlich der bei der Diphtherie erörterten und beim Scharlach wahrscheinlichen völlig analog ist.

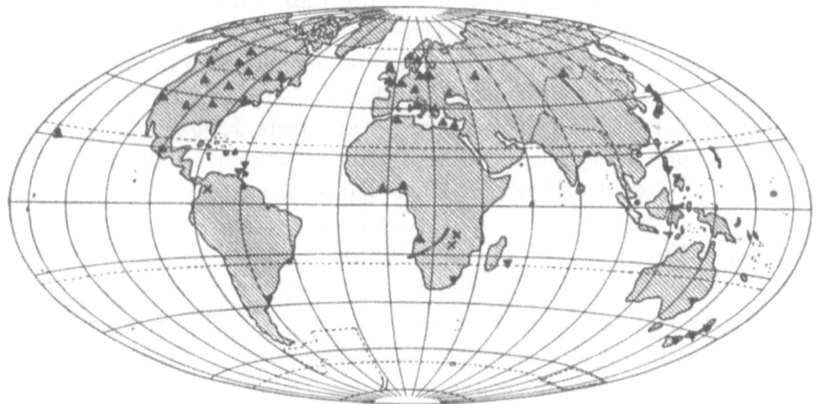

Abb. 49.
Verteilung des Saisongipfels der Grippeerkrankungen (jahreszeitlich stärker als bei den typischen Saisonkrankheiten wechselnde Gipfel).

SARGENT meint sogar (auf Grund von allerdings nur 93 zu Erkältung neigenden Studenten, unter denen 19 Pykniker und 17 Leptosome waren), daß Pykniker stärker im Herbst, Leptosome stärker im Frühling erkranken.

3. Die *Jahreskomponente*, welche über die Frage entscheidet, ob ein Jahr (ein Winter) eben ein Grippejahr (-winter) ist oder nicht.

Die letztere Frage berührt sich mit den großen Problemen der Epidemiologie, die den „Seuchengang" (JUSATZ) entscheiden und nicht mehr Gegenstand des vorliegenden Buches sind; sie können hier nur insofern berührt werden, als meteorobiologische oder doch bioklimatische Probleme hereinspielen, durch die – hier kann ich FLOHN (2) nur in vollem Maße zustimmen – bestimmt „dieser Seuchengang allein nicht erklärt werden kann".

Die oft zitierte Meinung RICHTERS, daß Hochdruckwetterlagen Grippeepidemien begünstigen, trifft zum mindesten für Mitteleuropa nicht zu, im Gegenteil kann man immer wieder das Hochschnellen einer

Grippewelle mit der Beendigung einer Hochdrucklage feststellen, was offenbar in die unter 1. genannten Einflüsse zählt.

Es war z. B. 1951 klinisch ungemein beeindruckend, daß mit dem plötzlichen Ende der langdauernden herbstlichen Hochdrucklagen schlagartig eine derartige Häufung von Grippelaryngitiden (Grippecroup) bei Kindern einsetzte, wie man sie in Jahren nicht erlebte; auch SARGENT betont die steigenden Grippeziffern bei wachsend stürmischem Wetter – an sich Alltagserfahrungen, die schon in die Bildreklame der pharmazeutischen Industrie in mannigfacher Gestalt eingegangen sind.

J. BAUER hat bei der Analyse von 10 Grippeepidemien der Jahre 1933 bis 1937 dann auch keinerlei Vorwalten bestimmter Wetterverhältnisse während der Epidemien (weder bezüglich Luftdruck, Temperatur, Luftkörper) finden können und betont ebenfalls, daß er die genannte Ansicht RICHTERs nicht bestätigen könne. Dagegen glaubt er Andeutungen dafür zu finden, daß das Wetter des vorausgehenden Sommers und Herbstes die winterliche Grippewelle mitbestimmt – eine bislang auch bei anderen Infektionskrankheiten noch recht wenig studierte Fragestellung, deren (ob bestätigende oder ablehnende) Beantwortung in jedem Falle eine interessante Erkenntnis bildete. Nach trockenen, sonnenreichen Sommern bleibe eine Grippeepidemie „zumeist aus", und die Grippe trete dort um so früher auf, wo der Umschlag zu ungünstigem Wetter früher erfolge (z. B. 1936–1937 in Nordbayern früher als in Südbayern).

Wenn wir von einem Jahreszeitenrhythmus der **„Pneumonie"** sprechen, so müssen wir uns klar sein, daß wir es hier mit einer Sammeldiagnose zu tun haben. Bronchopneumonie, „Übergangsformen", croupöse Pneumonie dürfen eigentlich nicht als eine Krankheit bezeichnet und zusammengezählt werden. Altersdisposition, Verlauf, bakteriologische Pneumokokkentypen sind bei ihnen ganz verschieden. Bei den Bronchopneumonien wäre außerdem noch zwischen primären und sekundär-komplizierenden (d. h. an eine Grundkrankheit sich anschließenden) Formen zu trennen. Demzufolge sind die *Ergebnisse der Pathogeographie* sehr unsicher.

Für *Pneumoniesterblichkeit* läßt sich kaum eine Stadt ohne einen Rhythmus finden. Die Nordzone hat fast generell einen Februar-April-Gipfel. Aber bereits Kalkutta (etwa am nördl. Wendekreis), sowie Bahia (12° südl. Breite) haben den Gegenrhythmus der Südzone, d. h. einen August-Oktober-Gipfel. Gleiches gilt für die unter dem Äquator liegenden Südseeinseln (Sumatra, Java). *Eine „indifferente Äquatorialzone" scheint im Gegensatz zu vielen anderen Saisonkrankheiten also für Pneumonie nicht nachweisbar.*

Genauere Untersuchungen über die *Saisonverteilung* von Bronchopneumonien liegen verschiedentlich vor. Danach haben die *Bronchopneumonien* einen ausgesprochenen Gipfel im Kalenderwinter, der bis in den Frühling hineinreicht (WISKOTT, EIWIN und SELDITSCH). Die *crou-*

pöse Pneumonie hingegen hat einen ausgesprochenen Gipfel im April—Mai, jedenfalls später als die Bronchopneumonie (ENGEL, HRISS, HILL, RIEBE, GOSAU; letzterer fand an 1007 Fällen Hamburgs noch einen Nebengipfel im Januar, von dem Verf. vermuten möchte, daß es sich bei diesem um die fokalen Übergangspneumonien handelte, die zu den Bronchopneumonien zählen, aber klinisch von den croupösen nicht immer eindeutig abzutrennen sind), nur SCHUNTERMANN gibt ihn im Januar—März an.

Auch die **Pneumokokkenkonjunktivitis** verhält sich übrigens ähnlich. (HINRICHS). Für sekundär-komplizierende bronchopneumonische Lungeninfiltrierungen bei Keuchhusten liegt eine Aufstellung von HÜHNERMANN vor, welche (ganz entsprechend) einen Wintergipfel zeigt.

Über die ausschlaggebenden Saisonfaktoren ist wiederum nichts im einzelnen bekannt. Daß sie über die Erkrankungsbereitschaft des Menschen wirken, ist sehr wahrscheinlich. Die Korrelation mit der „interdiurnen Temperaturschwankung“, welche HRISS angibt, ist wohl nur eine typische automatische Korrelation; Vitaminmangel als Ursache (EIWIN und SELDITSCH) eine bloße „Meinung“.

Wie kaum eine andere Krankheit hat man Pneumonien stets als „Erkältungskrankheiten“ angesprochen (vgl. dazu auch S. 65).

Über diese Frage der „Erkältung“ und Kälteeinwirkung ist wohl am umfangreichsten untersucht und diskutiert worden (vgl. die zitierte Monographie STICKERs). Daß es eine Erkältung gibt im Sinne einer Abkühlungsfolge, drängt sich wohl jedem beobachtenden Arzt auf. Das Erkältungsproblem kann hier freilich nicht behandelt werden, da es sich hier weniger um ein Problem der Meteorobiologie handelt, eine Erkältung nämlich durchaus nicht wetterbedingt oder klimatisch bedingt zu sein braucht. Für das aber, was wir gewöhnlich „Erkältungskrankheiten“ nennen, sind wir, wie auch HOPMANN mit Recht betont, einer auch nur einigermaßen umfassenderen Theorie noch fern. Der Begriff der Erkältung im Sinne einer mittelbaren oder unmittelbaren Kältefolge ist überhaupt zu sehr ausgedehnt worden, und vorerst ist mit diesem Begriffe nur schwer zu arbeiten, solange wir noch nicht einmal wissen, was Erkältung ist oder was wir so nennen wollen. RIMPAU hat das bisherige Untersuchungsergebnis zu der Frage in neuester Zeit dahin zusammengefaßt: „Diese und zahlreiche andere Untersucher haben die Grundlage für unsere Erkenntnis, wie der Körper auf Kälteschaden antwortet, gegeben. Sie haben aber nicht die Frage, wie es nun zur Erkältungskrankheit kommt, beantworten können. Trotz größter Mißhandlung des Körpers mit Kältereizen ist die ersehnte Erkältungskrankheit bei diesen Versuchen ausgeblieben.“

Was die Pneumonie betrifft, so hat sich jedenfalls eine oft gesuchte *Parallelität zwischen* ihrem *Vorkommen und den Außentemperaturen nie-*

mals erweisen lassen (s. etwa PORT, HILL, MESETH u. v. a.); HILL meint sogar, daß ungewöhnliche Kälte die Pneumonieentstehung hemme, und aus den Zahlen MESETHS würde man ähnliches schließen; jedenfalls war der berühmte „Polarwinter“ 1928–1929 eher pneumoniearm. Wie verwickelt die Verhältnisse hier liegen, zeigt sich auch darin, daß die andere sog. „Erkältungskrankheit“, der **akute Gelenkrheumatismus,** in seiner Jahreszeitenverteilung weder mit jener der Pneumonie, noch mit jener „allergischer Reaktionen“ übereinstimmt, wogegen die starke Beteiligung allergischer Prozesse am Krankheitsbilde heute doch außer Frage steht. Der akute Gelenkrheumatismus (Febris rheumatica) besitzt einen Wintergipfel in Schweden (EDSTRÖM) von November bis März, in Kopenhagen (MADSEN) von Oktober bis Februar, die verwandte *Chorea minor* in München einen Frühjahrsgipfel (H. G. PETERS).

D. Allgemeine „biologische“ Form jahreszeitlicher Krankheitswellen und deren Entstehungsweise.

Ermittelt man Häufigkeiten irgendeines biologischen Ereignisses fortlaufend wöchentlich oder monatlich (in der Medizin meist absolute Zahlen von Erkrankungs- oder Sterbefällen) und stellt man sie in der üblichen Weise in dieser zeitlichen Folge in einem linearen Koordinatensystem dar, so haben alle auf diese Weise auftretenden jahreszeitlichen Wellen eine zunächst jedenfalls überraschende Form, und zwar gleichgültig, ob die Welle steil oder flach, ob die studierte Krankheit kontagiös oder nichtkontagiös ist.

Nicht die Krankheits-(bzw. Sterbe-)Ziffern einer Saisonkrankheit, sondern erst ihre Logarithmen bilden mit großer Näherung eine Sinuswelle.

Der Name „Sinuswelle“ stammt bekanntlich aus der Mathematik, nämlich von dem mit wachsendem Hypothenusenwinkel eines rechtwinkeligen Dreiecks sich ändernden Verhältnis zweier Seiten, das als „Sinus des Winkels“ bekannt ist. In der Natur und in der Technik finden sich Sinuswellen bei ungezählten Gelegenheiten, von der einfachen, in ihrem zeitlichen Ablauf sich aufzeichnenden Pendelschwingung oder Bewegung eines Luftteilchens beim Schall, der Schwingung eines Seiles oder der Saite eines Musikintrumentes, der Wellen auf Flüssigkeiten bis zu jenen „wellenartigen“ Zustandsänderungen im Raum, die man als „elektromagnetisch“ bezeichnet.

Die genannte Beziehung wurde zunächst als Tatsache rein rechnerisch von KOLLER für den Jahresgang von Kreislauf- und Atmungskrankheiten festgestellt, ohne daß dieser Befund weitere Beachtung oder Deutung fand. Ganz unabhängig stellte dann später ZIEZOLD die gleiche Eigentümlichkeit bei zahlreichen von ihm studierten, meist meldepflichtigen und daher in großen Statistiken vorliegenden Infektionskrankheiten fest. Ohne Kenntnis der KOLLERschen Befunde glaubte er die Erscheinung mit Ablaufsformen der Infektionsausbreitung in einer Population in Beziehung bringen zu können, bis Verf. (10, 11) dann die Allgemeingültigkeit der Gesetzmäßigkeit nachwies.

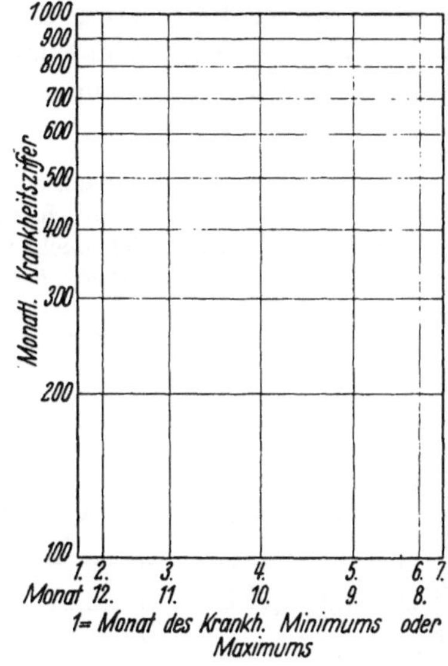

Abb. 50. Teilung einfachen Logarithmenpapiers als „logarithmisches Sinuspapier“ zur Prüfung jahreszeitlicher Schwankung biologischer Ereignisse auf die im Text genannte Gesetzmäßigkeit (DE RUDDER [11]).

Bei den letztgenannten Untersuchungen bewährte sich ein graphisches Verfahren, nämlich ein „logarithmisches Sinuspapier“, das man sich in Anlehnung an das käufliche, in Technik und Immunbiologie gebräuchliche „Wahrscheinlichkeitspapier“ konstruiert und das von jedermann leicht anzulegen ist: auf käuflichem „einfachem Logarithmenpapier“ mit einer linear- und einer logarithmisch-geteilten Achse (z. B. von SCHLEICHER und SCHÜLL, Nr. 673½ u. ä.) teilt man die lineare Abszissenachse so ab, daß eine Sinuslinie über ihr zu einer in sich zurücklaufenden Geraden wird (Abb. 50); die Abstände der Abszissenpunkte verhalten sich dann in beliebigem Maßstab wie die Sinusfunktion in fortlaufenden Kreiszwölfteln (12 Monate!), nämlich wie 4:11:15:15:11:4.

Jahreszeitliche Krankheits- (bzw. Sterbe-) Ziffern, die dem genannten Gesetz gehorchen, liegen dann bei Eintragung in dieses Koordinatensystem annähernd auf einer Geraden, sobald sie dem genannten Gesetz gehorchen; der Befund ist mit einem einfachen Lineal mühelos zu prüfen.

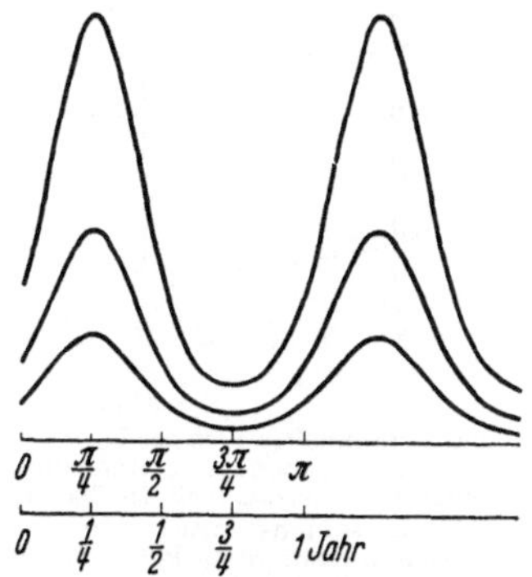

Abb. 51. Rechnerisch ermittelte Wellen der Form $n^{\sin x}$ verschiedener (im Verhältnis 1:2:4 stehender) Amplitude; sämtliche jahreszeitlichen Krankheitswellen besitzen mit großer Näherung diese Wellenform, vgl. dazu Abb. 52.

Um diese merkwürdige Gesetzmäßigkeit dem Verständnis näherzubringen, ist es zunächst zweckmäßig, sie *in mathematisch anderer (sog. „inverser“) Form* auszudrücken: *Wenn die Logarithmen irgendeiner Zahlenfolge einer Sinuswelle folgen, so bildet die Zahlenfolge selbst eine Wellenlinie der Form* $n^{\sin x}$, wo n eine beliebige Zahl und x die fortlaufenden Meßpunkte der Abszissenachse darstellt (n hat eigentlich Parametercharakter, d. h. unter den an sich unendlich vielen Wellen dieser Grundform wählt es eine bestimmte aus; auf das letztere kommt es hier aber nicht weiter an, da für das biologische Problem nur die Wellen*form* als solche entscheidend). Abb. 51 gibt diese Wellenform wieder, wobei Parameter, d. h. Amplituden vom Verhältnis 1 : 2 : 4 zugrunde gelegt sind; von Sinuswellen unterscheidet sich diese Wellenform, wie aus der Abbildung ersichtlich, durch die spitzen Maxima gegenüber den stumpfen Minimis.

Der früher (2. Aufl.) je nach der Amplitude des Wellenganges als „*Sinustyp*“ und als „*Impulstyp*“ vermeinte Unterschied, den auch BERG (5) übernahm, erweist sich nach dieser Analyse nicht mehr als prinzipiell, sondern es sind lediglich Wellen verschiedener Amplitude, aber keineswegs von unterschiedlichem Bildungsgesetz, d. h. beide sind eben Wellen des Typus $n^{\sin x}$; nur daß derartige Wellen bei niedriger Amplitude optisch schon sehr an Sinuswellen erinnern; sie zeigen ihre andere Natur aber immer noch daran, daß die Gipfel spitzer als ihre Täler sind (Abb. 52). Man wird also dem nach wie vor als „Impulstyp“ erscheinenden hohen Wellengang korrekter nur einen „Sinoidtyp“ mit niedriger Amplitude gegenüberstellen.

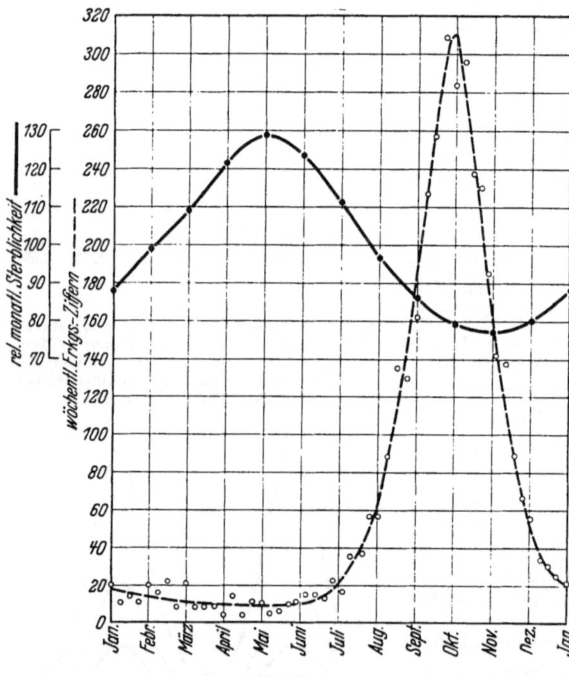

Abb. 52.

Zwei Saisonkrankheitswellen der Form $n^{\sin x}$ von verschieden hohem Wellengang (*beide* haben spitze Gipfel und flache Täler). ——— monatliche Tuberkulosesterblichkeit in Bayern 1893–1902, umgerechnet auf einen Monatsdurchschnitt von 100 (nach ORSZÁG). ...... wöchentliche Erkrankungsziffern an Poliomyelitis im Deutschen Reiche von 1932 (nach Ber. des Reichsges. Amtes).

Für die Aufklärung dieses Wellenganges ist folgende allgemeine Überlegung maßgebend (DE RUDDER [12]): da die genannte Gesetzmäßigkeit eine sehr allgemeine, nämlich für alle Krankheitsformen und alle Populationen zu gelten scheint, muß eine Erklärung auf ganz allgemeiner Basis gesucht werden.

Krankheit entsteht nach der bekannten LENZschen Definition ganz allgemein dann, wenn der Organismus seine Anpassungsfähigkeit überschreitet. Ganz gleichgültig, wie geartet der Schaden beschaffen sein mag, der zu einem jahreszeitlich wechselnden Erkranken führt, er muß gesteuert sein von demjenigen Naturgeschehen, das die Jahreszeiten bedingt, nämlich vom jahreszeitlich wechselnden Sonnenstand, von der jahreszeitlich wechselnden Einstrahlungsintensität oder wie man das primäre Jahreszeitengeschehen formulieren mag. *Dieses Geschehen hat selbst sinusförmigen Ablauf*, wie Jahreskurven der mittleren Sonnenscheindauer, der mittleren Lufttemperatur oder ähnlicher Faktoren dartun, und so ist es nicht zu verwundern, daß die Sinusfunktion in die Form jahreszeitlicher Krankheitswellen eingehen wird. Merkwürdig bleibt zunächst nur, daß nicht auch die Krankheitsfallzahlen unmittelbar dieser Welle folgen. Es ist somit zu untersuchen, wie eine Population von Menschen auf ein sinusoid ablaufendes Geschehen reagieren kann, wenn dieses Geschehen zu Überschreitungen der Anpassungsfähigkeit führt.

Um diese Frage beantworten zu können, muß man sich erinnern, daß *alle komplexen, d. h. durch viele Einzelfaktoren gesteuerten Leistungen von Organismen, alle Disposition, Resistenz, Krankheitsabwehr, sich nach den Gesetzen der Kombinatorik, d. h. binomial auf die Einzelindividuen einer Population verteilen.*

Diese Vorstellung hat sich in der Biologie zur Aufklärung oft sehr verwickelter Beobachtungstatsachen, z. B. bei den eigentümlichen Gesetzmäßigkeiten der Geschlechtsdisposition (PFAUNDLER), bei immunbiologischen Tierexperimenten (PRIGGE) ebenso bewährt, wie die entsprechenden morphologischen Feststellungen seit den klassischen biometrischen Untersuchungen GALTONs heute Allgemeingut der Biologie sind.

Es spielt dabei für die daran sich knüpfenden Überlegungen keine Rolle, ob eine solche Verteilung im Einzelfall eine binomiale „Normalverteilung“ von der bekannten symmetrischen Form oder ob sie aus besonderen Gründen eine schräge, asymmetrische ist.

Unter jedenfalls didaktisch vereinfachender Zugrundelegung der binomialen Normalverteilung ist also innerhalb der Individuen einer Population jede Krankheitsabwehr, jede Krankheitsdisposition in der Art der bekannten *Gaußschen Glockenkurve* verteilt. Im oberen Teil der Abb. 53 ist eine solche dargestellt.

Auf der durch diese Kurve begrenzten Fläche kann man sich die Individuen einer Population aufgestellt denken, und zwar zu vertikalen Reihen geordnet nach dem Maß ihrer Krankheitsabwehr, links die wenigen mit ganz geringer Abwehr, dann steigend zahlreicher bis zum „Durchschnitt“ der Abwehrleistung, dann wieder weiter nach rechts seltener werdend bis zu den wenigen mit bester Abwehr.

Trifft nun ein Schaden (Reiz) von steigender Intensität – in Abb. 53 angedeutet durch wachsende Strecken 1–2–3 – diese Population, so werden jeweils die auf den korrespondierenden Flächen stehenden Individuen erkranken (in der Abbildung schraffiert). Will man das Anwachsen dieser Erkrankungsziffern als Funktion der Schadensgrößen (Reizgrößen) ausdrücken, also den Abszissen der Schadensgröße Ordinaten der Reaktionsstärken zuordnen, so hat man zunächst das Anwachsen einer Gauß-

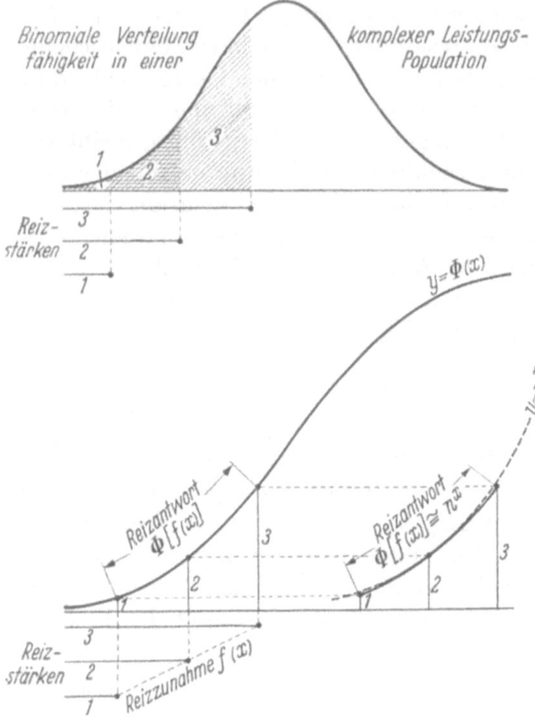

Abb. 53.
Oberer Teil: Gaußsche Normalverteilung (*„Glockenkurve“*), welche die binomiale Verteilung jeder komplexen Lebensleistung (Krankheitsabwehr) in einer Bevölkerung schematisch darstellen soll. Auf Reize verschiedener Stärke (Abszissen 1 – 2 – 3) reagieren die durch die zugehörigen Flächen ausgedrückten Zahlen von Individuen. Diese Zahlen sind im *unteren Teil* der Abb. als Strecken, d. h. als Ordinaten eines *Gaußschen Wahrscheinlichkeitsintegrals* $y = \Phi(x)$ dargestellt, welches bekanntlich Flächenänderungen der *Gauß*schen Verteilung wiedergibt. Weitere Einzelheiten im Text.

schen Normalverteilung selbst als Funktion darzustellen. Diese Funktion wird allgemein als $y = \Phi(x)$ geschrieben, es ist das im unteren Teil der Abb. 53 in seiner bekannten Schweifung verlaufende „Gaußsche Wahrscheinlichkeitsintegral“. Die Kurven*fläche* im oberen Teil der Abb. 53 wächst wie die Ordinaten dieser unteren Kurve. Zu den wieder als Abszissen auftretenden Schadens- oder Reizgrößen 1–2–3 gehören also die ebenso numerierten und in ihrem Anwachsen in der Figur rechts unten nochmals gesondert gezeichneten Ordinaten. In diesem rechten Teil der unteren Figur ist die Funktion $y = \Phi(x)$, jedoch durch einen optisch davon kaum unterscheidbaren Teil der Funktion $y = n^x$ ersetzt.

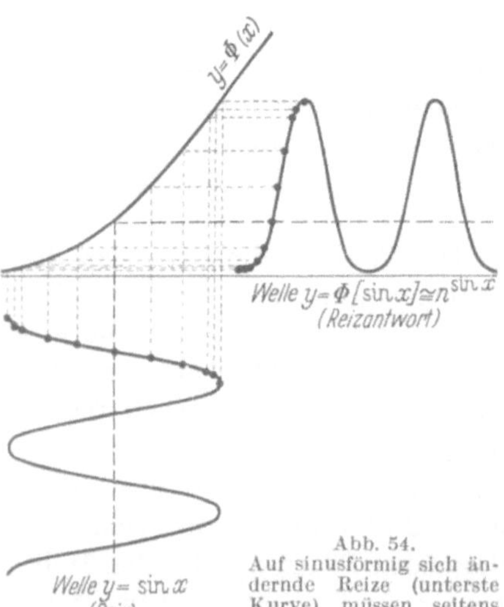

Abb. 54.
Auf sinusförmig sich ändernde Reize (unterste Kurve) müssen seitens der schon in Abb. 53 dargestellten Population Reizantworten in der Form einer Welle $\Phi(\sin x)$ auftreten, die von einer Welle der Form $n^{\sin x}$ praktisch nicht unterscheidbar ist (vgl. dazu Abb. 55).

In Abb. 54 ist nun der für unsere Fragestellung speziell interessierende Fall dargestellt, in dem die Schadens- bzw. Reizgrößen nicht einfach anwachsen, sondern im Sinne jahreszeitlicher Faktoren in sinusoidalem Hinundherschwanken sich ändern (Sinuswellen im untersten Teil der Abbildung). Die sich korrespondierend ändernden Krankheitsziffern sind rechts oben als Wellen dargestellt, an denen man die Charakteristika der in Abb. 51 gezeigten Wellenform $n^{\sin x}$ (die spitzeren Gipfel gegenüber den flacheren Tälern) erkennt. Die auf solche Weise entstehenden Wellen der Form „Φ (sin x)“ sind mit den genannten $n^{\sin x}$ nicht ganz identisch. In Abb. 55 sind die beiden Wellenformen in gleicher Amplitude übereinander gezeichnet; beide sind sich so ähnlich, daß sie in der statistischen Praxis gar nicht unterscheidbar sind.

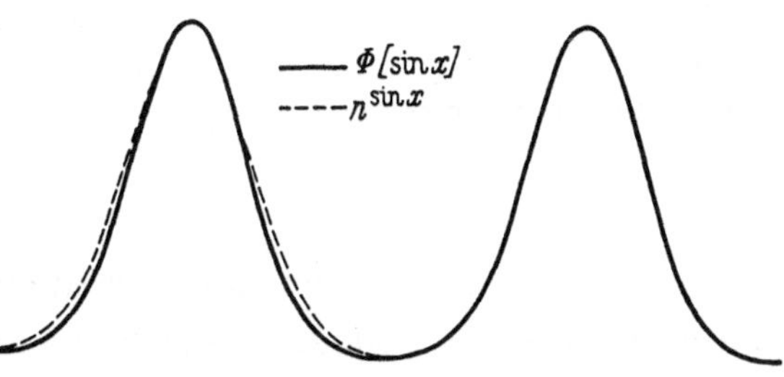

Abb. 55.
Die beiden praktisch ununterscheidbaren, hier mit gleicher Amplitude dargestellten Wellen, die sozusagen „biologische“ Form Φ (sin x) und ihre mathematische Näherungsform $n^{\sin x}$.

Der tiefere Grund für diese Übereinstimmung ist, daß der Anfangsteil der Funktion $y = \Phi(x)$ – es ist der Teil der abwehrschwächeren, also im Ernstfall erkrankenden Individuen einer Population – von einer Funktion der Grundform $y = n^x$ gar nicht zu scheiden ist, wie in Abb. 53 schon dargestellt.

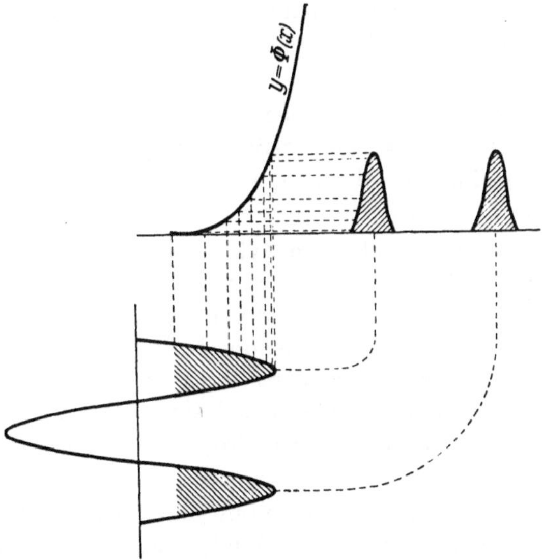

Abb. 56.
Sonderfall eines sinusförmig variierenden Reizes, der nur auf seinen Wellenbergen die Reizschwelle der reizempfindlichsten Individuen überschreitet: das Auftreten *jahreszeitlich gebundener Spitzen von Krankheitsvorkommen* (vgl. dazu etwa Abb. 33, S. 206).

Die vorstehend gegebene Deutung der Phänogenese jahreszeitlicher Krankheitswellen machte es dann auch ohne weiteres verständlich, daß Geschlechts- und Rassenunterschiede auch im jahreszeitlichen Reagieren vorkommen können, wie sie etwa KOLLER für die von ihm speziell bearbeiteten Krankheiten der Atmungs- und Kreislauforgane nachgewiesen hat; der für eine Population geltende Parameter zur Gaußschen Verteilung kann nach Geschlecht oder nach Rasse kleine Differenzen aufweisen, es können schiefe Verteilungen für Sondersituationen gelten oder die Normalverteilung selbst „in der Zeit“ gewisse kleine Deformierungen zeigen.

Auch jener Sonderfall, daß für eine Krankheit nur jahreszeitlich gebundene Häufungsspitzen auftreten, wie etwa bei der in Abb. 33 dargestellten Spasmophilie der Säuglinge, wird ohne weiteres verständlich: der sinusoide Reiz überschreitet hier nur mit seinen Maximis die nach außen in Erscheinung tretende Ansprechbarkeit des Menschen (Abb. 56).

E. Versuch und Grenzfragen zu einer allgemeinen Jahreszeitenbiologie des Menschen.

Nach all den Tatsachen, die in den vorstehenden Abschnitten behandelt sind, wird man ein gewisses Bedürfnis nach einer Synthese empfinden, die vielleicht einen ersten, wenn auch noch so bescheidenen Einblick in eine Physiologie des menschlichen Jahresrhythmus gewährt (DE RUDDER [12]).

Sehen wir das Problem fürs erste weiter von der Krankheitsseite her, so erkennen wir eigentlich *drei jahreszeitliche Gefährdungszyklen*, die nebeneinander abrollen, nicht ohne sich gegenseitig zu überschneiden oder doch zu beeinflussen.

Da ist zunächst ein Zyklus, der ohne ein menschliches Zutun wirkt, dem der Mensch sozusagen völlig passiv ausgeliefert ist, vor dem er sich aktiv nur dann schützen kann, wenn er bis ins einzelne gehende Kenntnis von diesem ihn gefährdenden Naturgeschehen besitzt: es ist die *sommerliche Begünstigung gewisser durch Insekten übertragener Krankheiten.* Diese „arthropod born infections“ sind keineswegs an einen Erregertyp gebunden, es finden sich Protozoen (Malaria), Bakterien (Salmonellagruppe), Viren (Sommerencephalitis) darunter.

Bis in viele Einzelheiten sind aber gerade bei den durch Insekten übertragenen Infektionen jahreszeitliche Besonderheiten, örtliche oder zeitliche Abweichungen von der Regel bei der einen oder anderen Krankheit bekannt (Tularämie, Pest, Ruhr). Wichtig für die Erkennung aller dieser „indirekten“ jahreszeitlichen Krankheitshäufungen ist die Tatsache, daß ihre Ätiologie sich kaum oder höchstens im Vorkommen der genannten örtlichen oder zeitlichen Abweichungen von der Regel verrät, so daß für die Aufklärung solcher Rhythmen eine oft sehr detaillierte Kenntnis der Gesamtätiologie der Krankheit schon Voraussetzung ist. Die Geschichte der Erforschung des „Sumpffiebers“, der „Mal-aria“, liefert dafür ein vorzügliches Beispiel.

In diesen Zyklus gehören aber auch gewisse namentlich physikalisch erfolgende Schäden, von denen sich der Mensch nicht oder nur durch späte, in einer hochzivilisierten Lebensform erreichte Einrichtungen schützen kann: gewisse Hitze- und Strahlungsschäden und ihre Folgen im Sommer.

Ein zweiter Zyklus, in den der Mensch nunmehr schon aktiv eingeschaltet sich erweist, ist unmittelbare Folge der *jahreszeitlich sich ändernden menschlichen Lebensweise und Lebensgewohnheiten.* Auch hier spielen gewisse Infektionen wieder eine große, aber nicht mehr die dominierende Rolle. Die jahreszeitlich sich ändernde Ernährungsweise kann Avitaminosen begünstigen, aber auch Genuß erhöht infektionsgefährdeter Nahrungsmittel; hierher zählen viele „Seuchen der Unkultur", namentlich wieder viele Salmonellainfektionen. Der erhöhte Kontakt mit Wasser durch Freibaden, aber auch durch Feldarbeit kann die soeben genannten sowie die Leptospirosen begünstigen. Endlich führt die Milieuverdichtung der wohnungsmäßigen Winterklausur zu erhöhten Infektionschancen von Mensch zu Mensch vorwiegend durch Tröpfcheninfektion; die klassischen Zivilisationsseuchen Masern, Keuchhusten und in undurchimpften Ländern Pocken neigen zu winterlicher Häufung. Gerade bei diesen aber begegnet sich dieser Jahresrhythmus über die erhöhte Pneumoniegefährdung nun aber schon mit jenem dritten Zyklus, der biologisch ohne Zweifel der interessanteste.

Es ist der im Gegensatz zu den beiden mehr äußerlich dem Menschenleben aufgeprägten Zyklen jener innere, d. h. *im Menschen selbst nachweisbare jahreszeitliche Rhythmus von Lebensvorgängen.* Eine winterliche Stoffwechselverlangsamung kann heute als gesichert gelten (Wachstumsstillstand; Grundumsatzverminderung; regressive Veränderungen am Knochensystem bis zu ihrem Extrem, der Rachitis; im Tierreich unter gewissen Umständen Winterschlaf). Das aber bedeutet — wenn wir uns des anschaulichen Bildes Hoffs von den ineinandergreifenden Rädern bedienen — Drehung des Säurebasenstoffwechsels auf Alkalose, Drehung der vegetativen Innervation auf *erhöhten Parasympathicotonus.* Letzteres wiederum aber besagt in der Ausdrucksweise des Züricher Physiologen W. R. Hess, dem wir grundlegende Auffassungen über das vegetative Nervensystem verdanken, daß der Gesamtkörper sich physiologischerweise in den Zonen mit ausgeprägtem Jahreszeitenrhythmus *im Winter stärker auf das „histotrope", der Gewebserholung dienende System, auf „Ökonomie, Restitution, Organschutz" einstellt,* was eben die genannte Wachstumsverlangsamung integriert widerspiegelt.

Wer an dieser Stelle von der Medizin, der „Heilkunde" etwas abschweifend jener Verwobenheit von Lebewesen mit ihrer natürlichen Umwelt nachgehen will, der mag hier einmal beachten, wie das Bioklima für jene winterliche Zeit geringerer Auswirkungsmöglichkeit den Menschen vegetativ drosselt und wie etwa das naturnähere Leben des Bauern dieser Drosselung entgegenkommt, wie aber auch der sich der Natur so viel als möglich entwindende Städter von diesem jahreszeitlichen Rhythmus sich in seinen Tätigkeitsformen fast völlig gelöst hat. Letzteres aber wiederum wird nicht ohne Rückwirkung auf den Organismus sein, der einen vielleicht doch irgendwie physiologischen Rhythmus aufgegeben hat, wobei wir uns erinnern wollen, daß fast alles Leben physiologisch in Rhythmen sich vollzieht.

Über weitere Auswirkungen dieser winterlich erhöhten Parasympathicotonie wurde oben schon gesprochen.

Erinnert man sich, daß der Parasympathicus die *Lungen- und die Coronardurchblutung* drosselt, so wirft das immerhin etwas Licht auf den erwähnten winterlichen Sterblichkeitsgipfel an Atmungs- und Kreislaufkrankheiten.

Wir haben ferner von den primär parasympathicoton wirkenden Wetterstörungen erfahren, daß sie zu Absenkungen immunologischer Blutbestandteile führen. Die winterliche Dispositionserhöhung gegenüber vielen akuten Infektionen würde sich dieser Erkenntnis als parasympathicotone Winterwirkung gut anschließen.

Als eine entscheidende Ursache für diese winterliche Drosselung ist die *winterliche Reduktion des Ultraviolett B, der Dornostrahlung* des Sonnenlichtes erkannt, die im Tiefland in den Wintermonaten ganz fehlt, in höheren Lagen wenigstens vermindert ist.

Im übrigen sei daran erinnert, daß Ultraviolett B in natürlichen Wässern sich nicht mehr nennenswert findet, so daß die Grenze von 320 mμ Wellenlänge als Grenze für die Reizwirkung der Sonnenstrahlung auftritt, da alles Leben unserer Erde, das ja phylogenetisch zunächst im Wasser sich entwickelte, ohne Kontakt mit kurzwelligerer Strahlung sich formte. Schon das Ultraviolett B zeigt Absorption in Eiweiß, führt zu Wachstumshemmung, Zelltötung, was in noch verstärktem Maße für das (nur technischen Quellen entstammende) Ultraviolett C unter 290 mμ Wellenlänge gilt, das im Sonnenspektrum auf der Erdoberfläche infolge der hohen Ozonschichten der Atmosphäre überhaupt nicht mehr vorkommt, allen Organismen also völlig wesensfremd ist.

Möglich, daß neben diesem Ultraviolettrhythmus noch andere bioklimatische Rhythmen gleichsinnig wirken. Die jahreszeitliche Verteilung der primär parasympathicoton wirkenden („advektiven“) Wetterstörungen bzw. der störungsfreien (statischen) Wetterlagen wäre in diesem Sinne von Interesse, jetzt nicht so sehr als Krankheitsauslöser, sondern als Summenwirkung im Sinne eines Saisonfaktors. Hier wäre dann weiterhin etwa an den Rhythmus der Außentemperatur zu denken und daß der Mensch, namentlich wieder und in erhöhtem Masse der Städter sich diesem durch zunehmenden Aufenthalt in klimatisierten Räumen zu entziehen trachtet. Es ist jedenfalls beachtenswert, daß die Winterschilddrüse bei Warmblütern, auf die wir uns hier natürlich zu beschränken haben, der experimentellen „Dunkelschilddrüse" aber auch „Kälteschilddrüse" entspricht (WATZKA). Das ist allerdings beachtenswert, auch wenn man bedenkt, daß die Schilddrüse, wie jedes Organ des Körpers, nur eine sehr begrenzte Art von Möglichkeiten des Reagierens hat, so daß viele Einflüsse sich histologisch und damit funktionell gleichartig auswirken müssen.

In dieser Schilddrüsenstruktur besteht nach wie vor ein ungelöstes Rätsel, auf das immer wieder hingewiesen werden muß: daß nämlich diese Winter- und Dunkelschilddrüse mikrostrukturell den Bau höchster Aktivität besitzt. Schon BERGFELD wunderte sich, daß trotzdem die erwartete Grundumsatzänderung nicht eintritt, und er forderte einen antagonistischen Faktor, der diese gesteigerte Schilddrüsenaktivität kompensiert oder sperrt, den NITSCHKE dann in lymphoiden Organen (Milz, Thymus, Lymphknoten) vermutete. Der Frage ist seit zwei Jahrzehnten m. W. nie wieder nachgegangen worden, so daß sie nach wie vor ungelöst ist.

Das im Tiefland etwa ab Mitte Februar wieder in der Sonnenstrahlung nachweisbare Ultraviolett B bedingt dann, wie schon erörtert, ganz entscheidend die zahlreichen Umschaltungen im Stoffwechsel.

Der Frühling wird also gerade und erst durch seinen klimatischen Gegensatz zum Winter zu jener Umschaltjahreszeit von der Winterruhe des Stoffwechsels zur sommerlichen Steigerung, zum stärkeren Herrschen des Orthosympathicus, des „ergotropen", „Energieentfaltung unterstützenden Systems" in der HESSschen Ausdrucksweise.

Daß im Herbst eine gegensinnige Umschaltung erfolgt, ist ohne weiteres klar; sie soll hier nur kurz erwähnt sein mit dem Hinweis, daß dadurch gewisse Analogien zum Frühling entstehen können.

Daß es in der Zeit dieser Frühjahrsumschaltung zu pathologischen Steigerungen der im Körper sich abspielenden Reaktionen kommen kann, haben wir gesehen (gehäufte Tetanie, allergische Umstimmungen, paratuberkulöse Manifestationen und Tuberkuloseaktivierungen, Basedowhäufung u. v. a.).

Man wird sich hier erinnern, wie benachbart (räumlich und funktionell) die Zwischenhirnzentren der vegetativen Innervation und diejenigen der Allgemeingefühle liegen und wie stark die Bindungen des Zwischenhirns zur Zentralstelle des Hormonsystems, der Hypophyse, sind.

So wird es immerhin verständlich, daß die hormonalen Frühjahrsumstimmungen auch die genannten Reste von Brunsterscheinungen beim Menschen, aber auch jene gehäuften Selbstmorde in sich schließen.

Wiewohl wir namentlich durch die Untersuchungen von R. SCHULZE (Naturwissenschaften 1946, 373) wissen, daß der Organismus auf Ultraviolettbestrahlung rasch mit einer Verdickung der Hornschicht seiner Epidermis reagiert, die ein Filter gegen Ultraviolett B darstellt, und damit einem Übermaß an Ultraviolett-B-Wirkung vorbeugt, ist es gar keine Frage, daß in den strahlungsreichen Monaten eben doch erhöht Ultraviolett zu biologischer Wirkung kommt, wie ja schon das spontane

Ingangkommen der Rachitisheilung (SCHMORL) zeigt. Es ist biologisch interessant, daß dieser Nachweis in einer Zeit vor dem ersten Weltkrieg erfolgte, in der nicht nur jede systematische Rachitisprophylaxe fehlte, sondern in der die Menschen ausgesprochen schattenfreudig waren — kleine Fenster in den Wohnungen mit dichten dunklen Gardinen, große schattengebende Bäume vor den Fenstern, strahlungsabschirmende Kleidung bei beiden Geschlechtern, Sonnenschirm und Angst vor Bräune bei der Frauenwelt und ängstliches Behüten kleiner Kinder vor Sonne, „die den Augen schadet" —, dies alles bildete damals ja eine kulturpsychologische Einheit, die der heute erstrebten Lichtfülle bis zum Pigmentfimmel völlig konträr war.

An dieser Stelle mag zur Angst vor Freiluft ein anderes höchst merkwürdiges kulturpsychologisches Motiv, das dem Arzt begegnet, ganz nebenbei noch angemerkt sein: die Angst, Kinder ins Freie zu bringen, bevor sie getauft sind[1]. Dieses Brauchtum ist Relikt zweier uralter Überzeugungen: Taufe sowohl wie „das Haus", die „vier Pfähle", als Dämonenbann. Für diese letztere Auffassung gibt es ungezählte Belege in Sage, Legende, Weistum („gewiesenem" zum Unterschied von geschriebenem Recht)[2].

Zu den genannten Feststellungen von SCHMORL mag man biologisch also jedenfalls beachten, daß das trotz aller Angst vor Sonne in den Jahren um 1910 sozusagen „unversehens" vom Körper erhaschte Ultraviolett genügte, um histologisch nachweisbare Sommerwirkungen zu erzielen.

Leider gibt es kein ultraviolettsammelndes Registriergerät, das man ähnlich den Photoplatten zur Kontrolle des Strahlenschutzes beim Röntgenpersonal dem Menschen auf die kleidungsbedeckte Haut legen könnte, um dieses unbeachtet aufgelesene Ultraviolett zu messen, das sicherlich recht nennenswerte Beträge erreicht.

Wir können aus jenen Erfahrungen der Rachitisheilung vermuten, daß die genannte Epidermisverdickung eben nur Schutz gegen das Übermaß (von heute) bildet, d. h. daß der Organismus auch hier wieder in jenem feinen Antworten auf seine Umwelt, das wir sooft bewundern können, sich das ihm zuträgliche Maß an Ultraviolett selbst zu dosieren bestrebt ist, sobald es ihm nur angeboten wird.

Nochmals mag aber auch daran erinnert sein, daß die Ultraviolettwirkung zu histologischen und damit auch funktionellen Änderungen der Schilddrüse, also eines der klassischen innersekretorischen Organe, führt, dessen enge Beziehung gerade zum vegetativen Nervensystem geläufig ist (Myxödem einerseits, Basedowsche Krankheit andererseits bilden ja geradezu die Pole — extreme Parasympathicotonie einerseits,

[1] Wir trafen sie bei Einlieferung eines Kindes in die Klinik, mehrere meiner Mitarbeiter fanden sie davon ganz unabhängig mehrfach gelegentlich von Kinderuntersuchungen in Landkreisen Hessens.

[2] Vgl. dazu etwa K. S. KRAMER: Haus und Flur im bäuerlichen Recht. München 1950.

extreme Orthosympathicotonie andererseits –, zwischen denen die vegetative Erregbarkeit des Gesunden spielt).

Diese Tatsache verknüpft den beim Menschen nachweisbaren Jahreszeitenrhythmus mit zwei weiteren Problemkreisen. Seit etwa 20 Jahren ist der Problemkreis der *Entwicklungsbeschleunigung, der Acceleration der Jugend* geläufig[1]. Sie macht eine Wachstumsbeschleunigung, die schon im Säuglingsalter nachweislich einsetzt und in der Folge nicht nur zu früheren Endgrößen führt, weiterhin eine Entwicklungsacceleration, die den ganzen Ablauf der kindlichen Entwicklungsvorgänge vom ersten Zahndurchbruch bis zur sexuellen Reife um zuletzt etwa 2 Jahre vorverlegt.

Von dieser Acceleration erwies sich das Stadtkind stärker betroffen als das Landkind, und innerhalb der Stadt sind es wieder die vegetativ Ansprechbareren, welche diese eigentümliche Veränderung am stärksten zeigen. Das führte schon früh dazu, in den in dem heutigen Zivilisationsmilieu gehäuften sympathicotonen Reizen, welche die Kindheit treffen, die letzte Ursache für die Acceleration zu erblicken (STETTNER, KLEINSCHMIDT, DE RUDDER), wozu sich zudem die erhöhte Abwanderung dieser verstärkt Reizansprechbaren vom Lande nach der Stadt gesellt (BENNHOLDT-THOMSEN). Nun aber hören wir, daß das Frühjahrsultraviolett ebenfalls als sympathicotoner Reiz wirkt, daß aber der heutige Städter, auch das Kind, sich der vorausgehenden parasympathicotonen Winterruhe weitgehend zu entziehen gelernt haben. Es ist ferner daran zu erinnern, daß mindestens jeder Vierte in Deutschland in der Großstadt lebt und daß großstädtische Lebensformen bereits weite ländliche Bezirke erheblich miterfaßt haben. Und vielleicht beachten wir, daß die MALLING-HANSENschen Messungen des Wachstumsrhythmus 70 Jahre zurückliegen und schon die Nachprüfung in den ersten Jahrzehnten unseres Jahrhunderts nicht mehr ganz so exakt sich diesen Befunden einordnete; heutige Messungen an der jener Acceleration unterliegenden Kindheit wären eigentlich sehr wünschenswert, um zu sehen, ob bereits eine völlige sympathicotone *Einebnung* der „Winterruhe“ erfolgt ist.

Für einen zweiten Problemkreis ergeben sich beim Menschen bislang nur Fragestellungen per analogiam. Von den Resten einer Frühjahrsbrunst beim Menschen, namentlich bei primitiven Typen, war oben die Rede. Nun wissen aber die Zoologen seit langem auf Grund einer Fülle von Beobachtungen und Experimenten, daß bei vielen (nicht allen) Tieren mit Frühjahrsbrunst und bei Zugvögeln die von den Augen aufgenommene Menge *sichtbaren Lichtes* außerordentliche Bedeutung besitzt.

---

[1] Viele Einzelheiten dazu vgl. bei BENNHOLDT-THOMSEN, Erg. inn. Med. **62**, 1153 (1942), sowie bei J. FREUND u. E. H. MAIER: Z. Kinderheilk. **71**, 1 u. 79 (1952).

Man bekommt eine Vorstellung von diesen Wirkungen, wenn man liest, daß etwa allein durch erhöhte (künstliche) Belichtung, die zu bestimmter, dem Experiment günstiger Jahreszeit (!) erfolgen muß, innerhalb von 21 Tagen eine Zunahme des Hodengewichtes auf das 30fache und in 31 bis 38 Tagen eine Eierstockzunahme auf das 20- bis 120fache mit Follikelreifung und Eiablage bei Enten erfolgt (Benoit) und daß analoge Einwirkungen auch bei Säugern (Frettchen, Feldmaus, Igel) festgestellt sind, wobei man sich der oben angedeuteten Analogie Winterschlaf–Winterruhe erinnern mag.

Die Angelegenheit wäre in ihrer evtl. teilweisen Übertragbarkeit auf den Menschen vielleicht höchst fragwürdig, wäre nicht bei den genannten Tieren der Weg dieser enormen innersekretorischen Lichtwirkungen genau bekannt – er erfolgt über Nervus opticus – Nucleus supraopticus im Hypothalamus (Zwischenhirn) – Tractus supraoptico-hypophyseus – Neurohypophyse – und wären nicht diese selben Bahnen beim Menschen vorhanden und funktionsfähig, wie uns Neurohistologen übereinstimmend versichern; ja wäre nicht im Tuber cinereum des Hypothalamus jenes anatomisch kleine „hypothalamische Genitalzentrum", das wieder mit der Neurohypophyse in anatomischer Verbindung steht und von dem allein bei seiner Vergrößerung, d. h. Ganglienzellvermehrung, eine Pubertas praecox zustande gebracht werden kann. Über die in ihrer Kompliziertheit erst heute mehr und mehr sich aufhellende, aber als Tatsache längst gesicherte „Verknüpfung von Hypophyse und Hypothalamus" unterrichtet eine neueste Darstellung von Spatz [Acta neurovegetat. 3, 5 (1951)].

Die geschilderten Nervenbahnen gehören zu den stammesgeschichtlich ältesten, schon bei den Fischen vorhandenen.

Von dem in der Natur doch so ausgeprägten Jahresrhythmus der Lichtfülle war bisher nirgends die Rede, weil über seine Wirkungen beim Menschen nichts bekannt ist. Aber beim Menschen bestehen nicht nur die Bahnen und die Ganglienzellgruppen, welche beim Tier nachweislich diese Lichtwirkungen aufnehmen, sondern Jores hat schon vor vielen Jahren in der menschlichen Hypophyse jenes *Melanophorenhormon* nachweisen können, welches beispielsweise beim Frosch die Ausbreitung der Farbstoffträger der Haut und damit die Anpassung des Tieres an die Helligkeit seiner Umgebung regelt; und Jores betont auch, daß dieses Hormon beim Menschen sicherlich nicht bloß als ein phylogenetisches Relikt aufzufassen sein dürfte, welches sich der Organismus noch leistet, ohne es zu benutzen.

Angesichts dieser histologischen und hormonalen Andeutungen biologischer Funktionsmöglichkeiten beim Menschen können wir uns daran erinnern, daß dieser der genannten Acceleration unterliegende Mensch auch den natürlichen Jahresrhythmus der Lichtfülle durch seine immer lichtstärker werdenden technischen Lichtquellen und durch zunehmend längeres Wachhalten (auch der Kinder) an Winterabenden längst zivilisatorisch „überwunden" hat.

Es ist hier nicht der Ort, schwer greifbare Hypothesen über Möglichkeiten und Auswirkungen all dieser vielverschlungenen Tatsachenkreise zu entwickeln und spekulativ zu werden in Fragen, in denen vorsichtigstes Beobachten nottut. Aber Verf. schien es in einer Abhandlung, wie der vorliegenden, immerhin berechtigt, auf diese Tatsachenkreise hinzuweisen, sei es auch nur, daß man sich zu gegebener Zeit an sie erinnere nach dem Grundsatz auf jenem kleinen Blättchen im Frankfurter Goethemuseum:

Müßet im Naturbetrachten
Immer eins wie alles achten
Nichts ist drinnen, nichts ist draußen
Denn was innen das ist aussen
So ergreifet, ohne Säumniß
Heilig öffentlich Geheimniß

Meteorobiologie im ärztlichen Handeln.

„Meteorbiologische Prophylaxe."

Die zunächst wesentliche Seite der Meteorobiologie ist wissenschaftlicher Art, sie vermittelt uns Einblicke in Lebensgeschehen, die für unsre Auffassung vom Leben und seiner Stellung in der Natur wertvoll sind. Jede wissenschaftliche Erkenntnis kann und soll schließlich aber auch zum Leitfaden *für unser ärztliches Handeln* werden. So wird die Frage aufzuwerfen sein, ob sich derartige *Folgerungen* heute bereits aus der Meteorobiologie ableiten lassen.

Diese Frage ist keineswegs neu, wie schon das Zitat von LOESCHNER aus dem Jahre 1856 zeigt (vgl. S. 12). Aber auch in uns sehr viel näher liegender Zeit hat man versucht, praktische Konsequenzen aus bisherigen Erkenntnissen zu ziehen. Man hat schon vor 25 Jahren von einer „meteorologischen" oder wie wir heute besser sagen würden, einer „*meteorobiologischen Prophylaxe*" gesprochen und bis in die neueste Zeit angeregt, die Wetterdienststellen möchten Warnungsrufe bezüglich zu erwartender Fronten ausgeben (v. HEUSS, LEDERER). Presse und Rundfunk zeigten natürlich Interesse für solche Warnungen. Man hat davon gesprochen, daß der Chirurg die Wetterlage bei seinem Handeln mitberücksichtigen soll und daß er nichtdringliche Operationen möglichst auf meteorobiologisch günstige Zeiten verschieben solle. Man hat sogar bezüglich der oben nur gestreiften Einflüsse der Sonneneruptionen als Ausblick auf eine vielleicht nicht allzu ferne Zeit hingewiesen, daß auch diese Einflüsse das ärztliche, namentlich das operative Handeln mit leiten sollten.

Verf. hat bei ungezählten mündlichen und manchen schriftlichen Gelegenheiten vor solchen Plänen gewarnt. Ein derartiges Vorgehen würde zunächst die gegenteilige Wirkung haben, als mit ihm angestrebt wird, es würde die „*Witterungsneurose*“ *geradezu züchten*, und zwar bei Ärzten sowohl wie bei Laien. Alles und jedes würde nun auf das Wetter geschoben. Chirurgen würden von Patienten und ihren Angehörigen Vorwürfe bekommen, sie hätten unbedacht zu falscher Zeit operiert. Man erinnere sich hier an das besprochene Vorfühlen, das die „günstigen“ Zeitspannen noch weiter einschränkt.

Solche Warnungen würden auch höchst *unärztlich* sein (woran freilich manche Kreise keinen Anstoß nehmen würden). Ist es etwa zweckmäßig, einem Herzkranken durch eine Meldung im Radio mitzuteilen, daß heute abend eine Kaltfront erwartet würde und daß bei dieser Gelegenheit mehr Herzkranke sterben als sonst. Man brauchte letzteres nicht einmal direkt zu sagen, der Patient wird die Bedeutung solcher spezieller Warnungen bald verstehen. Oder soll man einen Hypertoniker daran erinnern, daß in der kommenden Nacht die Apoplexiegefahr erhöht sei.

Das einzige Glück bei Durchführung solchen Warndienstes wäre die psychologisch geläufige Abschwächung der Reizwirkung bei Wiederholung. Unsere mitteleuropäische Wetterunruhe würde solche Warnungen so oft notwendig machen, daß schon nach wenigen Wochen die Kranken, für die sie gedacht sind, sagen würden „trotz alledem, ich lebe noch, lassen wir es gut sein“, und die Ärzte würden dementsprechend handeln. Wir wissen zudem ja noch nicht, unter welchen Umständen ein Wettervorgang biologisch „blind“ verläuft. „Blinder Lärm“ aber würde das Vertrauen in eine Sache bald zerstören.

Die Frage einer Wettermeldung an Ärzte zu wissenschaftlichen Zwecken (vgl. etwa bei R. Schulze, Kuhnke und Zink) wird davon nicht berührt, wiewohl Verf. im allgemeinen dem obengeschilderten „blinden“ Registrieren methodisch den Vorzug geben möchte.

Ein derartiger Warndienst würde auch höchst *einseitig* sein. Wir haben oben gesehen, daß es sich bei den Wetterwirkungen um Krankheitsauslösungen handelt, wie sie im privaten Leben des einzelnen durch zahlreiche andere Vorkommnisse ebenfalls zustande kommen. Man müßte also konsequenterweise etwa in zweitägigem Abstande durch Rundfunk bekanntgeben: „Vergessen Sie nicht, sich vor Ärger, Schreck und Sorge in acht zu nehmen.“

Solange wir nicht einmal in der Lage sind, die Wetterstörungen abzuschirmen, würden solche Warnungen auch verpuffen. Wenn wir es könnten, würde es auch etwas schwierig sein, wenn die Menschen dann jeweils ihre Wetterschutzhütte aufsuchen wollten.

Es bleibt uns also den unsere Existenz bedrohenden Wetterstörungen gegenüber bis jetzt wenigstens nichts anderes übrig, als sie in Kauf zu nehmen, so wie wir manches Risiko dieses Erdendaseins schon in Kauf nehmen mußten und weiter werden nehmen müssen.

Nichts schadet es hingegen, wenn der Arzt dem Wetter auf Grund der heutigen Erfahrungen wieder mehr sein Augenmerk zuwendet und dies *ohne Übertreibungen* in sein Tun und Lassen einbezieht. In diesem Sinne möchte Verf. etwa die von CYRAN und BECKER zur Frage „Wetter und Tod" geäußerten Ratschläge verstanden wissen.

Etwas anders zu bewerten ist die Frage einer *Behandlungsfähigkeit* von Wetterfühligkeit und -empfindlichkeit, die in der Tat sehr wohl ein ärztliches Problem darstellt. Verf. hat im Laufe der Jahre manch geradezu verzweiflungsvolle Briefe und Anfragen erhalten.

Bei chronisch „Wetterempfindlichen", d. h. bei all denen, welche an Wetterschmerzen irgendwelcher Art leiden, beruht ein Gutteil unserer ärztlichen Kunst gerade auf Herabminderung dieser Empfindlichkeit. K. FRANKE hat betont, daß die Wirkung der Moor- und Thermalbäderbehandlung Rheumakranker auf dem Wege über ein „Kapillartraining" das gerade anstrebt und in gewissem Maße auch erreicht.

Im übrigen ziehen sich die Empfehlungen von allen Methoden der physikalischen Therapie (Kaltwasser bis Sauna, Massage und Gymnastik) über die verschiedensten meist leichten sedativa- oder belladonnahaltigen Präparate bis zu Obst- und Saftkuren und zur Homöopathie (vgl. etwa Med. Klin. 1950, 190). Der Empfehlung des Dihydroergotamins (CCK) bei Föhnkrankheit durch SPÜHLER wird man nur unter strengster ärztlicher Überwachung und in länger dauernder Medikation selbst dann nur sehr bedingt zustimmen können. Sehr viel harmloser sind andere Kreislauf-Sympathicomimetica (Sympatol, Coramin, Peripherin), deren Wirksamkeit in dieser Indikation nach eigener Erfahrung allerdings eine recht beschränkte ist. Tonikum „Roche" ist neuerdings speziell gegen Wetterfühligkeit gerühmt worden (JOESTER). Ein Allheilmittel gibt es hier so wenig, wie in anderer Beziehung.

Vermutlich werden alle medikamentösen Behandlungsversuche auch dem Gesetz der Gewöhnung bei längerer Durchführung unterliegen.

Über Versuche der „Abschirmung" mittels metalldurchwirkter Wäsche sind Verf. bisher nur Pressenachrichten bekanntgeworden.

Ganz anders steht es mit der praktischen Bedeutung der Saisonschwankungen.

Bevor ich auf diese Fragen noch eingehe, scheint mir eine **quantitative Betrachtung** von Wert, die uns etwas über das *„Ausmaß" meteorobiologischer Einflüsse* lehren soll. Es zeigen sich dabei bedeutungsvolle und – wie mir scheint – für praktische Fragen sehr entscheidende Ziffern.

Wenn wir aus der verschiedenen Größe der Amplituden einer Jahreszeitenschwankung sehen, daß die *Meningitis tuberkulosa* im Frühjahr etwa das 3,5fache an Todesopfern fordert gegenüber dem Spätsommer; daß die *Poliomyelitis* im Sommer das 9- bis 60fache der winterlichen Erkrankungsziffern zeigt; daß die *Tuberkulosegesamtsterblichkeit* im Frühjahr um etwa 60% größer ist als im Herbst; daß die *Diphtheriehäufigkeit* im Winter um 35–60% gegenüber dem Sommer ansteigt und daß ähnliches für den *Scharlach* gilt, so sind das schon *ganz enorme Auswirkungen* dessen, was wir als „*Saisoneinfluß*" bezeichnet haben. Solche Betrachtungen drängen geradezu nach Klarstellung dieser Einflüsse und nach praktischen Konsequenzen.

Das **Saisonminimum einer Infektionskrankheit** stellt sozusagen **das unter gegenwärtigen „übrigen epidemiologischen bzw. seuchenhygienischen Umständen" erreichbare** – und damit anstrebbare – **Morbiditätsminimum** dar. Das scheint sehr bedeutungsvoll für die Fragen einer *Vorbeugung auf dem Wege über Saisonfaktoren.*

Man war in der Medizin bisher bestrebt, Infektionskrankheiten zu „vermeiden". Vielleicht liegt ein beachtenswerter und lohnender *Teilerfolg* viel näher, wenn wir anstreben, ihr *Saisonmaximum zu vermeiden.* Denn hier haben wir u. U. *nur gegen einen vielleicht gut faßbaren Faktor zu kämpfen,* dessen Wirksamkeit wir verringern oder dessen Ausfall wir ergänzen müssen; während in der sonstigen Seuchenbekämpfung wir gegen eine oft verwirrende Fülle von Umständen anzukämpfen haben.

In nennenswertem Ausmaße wurden solche Konsequenzen bisher nur ganz vereinzelt gezogen, bei akuten Infektionskrankheiten überhaupt noch kaum.

Eigentlich ist es nur der bekannte und ätiologisch aufgeklärte *Rachitiswintergipfel* (s. S. 188), der von der vorbeugenden Medizin in stärkerer Weise beachtet wurde.

Man hat sich daran gewöhnt, besonders in den Wintermonaten auf floride Rachitis, namentlich auf die rachitische Schädelerweichung am Hinterkopf, die „*Craniotabes*", zu achten und bei ihrem Auftreten antirachitisch zu behandeln; man hat auch vielfach eine *winterliche Rachitisprophylaxe* mit Höhensonne oder *D-Faktor* (Vigantol, bestrahlte Milch, Lebertran) empfohlen.

Bezüglich des *Tuberkulosefrühjahrsgipfels* liegen vereinzelte Vorschläge vor, ihn im ärztlichen Handeln zu berücksichtigen oder ihm vorzubeugen. Man hat zu „*Wiederholungs- und Sicherungskurven*" für Tuberkulöse im Frühjahr geraten (ERNST) oder die *Kurunterbrechung* zu dieser Jahreszeit besonders *widerraten* (STEPHANI und TROUARD-RIOLLE); man hat betont, daß im Frühjahr besondere *Vorsicht mit jeder Reiztherapie* zu üben ist und daß *nichtdringliche operative Eingriffe* besser *aufgeschoben* werden.

Ein außerordentlicher Gewinn in volkshygienischer Beziehung wäre es aber ganz besonders, wenn es gelingen würde, den Frühjahrsgipfel der *Tuberkulosemanifestationen* dadurch auszuschalten, daß man seine wahrscheinliche Grundlage, die „*Winterschäden*", zu überbrücken versucht. Denn wir haben ja oben (S. 211) gesehen, daß in der Eigenart des Winters speziell in seiner Ultraviolettarmut wohl die Grundlagen für die Frühjahrsgefahren zu suchen sind. SCHALL sowie Verf. (8) haben in diesem Sinne prophylaktische Höhensonnenbestrahlungen empfohlen.

Die Notwendigkeit strenger Individualisierung, wobei namentlich die individuelle Erythemschwelle niemals überschritten werden darf, muß unterstrichen werden. Daß eine solche Überbrückung des Winters biologisch tatsächlich möglich ist, haben die Beobachtungen NYLINS an skandinavischen Schulkindern gezeigt, bei denen die sonst übliche winterliche Wachstumsruhe ausblieb (vgl. oben).

Das wünschenswerteste für die technische Durchführung solcher Bestrahlungen wäre allerdings eine integrierende *Ultraviolettmeßmethode* (in dem wirksamen Ultraviolettbereich), d. h. eine Methode, welche die verabreichte „*Ultraviolettsumme*" abzulesen gestattet. Eine anerkannte Methode dieser Art steht leider noch aus, stößt auch methodisch auf besondere Schwierigkeiten.

An anderer Stelle habe ich schon darauf hingewiesen, daß auch ein *Überbrückungsversuch* der ultravioletten Winternacht durch die bei der *Rachitis bewährten Methoden* der Zufuhr von D-Faktor angezeigt sein könnte, D_2 im Vigantol, D_3 in bestrahlter Milch oder im Lebertran, von dem die hinsichtlich D-Faktorgehalt standardisierten heutigen Präparate wohl vorzuziehen sind, stehen hier zur Verfügung. Dabei muß man sich erinnern, daß Lebertran als ein schon altbewährtes Mittel bei Tuberkulose gilt und daß man ihn namentlich bei gewissen kindlichen Tuberkuloseformen, besonders bei der Skrofulose, stets besonders geschätzt hat.

Es stehe dahin, ob ein sonstiger Vitaminmangel in der Winternahrung (besonders A- und C-Faktor) am Tuberkulosefrühjahrsgipfel wirklich maßgeblich beteiligt ist, wie STUB-CHRISTENSEN es annehmen möchte (vgl. S. 231). Schaden wird man jedenfalls keineswegs, wenn man auch in dieser Richtung vitaminreiche Kostformen oder zusätzliche Reinvitamine bei Tuberkulösen im Winter gibt. Wir müssen ja bedenken, welche ungeheure Rolle gerade die Tuberkulose für die Volksgesundheit spielt und welcher Gewinn es wäre, hier auch nur selbst prozentual kleine Erfolge zu erzielen.

Der wahrscheinlich erhöhte Vitaminverbrauch im Körper in den Frühjahrsmonaten (vgl. S. 218) wird überhaupt ärztlich zu beachten sein, was *Vitaminzulagen bei* aus anderen Gründen notwendig gewordener *Diät* angebracht erscheinen läßt, damit die winterlich gesenkten Vitamindepots nicht durch das Frühjahr aufgebraucht werden.

Was den *Diphtheriewintergipfel* betrifft, so konnte gezeigt werden, daß er ebenfalls durch Änderungen der Empfänglichkeit des Menschen zustande kommt (S. 236), zu denen allenfalls noch gewisse Änderungen des Erregers kommen, die man früher allein anzunehmen geneigt war. Noch ist das Zustandekommen dieser Änderung, insbesondere der ihr zugrunde liegende „Saisonfaktor" nicht geklärt. Welche Bedeutung das Problem besitzt, wird klar, wenn man bedenkt, daß durch entsprechende vorbeugende Maßnahmen als Ziel dann anzustreben wäre, die winterliche Erkrankungsziffer an Diphtherie in der Bevölkerung auf dem sommerlichen Niveau zu halten, das sich, wie erwähnt, als das epidemiologisch bzw. seuchenhygienisch gegenwärtig erreichbare Minimum darstellt. Das würde jedes Jahr Todesfälle und Tausende an Volksvermögen allein in Deutschland sparen. Noch liegt das in einer, wenn auch vielleicht nicht mehr so fernen Zukunft, *wenn man die bisher noch nicht beachtete Problemstellung überhaupt einmal als solche erkannt hat und angeht*. Eine praktische Folgerung bezüglich des Diphtheriewintergipfels ist allerdings vielleicht schon möglich. Unsere *prophylaktischen Maßnahmen* mit der sich immer mehr einführenden *aktiven Diphtherieschutzimpfung* versprechen eine Erfolgssteigerung, wenn man sie zeitlich so legt, daß das Maximum an Schutz in den Monaten des Kalenderherbstes, d. h. für die Zeit des Diphtherieanstieges erreicht wird; wenn man die Impfung also etwa im August bis Oktober vornimmt.

Ein praktisch außerordentlich *bedeutungsvolles Problem* läge im *Sommergipfel* der *Poliomyelitis*. Denn auch hier könnte nach seiner Aufklärung die Möglichkeit sich ergeben, die Erkrankungsziffer auf oder nahe dem gegenwärtigen *Winter*minimum zu halten. Ich möchte hier nur daran erinnern, daß die Poliomyelitis vom Standpunkte der Volksgesundheit aus nicht so sehr ihre Bedeutung gewinnt durch die Zahl von Menschenleben, die sie zerstört, sondern durch die schwere Körperbehinderung, die sie vielfach hinterläßt.

Hier liegen also überall Probleme einer praktischen Meteorobiologie, Aufgaben für die Zukunft, und die angedeuteten lassen sich noch auf eine Reihe von Krankheiten sinngemäß erweitern.

In weiteren Ratschlägen aber sollen wir uns vor Übertreibungen hüten. Wir sollen Leben und Krankheit unter allen Gesichtspunkten betrachten, die sich uns bieten. Das gilt nicht zuletzt auch von praktischen Auswirkungen der Meteorobiologie.

Die Bedeutung der Meteorobiologie als einer Wissenschaft von den Einflüssen atmosphärischer Vorgänge auf das Leben liegt aber keineswegs in ihren praktischen Auswirkungen, sondern in der Vertiefung unseres Wissens von Leben und Lebensvorgängen überhaupt. Von *Klimaperioden* und *Klimaänderungen* auf der Erde wissen wir meteorologisch noch viel zuwenig, um von deren Einflüssen auf den Menschen schon sprechen zu können; alles was zu dieser Frage bisher vorliegt, sind Annahmen, für die selbst ein Existenzbeweis noch aussteht, weshalb ich sie nicht im einzelnen besprochen habe. Was wir in all diesen Fragen und ganz besonders in den letztgenannten, die sich unmittelbarer ärztlicher Beobachtung vollkommen entziehen, vor allem brauchen, ist vorurteilslose Forschung mit zuverlässigen Arbeitsmethoden. Dann wird auch dieser in der Fragestellung uralte Zweig der Wissenschaft vom Leben seinen Teil beitragen an der, wenn auch stets stückhaften Erkenntnis des großen Rätsels „Leben“ überhaupt.

Literatur.

ABELS, HANS: Über die Wichtigkeit der Vitamine für die Entwicklung des menschlichen fötalen und mütterlichen Organismus. Klin. Wschr. **1922** II, 1785.

ACKERMANN, HARALD: Das Wetter und die Krankheiten. Kiel 1854.

ADLER, L.: Schilddrüse und Wärmeregulation. Arch. f. exper. Path. **86**, 159 (1920).

ALBINGER: Zur Frage des Frühjahrsgipfels der Meningitis tuberculosa im Kindesalter. Brauers Beitr. **51**, 223 (1922).

ALTSCHUL, TH.: Contagiosität – Witterung? Über die Abhängigkeit der Krankheiten von der Witterung. Arch. f. Hyg. **12**, 99 (1891).

AMELUNG, W.: Die Abhängigkeit des Gesundheitszustandes von atmosphärisch-klimatischen Einflüssen. Arch. Verdgskrkh. **53**, 48 (1932).

—, u. C. A. PFEIFFER: Die Bedeutung des „Aufgleitvorganges" in den Beziehungen zwischen Wetter und Krankheit des Menschen. Balneologe **1943**, 179.

—, F. BECKER, J. BENDER u. C. A. PFEIFFER, Störungen des vegetativen Nervensystems und Wettergeschehen. Arch. phys. Ther. **1950**, 181.

AMMANN, R.: Untersuchungen über die Veränderungen in der Häufigkeit epileptischer Anfälle und deren Ursachen. Z. Neur. **24**, 617 (1914).

ANDRESEN, P. H.: Untersuchungen über die Tödlichkeit der Diphtherie während der verschiedenen Jahreszeiten. Z. Hyg. **113**, 541 (1932).

— Über Häufigkeit und Vorkommen posttraumatischer Embolien und Zusammenhänge mit Witterungsverhältnissen. Zbl. Chir. **1935**, 2629.

ARNFINSEN: Cutane Tuberculin-undersokelser paar sholehern i Frondhjem. Norsk Mag. Laegevidensk. **1919**, H. 5.

ARNOLD, ERICH: Wetterfronten und Lungenentzündung. Arch. Kinderheilk. **110**, 220 (1937).

ARRHENIUS, SVANTE: Die Einwirkung kosmischer Einflüsse auf physiologische Verhältnisse. Skand. Arch. Physiol. **8**, 367 (1898).

ARRIGONI, R.: Valore complementare nol siero die sanque di bambini in rapporto alle irradiazioni ultraviolette e alla somministratione di alimenti irradiati. Riv. Clin. pediatr. **28**, 670 (1930).

ASCHENHEIM u. MEYER: Der Einfluß des Lichtes auf das Blut. Z. exper. Path. u. Ther. **105**, 470 (1912).

AUSTREGESILO, A.: Acute und subacute epidemische Neuromyelitis. Dtsch. med. Wschr. **1936**, 48.

AYCOCK, W. L.: A study of the significance of geographical and seasonal variations in the incidence of poliomyelitis. J. prevent. Med. **3**, 245 (1929).

— The poliomyelitisproblem from the point of view of its epidemiology. California Med. **35**, 249 (1931).

AYKROYD: Beriberi and other Food-deficiency diseases in New Foundland and Labrador. J. of Hyg. **30**, 357 (1930).

BAAR, H.: Beitrag zur Kenntnis der Beziehungen zwischen Tetanie und Wasserhaushalt. Z. Kinderheilk. **46**, 502 (1928).

BAAR, V.: Ein Beitrag zur Diagnose der Konstitution. Med. Klin. **1914**, 504.

BACH, E., u. L. SCHLUCK: Untersuchung über den Einfluß von meteorologischen, ionosphärischen und solaren Faktoren sowie der Mondphasen auf die Auslösung der Eklampsie und Praeeklampsie. Zbl. Gynäk. **66**, 196 (1943).

BADER, R. E., u. R. HENGEL: Über die Epidemiologie der Encephalitiswelle in der Pfalz 1947/49. Dtsch. med. Wschr. **1950**, 1683.

BÄRTSCHI, W.: Embolie und Wetter. Schweiz. med. Wschr. **1936**, 1209.

BAKWIN, H., u. R. M.: Seasonal variation in the calcium content of infants' serum. Amer. J. Dis. Childr. **34**, 994 (1927).

— Seasonal variation in the weight loss of newhorns. Amer. J. Obstetr. **18**, 863 (1929).

BÁNOS, A.: Die Bedeutung des Vitamins K in der Kinderheilkunde. Arch. Kinderheilk. **133**, 1 (1946).

BARTELS, J.: Die Bedeutung meteorologischer Einflüsse in der Humanpathologie. Zugleich ein Beitrag zur Konstitutionsfrage. Wien. med. Wschr. **1925**, 966 und 2274.

— Zufallszahlen für statistische Versuche. Ann. Meteorol. **1948**, 209.

BARTSCH, H. G.: Tödliche Lungenembolie und Föhn. Z. Kreislaufforschg. **25**, 695 (1933).

BAUER, JAKOB: Grippe und Wetter. Z. klin. Med. **134**, 778 (1938).

BAUER, JULIUS: Die konstitutionelle Disposition zu inneren Krankheiten, S. 63. Berlin 1917.

BAUR, FR.: Störungen des vegetativen Nervensystems und Wettergeschehen. Arch. phys. Ther. **1951**, 31.

BAYER, W.: Zum Pylorospasmusproblem. Dtsch. med. Wschr. **1929**, 2049.

BECKER, F., CATEL, W., KLEMM, STRAUBE, KALKBRENNER: Experimentelle Beiträge über die Beziehungen zwischen neuzeitlicher Bioklimatik und Medizin. Ärztl. Forschg. **1949**, 436.

BEER, ALFRED: Über Disposition zur Serumkrankheit. Z. Kinderheilk. **60**, 418 (1938).

BEHRENS, R.: Einfluß der Witterung auf Diphtherie, Scharlach, Masern und Typhus. Arch. f. Hyg. **40**, 1 (1901).

BEIN: Schmidts Jb. **260**, 180.

BELJAJEW, S. S.: Verlauf der Angina pectoris im Sestroretzker Kurort im Zusammenhang mit meteorologischen Faktoren. Balneologe **1936**, 427.

BENDA, TH.: Die Witterung in ihren Beziehungen zu Scharlach und Diphtherie. Arch. Kinderheilk. **65**, 161 (1916).

— Eine Paralle zwischen Scharlach und Kartoffel in geschichtlicher und statistischer Beziehung. Fortschr. Med. **1928** II, 865 und 889.

BENNHOLDT-THOMSEN, C., u. WELLMANN: Ultraviolettlicht und Jodspiegel. Klin. Wschr. **1934**, 800.

BERG, H.: (1) Meteorotropie bei Bewußtseinsstörungen infolge einer Kriegsverletzung. Bioklimat. Beibl. **1938**, 161.

— (2) Eklampsie und Wetter. Bioklimat. Beibl. **1939**, 142.

— (3) Eklampsie und Fronten. Zbl. Gynäk. **66**, 1706 (1943).

— (4) Eklampsie, akutes Glaukom, traumatische Epilepsie und ihre Auslösung durch geophysikalische Methoden. Bioklimat. Beibl. **1943**, 130.

— (5) Wetter und Krankheiten. Bonn 1948.

— (6) Probleme der Meteoropathologie, Grenzgebiete der Medizin **1948**, 1.

— (7) Kosmische Einflüsse auf den Organismus. Med. meteorol. Hefte **5**, 1 (1951).

BERGER: Die Bedeutung des Wetters für ansteckende Krankheiten. Ther. Mh. **1898**, 139 und 201.

Bergfeld, Walther: Über die Einwirkung des ultravioletten Sonnen- und Himmelslichtes auf die Rattenschilddrüse mit Berücksichtigung des Grundumsatzes. Strahlenther. **39**, 245 (1931).

Berliner, B.: Der Einfluß von Klima, Wetter und Jahreszeit auf das Nerven- und Seelenleben. Wiesbaden 1914.

Berndt, G.: Der Alpenföhn in seinem Einfluß auf Natur- und Menschenleben. Petermanns Mittg. Erg.-H. 83, 1886.

Bernhart, F.: Über Schwangerschaftsdauer und deren jahreszeitliche Beeinflussung. Mschr. Geburtsh. **107**, 215 (1938).

Bettmann: Über jahreszeitliche Schwankungen von Hautkrankheiten. Münch. med. Wschr. **1920**, 656.

— Über die klinische Verwertung der Kapillarmikroskopie an der Lippenschleimhaut. Klin. Wschr. **1930 II**, 2089.

— Zur atmosphärischen Beeinflussung der Hautgefäße (Kapillarmikroskopische Befunde). Münch. med. Wschr. **1930** II, 2003.

Bezt, L.: Über den Meteorotropismus des menschlichen Blutdruckes unter besonderer Berücksichtigung der Hypertonien. Inaug.-Diss. Frankfurt 1948.

Blasi, D.: Azione enitatrice dei raggi U. V. sui poteri di difese dell' organismo infantile contre tuberculosé. Clin. pediatr. **11**, 832 (1929).

Bleyer, Adrien: Periodic variation in the rate of growth of infants, based upon the weights of 1000 children. Arch. of Pediatr. **34**, 366 (1917).

Bloch, C. E.: Blindness and other diseases in children arising from deficient nutricion (Lack of Fat-soluble A Faktor). Amer. J. Dis. Childr. **27**, 139 (1924).

Blonsky, P. P.: Früh- und Spätjahrkinder. Jb. Kinderheilk. **124**, 115 (1929).

Blumenfeld, F.: Zur Methodik der Untersuchung des Zusammenhanges zwischen Wetter und Krankheit. Balneologische Studien und ärztliche Erfahrungen aus Wiesbaden. Wiesbaden 1909.

— Wetter und Erkrankungen der oberen Luftwege. Fol. oto-laryng. (Lpz.) **19**, 185 (1930).

Böttner, A.: Zur Thrombose- und Emboliefrage. Klin. Wsch. **1930 II**, 2066.

Bohn: Die Croupepidemie 1856/57 zu Königsberg i. Pr. Inaug.-Diss. Königsberg 1857.

Bortels, H.: Beziehungen zwischen Witterungsablauf, physikalisch-chemischen Reaktionen, biologischem Geschehen und Sonnenaktivität. Naturwiss. **1951**, 165.

Braithwaite, J. Vermon: On the aetiology and treatment of pinc disease. Arch. Dis. Childh. **8**, 1 (1933).

Brauer, L.: Über Frühjahrsvitaminose (initialer Scorbut). Zbl. inn. Med. **1928**, 282.

Breipohl, W.: Untersuchungen über den Menstruationszyklus in der Menarchezeit. Zbl. Gynäk. **1937**, 1335.

Breitner, B.: Problemstellung beim Morbus Basedow. Grenzgeb. Med. und Chir. **35**, 637 (1922).

— Blutjodwerte und Jahreszeit. Münch. med. Wschr. **1932** I, 513.

Brezina, E., u. W. Schmidt: Über Beziehungen zwischen der Witterung und dem Befinden des Menschen auf Grund statistischer Erhebungen dargestellt. Sitz.-Ber. der math.-naturw. Klasse der Wiener Academie d. Wissenschaften **123** (Abtg. III), 209 (1914).

— Beziehungen zwischen Witterung und Befinden des Menschen. Arch. f. Hyg. **90** (1921).

Brock, Joachim: Biologische Daten für den Kinderarzt. Springer, Berlin 1932, 119.

Brockmüller, A.: Beziehungen zwischen morphologischem Blutbild und Blutkalkspiegel. Klin. Wschr. **1941**, 809.

BROWNLEE, JOHN, u. M. YOUNG: The epidemiology of summer diarrhoea. Proc. roy. Soc. Med. **15**, 55 (1922).
— The relationship between rainfall and scarlet fever. Proc. roy. Soc. Med. **16**, 30 (1923).
BRUCKMÜLLER, J.: Zur Frage der Beziehungen zwischen Anfalltod bei Epilepsie und meteorologischen Verhältnissen. Z. Neur. **151**, 691 (1934).
BRÜCKNER, A.: Über akutes Glaukom und Wetter. Klin. Mbl. Augenheilk. **101**, 906 (1938).
BRÜHL u. JAHR: Diphtherie und Mumps im Königreich Preußen. Berlin 1889.
BRUNNER, H.: Gezeitenamplitude und epileptischer Anfall. Dtsch. Arch. klin. Med. **120**, 206 (1916).
BUSCH, ELFRIEDE: Das Verschwinden des Sommergipfels der Säuglingssterblichkeit. Gesdh.fürs. Kindesalt. **7**, 249 (1932).
BÜRGER: Über das Verhältnis der Schlaganfälle zu Luftdruck und Windrichtung. Württ. Korrbl. 1882.
BULLRICH, K.: Vegetatives Nervensystem und Wetter am Beispiel des Asthmas. Meteorol. Rundschau **1950**, 30.
BUMKE, O.: Gedanken über die Seele. 1. Aufl. Berlin 1941.
BURCKHARDT, J. L.: Über den Zusammenhang von Asthma und Witterung. Schweiz. med. Wschr. **1930**, 149.
BURGHARD, E.: Zur Pathogenese und Therapie der Exsiccationstoxikose der Neugeborenen. Zbl. Gynäk. **1932**, 2841.

CAMERER, W.: Untersuchungen über Massenwachstum und Längenwachstum der Kinder. Jb. Kinderheilk. **36**, 249 (1893).
CARLÉ, RUDOLF: Das ökologische Mosaik der Infektketten bei einigen Seuchen in Südrußland (Tularaemie, Pest, Malaria, Pappatacifieber). Z. Tropenmediz. und Parasit. **1951**, 558.
CARLIER, G.: Recherches antropométriques sur la croisance. Soc. d'Antropol. Sér. 2, **4**, 265 (1889/93).
CAROLI, G.: Atmosphärische und solare Einflüsse auf die Fibrinolyse. Med.-meteorol. Hefte **4**, 12 (1950).
CHENG-LIEH-WANG: Zur Statistik und Pathologie der scrophulösen Augenentzündungen in Schanghai. Klin. Mbl. Augenheilk. **93**, 505 (1934).
CHEVERTON, R. L.: An Influenza epidemic in the Falkland Islands. Brit. med. J. **1937**, 135.
CHIN KUK CHOUN: Die Beeinflussung der Diphtherieimmunität beim Meerschweinchen durch Vitaminfütterung und Höhensonnenbestrahlung. Z. Immun.forschg. **81**, 432 (1934).
CHODZKO, W.: Sur les resultats de la reaktion de Schick et sur la vaccination antidiphtherique au moyen du toxoide. Bull. internat. Hyg. **28**, Suppl. 93, 1936.
CHORUS, U., u. FR. LEVI: Luftelektrische Erscheinungen und Witterungseinflüsse auf den Menschen. Strahlenther. **44**, 1 (1932).
CHROMETZKA, FR.: Sommer-Winterrhythmus im menschlichen Stoffwechsel. II. Mittg. Der Sommer-Winterrhythmus des diabetischen Stoffwechsels. Klin. Wschr. **1940**, 972.
CHURA, A. J.: Die Diphtherie in Bratislava (Preßburg) seit Beginn des XIX. Jahrhunderts. (Epidemiologische Studie.) Jb. Kinderheilk. **130**, 79 (1930).
CLARK, J. H.: Annual variation in the antirachitic radiation from sun and sky in Baltimore. Amer. J. Hyg. **12**, 690 (1930).
CLAUBERG u. MARCUSE: Über einige Ergebnisse von Virulenzstudien an Diphtheriebacillen. Zbl. Bakter. I Orig. **122**, 183 (1931).

COBURN, A. F., u. R. H. PAULI: Studies on the relationship of Streptococcus haemolyticus to the rheumatic Process. I. Observations on the Ecology. J. of exper. Med. **56**, 609 (1932).

COHN, P.: Nietzsches Leiden. Dtsch. med. Presse. **1910**, Nr. 19.

CONRAD, V., u. W. HAUSMANN: Gesichtspunkte der medizinischen Klimatologie mit besonderer Berücksichtigung der medizinisch-klimatischen Aktionen der österreichischen Sanitätsverwaltung. Wien. med. Wschr. **1930** II, H. 41–44.

COLLINSON, JOHN, and COUNCELL, CLARA: Wooping cough in Maryland. Bull. Maryl. Health. **1**, 10 (1931).

COURVOISIER, P.: (1) Über Luftdruckvariographen und Luftdruckschwankungen. Arch. Meteor. Geophys. Bioklima (B) **1**, 1 (1948).

— (2) Luftdruckschwankungen und Wetterfühligkeit. Arch. Meteor. Geophys. Bioklima (B) **1**, 115 (1948).

— (3) Die Schwankungen des elektrischen Feldes in der Atmosphäre und ihre Bedeutung für die Meteoropathologie. Experientia **7**, 241 (1951).

CRUM, FR. S.: A statistical Study of Wooping Cough. Amer. J. publ. Health **5**, 994 (1915).

CURRY, M.: Bioklimatik, 2 Bände. Riederau 1946.

CYRAN, W.: Über die biologische Wirksamkeit solarer Vorgänge. Z. Geburtsh. Frauenheilk. **1950**, 667.

— Die Grenzen der Leistungsfähigkeit der *n*-Methode. Med.-meteorol. Hefte Nr. **5**, 24 (1951).

CYRAN, W., u. F. BECKER: Die Meteorotropie der Wehentätigkeit. Arch. Gynäk. **177**, 568 (1950).

— — Wetter und Tod. Dtsch. med. Wschr. **1952** (im Druck).

DALLDORF, G., u. Mitarb.: A. virus recovered from the feces of „poliomyelitis" Patients pathogenic for suckling Mice. J. of exper. Med. **89**, 567 (1949).

— The Coxsäckie Viruses. Bull. New York Acad. of Med. 2. Ser. **26**, 329 (1950).

DANNHAUSER: Bestehen Zusammenhänge zwischen dem Auftreten epileptischer Anfälle und gewissen meteorologischen Faktoren. Z. Neur. **96**, 363 (1925).

DAUBERT, K., u. VON EKESPARRE: Die biometeorologischen Einflüsse auf die Entstehung der Appendizitis. D. Z. Chir. **269**, 409 (1951).

DEMANT, MORITZ: Jahreszeiten und Infektionskrankheiten. Kinderärztl. Prax. **1931**, 221.

DEPNER, M.: Ergebnisse der Haemoglobin- und Serumeiweißbestimmungen im Rahmen der Reihenuntersuchungen in Hessen. Klin. Wschr. **1950**, **441**.

DESSAUER, F.: Zehn Jahre Forschung auf dem physikalisch-medizinischen Grenzgebiet. Leipzig 1931.

DISQUÉ, L.: Entstehung und Verlauf des Scorbuts im Jahre 1916 unter den Deutsch-Österreichischen Kriegsgefangenen in Taschkent (Turkestan). Med. Klin. **1918**, 10.

DOMRICH, H.: Lungenembolie und Wetter. Dtsch. Z. Chir. **237** (1931).

DOMRICH, H., u. WAGEMANN: Lungenembolie und Wetter. Dtsch. Z. Chir. **238**, 390 (1933).

DORNO, C.: Ein kleiner Beitrag zum Kapitel: Physiologische Wirkungen der Luftelektrizität. Strahlenther. **42**, 87 (1931).

DOULL, J. A., FERREIRA u. PARREIRES: Common infection diseases in Brazil. J. prevent. Med. **1**, 503 (1927).

DRESLER, A.: Über eine jahreszeitliche Schwankung der spektralen Hellempfindlichkeit. Licht **10**, 79 (1940).

— Die subjektive Photometrie farbiger Lichter. Naturw. **1941**, 225.

DRETLER, J.: Über den Einfluß der atmosphärischen Veränderungen auf die epileptischen Anfälle. Allg. Z. Psychiatr. **103**, 223 (1935).
DROSCHE, H.: Wetterabhängigkeit der Harnblutung beim Hypernephrom. Z. urol. Chir. **46**, 147 (1942).
DUBS: Appendicitis, Jahreszeit und Witterung. Schweiz. med. Wschr. **1920**, 441.
DUBLIN: One year of commen colds and associated infections. Stat. Bull. Metrop. Life Insur. Co. 1923.
DÜLL, T. u. B.: Statistik über die Abhängigkeit der Sterblichkeit von geophysikalischen und kosmischen Vorgängen. In Linke-de Rudder (s. d.).
DÜLL, B.: Wetter und Gesundheit. Dresden und Leipzig 1941.
DUGGE, MAX: Über die Beziehungen des elektrischen Gleichstromwiderstandes des menschlichen Körpers zur Witterung. Pflügers Arch. **218**, 291 (1927).
— Erhöhter elektrischer Körperwiderstand, ein Zeichen für Vagotonie bei Barometersturz oder Föhn? Schweiz. med. Wschr. **1928**, 614.
DULITZKY, zit. n. GERSCHENSON: ohne Literaturangabe.

EBERHÉNYI, SÁNDOR: Zusammenhang der Eklampsie mit dem Wetter und den Sonnenflecken. Magy. Nögyógy. **7**, 25 (1938).
ECKARDT, FLOHN u. JUSATZ: Ausbreitung und Verlauf der Grippeepidemie 1933 in Abhängigkeit von meteorologischen Faktoren. Z. Hyg. **118**, 64 (1936).
EDSTRÖM, GUNNAR: Der Einfluß unipolar beladener Luft auf die Chronaxie motorischer Nerven. Z. physik. Ther. **42**, 124 (1932).
— Why do so-called rheumatic pains arise on certain changes in the weather? Acta rheumatilogica **1932**, H. 12.
— Febris rheumatica. Lund 1935, 82.
EIGLER, G.: Studien über Angina und Wetter mit besonderer Berücksichtigung der postoperativen Angina in ihrem bakteriologischen, zytologischen und histologischen Verhalten. Arch. Ohr- usw. Heilk. **134**, 119 (1933).
EINHORN, M.: Seasonal incidence and Study of Factors influencing the Production of One Thousand Recurrences of Gastroduodenal Ulcers in Eight Hundert Patients. Amer. J. med. Sci. **179**, 259 (1930).
EIWIN, P., u. L. SELDITSCH: Die Klinik der Pneumonie im Säuglings- und frühen Kindesalter. Arch. Kinderheilk. **92**, 270 (1931).
ELLINGER, F.: Die Lichtempfindlichkeit der menschlichen Haut, ihre Bestimmung und Bedeutung für die lichtbiologische Konstitutionsforschung. Strahlenther. **44**, 1 (1932).
— Über die Lichtempfindlichkeit der „vegetativ Stigmatisierten“ und ihre Bedeutung für die Klinik des Magengeschwüres. Z. klin. Med. **122**, 272 (1932).
— Über Ergebnisse der lichtbiologischen Konstitutionsforschung an Lungentuberkulösen und ihre Bedeutung für die Heliotherapie der Lungentuberkulösen. Strahlenther. **48**, 759 (1933).
EMMERICH, J.: Abhandlung über die häutige Bräune. Neustadt a. H. 1854.
ENGEL, ST.: Ergebnisse neuerer Untersuchungen über die Pneumokokken und Pneumokokkenerkrankungen. Klin. Wschr. **1933** I, 96.
v. ENGEL, R.: Epidemien von seröser Hirnhautentzündung in Kassa und Umgebung. Klin. Wschr. **1941**, 1004.
ENROTH, EMIL: Iritis rheumatica und das Wetter. Acta ophthalm. **10**, 146 (1932).
ERNST: Jahreszeiten und Tuberkulose. Med. Klin. **1929**, 1820.
— Eitrige Entzündungen und Jahreszeiten. Dtsch. Z. Chir. **238**, 402 (1933).
ESCHERISCH: Die Tetanie der Kinder. Wien 1909.
EUFINGER u. GAETHGENS: Der Einfluß der Witterung auf Schwangerschaft und Geburtenablauf. Hippokrates **1936**, 1149.

EUFINGER u. WEIKERSHEIMER: Der Einfluß atmosphärischer Vorgänge auf den Eklampsieausbruch. Arch. Gynäk. **154**, 15 (1933).

EVERS, A., u. H. SCHULTZ: Zusammenhang zwischen Bronchialasthma und Wetter. Münch. med. Wschr. **1934** I, 97.

FARKAS, M.: Das Wetterfühlen. Z. physik. Ther. **15**, 65 und 161 (1911).

— Weitere Beiträge zum Wetterfühlen. Z. Baln. **5**, 603 und 633 (1913).

FASHENA, G. J.: A study of the blood iodine in childhood. J. clin. Invest. **17**, 179 (1938).

FAUST, H.: Atmosphärische Fronten und Vertikalaustausch. Geofisica pura applic. **19**, 3 (1951).

FAXÉN, NILS: The red blood picture in healthy infants. Kap. Seasonal variation. Acta paediatr. (Stockh.) **29**, Suppl. I, 66 (1937).

FEER, E.: Die spezifische vegetative Neuropathie der Kleinkinder. Schweiz. med. Wschr. **1935**, 977.

FEIGE, W., u. R. FREUND: Die Beziehung zwischen Rheumatismus und meteorologischem Geschehen. Strahlenther. **39**, 131 (1931).

FEIGE, R., u. O. MOESE: Medizin, Klima und Wetter. Ostdeutscher Naturwart. Breslau **1925**, H. 7.

FENGER, F.: On the seasonal variation in the jodine content of the thyreoid gland. Endocrinology **2**, 98 (1918).

FERMI, CLAUDIO: Über eine eigentümliche schädliche Wirkung der Sonnenstrahlen während gewisser Monate des Jahres und ihre Beziehung zu Coryza, Influenza usw. Arch. f. Hyg. **48**, 321 (1904).

v. FICKER-DE RUDDER: Föhn und Föhnwirkungen. 2. Aufl. Leipzig 1948.

FINDEISEN, E.: Experimentelle Untersuchungen über den Einfluß des Witterungsablaufes auf die Beständigkeit eines Kolloids. Bioklim. Beiblätter **1943**, 23 [eingehend referiert auch bei BERG (5)].

FINSEN, N. R.: Om periodiske, aarlige Svingninger i. Blodets Haemoglobinmaengda. Hosp.tid. (dän.) **37**, 1209 und 1239 (1894).

FISCHER, HILDE: Über intraocularen Druck und Wetter. Inaug.-Diss. Leipzig 1934.

FISCHER, IRVIN L.: Physiologische Wettereinflüsse. Arbeitsphysiol. **8**, 347 (1934).

FLACH, E.: (1) Entwurf einer Wetter- und Klimadarstellung für Heilstätten und Kurorte. Strahlenther. **40**, 672 (1931).

— (2) Meteorologisch-physikalische Probleme der Meteoropathologie. Klin. Wschr. **1934** I, 181.

— (3) Atmosphärisches Geschehen und witterungsbedingter Rheumatismus. Dresden-Leipzig 1938.

FLOHN, H.: (1) Grundfragen der Meteoropathologie vom meteorologischen Standpunkt. Bioklim. Beiblätter **1938**, 4.

— (2) Zur Geomedizin der Grippe. Z. Hyg. **121**, 588 (1939).

— (3) Die bioklimatische Bedeutung des „freien Föhns". Balneologe **1941**, 1.

— (4) Zur Geschichte der Meteoropathologie der Grippe. Meteorol. Rundschau **1948**, 1.

FLADUNG, H. J.: Plötzlicher Herztod und Wetter. Inaug.-Diss. Frankfurt/Main 1952.

FRANK, HILDEGARD: Abhängigkeit des Längenwachstums der Säuglinge von den Jahreszeiten. Arch. Kinderheilk. **75**, 1 (1924).

FRANKE, KURT: (1) Witterungseinflüsse auf den Menschen. Münch. med. Wschr. **1931**, 1631.

— (2) Witterungseinflüsse auf den Menschen, dargestellt an den Beziehungen zwischen physiologischen Blutdruckschwankungen und Luftmassenwechseln. Strahlenther. **43**, 517 (1932).

FRANKE, KURT: (3) Klinische und kapillarmikroskopische Beobachtungen über witterungsbedingte Beschwerden. Med. Klin. **1935**, 18.

— (4) Wetter und Krankheit. In BRUGSCH Ergebn. gesamt. Medizin **21** (1936).

— (5) Bedeutung der Wetterfühligkeit und Richtlinien für ihre Behandlung. Forsch. u. Fortschr. **1936**, 313.

v. FRANKL-HOCHWART, zit. nach STEPP-GYÖRGY.

FRANKENHÄUSER: Über die Wirkung der Zyklone auf das Allgemeinbefinden. Z. physik. u. diät. Ther. **16**, 717 (1912).

FREUND, H.: (1) zit. nach MORO. Münch. med. Wschr. 1920.

— (2) Rheumatismus und Wetter. Verh. d. 53. Schles. Bädertages. Breslau 1926.

— (3) Rheumatismus und Wetter. Z. Wissensch. Bäderkunde **1927**, H. 5.

FRIEDLÄNDER: Nervensystem, Witterung und Embolien. Wien. klin. Wschr. **1937**, 478.

FRIEDLÄNDER, A., u. WIEDEMER: The reticulocyte count in normal and in abnormal conditions. Arch. int. Med. **44**, 209 (1929).

FRITZSCHE, E.: Witterung — Thrombose und Lungenembolie. Schweiz. med. Wschr. **1930**, 889.

FUERSTNER, P. G., u. F. SARGENT: The Meteorotropism of Eclampsia. J. Labor. a. clin. Med. (St. Louis) **25**, 779 (1940).

GABRILOWITSCH, J.: Über Luftdruckänderungen und Lungenblutungen. Z. Tbk. **1**, 223 (1900).

— Beitrag zur hygienischen Meteorologie. Über Husten und Blutspeien. Z. Tbk. **9**, 221 (1906).

GAFAFER, WILLIAM: Upper respiratory disease (Common cold) and the weather. Baltimore 1928–1930. Amer. J. Hyg. **13**, 771 (1931).

GALLENKAMP, FR.: Zur Frage der dispositionellen Bedingtheit des Wintergipfels der Diphtherie. Z. Kinderheilk. **58**, 645 (1937).

GEBHARDT, F., u. RICHTER: Über die Periodizität der Ulcuskrankheit. Münch. med. Wschr. **1934**, 563.

GEIGEL, RICHARD: Wetter und Klima, ihr Einfluß auf den gesunden und kranken Menschen. München 1924.

GERÉB, PAUL: Jahreszeitliche Schwankungen der Sterblichkeit bei Krebs und Tuberkulose. Z. Krebsforschg. **39**, 104 (1933).

GERHARDT, CARL: Der Kehlkopfkrupp. Tübingen 1859.

GERSCHENSON, A. O.: Zur Frage des Einflusses einiger Faktoren auf das Gewicht der Neugeborenen. Z. Kinderheilk. **51**, 20 (1931).

GESSLER, H.: Die Konstanz des Grundumsatzes. Pflügers Arch. **207**, 370 (1925).

GIALLOMBARDO: Bol. d'oculist **3**, 93 (1924).

GIBBON, zit. nach A. HIRSCH: Hdb. III, 68.

GIBSON, C. R., zit. nach STALLYBRASS: Public Health **37**, 188 (1924).

GLEITSMANN: (1) Über Ruhrentstehung. Ein epidemiologischer Beitrag zum Ruhrproblem. Pettenkofergedenkschrift 4. München 1925.

— (2) Über Scharlachentstehung und Verbreitung. Mschr. Kinderheilk. **34**, 443 (1927).

— (3) Die Seuchen im Seeverkehr. München 1928.

— (4) Wetter und Krankheit nach Beobachtungen im Marinekorps in Flandern in den Kriegsjahren 1914 bis 1917. Veröffentl. a. d. Geb. d. Marinesanitätwes. **1929**, H. 18.

GODFREY, E. S. JR.: Epidemiology of Wooping Cough. New York State J. Med. 1928.

GÖRLITZ, W.: Zur Kenntnis des Erythema nodosum. Münch. med. Wschr. **1897**, Nr. 46.

GOLDBERG, B.: Der Einfluß des Witterungsganges auf vorherrschende Krankheiten und Todesursachen. Ergänz.hefte z. Zbl. f. allgem. Gesundheitspflege **II** u. **III** (1890).

GOLDFLAM, S.: Beitrag zur Symptomatologie und Ätiologie der spontanen subarachnoidalen Blutungen. Dtsch. Z. Nervenheilk. **76**, 158 (1926).

GOSAU, H.: Über die jahreszeitliche Verteilung der croupösen Pneumonie in Hamburg. Z. Kinderheilk. **61**, 256 (1939).

GOTSCHLICH: Diphtherie, in Handbuch der Hyg. RUBNER, v. GRUBER u. M. FICKER **3** (II. Abt.) 293 (1913).

GOWEN, G. HOWARD: Onset and course of epidemic meningitis as related to fluctuations in temperature and barometric pressure. J. Labor. a. clin. Med. **23**, 385 (1938).

GRAMM, H.: Häufigkeit und Gefährlichkeit des Keuchhustens nach Jahreszeiten. Kipra. **1950**, 246.

GRASSHEIM u. LUKAS: Über den Phosphorgehalt des Serums bei Nierenkrankheiten. Z. klin. Med. **107**, 172 (1928).

GREIFENSTEIN, A.: Untersuchungen zur Meteoropathologie und Prophylaxe postoperativer Angina. Arch. Ohr- usw. Heilk. **142**, 68 (1936).

GRIFFITH u. Mitarb.: Studies in human physiology. Amer. J. physiol. **87**, 602 (1928) und **88**, 295 (1929).

GRIMM, HANS: Jahreszeitliche Schwankungen der Säuglings- und Kleinkindersterblichkeit in einer deutschen Gemeinde der Batschka. Arch. Bevölkergswiss. **9**, 286 (1939).

GRIMM, V.: Asthma und Feuchtigkeit. Med. Welt **1929 I**, 740.

GROBER u. SEMPELL: Die Blutzusammensetzung bei jahrelanger Entziehung des Sonnenlichtes. Dtsch. Arch. klin. Med. **129**, 305 (1919).

GRUNKE, W., u. DIESING: Die Frühjahrs-Reticulozytose. Klin. Wschr. **1936**, 1190.

GSELL, O.: Klinik der Leptospirenerkrankungen. Erg. inn. Med. **1**, 367 (1949).

GUGGENHEIM, R.: Über den Wintergipfel der Säuglingssterblichkeit. Klin. Wschr. **1923** II, 2290.

GUNDEL, M.: Über das jahreszeitliche Verhalten der Diphtherie im Zusammenhang mit den Erkältungskrankheiten. Epidemiologische Untersuchungen. Z. Hyg. **109**, 295 (1929).

GUNDEL, M., u. HOELPER: Diphtherie und Witterungseinflüsse. Balneologe **1935**, 533.

GUSTAFSON, F., u. F. G. BENEDICT: The seasonal variation in basal metabolism. Amer. J. physiol. **86**, 43 (1928).

GUTHMANN u. KNÖS: Gibt es eine jahreszeitliche Beeinflussung der Tragzeit. Mschr. Geburtsh. **104**, 307 (1937).

GYÖRGY: Die Behandlung und Verhütung der Rachitis und Tetanie. Berlin 1929.

— u. STEPP: Die Avitaminosen. Berlin 1927.

HAAG, F. E.: Untersuchungen über allergische Krankheiten. I. Konstitution und Vererbung. Klin. Wschr. **1932** II, 1228.

— Untersuchungen über allergische Krankheiten. II. Zur experimentellen Erforschung der allergischen Krankheiten. Klin. Wschr. **1933**, 1091.

HABS, HORST: Tierseuchen und menschliche Epidemien. Klin. Wschr. **1931 II**, 554.

HAEBERLIN, C.: Meteoro-Physiologie und biologische Rhythmen. Z. phys. Ther. **45**, 94 (1933).

HÄSSLER, E.: Beruht der Wintergipfel der Diphtherie auf einer Senkung der spezifischen Immunität? Dtsch. med. Wschr. **1938**, 637.

HAGEN, zit. nach BETTMANN.

HAGENTORN, A.: Was wissen wir über den Zusammenhang von Wetter und Krankheit? Münch. med. Wschr. **1932** II, 1181.

HAIDVOGL u. WILTSCHKE: Diphtherieuntersuchungen an Kindern. I. Über Bacillenträger. Mschr. Kinderheilk. **29**, 531 (1925).

HALBEY: Einflüsse meteorologischer Erscheinungen auf epileptische Kranke. Allg. Z. Psychiatr. **67**, 252 (1910).

v. HALLER, ERNST: Über die Ursache und das Auftreten von Rückfällen bei der Malaria tertiana. Med. Klin. **1947**, 417.

HALSE u. QUENNET: Klimatische Einflüsse in der Thrombogenese. Dtsch. med. Wschr. **1948**, 125.

HALSE, TH., u. H. LOSSNITZER: Untersuchungen über den Einfluß der Witterung auf das fibrinolytische Potential als Beitrag zur Frage einer Meteorotropie der Thrombosegefährdung. Dtsch. med. Wschr. **1949**, 790.

HAMBURGER, F.: Jahreszeitliche Schwankungen der Tuberkulinempfindlichkeit. Münch. med. Wschr. **1920**, 398.

HAMMERSCHLAG: Die Eklampsie in Ostpreußen. Mschr. Geburtsh. **20**, 475 (1904).

HANSE: Zur Klinik der Apoplexie. Dtsch. med. Wschr. **1925**, 938.

HANSEN u. MICHELFELDER: Ergebnisse der spezifischen desensibilisierenden Behandlung bei Heufieber. Dtsch. med. Wschr. **1930**, 173.

HAPPEL: Zehn Jahre Forschung auf dem physikalisch-medizinischen Grenzgebiet. In DESSAUER. Leipzig 1931.

HARMON, G. E.: Epidemiology of Wooping Cough in Cleveland for 1915 and 1916. Cleveland Med. J. **16**, 487 (1917).

— Seasonal incidence of Wooping Cough in the United States. Amer. J. publ. Health **22**, 831 (1932).

HARRIES, E. H. R.: Immunity in the making. Observations based upon some records of Schick and Dick tests. Proc. roy. Soc. Med. **21** (1927).

HARTWICH: Statistische Mitteilungen über Miliartuberculose. Virchows Arch. **237**, 196 (1922).

HAUBOLD, H.: Witterungseinflüsse und Kropfhäufigkeit. Med. Welt **1951**, 621.

HAUCK, ERNST: 489 Kranke mit Konkrementbildung in den ableitenden Harnwegen, ein Beitrag zur Ätiologie und Meteorobiologie. Z. Urol. **37**, 3 (1943).

HAUSMANN, W.: Über einige Fragen der medizinischen Lehre vom Licht. Klin. Wschr. **1930** II, 1801.

HAUSMANN u. H. HAXTHAUSEN: Die Lichterkrankungen der Haut. Berlin-Wien 1929.

HECKER: Der Säugling in Abhängigkeit von der Jahreszeit. Bl. Gesdhfürs. **5**, 3 (1927).

HEERUP: Die Beziehungen der Jahreszeiten zur Tuberkulose. Brauers Beitr. **68**, 739 (1928).

HEGLER, C.: Das Erythema nodosum. Erg. inn. Med. **12**, 620 (1913).

HELBIG, D.: Beeinflussung der Wasserausscheidung durch vegetative Reize (Ultraschall und Witterungseinflüsse). Mschr. Kinderheilk. **99**, 425 (1951).

HELLMUTH, KARL, u. WNOROWSKI: Variationsstatistischer Beitrag zur Frage des Einflusses der Jahreszeit auf das Körpergewicht der Neugeborenen. Zugleich ein Hinweis auf die Bedeutung der Variationsstatistik bei der kritischen Bewertung von Sammelstatistiken in der Med. klin. Wschr **1923** I, 75.

HELLPACH, WILLY: Geopsyche, 6. Aufl. Stuttgart 1950 (dort weitere Literatur).

— Über Witterungseinflüsse auf den Organismus. Med. Welt **1944**, 165.

— Variolabile und Statotoniker. Neue Med. Welt 1951, 1510.

HELLY: Föhnwirkungen und Pathologie. Schweiz. med. Wschr. **1920**, 108.

— Diskussion zum Vortrag S. Schönberg. Schweiz. med. Wschr. **1922**, 328.

HENKEL, GERHARD: Kritischer Bericht über die in den Jahren 1927–1931 behandelten Zuckerkranken. Z. klin. Med. **125**, 52 (1933).

HENNES, M.: Die Abhängigkeit der Eklampsieanfälle von meteorologischen Kaltlufteinbrüchen. Inaug.-Diss. Göttingen 1936.

HERBST, W.: Spitalsangina. Ihre Ursachen und die Möglichkeiten ihr zu begegnen. Hausangina und Wetter. Passow-Schaefer, Beitr. **28**, 1 (1931).

HERRMANN, CHARLES: The cause and prevention of the communicable diseases of childhood. N. Y. State J. Med. 1924, H. 29, Februar.

HESS, A. F., and L. J. UNGER: Interpretation of the Seasonal Variation in Rickets. Amer. J. Dis. Childr. **22**, 186 (1921).

HESS, A. F., u. LUNDAGEN: A seasonal tide of blood phosphate in infants. J. amer. med. Assoc. **79**, 2210 (1922).

HETTICH, INGE: Über Häufigkeit und Lokalisation tuberkulöser Erkrankungen des Sekundärstadiums im Säuglings- und Kleinkindesalter. Z. Tbk. **82**, 126 (1939).

v. HEUSS: Kaltfront und Krankheitsforschung. Med. Welt **1929**, 767.

— Eklampsie und Kälteeinbrüche in den Jahren 1908–1922. Z. Geburtsh. **91**, 323 (1927).

HILDEBRAND, zit. nach STICKER, S. 87.

HILL, LEWIS WEBB: The relationship of the Weather to the incidence of pneumonia in the children's hospital Boston. Boston med. J. **197**, 93 (1927).

HINDMANN, SARAH M., and G. E. HARMON: Seasonal distribution of measles, scarlet fever and diphtheria for periods of high and of low incidence. Amer. J. Hyg. **20**, 555 (1934).

HINDMERSH, JAMES: Ein Beitrag zur Kenntnis der Epidemiologie des Erysipeloids. Acta chir. scand. **71**, 362 (1932).

HINRICHS, H.: Einfluß von Wetter und Jahreszeit auf die Entstehung von Augenkrankheiten. Z. Augenheilk. **86**, 269 (1935).

HIRSCH: Handbuch der historisch-geographischen Pathologie. Erlangen 1886.

— Beitrag zum Basedowproblem. Dtsch. Arch. klin. Med. **168**, 331 (1930).

— Weitere Mitteilungen zum Basedowproblem. Dtsch. Arch. klin. Med. **170**, 96 (1931).

HÖFLER, M.: Der Föhn vom ärztlichen Standpunkte. Balneol. Rundschau, Beiträge zur balneol. Zeitg. 1893, Nürnberg, 1. Jg., H. 10 (bisher unauffindbare Schrift).

HOEHNE, K.: Auswanderung als biologisches Problem. Universitas **1949**, 1341.

— Konstitution und Reaktionstypen in der Bioklimatik. Med.-meteorol. Hefte **1951**, H. 5, 66.

HOËNHORST: Eklampsie und Wetter. Zb. Gynäk. **48**, 113 (1924).

HÖRING, F. O.: Atmosphärische Faktoren während der Grippeepidemie 1933 in Kiel. Verh. Dtsch. Ges. inn. Med. **45** (1933).

HOLT, L. E.: Observations on three hundert cases of acute Meningitis in infants and young children. Amer. J. Dis. Child. **1**, 26 (1911).

HOPMANN, R.: Die jahreszeitlichen Schwankungen der Krankheiten. Münch. med. Wschr. **1928**, 2043.

— Jahreszeitliche Krankheitsbereitschaft. I. Mitteil. Die Frühjahrskrise. Statistisch-klinische Untersuchungen an Erwachsenen. Z. klin. Med. **115**, 807 (1931).

— Einfluß der Jahreszeiten auf den Ablauf der Pneumothoraxbehandlung, insbesondere auf die Exsudatbildung. Bioklim. Beiblätter **1937**, 97.

— u. L. REMEN: Jahreszeitliche Krankheitsbereitschaft. II. Mitteilg. Säurebelastungsversuche und tetanoide Reaktionen. Z. klin. Chir. **115**, 817 (1931).

— — Jahreszeitliche Krankheitsbereitschaft III. Blutdruckhöhe und Jahreszeiten. Z. klin. Med. **122**, 703 (1932).

Hornus, M. G.: L'influence des saisons sur les variations épidémiques de la fièvre typhoide. Revue d'hyg. **56**, 332 (1934).

— La périodicité saisonière des maladies épidémiques et en particulier de la poliomyelite. Paris 1935.

Hosemann, H.: (1) Über die Dauer der Geburt. Dtsch. med. Wschr. **1946**, 181.

— (2) Bestehen solare und lunare Einflüsse auf die Nativität und den Menstruationszyklus? Z. Geburtsh. **133**, 263, 1950 u. (gekürzt) Dtsch. med. Wschr. **1950**, 815.

Hriss, A.: Über den Einfluß meteorologischer Faktoren auf Lungenentzündungen und Lungentuberkulose. Z. klin. Med. **122**, 390 (1932).

Hünermann, C.: Die Röntgenologie der Keuchhustenlunge und ihre Bedeutung für die Klinik. Mschr. Kinderheilk. **57**, 36 (1933).

Huldschinsky, Kurt: Das Facialisphaenomen. Seine Verbreitung, seine Beziehungen zum Patienten und zur Umwelt und seine Bedeutung. Eine statistische Studie. Jb. Kinderheilk. **135**, 96 (1932).

Hutter, Karl: Jahreszeitliche Schwankungen bei Magen- und Zwölffingerdarmgeschwür. Arch. klin. Chir. **151**, 651 (1928).

— Frühjahrsgipfel beim Pylorospasmus bei Säuglingen. Grenzgeb. der inn. Med. und Chir. **41**, 9 (1928/30).

Illénji, A.: Wetter und Blutdruck. Dtsch. med. Wschr. **1937**, 642.

Israël, Hans: Untersuchungen über schwere Ionen in der Atmosphäre. (I. und II. Mittg.) Gerlands Beiträge zur Geophysik **23**, 144 (1929); **26**, 283 (1930).

Jacobi: Diphtherie. Gerhardt Handb. II, 700 (1877).

Jacobitz u. Karlowa: Untersuchungen über den Nachweis von Typhus- und Paratyphusbakterien in Stuhl- und Urinproben und über die Häufigkeit von Typhus- und Paratyphuserkrankungen in Oberschlesien. Zbl. Bakter. I. Orig. **125**, 280 (1932), und Med. Welt **1935**, 541.

Jacobowitz, Herta: Basedow und Jahreszeit. Z. klin. Med. **122**, 307 (1932).

Jacobs, Fr.: (1) Eklampsie und Wetter. Z. Geburtsh. **92**, 241 (1927).

— (2) Untersuchungen über den Einfluß atmosphärischer Vorgänge auf Wehentätigkeit, Geburtenfrequenz und Eklampsievorkommen. Dtsch. med. Wschr. **1933**, 720.

— (3) Wetter und Wehen. Arch. Gynäk. **159**, 226 (1935).

— (4) Eklampsie und Wetter. Arch. Gynäk. **159**, 255 (1935).

Jacobs u. Wagemann: Untersuchungen über Zusammenhänge zwischen Wetter, Geburt und Tod. Z. angew. Meteorologie **51**, 1 (1934).

Jacoby: Zur Frage der mechanischen Wirkungen der Luftdruckerniedrigungen auf den Organismus. Dtsch. med. Wschr. **1907**, 17.

Jaenisch u. Haug: Der Blutdruck der Hypertoniker bei Luftdruckverminderung. Münch. med. Wschr. **1929**, 1670.

Jäschock, Herbert: Das epidemische Auftreten der Grippe im Winter 1932/33 und 1936/37 in einigen Bezirken Niederschlesiens und die Abhängigkeit des Verlaufes der Epidemien von meteorischen und geographischen Faktoren. Z. Hyg. **121**, 276 (1938).

Jáki, J.: Wurmfortsatzentzündung und Witterung. Budapest-Leipzig 1943.

Janssen, Th.: Inwiefern wird das Auftreten von Lungenblutungen durch Witterungseinflüsse beeinflußt? Beitr. z. Klin. der Tuberkulose 8, 289 (1907).

Jaquet, zit. nach Bettmann.

Jelinek, A.: Schlaganfall und Wetter. Bioklim. Beiblätter **1936**, 63.

Jenny, D.: Wetter und Tod. Schweiz. med. Wschr. **1931** I, 23.

JESSEN, Witterung und Krankheit. Z. Hyg. **21**, 287 (1896).

JOÉ, J.: Die Sommerdiarrhöe der Säuglinge in bakteriologischer und epidemiologischer Bedeutung an Hand von 256 untersuchten Fällen. Wien. med. Wschr. **1944**, 248.

JOESTER, P.: Ein Vorschlag zur Behandlung der vegetativen Dystonie mit Leistungsminderung, hervorgerufen durch Witterungsempfindlichkeit. Landarzt **1951**, 228.

JOLTRAIN, zit. nach BETTMANN.

JOPPICH, GERHARD: Zur Pathogenese der croupösen Pneumonie. Med. Klin. **1935**, 202.

JOSEPHSON, BERTIL: Myalgia acuta epidemica („Bornholmer Krankheit"). Sv. Läkartidn. **1931** II, 1578.

JUNGMANN, H.: Dermographismus und dermographische Latenzzeit im Reifungsalter. Z. Kinderheilk. **71**, 432 (1952).

KÄMMER, H.: Über die jahreszeitlich bedingte Häufung einiger Hauterkrankungen im Säuglings- und Kindesalter. Arch. Kinderheilk. **101**, 17 (1934).

KÄMMERER, HUGO: Allergische Diathese und allergische Erkrankungen. München 1926.

KAISER, TH.: Lungenblutungen und Wetter. Z. Tbk. **71**, 243 (1934).

KAMPIK, J., und R. REITER: Neue Ergebnisse aus Untersuchungen über Stumpf- und Wetterschmerzen sowie des Phantomerlebnisses bei Amputierten. Dtsch. med. Wschr. **1948**, 242.

KARCZAG, L.: Über die künstliche Beeinflussung der Allergie bei Tuberkulose. Brauers Beiträge klin. Tbc. **41**, 1 (1919).

KATZ u. KÖNIG: Über die Abhängigkeit des Geburtsgewichtes des Neugeborenen vom Vitamingehalt der mütterlichen Nahrung. Klin. Wschr. **1923** II, 2077.

KAUFFMANN, FR.: Über die Häufigkeit einzelner wichtiger Klagen und anamnestischer Angaben bei Kranken mit arterieller Hypertension. Münch. med. Wschr. **1924**, 1230.

KAYSER, PAUL-HENNING: Die Witterungsabhängigkeit von Thrombose, Embolie und Apoplexie. Virchows Arch. **302**, 210 (1938).

KENDALL, E. C., and D. G. SIMONSON: Seasonal variations in the jodine and thyroxine content of the thyreoid gland. J. amer. med. Assoc. **91**, 121 (1928).

— — Seasonal variation in the jodine and thyroxine content of the thyreoid gland. J. of biol. chem. **80**, 357 (1928).

KERDÖ, J.: Neuere Untersuchungen über die Wirkung der Frontdurchgänge auf den Eintritt des Todes. Wetter und Leben **1949**, 16.

KERR, J.: The fundamentals of school health. London 1926.

KESTNER, O.: Die physiologischen Wirkungen des Klimas. BETHE-BERGMANN-EMBDEN: Hdb. der normalen und pathol. Physiol. **17** (Correlationen III).

— Die Ursachen der Schwüle. Klin. Wschr. **1923** II, 1874.

KESTNER, PEEMÖLLER u. PLAUT: Die Einwirkung der Strahlen auf den Menschen. Klin. Wschr. **1923** II, 2018.

KESTNER, O., JOHNSON u. LAUBMANN: Über eine physiologische Einwirkung des Föhns. Strahlenther. **41**, 171 (1931).

v. KHRENNINGER-GUGGENBERGER: Schwangerschaftsdauer und Jahreszeit. Med. Klin. **1947**, 883.

— u. SCHURRER: Jahreszeitliche Schwankungen der Schwangerschaftsdauer beim Menschen. Zbl. Gynäk. **1932**, 2180.

KIELHORN, E.: Atmosphärische Einflüsse bei der Entstehung croupöser Pneumonien im Kindesalter. Z. exper. Med. **89**, 656 (1933).

KILLIAN, H.: Tödliche Lungenemboliefälle der Freiburger chirurgischen Klinik. Klin. Wschr. **1930**, 730.

KIRCHHOFF, H.: Periodisch bedingte Schwankungen im Auftreten von Ovarialstörungen, insbesondere der glandulär-zystischen Hyperplasie. Arch. Gynäk. **161**, 345 (1936).

— Jahreszeiten und Belichtungen in ihrem Einfluß auf weibliche Genitalfunktion. Arch. Gynäk. **163**, 141 (1936).

— u. A. SCHNEIDER: Zusammenhänge zwischen Auftreten von vorzeitigem Blasensprung und Wetter (Frontendurchgänge) und Tageszeit. Zbl. Gynäk. **62**, 916 (1938).

KIRSCH, O.: Die Wintergipfel der Atmungsorganerkrankungen. Bem. z. LEDERER. Z. Kinderheilk. **48**, 298 (1929).

KIRSCH: Bemerkungen zum Aufsatz von LEDERER in Nr. 8, Wien. klin. Wsch. **1928**, 666, 1054, 1089.

KISCH, H. E.: Über mors subita der Herzkranken. Münch. med. Wschr. **1908**, 721.

v. KISS: Synkope im Kindesalter. Arch. Kinderheilk. **111**, 212 (1937).

KISSKALT, K.: (1) Laboratoriumsinfektionen mit Typhusbazillen und anderen Bakterien. Z. Hyg. **80**, 145 (1915), u. Arch. f. Hyg. **101**, 137.

— (2) Das jahreszeitliche Auftreten der Kriegsseuchen. Dtsch. med. Wschr. **1915**, 579.

— (3) Periodische Bacillenausscheider und jahreszeitliches Auftreten des Typhus. Zbl. Bakter. I Orig. **115**, 318 (1930).

KLAIBER, R.: Beiträge für Epidemiologie der Diphtherie unter besonderer Berücksichtigung der Verhältnisse in Württemberg und in einzelnen württembergischen Kreisen. Inaug.-Diss. Tübingen 1943.

KLEIN, WALTER: Über die diesjährige Grippeepidemie. Klinische und bioklimatische Studie. Med. Zeitschr. (Hermannstadt) **1935**, H. 8.

KLEINE, H. O.: Zu Klärung der Kausalgenese der haemorrhagischen Endometrium-Hyperplasie. Z. Geburtsh. Frauenheilk. **1942**, 261.

KLIEWE u. HOFMANN: Diphtheriebacillenbefunde in den oberen Atmungswegen bei Säuglingen und Kleinkindern ohne klinische Erscheinungen von Diphtherie. Mschr. Kinderheilk. **35**, 318 (1927).

KLINK, IRMGARD: Die chirurgischen Hautinfektionen und das Wetter. Med. Welt **1933** II, 1704.

KLOTZ, RUDOLF: Atmosphärische Einwirkungen bei wetterempfindlichen Menschen. Dtsch. med. Wschr. **1949**, 371.

KLOTZ, R.: Über die Wetterempfindlichkeit — elektrische Leitfähigkeit der Luft und vegetatives System. Med. Welt **1936**, H. 9.

KNÖVENAGEL: Beiträge zur Statistik und Aetiologie der Lungenentzündungen im Militär. Dtsch. mil.ärztl. Z. **11**, 1 und 59 (1882).

v. KNORRE: Über den Einfluß der Jahreszeiten auf die Dauer der Schwangerschaft. Zbl. Gynäk. **1933**, 2965.

KOCH, H.: (1) Entstehungsbedingungen der Meningitis tuberculosa. Z. Kinderheilk. **5**, 355 (1912).

— (2) Über Meningitis tuberculosa. Z. Kinderheilk. **6**, 263 (1913).

— (3) Erythema nodosum; Die extrapulm. Tuberkulose **1926** I, H. 7.

KÖHLER, P., u. E. FLACH: Atmosphärische Störungsvorgänge im Zusammenhang mit Krankheitserscheinungen. Strahlenther. **48**, 401 (1933).

KOERBEL, V.: Ein Beitrag zur Kenntnis der Zusammenhänge zwischen dem Wetter und gewissen Erkrankungen der oberen Luftwege. Mschr. Kinderheilk. **71**, 573 (1937).

KOLISKO, A.: Plötzlicher Tod aus natürlicher Ursache. Handb. f. ärztl. Sachverständ. Tätigkeit v. Dietrich **1913** II.

KOLLE, W., u. R. PRIGGE: Über Diphtherieschutzimpfung und die Wertbestimmung der Impfstoffe. Dtsch. med. Wschr. **1931**, 1227.

KOLLER, S.: (1) Der jahreszeitliche Gang der Sterblichkeit an Krankheiten des Kreislaufes und der Atmungsorgane. Arch. Kreisl.forsch. **1**, 225 (1937).

— (2) Rassenunterschiede im Jahresgang der Sterblichkeit. Z. Rassenbiolog. **9**, 112 (1937).

— (3) Über die jahreszeitlichen Schwankungen der Kreislaufsterblichkeit. Verh. dtsch. Ges. Kreisl.forsch. **6**, 1933.

— (4) Über jahreszeitliche Schwankungen der Sterblichkeit. Balneologe **3**, 74 (1936).

— (5) Der jahreszeitliche Gang der Sterblichkeit an Krankheiten des Kreislaufs und der Atmungsorgane. II. Der Verlauf in Jahren mit und ohne Grippeepidemie. Arch. Kreisl.forsch. **8** (1941).

KOLLMANN, A.: Untersuchungen über Diphtheriebacillenträger. Arch. Kinderheilk. **86**, 185 (1929).

KOPPE, H.: Sonnenaktivität, Großwetter und wetterbezogene Reaktionen. Ann. Meteor. **4**, 87 (1951).

KROGIUS, ALI: Übersicht über etwa 1000 Fälle von Appendicitis, operiert in der chir. Univ.-Klinik zu Helsingfors in den Jahren 1901 bis 1908. Arch. klin. Chir. **95**, 759 (1911).

KRÖNIG, O.: Beiträge zum Problem der Chorea minor; Klinik und Ätiopathogenese. Jb. Kinderheilk. **138**, 161 (1933).

KRYPIAKIEVITZ, J.: Über die Wirkung der atmosphärischen Luftdruckerniedrigung auf Geisteskranke. Jb. Psychiatr. **11**, 315 (1892).

KÜHNAU: Die Bedeutung des Frühjahrs für die Entstehung von Avitaminosen. Dtsch. med. Wschr. **1936**, 621.

KÜMMELL: Operationsgefährdung im Lichte ergometrischer und meteorologischer Untersuchungen. Zbl. Chir. **1936**, 1023.

KÜNZEL, W. A. u. A. A.: Über meteorologische Einflüsse auf die Häufigkeit epileptischer Anfälle. Klin. Med. (russisch) **14**, 376 (1936).

KÜSTNER, H.: Einfluß der Jahreszeit auf die Dauer der Schwangerschaft. Zbl. Gynäk. **1931**, 3240.

KUHN: Über das jahreszeitliche Auftreten des Typhus. Zbl. Bakter. I Orig. **117**, 31 (1930).

KUHNKE, W., u. O. ZINK: Erfahrungen mit einer medizin.-meteorologischen Vorhersage. Med.-meteorol. H. **2**, 11 (1950).

KULENKAMPFF, D.: Über Zusammenarbeit. Dtsch. med. Wschr. **1934**, 1212.

LACH: Einfluß der Witterung auf Nerven- und geistige Erkrankungen. Schmidts Jb. **241**, 191.

LADE, O.: Die Säkularkurve der Diphtherie und die Brücknerschen Klimaperioden. Arch. Kinderheilk. **71**, 30 (1922).

LAHN, HERMANN: Saisonkurve der Erythrodermie. Inaug.-Diss. Heidelberg 1935.

LAMBIN, P., u. GERARD: Variations de fréquence saisonnière de la leucémie aigue. Le Sang **8**, 730 (1934).

LAMPERT, H.: Wetter und Rheumatismus. Med. Klin. **1938**, 1230.

— Wetter und Jahreszeit in ihren Beziehungen zu Thrombose-Embolie und anderen chirurgischen Erkrankungen. Med. Welt **1936**, 845, und in LINKE-DE RUDDER (s. d.).

LANG, THEO: (1) Kropf und Geburtsmonat. Z. Neurol. **122**, 724 (1929).

Lang, Theo: (2) Zur Frage: Geisteskrankheit und Geburtsmonat. Arch. Rassenbiol. **25**, 42 (1931).
— (3) Zum Problem der Brunstzeit beim Menschen. Z. Konstitut.-Lehre **18**, 311 (1934).
— (4) Kropf und Geburtsmonat. Z. Neur. **122**, 724 (1929).
Lange, Karl: Über Beziehungen zwischen Jahreszeiten und Wachstum des Kleinkindes. Arch. Kinderheilk. **89**, 259 (1930).
Lansel, P.: Über Lungenblutungen im Hochgebirge. Versuch einer aetiologischen Klassifikation der tuberkulösen Haemoptoe. Beitr. klin. Tbc. **66**, 784 (1927).
Lassen, M. Th.: Ein Beitrag zur Frage Wetter und spasmogene Diathese. Arch. Kinderheilk. **99**, 1 (1933).
Lassner, A.: Chemische Konstitution und therapeutische Wirksamkeit verschiedener Calciumverbindungen. Z. exper. Med. **107**, 1 (1940).
von Latzka, A.: Der Zusammenhang zwischen Eklampsie und Witterungswechsel. Arch. Gynäk. **159**, 286 (1935).
Lavinder, zit. nach Shimazono.
Lederer, Rich.: (1) Der Wintergipfel der Atmungserkrankungen. I. Mitteilung: Infektion und Immunität. Z. Kinderheilk. **46**, 723 (1928).
— (2) Der Wintergipfel der Atmungserkrankungen. II. Mitteilung: Jahreszeit und Klima. Z. Kinderheilk. **46**, 735 (1928).
— (3) Der Wintergipfel der Atmungserkrankungen. Grundlagen der Bekämpfung. Wien. klin. Wschr. **1928**, 257.
Lehmann u. Petersen: Das Wetter und unsere Arbeit. Sammlung v. Abhandlungen zur psychologischen Pädagogik II, **1907**, H. 2.
Leipert, Th.: Zur Kenntnis des physiologischen Blutjodspiegels. Biochem. Z. **270**, 448 (1934).
Levine, Victor E. Sunlight: Nutricion and metabolism. III. Hemoglobin production erythrocyte formation and reticulocyte response. Arch. physic. Ther. **12**, 389 (1931).
Levinson, S. A.: Thymic death and meteorological environment. Amer. J. Surg. N. S. **33**, 36 (1936).
Levinthal, W.: Der Variabilitätsbegriff in der Bakteriologie, seine Bedeutung für Spezifitätslehre und Epidemiologie. Klin. Wschr. **1928**, 145.
Lewin, Nils: Erythema nodosum in statistischer Beleuchtung. Brauers Beitr. **72**, 641 (1929).
Lindberg, Gustaf: Myalgia epidemica im Kindesalter. Acta paediatr. **29**, 1 (1936).
Lindhard, J.: The seasonal periodicity in respiration. Skand. Arch. Physiol. **26**, 221 (1912).
Linke, F.: (1) Die „Luftkörper"-Anschauung. Z. physik. Ther. **37**, 217 (1929).
— (2) Das Wetter vom Standpunkt der Luftkörperanschauung. In Lampert, Heilquellen und Heilklima. Dresden u. Leipzig **1934**.
— (3) Die physikalischen Grundlagen der Bioklimatologie. Arch. Gynäk. **161**, 307 (1936).
Linke-de Rudder: Medizinisch-meteorologische Statistik (Konferenzbericht). Berlin 1936/37.
Linzenmeier: Wetter und Eklampsie. Vortr. Sitz. d. Gynäk. Ges. in Kiel 1921 u. Med. Klin. **1921**, 364.
Lischka, A.: Die Abhängigkeit der Apoplexien von Wetter und Jahreszeit. Z. exper. Med. **107**, 161 (1940).
Löhr, Hanns: Beiträge zur Kenntnis des Jodspiegels. Arch. f. exper. Path. **180**, 332 (1936).

LOESCHNER: Über den Einfluß der meteorischen Verhältnisse auf die Entstehung von Kinderkrankheiten. J. Kinderkrankh. **27**, 372 (1856).
LOEW, W.: Über Schwankungen des Komplementgehaltes bei Meerschweinchen. Wien. klin. Wschr. **1922**, 12.
LÖWENFELD, L.: Über „Witterungsneurosen". Münch. med. Wschr. **1896**, 90.
LOMER, G.: Witterungseinflüsse bei sieben Epileptischen. Arch. f. Psychiatr. **41**, 1009 (1906).
— Über Witterungseinflüsse bei zwanzig Epileptikern. Arch. f. Psychiatr. **42**, 1061 (1907).
— Zur Psychogenese epileptischer Erscheinungen. Psychiatr.-neur. Wschr. **15**, 81 (1913).
LORENZ, E.: Zum Wesen und zur Behandlung der Feerschen Krankheit. Arch. Kinderheilk. **111**, 65 (1937).
LOSSNITZER, H.: Zur Frage der physiologischen Bedeutung natürlicher und künstlicher Luftionen. Balneologe **1**, 97, 1934.
LOUROS, N., u. P. PANAJOTOU: Zur Erklärung des Krankheitsbildes der Eklampsie und deren Beziehung zum Wetterwechsel. Zbl. Gynäk. **62**, 1078 (1938).
LUSSER: Beobachtungen über den Föhnwind. Naturwiss. Anzeiger 2. Allgem. Schweiz. Ges. f. d. ges. Naturwiss. Aarau 1820, 9, 75.
LUTTINGER, P.: The epidemiology of Pertussis. Amer. J. Dis. Childr. **12**, 290 (1916).

MACHT, D. J.: A meteorological adventure in pharmacology. Amer. J. Pharmacy **106**, 135 (1934).
MACLEOD, J.: Seasonal variations in the normal polynuclear count in man. Amer. J. Physiol. **122**, 520 (1938).
MADSEN, M. TH.: Rythme saisonier des maladies infectieuses. Rev. Hyg. et Méd. prévent. **51**, 793 (1929).
— Einfluß der Jahreszeiten auf den Verlauf einiger Infektionskrankheiten auf Grundlage von dänischem Material. Verh.-Kongr. inn. Med. **47**, 557 (1935).
v. MALINCKRODT-HAUPT: Die Hauttuberkulose der Rheinprovinz. Dermat. Z. **65**, 295 (1933).
MALLING-HANSEN: Results of daily weighting of 130 pupils of the Royal Institution for the deaf and dumb at Copenhagen. Congrès internat. des Scienc. med. 8. Lession. Copenhagen 1884.
MAKAI, E.: Über Anaphylaxieerscheinungen nach Serieninjektionen artfremden Serums. Zugleich ein Beitrag zur Frage der Saisonkrankheiten. Dtsch. med. Wschr. **1922**, 257.
MARCHESANI, O.: Das Problem der phlyktaenulären Augenkrankheit. Klin. Wschr. **1947**, 865.
MARCHIONINI, A., u. SADAN TOR: Zur Klimatophysiologie und -pathologie der Haut. Arch. f. Dermat. **179**, 421 (1939).
MARFAN, A. B.: Les Saisons ont-elles une influence sur le développement du craniotabes? Nourisson **19**, 176 (1931).
MARGINESU, P.: Il comportamento des podere battericide e dell' indice fagocitario des siero di sanque di bambini sottoposti alla irradiazioni solari. Scritt. med. in onor. Gebbi Pt. **1**, 27 (1930).
MARKUS: Schmidts Jb. **251**, 120.
MARTINI: (1) Berechnungen und Beobachtungen zur Epidemiologie und Bekämpfung der Malaria. Hamburg 1921.
— (2) Klima und Seuchen vom Standpunkt des Entomologen. IV. Intern. Kongress of Entomology **2**, 463 (1929).
— (3) Wege der Seuchen. Lebensgemeinschaft, Kultur, Boden und Klima als Grundlagen von Epidemien. Stuttgart 1936.

MAURER, G.: Wetter und Jahreszeit in der Chirurgie. Stuttgart 1938.

MAYER, R. L., u. M. B. SULZBERGER: Zur Frage der jahreszeitlichen Schwankungen der Krankheiten, der Einfluß der Kost auf experimentelle Sensibilisierungen. Arch. f. Dermat. **163**, 245 (1931).

MAYER, M.: Zur Typhusepidemiologie im Reichsgau Wartheland. Dtsch. Ärzteblatt **1943**, 265.

MAYERHOFER, E.: Die gastroenteritische Eingangspforte der Poliomyelitis anterior acuta im frühen Kindesalter. Wien. med. Wschr. **1930**, H. 25.

MAYERSON, H., and HENRY LAURENS: Seasonal variation in efficiency of New Orleans sunshine in preventing and curing rickets in rats. Proc. Soc. exper. Biol. a. Med. **27**, 1070 (1930).

— MC CONNEL, YAGLOGTOU and FULTON: Basal metabolism before and after exposure to higth temperature and various humidities. Publ. Health Rep. **39**, 3075 (1924).

MC KEOWN and R. G. RECORD: Seasonal incidence of congenital malformations of the central nervous system. Lancet 1951, 192.

MEIER, E.: Über neue Unterlagen, Berechnungen und Deutungen zur Übersterblichkeit der Knaben im Säuglingsalter. Arch. Hyg. und Bakt. **135**, 175 (1951).

MEINERT, E.: Säuglingssterblichkeit und Wohnungsfrage. Arch. Kinderheilk. **44**, 129 (1906).

MEMMESHEIMER, A. M.: Der Frühjahrsgipfel des Ekzems und seine Erklärungsmöglichkeiten. Dermat. Z. **57**, 27 (1929).

MEYER, M.: (1) Der epileptische Krampfanfall und seine Beziehungen zu atmosphärischen Einflüssen. Der Nervenarzt **1**, 592 (1928).

— (2) Bericht über die Tätigkeit des Krampfausschusses im Jahre 1929. Z. physik. Ther. **39**, 338 (1930).

— (3) Über die Beziehungen epileptischer Anfälle zu atmosphärischen und jahreszeitlichen Einflüssen. Z. physik. Ther. **43**, 148 (1932).

MESETH, H.: Über den Zusammenhang zwischen Klima und Lungenentzündungen. Z. Kinderheilk. **58**, 41 (1936).

MILLER, LUDW.: Über das Auftreten von Schmerzen bei Witterungswechsel. Münch. med. Wschr. **1909**, 802.

MOMMSEN, H., u. E. KIELHORN: Die Entstehung croupöser Pneumonien und ihre Abhängigkeit von atmosphärischen Bedingungen. Mschr. Kinderheilk. **56**, 156 (1933).

MÖRIKOFER, W.: Zur Problematik der Wetterfühligkeit. Mediz.-meteorol. H. **5**, 18 (1951).

MÖRIKOFER u. STAHEL: Testmethoden zur Erforschung der Wetterfühligkeit. Schweiz. med. Wschr. **1937**, 401.

MOLL, I.: Klinische Erfahrungen über die Meningitis tuberkulosa. Fälle an der Univ.-Kinderklinik Frankfurt/Main. Inaug.-Diss. Frankfurt/Main 1950.

MOOS, MARTHA: Über die aetiologische Bedeutung des Klimas bei Spasmophilie, Rachitis und Ekzem. Inaug.-Diss. Zürich 1929.

MORI, M.: Über den sog. Hikan (Xerosis conjunctivae infantum evtl. Xerophthalmie). Jb. Kinderheilk. **59**, 175 (1904).

MORO, E.: (1) Über den Frühlingsgipfel der Tetanie. Münch. med. Wschr. **1919**, 1281.

— (2) Übereregbarkeit des vegetativen Nervensystems im Frühjahr und Ekzemtod. Münch. med. Wschr. **1920**, 657.

— (3) Über die Tetanie als Saisonkrankheit und vom biologischen Frühjahr. Klin. Wschr. **1926**, 925.

MOURIQUAND, A.: Das Streptomycinzentrum von Lyon. Press. Méd. **1948**, 135.

NADLER, RITA: Zur Frage der spontanen Herzruptur. Z. Kreislaufforschg. **27**, 689 (1935).

NAESS u. SCHIÖTZ: Der Einfluß der Jahreszeit auf das Wachstum des Körpers. Norwegische Untersuchungen. Z. Kinderheilk. **54**, 758 (1933).

NÉLIS, P.: Nouvelles recherches sur les variations saisonnières de la réaction de Schick. C. r. Soc. Biol. (Paris) **115**, 1178 (1934).

NEUFELD u. KUHN: Untersuchungen über die Rolle der Disposition beider Pneumokokkenseuche des Meerschweinchens. Z. Hyg. **118**, 748 (1936).

NITZESCU u. BINDER: Jodémie normale; variations saisonnières; jodémie des goitreux. C. r. Soc. Biol. (Paris) **108**, 279 (1931).

NITSCHKE: Über die Beziehungen zwischen D-Vitamin und innerer Sekretion. Dtsch. med. Wschr. **1936**, 629.

NOEGGERATH, C., u. A. NITSCHKE: Urogenitalerkrankungen der Kinder. Pfaundler-Schloßmann, Handb. 4. Aufl. **4**, 149 (1931).

v. NORDENSKJÖLD: Krankheit und Wetter. Dtsch. med. Wschr. **1933** II, 1826.

— Acuter Kehlkopfkrupp und Luftkörperwechsel. Arch. Kinderheilk. **98**, 211 (1933).

NORDMEYER, K.: Über die Geburtsdauer und ihre Abhängigkeit von klimatischen und geographischen Einflüssen. Arch. Gynäk. **165**, 95 (1937).

NYLIN, GUSTAV: Periodical variations in growth, standard metabolism and oxygen capacity of the blood children. Acta med. scand. (Stockh.) Supplementum **31**, 1929.

OBENLAND, E.: Wetterbedingte Störungen im Krankheitsverlauf der Tuberkulose. Verh. Kongr. inn. Med. **47**, 539 (1935).

OCHSENIUS: Diphtheriemorbidität und Witterungsverhältnisse. Mschr. Kinderheilk. **26**, 266 (1923).

OEHME, K.: Über den Beginn von Hyperthyreosen. Dtsch. med. Wschr. **1931** II, 1845.

— Zur antithyreoiden Wirkung der Nebennierenrinde. Klin. Wschr. **1936**, 512.

OEHME u. PAAL: Untersuchungen mittels der Reid-Huntschen Reaktion, besonders bei Asthma bronchiale. Med. Klin. **1930** I, 454.

VAN OORDT: Die Beziehungen der Klimaforschung zur Heilkunde. Z. angew. Meteorologie **1924**, 17 und 50.

OPPENHEIMER: Begünstigen Witterungseinflüsse den Ausbruch der Eklampsie? Arch. Gynäk. **122**, 158 (1924).

ORSZÁG, O.: Über den Einfluß der Jahreszeiten auf das Ergebnis der Sanatoriumsbehandlung. Brauers Beiträge **38**, 145 (1918).

ORTMANN, G.: Hat das Wetter Einfluß auf den Eintritt des Todes? Virchows Arch. **291**, 234 (1933).

OERUM, H. P. T.: Über die Einwirkung des Lichts auf das Blut. Pflügers Arch. **114**, 1 (1906).

OSSOINIG, K.: Über Schwankungen der Tuberculinempfindlichkeit. Mschr. Kinderheilk. **31**, 371 (1926).

OXENIUS, K.: Über Gripperückfälle im Kindesalter. Münch. med. Wschr. **1936**, 2082.

PAAL, H., u. BRECHT: Askorbinsäure und Schilddrüsenfunktion. Klin. Wschr. **1937**, 261.

PALM, zit. nach GYÖRGY.

PANNHORST, R., u. A. RIEGER: Manifestierung des Diabetes und Jahreszeit. Z. klin. Med. **134**, 154 (1938).

PAQUET: Rôle des saisons et des pluies dans l'évolution de certaines maladies transmissibles. Rev. d'Hyg. **53**, 401 (1931).

PAULMANN, FR.: Appendizitis und Witterung. Inaug.-Diss. Würzburg 1935.

PAWLOWSKI, E.: Über das Vorkommen von Erysipeloid während eines Zeitraumes von 25 Jahren. Dtsch. Z. Chir. **235**, 711 (1932).

PÉHU u. DUFOURT: La tuberculose medicale de L'enfance. Paris 1927.

PELLER: Das pränatale Wachstum und die Neugeborenensterblichkeit bei Juden und Nichtjuden in ihrer Bedingtheit von Anlage und Umwelt. Arch. soz. Hyg. **4** (1929).

— u. BASSE: Die Rolle exogener Faktoren in der intrauterinen Entwicklung des Menschen mit besonderer Berücksichtigung der Kriegs- und Nachkriegsverhältnisse. Arch. Gynäk. **122**, 208 (1924).

PERTL, FRANZ: Cholera in Großbritannien und Irland. Z. Hyg. **123**, 59 (1942).

PETERS, H. G.: Chorea minor und Jahreszeit. Z. Kinderheilk. **60**, 515 (1939).

PETERS, O. H.: Season and disease. Proc. roy. Soc. Med. Sect. Epid. **1909**, 1.

PETERSEN, W. F.: The patient and the weather I—IV. Chicago 1935 u. ff.

— u. FL. BENELL: Eine Studie über die meteorologischen Beziehungen des Auftretens von Poliomyelitis im Staate New York. Bioklimat. Beiblätter **2**, 160 (1935).

— and A. MAYNE: Scarlet fever and the meteorological environment. Arch. of Pediatr. **55**, 682 (1938).

— Poliomyelitis and the meteorological environment. Acta paediatr. **27**, 353 (1940).

v. PETHEÖ, JOHAN: Beobachtungen an den Scharlach- und Masernepidemien. Z. Kinderheilk. **44**, 195 (1927).

PEYRER: Jahreszeitliche Schwankungen der Tuberkulinempfindlichkeit und mancher Tuberkuloseerkrankungen. Brauers Beitr. **48**, 137 (1921).

— Grippestatistik und Wetter. Arch. Kinderheilk. **111**, 8 (1937).

PFAUNDLER: Ist die Rachitis eine Avitaminose? Wien. klin. Wschr. **1930**, 641.

— Studien über Frühtod, Geschlechtsverhältnis und Selektion. V. Die Säuglingssterblichkeit. Z. Kinderheilk. **64**, 1 u. 43 (1943).

— Geschlechtsverhältnis in der kindlichen Pathologie, besonders beim Frühtod. Pfaundler-Festschrift, herausgegeben von B. DE RUDDER, Berlin-Heidelberg 1947.

v. PHILIPSBORN: Die Wirkung der ultravioletten Strahlen auf den Menschen an Tagen mit verschiedenen Luftkörpern. Verh. kongr. inn. Med. **47**, 524 (1935).

— Ein Beitrag zur pathologischen Physiologie der Blutleukozyten. Strahlenther. **55**, 143 (1936).

PLAETTIG, R.: Postoperative Komplikationon, acute Appendicitis und Wetter. Inaug.-Diss. Hamburg 1935.

POCKELS, W.: Vergleichende Beobachtungen bei wiederholten Poliomyelitis-Epidemien an gleichem Ort. Mschr. Kinderheilk. **55**, 259 (1933).

PORT, JULIUS: Bericht über das erste Dezennium der epidemiologischen Beobachtungen in der Garnison München. B. Beobachtungen über Witterungskrankheiten. Arch. Hyg. **1**, 99 (1883).

PREUNER, R.: Allergiestudien. I. Die Wirkung der Witterung auf das experimentelle Asthma bronchiale. Z. Hyg. **121**, 559 (1939).

PRINZING: Mortalität und Morbidität in der sonnenarmen Zeit. Dtsch. med. Wschr. **1932** II, 1923.

PRIGGE, R.: Die staatliche Prüfung der Diphtherieimpfstoffe und ihre experimentellen Grundlagen. Arb. staatl. Inst. exp. Ther. und Georg-Speyer-Haus, Jena 1935, H. 32.

PROPPE, A., u. A. GERAUER: Jahreszeitliche Kalkspiegelschwankungen. Med. Klin. **1951**, 1062.

PULVERMACHER: Handbuch der inneren Sekretion 1928, 1506.

RAETTIG, H., u. NELS: Die Meteorotropie der Lungenembolie. Z. klin. Med. **138**, 242 (1940).

RAPPERT, E.: (1) Chirurgie und Wetter. Med. Welt **1935**, 1655.

— (2) Acute Appendicitis und Wetter. Zbl. Chir. **1935**, 2836.

— (3) Postoperative Komplikationen und Wetter. Dtsch. Z. Chir. **244**, 537 (1935).

RASCHDORF, M.: Lichtwirkung und Diphtherie. Dtsch. med. Wschr. **1935**, 1441.

RASMUSSEN, K. K., HAAGEN u. MAUER: Über eine auf den Menschen übertragbare Viruskrankheit bei Sturmvögeln und ihre Beziehungen zur Psittakose. Berl. mikrobiol. Ges. 14. 11. 38, ref. Klin. Wschr. **1939**, 220.

RAUDNITZ, R. W.: Prager med. Wschr. **1900**, 1214.

REDEKER, FR.: Die Lungentuberkulose im Pubertätsalter vom klinischen Gesichtspunkt aus. Erg. Tbk.forschg. **3**, 57 (1931).

REDLICH, E.: Zur Kenntnis der psychischen Störungen bei den verschiedenen Meningitisformen. Wien. med. Wschr. **1908**, 2258.

REGLI, J., u. R. STÄMPFLI: Die Kapillarresistenz als objektives Maß für die Wettereinflüsse auf den Menschen. Helv. Physiol. Acta **5**, 40 (1947).

REHN, E.: Über chirurgische Thrombose und Embolie. Münch. med. Wschr. **1934**, 1.

REICH: Über die Beziehungen zwischen der Epilepsie und den meteorologischen Faktoren. Allg. Z. Psychiatr. **60**, 493 (1903).

REIMANN-HUNZIKER, R. u. G.: Über den Einfluß von Wetter und Sonnentätigkeit auf die tödliche Lungenembolie. Zbl. Chir. **1942**, 1141.

REITER, R.: Z. phys. Ther. **1950**, 143; **1951**, 216.

— Verkehrsunfallziffern Bayerns und ihre Zusammenhänge mit Infra-Langwellen-Störungen. Münch. med. Wschr. **1951**, 27 und 1261.

RÉTHLY, E.: Beziehungen der ansteckenden Krankheiten zur Witterung mit besonderer Berücksichtigung der Heine-Medin'schen Epidemien in Ungarn in den Jahren 1931—1947. Arch. Meteor. Geoph. Bioklim. B **2**, 279 (1950).

REUSS, A.: Konstitution und Condition in ihren Auswirkungen auf die Gesundheit der Kinder. Wien. med. Wschr. **1934**, 8.

RICHTER, C. M.: Influenca epidemics wepend on certain anticyclonic weather conditions for their development. Chicago 1921.

RIEBE: Ätiologische Betrachtungen über das Auftreten der croupösen Pneumonie in der Garnison Posen. Vjschr. gerichtl. Med. **41**, 126 und 323 (1884).

RIESSER, O., u. G. KUNZE: Zur Frage der Beziehungen zwischen biologischen Vorgängen und Witterung. Naturwissensch. **1934**, 653.

RIESSER, O., KUNZE u. GALLE: Zum Problem der Beziehungen zwischen Muskelstoffwechsel und Witterung. II. Biochem. Z. **275**, 169 (1935).

— Fortgesetzte Untersuchungen zur Frage der Beziehung zwischen Muskelstoffwechsel und Witterung. III. Versuche im Hochgebirge. Biochem. Z. **277**, 349 (1935).

RIETSCHEL, HANS: Die Sommersterblichkeit der Säuglinge. Erg. inn. Med. **6**, 369 (1910).

RILLIET u. BARTHEZ: Handbuch der Kinderkrankheiten. 2. Aufl. II, 625. Leipzig 1855.

RIMPAU, W.: Über das Problem der Entstehung der Erkältungskrankheiten. Münch. med. Wschr. **1931**, II, 2065.

— Zur Geschichte der Geoepidemiologie. Veröff. Volksges. Dienst **48**, 271 (1937).

RISSE, SIGWART: Der Einfluß von Wetter und Jahreszeit auf die Magensaftsekretion des Menschen. Inaug.-Diss. Köln 1939.

RIVERS, T. M., u. L. A. ELDRIDGE: Relation of varicella to herpes zoster. J. exper. Med. **49**, 899 (1929).

RÖCKL, SIEGFRIED: Die Meningitis tuberculosa und ihre Beziehung zu den Jahreszeiten. Z. Tbk.-Arzt **1948**, 791.

ROEDER, G. W.: Der Föhnwind in seinen physikalischen und meteorologischen Erscheinungen und Wirkungen. Jber. d. Wetterauischen Ges. Hanau 1864.

ROHDEN, H.: Einfluß des Föhns auf das körperlich-seelische Befinden. Arch. Psychol. **89**, 605 (1933).

ROHRSCHNEIDER, W.: Über den Frühjahrsgipfel der scrophulösen Augenerkrankungen. Z. Augenheilk. **86**, 281 (1935).

ROMINGER, E. H. MEYER u. C. BOMSKOW: Entstehung der Tetanie im Kindesalter. Klin. Wschr. **1931**, 1342.

RONNEFELDT, F.: Die Luftkörper und die Möglichkeit ihre physiologische Wirkung statistisch zu erfassen. Z. physik. Ther. **37**, 220 (1929).

DE RUDDER, B.: (1) „Stenosewetter". Klin. Wschr. **1928**, II, 2094.

— (2) Luftkörperwechsel und „atmosphärische Unstetigkeitsschichten" als Krankheitsfaktoren. Erg. inn. Med. **36**, 273 (1929).

— (3) Atmosphäre und Krankheit. (Entwurf einer allgemeinen Meteoropathologie.) Klin. Wschr. **1929**, 2265.

— (4) Das Problem der Saisonkrankheiten. Strahlenther. **39**, 223 (1931).

— (5) Der Wintergipfel von Krankheiten. Eine Einführung. Dtsch. med. Wschr. **1932**, II, 1909.

— (6) Allgemeines zur klinischen Methodik bioklimatischer Untersuchungen. Med. Welt **1936**, 625, und LINKE-DE RUDDER, Medizinisch-meteorologische Statistik. Berlin 1936.

— (7) Myalgia acuta epidemica (Bornholmer Krankheit) und epidemische Poliomyelitis. Gemeinsame Züge ihrer Klinik und Epidemiologie. Klin. Wschr. **1937**, 585.

— (8) Der Tuberkulose-Frühjahrsgipfel. Beitr. Klin. Tbc. **89**, 286 (1937).

— (9) Die Wetterauslösbarkeit der acuten Poliomyelitis. (Zugleich als Anleitung zu statistischer Bioklimatik mittels der sog. „n-Methode".) Klin.Wschr. **1941**, 561.

— (10) Allgemeinbiologisches zur Phaenogenese statistischer Krankheitsgipfel. Klin. Wschr. **1943**, 453.

— (11) Über ein allgemeines Reiz-Reizantwortgesetz in der Biologie. Naturw. **1943**, 577.

— (12) Jahreszeit und vegetatives Nervensystem. Arch. Kinderheilk. **128**, 97, (1943).

— (13) Meteorologie und Krankheitsgeschehen. Med. meteor. Hefte **4**, 2 (1950).

— (14) Das medizinische Föhnproblem. In v. FICKER-DE RUDDER.

DE RUDDER gemeinsam mit ROMEYKE u. TONACK: Die Frühjahrseosinophilie. Ein Beitrag zur Bioklimatologie der Winter-Frühjahrs-Relation. Klin. Wschr. **1934**, I, 167.

DE RUDDER gemeinsam mit F. GALLENKAMP: Die dispositionelle Bedingtheit des „Wintergipfels der Diphtherie." Balneologe **1936**, 464.

DE RUDDER u. K. DITZEN: Steigert Schulbesuch die Diphtherieerkrankungswahrscheinlichkeit? Zugleich über einen epidemiologischen „Index der Abweichung von der Zufallserwartung". Z. Kinderheilk. **60**, 495 (1939).

RUHEMANN: Beziehungen des Sonnenscheins zu der Saisonepidemie des Winters 1904/05. Z. physik. u. diät. Ther. **9**, 476 (1906).

RUSZNYAK: Krankheiten und Jahreszeit. Wien. Arch. inn. Med. **3**, 379 (1922).

SALM, HERMANN: Saisonkurve der Erythrodermie. Diss. Heidelberg 1935.

SANDRITTER, W., u. F. BECKER: Beitrag zur Frage der Wetterabhängigkeit der Lungenembolie. Dtsch. med. Wschr. **1951**, 1526.

SARGENT, FR.: (1) Studies in the Meteorology of Upper-Respiratory Infections. Bull. Amer. meteorol. Soc. **19**, 385 (1938); **20**, 141 (1939); **21**, 175 (1940); **29**, 408 (1948).
— (2) The Body Habitus Factor in the Seasonal Distributions of Common Respiratory Infections among Hypersensitive Young men. Ibid. **21**, 379 (1940)
— (3) Weekly and Seasonal Trends of Upper Respiratory Infections in a Group of 2000 Students. Amer. J. publ. Hyg. **30**, 533 (1940).
— (4) Further studies on Stability of Resistence to the common cold. Ibid. **45**, 29 (1947).
SARRE, H.: Solare Einflüsse auf die Takata-Reaktion. Med. meteor. Hefte **5**, 25 (1951).
— u. L. BETZ: Klimatische Einflüsse auf den Blutdruck des Hypertonikers. Med. meteor. Hefte **4**, 26 (1950).
— u. GÜNTHER STEINEBACH: Kardiale Ödeme und Jahreszeit. Klin. Wschr. **1947**, 810.
SCHADE: Untersuchungen in der Erkältungsfrage. Münch. med. Wschr. **1919**, 1021.
SCHALL, L.: Die Bedeutung der Strahlentherapie der Tuberculose im Rahmen der Kinderheilkunde. Strahlenther. **48**, 735 (1933).
— Vorbeugende Ultraviolettbestrahlung bei der Lungentuberkulose des späteren Kindesalters. Med. Klin. **1936**, 971.
SCHANZ, FRITZ ERNST: Übcr auffällige Häufungen chirurgischer Erkrankungen. Inaug.-Diss. Hamburg 1931.
SCHARFETTER, SEEGER u. JELINEK: Schlaganfall und Wetter. Wien. klin. Wschr. **1936**, 233.
SCHASTIN, N. R., u. A. F. PETRJAJEFF: Rachitis bei Kindern auf der Insel Koljugew. Jb. Kinderheilk. **140**, 314 (1933).
SCHEIDTER, F.: Wettereinflüsse auf den Eintritt von Embolien und den Durchbruch von Magengeschwüren. Dtsch. Z. Chir. **239**, 107 (1933).
SCHLESINGER: Beziehungen und Vergleiche zwischen dem Erythema nodosum und Erythema exsudativum multiforme im Kindesalter. Arch. Kinderheilk. **40**, 256 (1904).
SCHLICHTING: Über Abhängigkeit von Eklampsie und Witterung in Berlin. Inaug.-Diss. Berlin 1909.
SCHLIEPHAKE, E.: Therapeutische Versuche im elektrischen Kurzwellenfeld. Klin. Wschr. **1930**, 2333.
SCHLOSSMANN, HANS: Über den Einfluß der A-Vitamine auf das Geburtsgewicht. Klin. Wschr. **1923** I, 304.
SCHMID, H. J.: Wetterfühlen. Die Umschau **1930**, H. 14.
— Das Problem des Wetterfühlens. Schweiz. med. Wschr. **1930**, 196.
SCHMID-MONNARD: Einfluß der Jahreszeit und der Schule auf das Wachstum. Jb. Kinderheilk. **40**, 84 (1895).
SCHMIDT, HANS: Über den Einfluß der Witterung auf die Häufigkeit von Apoplexien. Zit, n. RUHEMANN.
SCHMIDT, J. H.: Eklampsie und Wetter. Inaug.-Diss. Greifswald 1936.
SCHMIDT, RUDOLF: Zur neurogen-vasomotorischen Theorie der Angina pectoris. Münch. med. Wschr. **1930** II, 1436.
SCHMORL: Die pathologische Anatomie der rachitischen Knochenerkrankung mit besonderer Berücksichtigung ihrer Histologie und Pathogenese. Erg. inn. Med. **4** (1909).
SCHÖNBERG, S.: Sogenannter spontaner plötzlicher Tod. Schweiz. med. Wschr. **1922**, 328.

SCHOLZ, K. H.: Wetter und vegetatives Nervensystem. Inaug.-Diss. Frankfurt (Main) 1950.

SCHORER, G.: Über den Elektrizitätsgehalt der Luft und dessen Einfluß auf wetterempfindliche Menschen. Schweiz. med. Wschr. **1928**, 431.

— Über die Einwirkungen der Luftelektrizität auf gesunde und kranke Menschen und über Versuche künstlicher Ionisation der Luft. Schweiz. med. Wschr. **1931**, 417.

SCHORN, JULIUS: Glaukomanfall und Wetter. Graefes Arch. **148**, 121 (1948).

SCHORN u. SCHALTENBRAND: Abhängigkeit der neuritischen Erkrankungen von der Witterung. Dtsch. Z. Nervenheilk. **146**, 129 (1938).

SCHRÖDER, G.: Die Lungenblutung. Klin. Wschr. **1924**, 1366 und 1408.

— Wetter, Jahreszeiten und Tuberkulose. Balneologe **1934**, 535.

SCHRÖDER, K.: Embolie und Wetter. Inaug.-Diss. Leipzig 1936.

SCHRÖDER u. OBENLAND: Jahreszeiten, Wetter, Klima und ihr Einfluß auf den Verlauf der Tuberkulose. Erg. Tbk.forschg. **8**, 27 (1937).

SCHUBERTH u. GRUNER: Über Wettereinflüsse auf Tuberkulosekranke. Z. Tbc. **83**, 12 (1939).

SCHÜTZ, W., u. G. SCHINZE: Der Einfluß des Wetters auf Erkältungskrankheiten. Leipzig 1943.

SCHULTHESS: Statistischer Beitrag zur Kenntnis des Erythema nodosum. Korresp.-bl. Schweiz. Ärzte **25** (1895).

SCHULZE, R.: Die biologisch wirksamen Komponenten des Strahlungsklimas. Naturw. **1947**, 238.

— Über den Zusammenhang von Wetter und Krankheit. Mediz.-meteorol. Hefte **2**, 1 (1950).

SCHUNTERMANN, C. E.: Die Lungenentzündung. Immunität usw. **4**, 1 (1933).

SCHWALM HORST: Schwangerschaftsoedeme und Außentemperatur. Klin. Wschr. **1947**, 916.

SCHWARZ, E.: Die Beziehungen der Sonnenscheindauer zu der Erkrankungshäufigkeit an Kerato-Conjunctivitis scrophulosa. Inaug.-Diss. Königsberg **1937**.

SECKER, GUSTAV: Zur Frage der Meningitis tuberculosa. Brauers Beitr. **50**, 408 (1922).

SEIBERT, A.: Witterung und croupöse Pneumonie. Berl. klin. Wschr. **1884**, 273 und 292.

— Witterung und fibrinöse Pneumonie. Berl. klin. Wschr. **1886**, 269.

SEIDELL u. F. FENGER: Seasonal Variation in the jodine content of the thyroid gland. J. of biol. Chem. **13**, 517 (1913).

SEIFERT, E.: Über Appendicitis und Witterung. Münch. med. Wschr. **1921**, 1553.

SELIGMANN: Die Diphtherie in Berlin. Z. Hyg. **92**, 171 (1921).

SELTMANN, LOTHAR: Ist die Häufigkeit der Serumexantheme von der Jahreszeit abhängig? Jb. Kinderheilk. **129**, 204 (1930).

SENFFT, A.: Beitrag zur epidemischen Pneumonie. Berl. klin. Wschr. **1883**, 580.

SHIMAZONO: Beri-Beri. In STEPP-GYÖRGY, Avitaminosen. Berlin 1927.

SIMONETTI, RINA: Influenza delle stagioni sullo sviluppo della meningite tubercolare nei bambini. Pediatr. Medico prat. **3**, 320 (1928).

SIWE, STURE, A.: Gibt es einen Zusammenhang zwischen meteorologischen Faktoren und manifester Tetanie. Mschr. Kinderheilk. **43**, 113 (1935).

SMILEY, D. F.: Seasonal factors in the incidence of the acute respiratory infections. Amer. J. Hyg. **6**, 621 (1926).

SPILLMANN, M. L.: Les positivités sérologiques printanières. Bull. Soc. franç. Dermat. **34**, 705 (1927).

SPIRO, P., u. W. MÖRIKOFER: Über die Beziehung von Blutdruckhöhe und Blutdrucklabilität zur Witterung. Schweiz. Naturf.ges. **1935**, 380.

Spühler, O., zit. nach Regli u. Stämpfli: Schweiz. med. Wschr. **1946**, 1259.

Stähelin, R.: Über den Einfluß der täglichen Luftdruckschwankungen auf den Blutdruck. Med. Klin. **1913**, 862.

Stähler: Fluor und Vitamine. Dtsch. med. Wschr. **1937**, 1609.

Stähli, W.: Thrombose und Lungenembolie in ihren Beziehungen zu Witterungsvorgängen für die Höhenlage von Davos. Schweiz. med. Wschr. **1942**, 1321.

Stallybrass, C. O.: Season and Disease. Proc. roy. Soc. Med. Sect. of Epidemiol. **21**, 57 (1928).

Stein, A. A.: Lepra Reaktion and Meteorotropism. Intern. J. of Leprosy **3**, 137 (1935).

Steindorff, K.: Über den Einfluß von Temperatur und Jahreszeit auf den Ausbruch des acuten primären Glaukomanfalls. Dtsch. med. Wschr. **1902**, 929.

Steiner, L.: Zur Ätiologie und Prophylaxe der Skrophulose. Arch. Kinderheilk. **66**, 333 (1918).

— Die Tuberkulose im Lichte der Geographie. Krkh.forschg. **4**, 410 (1927).

Stelling, Emma: Untersuchungen über Meningitis tuberculosa. Arch. Kinderheilk. **70**, 196 (1920).

Stengel, Fritz: „Wetter“, Apoplexie und Embolie. Münch. med. Wschr. **1932**, 1716.

Stephanin et Frouard-Riolle: Le fléchisment printanier de la resistance générale chez les tuberculeux pulmonaires. Revue de la Tbc. **10**, 857 (1929).

Stepp, W., u. P. György: Avitaminosen und verwandte Krankheitszustände. Berlin 1927.

Stettner, Ernst: Ossifikationsstudien am Handskelett des Kindes. IV. Z. Kinderheilk. **52**, 14 (1931).

Sticker, G.: Erkältungskrankheiten und Kälteschäden. Encyklopädie der klin. Med. 1915.

Stollreither, A.: Untersuchungen über die Zusammenhänge zwischen dem subjektiven Befinden und den atmosphärischen Störungen. Inaug.-Diss. München 1951.

Stolte, K.: Die Frühjahrskatarrhe. Eine klinische Studie. Jb. Kinderheilk. **134**, 6 (1931).

Storm van Leeuwen, Z. Bien und H. Varekamp: Über die Bedeutung von Klimaallergenen (Miasmen) für die Ätiologie allergischer Krankheiten. Z. Immun.-forschg. **43**, 490 (1925).

—, Booy, van Niekerk und Petschacher: Studien über die physiologische Wirkung des Föhns. Münch. med. Wschr. **1932** I, 293.

— u. Wijngaarden: Asthma, Bronchitis und Schnupfen im Zusammenhang mit der Jahreszeit. Münch. med. Wschr. **1932** I, 583.

— u. Petschacher: Studien über die physiologische Wirkung des Föhns. I. Mitt. Münch. med. Wschr. **1932** I, 293.

—, Booij, van Niekert: Luftelektrizität und Föhnkrankheit. Gerl. Beitr. Geophys. **38**, 407 (1933).

— — Studien über die physiologische Wirkung des Föhns. 3. Mitt. Beitr. Geophys. **39**, 105 (1933).

— —, Israel, van Niekert: Studien über die physiol. Wirkung des Föhns, 4. Mitt. Luftdruckschwankungen, Luftzusammensetzung und Föhn. Gerl. Beitr. Geophys. **44**, 400 (1935).

Strandgaard, N. J.: Über Gewichtsschwankungen bei Lungenkranken während der Sanatoriumsbehandlung. Brauers Beitr. klin. Tbc. **32**, 179 (1914).

— Seasonal Variation of the Weight of Tuberculosus Patients. Acta med. Scand. **57**, 275 (1923).

Straub, H., Gollwitzer, Meier, Schlaginweit: Die Kohlensäurebindungskurve des Blutes und ihre Jahresschwankungen. Z. exper. Med. **32**, 229 (1923).

Straube, G.: Die Erfassung vegetativ-nervöser Reaktionsänderung unter dem Einfluß von Wettervorgängen. Arch. physik. Ther. **1951**, 24.

— u. K. H. Scholz: Über die Einwirkung komplexer Wettervorgänge auf das vegetative Nervensystem. Dtsch. med. Wschr. **1951, 634.**

Ströder, U., Becker, F., u. G. Haas: Über die Abhängigkeit des Herzinfarkteintrittes vom Wettergeschehen, Tagesrhythmus und von solaren Vorgängen. Klin. Wschr. **1951**, 312.

Struppler, V.: Gibt es Einflüsse der Witterung auf den Eintritt des Todes? Virchows Arch. **283**, 231 (1932).

Stub-Christensen: Diätetik der Tuberkulose unter besonderer Berücksichtigung des Kalkstoffwechsels und der Bedeutung der Vitamine. Acta tbc. scand. (København.) **5**, 235 (1931).

Stumpfegger, L., u. W. Sydow: Postoperative Lungenembolie und Wetter. Zbl. Chir. **1940**, 1723.

Sundermann, A., u. H. Baufeld: Veränderungen des Streptokokkenwachstums in der Mundhöhle in Abhängigkeit von meteorologischen Bedingtheiten. Mediz.-meteorol. Hefte **3** (1950).

Sturm u. Buchholz: Beiträge zur Kenntnis des Jodstoffwechsels. IV. Mitt. Jodverteilung im menschlichen und tierischen Organismus in ihrer Beziehung zur Schilddrüse. Dtsch. Arch. klin. Med. **161**, 238 (1928).

Sydenstricker u. Armstrong: A review of four hundert and forty Cases of Pellagra. Arch. int. Med. **59**, 883 (1937).

Sydow, W., und Stumpfegger: Nierensteinkolik und Wetter. Dtsch. med. Wschr. **1939**, 707.

Sylvest, E.: Epidemic Myalgia (Bornholm disease). Kopenhagen u. London 1934.

Szarvas u. Ilona Palyi: Infolge von meteorologischen Einflüssen sich häufende Haemoptysen. Orv. Hetil. 71, Nr. 1.

Takata u. Murasugi: Flockungszahlstörungen im gesunden menschlichen Blutserum, kosmoterrestrischer Sympathismus. Bioklim. Beiblätter **1941**, 17.

Tholuck, H. J.: Selbstmord und Wetter. Beitr. gerichtl. Med. **16**, 121 (1942).

Tichy, H.: Der Föhn in Schlesien. Balneologe **1936**, 502.

Tille, D.: Initiale Fieberkrämpfe und Wetter. Kinderärztl. Prax. **1950**, 227.

Tisdall, F., Brown, A., Kelly, A.: The age, sex and seasonal incidence of certain diseases of children. Amer. J. Dis. Childr. **39**, 163 (1930).

Tisdall, F. F., and A. Brown: Seasonal variation in the antirachitic effect of sunshine. Amer. J. Dis. Childr. **42**, 1144 (1931).

Tivadar, Hüttl: Zusammenhang der Entstehung der Lungenthrombosen und -embolien mit dem Wetter. Orv. Hetil. **1936**, 3.

Toomey, J. A. and H. August Myron: Poliomyelitis comparison between the epidemic peak and the harvest peak. Amer. J. Dis. Childr. **46**, 262 (1933).

Toperczer, s. b. Conrad u. Hausmann.

Trabert, W.: Innsbrucker Föhnstudien. III. Der physiologische Einfluß von Föhn und föhnlosem Wetter. Denkschr. der Wien. Akad. d. Wissensch. math.-naturw. Klasse **81** (1907).

Tramer: Über die biologische Bedeutung des Geburtsmonates, insbesondere für die Psychoseerkrankung. Schweiz. Arch. Neur. **24**, 17 (1929).

Trier, E.: Die jahreszeitlichen Schwankungen der Serumaskorbinsäure. Klin. Wschr. 1938 II, 976.

Turner, T. B. Hollander und Mitarbeiter. Amer. J. Hyg. **52**, 323 (1950).

UFFENORDE, W., u. A. GIESE: Angina und Wetter. Leipzig 1931 und Z. Laryng. **20**, 241 (1931).

UNGEHEUER, H.: Über eine Methode zur kontinuierlichen Erfassung der biologischen Wetterwirkung. Fortschr. d. Med. **1951**, 285.

UNVERRICHT: Der Einfluß meteorologischer Faktoren auf das Zustandekommen von Lungenblutungen. Z. Tbc. **27**, 362 (1917).

UTERS, ZIMMERMANN und Mitarb.: Die 17-Ketosteroidausscheidung als Anzeichen für die Beeinflussung des Organismus durch meteorologische Faktoren. Dtsch. med. Wschr. **1951**, 1408.

UTHEIM-TOVERUD KIRSTEN: Können exogene Faktoren während der Schwangerschaft den Ernährungszustand des Kindes beeinflussen? Norsk. Mag. Laegevidensk. **1933**, 121.

VANICEK, V.: L'influence de la saison sur l'evolution de l'immunité contra la diphtherie. Trav. Inst. Hyg. publ. État tchécoslov., Praha **7**, 149 (1936).

VEIL u. STURM: Beiträge zur Kenntnis des Jodstoffwechsels. Dtsch. Arch. klin. Med. **147**, 166 (1925).

VEIL, W. H.: Neue Deutsche Klinik **5**, 88 (1930).

VERRIENTI GIOVANNI: I fenomeni meteorologici in rapporto alle malattie mentali ad agli accessi convulsivi epilettici. Rassegna di Studi psychiatr. **1935**, 24.

VOGT, ALFRED: Praekapillardruckmessungen bei normalen Schwangeren, prae- und eklamptischen Blutdrucksteigerungen und bei der essentiellen Hypertonie. Inaug.-Diss. Frankfurt 1936.

WAGNER, zit. nach GYÖRGY.

WAHL, F. A.: Besteht eine Abhängigkeit der Schwangerschaftsdauer von der Jahreszeit. Med. Welt **1938**, 1701.

WALDER, ARTHUR: Über Lungenbluten bei Tuberkulose. Med. Klin. **1925**, 493.

WALLGREN: Paratuberkulöse Krankheitserscheinungen, in ENGEL-PIRQUET, Handbuch der Kindertuberkulose **1**, 809 (1930).

v. WANGENHEIM: Zur Pathogenese der Meningitis tuberculosa im Kindesalter. Brauers Beiträge **70**, 670 (1928).

WARNKE, M.: Asthmatiker und Frontvorübergang. Z. angew. Meteorol. **1929**, 153.

WASMUHT, K.: Abhängigkeit der Sterblichkeit bei Herzkrankheiten, Tuberkulose, Apoplexie, Grippe und Embolie von Jahreszeit und Wetter. Virchows Arch. **303**, 138 (1939).

WEGEMER, E., u. H. POLZER: Tuberkulose und Witterung. Balneologe **1940**, 229.

WEIGMANN, F.: Über gehäufte Erkrankungen an E-Ruhr (Kruse-Sonne-Ruhr) in Schleswig-Holstein im Jahre 1932. Klin. Wschr. **1933 I**, 1024.

WEISSE, K.: Die frühkindliche, interstitielle, plasmacelluläre Viruspneumonie. Erg. inn. Med. u. Kinderheilk. N. F. **2**, 610 (1951).

WELCKER, ARMIN: Titerschwankungen der Haemisoagglutinine. Z. Immun.forschg. **105**, 165 (1944).

WENDT, H.: Beiträge zur Kenntnis des Carotin- und Vitamin-A-Stoffwechsels. Klin. Wschr. **1935**, 9.

WERNER, SIGURD: Seasonal changes in the frequency of phyktaenular eye diseases and trachoma. Acta ophthalm. (København.) **6**, 132 (1928).

WERNSTEDT, W.: Epidemiologische Studien über die zweite große Poliomyelitisepidemie in Schweden 1911—1913. Erg. inn. Med. **26**, 248 (1924).

WESTPHAL, U.: Zehn Jahre Eklampsie. Z. Geburtsh. **89**, 626 (1926).

WETTSTEIN, A.: Das Wetter und die chirurgischen Hautinfektionon. Beitr. z. klin. Chir. **49**, 354 (1906).

WEZLER, K.: Der Einfluß klimatischer Faktoren auf den Menschen. Schriftenreihe des Deutschen Bäderverb. **1949**, H. 5.

WIECHMANN, E., u. H. PAAL: Über jahreszeitliche Schwankungen des Asthma bronchiale. Münch. med. Wschr. **1926**, 1827.

WIEDHOPF u. BRÜHL: Konversative und operative Behandlung der spastischen Pylorusstenose im Säuglingsalter. Dtsch. Z. Chir. **238**, 653 (1933).

WIGAND, H.: Blutbild, vegetatives System, Wetter. Dtsch. med. Wschr. **1948**, 200.

WILDFÜHR, G.: (1) Über die verzögerte Antikörperbildung bei gegen Diphtherietoxin sensibilisierten Menschen zur Zeit des Wintergipfels der Diphtherie. Z. inn. Med. **4**, 573 (1949).

— (2) Zur Frage der Beeinflussung der spezifischen antitoxischen Diphtherieimmunität durch Kältereize. Z. Immun.forschg. **107**, 512 (1950).

— (3) Über die Einwirkung des biotropen Frontenfaktors auf die spezifische Diphtherieimmunität. Z. Hyg. **131**, 650 (1950).

— (4) Ist die Disposition des menschlichen Organismus gegenüber Diphtherie durch Vitamineinwirkung zu ändern? Z. Immun.forschg **108**, 74 (1950).

— (5) Über die meteorologisch bedingte Auslösung allergischer Asthmaanfälle. Klin. Wschr. 1952, 123.

v. WILLEBRAND, HERMANN: Atmosfäriska in flytanden-nosoäcriska factorer — och insjuknandet i scarlatina. Finska Läk. ällsk. Hdb. **74**, 337 (1932).

WILLIAMS, C. F.: The infrequency of severe rickets in New Orleans and vicinity. An Attempt to correlate some of the responsible factors. Amer. J. Dis. Childr. **35**, 590 (1928).

WIMBERGER, H.: Röntgenometrische Wachstumsstudien am gesunden und rachitischen Säugling. Z. Kinderheilk. **35**, 182 (1923).

WINDORFER, A.: Die epidemiographische Prognose der Poliomyelitis. Dtsch. med. Wschr. **1949**, 630.

— Epidemiographie der Poliomyelitis in Deutschland. Erg. inn. Med. N. F. **2**, 563 (1951).

WIRTH u. LAUCHHEIMER: Meteorologische Unstetigkeitsschichten und „Erkältungs"-krankheiten des Ohres und der oberen Luftwege. Acta oto-laryng. (Stockh.) **19**, 304 (1934).

WISKOTT, A.: Zur Pathogenese, Klinik und Systematik der frühkindlichen Lungenentzündungen. Abhandl. a. d. Kinderheilkunde u. ihren Grenzgebieten. Beihefte z. Jb. Kinderheilk. **32**, Berlin 1932.

WOLTER, F.: Nebelkatastrophe im Maastal. Klin. Wschr. **1931** II, 785.

WORINGER, PIERRE: L'influence du soleil sur les maladies infectieuses. Ann. de l'Inst. Actinol. **2**, H. 1.

— Les quatre principaux types de courbe saisonnière des maladies. Rev. franç. Pédiatr. **10**, 565 (1934).

— Les influences saisonnières sur les Maladies. VIII. congrès de l'association française de pédiatrie. Paris 1934.

WULFF, F., u. H. PETERSEN: Eine epidemiologische Untersuchung über die Kinderlähmung im Jahre 1937 im Amtskreis Kopenhagen und in Frederiksberg. Einige Bemerkungen über den Einfluß der Wetterverhältnisse auf das Auftreten der Poliomyelitis. Bibl. Laeg. **130**, 307 (1938) und Zbl. Kinderheilk. **36**, 504 (1939).

WURSTER, K.: Untersuchung zur Frage tagesperiodischer, lunarer und meteorobiologischer Einflüsse auf den Wehenbeginn. Zbl. Gynäk. **1949**, 159.

YOUNG, W. J.: The metabolism of white races living in the tropics. Ann. trop. Med. **13**, 313 (1919/20).

ZEISS, H.: Die Bornholmer Krankheit (Myalgia acuta epidemica Sylvest). Med. Welt **1936**, 1142.

ZIEZOLD, B.: Weitere Ergebnisse der Analyse von Seuchenkurven. Z. Hyg. **124**, 93 (1942).

ZOLLIKOFER: Eröffnungsrede in FR. MEISNER Naturwiss. Anzeiger der allgem. Schweiz. Ges. f. d. ges. Naturwiss. Aarau **1820**, Nr. 7, 51.

ZWECKER, A.: Über die Abhängigkeit des Erythema exsudativum multiforme von atmosphärischen Einflüssen. Arch. Dermat. **163**, 366 (1931).

ZYBELL, FRITZ: Das Empyem im Säuglinglingsalter. Erg. inn. Med. **11**, 611 (1913).

Sachverzeichnis.